# Global Scaling

## Basis eines neuen wissenschaftlichen Weltbildes

Wissenschaftlicher Förderverein
Global Scaling e.V.

www.global-scaling-verein.de

# Global Scaling

## Basis eines neuen wissenschaftlichen Weltbildes

Herausgeber: Wissenschaftlicher Förderverein Global Scaling e.V.

Verlag
FQL Publishing, Gabriele & Stephan Ehlers, München
www.fql-publishing.com - Mail: info@fql-publishing.com

Herstellung
Books on Demand GmbH, D-22848 Norderstedt



München, November 2009

ISBN 978-3-940965-21-9

Bildnachweis Buchcover: Cassiopeia A Supernova Remnant,
NASA / JPL-Caltech / O. Krause (Steward Observatory)

# Inhaltsverzeichnis

# Inhaltsverzeichnis

# Inhaltsverzeichnis

# Inhaltsverzeichnis

## Inserentenverzeichnis

## Vorwort

Was die Welt im Innersten zusammenhält .... ist wohl kaum der Urknall. Tatsache ist, dieses Modell ist akademischer Herkunft und hat mit dem richtigen Universum eigentlich nichts zu tun. Das päpstliche Lemaître-Universum des Urknalls ist ein Kind seiner Zeit, einer Epoche der Kernspaltung, der Atombombe, der Angst und Aggression.

Wissenschaft ist immer auch ein Spiegelbild der Gesellschaft, ob zu Zeiten von Galileo und Bruno, Kant und Euler, Hegel und Darwin oder Planck und Einstein.

Leider ist die zivilisierte Welt immer noch damit beschäftigt, Atomwaffen zu produzieren und Kriege zu entfachen. Doch die Menschheit steht an einem entscheidenden Wendepunkt. Immer mehr Nationen begreifen, dass nicht der zermürbende Kampf um Ressourcen die Gesellschaft zum Fortschritt bringt, sondern Kommunikation und Kooperation.

In seinem bedeutendsten Werk „Weltharmonik“ begründete Johannes Kepler die harmonikale Grundlagenforschung. Aufbauend auf der antiken Weltharmonie der Pythagoräer entwickelte er eine harmonikale Kosmologie. Die Global Scaling Forschung setzt diese Tradition fort.

Harmonie ist, was die Welt im Innersten zusammenhält. Nicht ein Urknall ließ das Universum entstehen, sondern die harmonischen Eigenschwingungen der Materie, die „Urmelodie“ erschafft das Universum immer wieder neu. Diese Vorstellung ist nicht nur wissenschaftlich interessant, sondern auch gesellschaftlich relevant.

Nicht nur Ingenieure und Ärzte, sondern auch immer mehr Wissenschaftler schätzen den Wert dieser Erkenntnis. Es ist die Geburt eines neuen, ganzheitlichen naturwissenschaftlichen Weltbildes.

An dieser Stelle möchte ich allen Kollegen meinen herzlichen Dank für ihre unermüdliche Unterstützung zum Ausdruck bringen.

Hartmut Müller
1. Vorsitzender
Wissenschaftlicher Förderverein Global Scaling e.V.

# Vorwort

Liebe Leserin, lieber Leser,

jede neue Wissenschaft steht vor der Herausforderung, ihre Erkenntnisse sowohl in fachspezifischer, exakter Terminologie zu formulieren als auch allgemeinverständliche Darstellungen mit praktischen Anwendungen und Beispielen bereitzustellen. Das vorliegende Buch versucht beiden Anforderungen gerecht zu werden, indem es sowohl die mathematischen Grundlagen der Global Scaling Theorie als auch die umfangreichen Anwendungsgebiete behandelt. Unser Ziel ist es, einerseits dem interessierten Laien eine Vorstellung für ein umfassendes Naturphänomen zu vermitteln und andererseits dem mit der Materie vertrauten Leser eine Zusammenfassung des aktuellen Kenntnisstandes zu liefern.

Der Wissenschaftliche Förderverein Global Scaling e.V. ist seit seiner Gründung 2004 der Verbreitung der neuen Erkenntnisse aus der physikalischen Grundlagenforschung verpflichtet. Ich freue mich sehr, dass es unserem Autorenteam gelungen ist, mit Bespielen aus so unterschiedlichen Bereichen wie Geschichte, Archäologie, Architektur, Zahlentheorie, Maschinenbau, Festkörperphysik, Akustik, Geophysik, Sport, Medizin, Betriebswirtschaft, Genetik, u.v.a.m. die tatsächlich globale Bandbreite des Scaling-Phänomens aufzuzeigen.

Lesern, die Global Scaling Veröffentlichungen über mehrere Jahre verfolgt haben, wird ein gewisser Wandel in der Terminologie (Gravitationswellen, Vakuumkompressionswellen, Protonenresonanz) nicht entgangen sein. Dies stellt jedoch keineswegs einen Wandel in der Theorie dar, sondern vielmehr das kontinuierliche Bestreben, ein bisher weitgehend unbekanntes Naturphänomen didaktisch optimal zu präsentieren.

Ich möchte im Namen des Vereins allen Autoren für die Bereitstellung der Fachbeiträge danken, insbesondere Hartmut Müller und Ulrike Granögger für die Redigierung der Texte. Der ganz spezielle Dank gilt dem Initiator und Leiter des Projektes, Stephan Ehlers. Ohne ihn und die aufwendige redaktionelle Arbeit seiner Frau Gabriele Ehlers wäre dieses Werk nicht entstanden.

Michael Köhlmann
2. Vorsitzender
Wissenschaftlicher Förderverein Global Scaling e.V.

# Grußwort

Global Scaling liefert einen grundlegend neuen, ganzheitlichen Ansatz für die Erforschung zellbiologischer, physiologischer und neurophysiologischer Prozesse. Schwingungen und Resonanzprozesse bilden die Grundlage für die Funktion des Herz-Kreislauf-Systems, des zentralen und peripheren Nervensystems, sowie der Sinnesorgane und des Stoffwechsels.

Jede Erkrankung beginnt mit einer Störung in den Biorhythmen. Diese Veränderungen können mit den fraktalen Methoden der auf Global Scaling basierenden Spektralanalyse zuverlässig erkannt werden. Nichtinvasive Therapiemethoden sind heute in der Lage, die gestörte Biorhythmik zu korrigieren.

Basierend auf Global Scaling werden so neue Verfahren der Diagnose und Prophylaxe entwickelt, die Erkrankungen im Sinne organischer Schädigungen erst gar nicht entstehen lassen. Besonders vielversprechend sind Anwendungen im Bereich der vorbeugenden kinderärztlichen Versorgung und in der Sportmedizin.

Im Ergebnis der medizinischen Grundlagenforschung im Rahmen unserer Raumfahrt-Programme *Buran*, *Salut* und *Sojus* konnten entscheidende Erkenntnisse gewonnen werden, die nun auf dem Hintergrund der Global Scaling Theorie ihre fundamentale naturwissenschaftliche Bedeutung offenbaren.

2004 verlieh die Internationale Interakademische Vereinigung in Moskau ihre höchste Auszeichnung, den Vernadski-Stern Ersten Grades, erstmals an einen viele Jahre in Russland wirkenden ausländischen Wissenschaftler, an Hartmut Müller.

Nach über 25 Jahren Forschung ist die Global Scaling Theorie zur Grundlage eines neuen, zeitgemäßen naturwissenschaftlichen Paradigmas geworden.

Vladimir A. Zagriadski

**Vladimir A. Zagriadski**

Doktor der medizinischen Wissenschaften, Facharzt für Chirurgie und Onkologie, Professor für See-, Flug- und Raumfahrtmedizin, Oberarzt der Abteilung für Nadelreflextherapie des Moskauer Zentralklinikums, Mitglied der Russischen Akademie der Medizinischen und Technischen Wissenschaften, Russische Föderation.

# Grußwort

Die Global Scaling Forschung setzt eine wertvolle naturwissenschaftliche Tradition fort, deren mathematische Grundlagen von Leonhard Euler in Sankt Petersburg entwickelt wurden.

Die Global Scaling Theorie erfasst fundamentale statistische Zusammenhänge in Natur, Technik und Gesellschaft und ist von außergewöhnlicher wissenschaftlicher Tragweite. Sie eröffnet unerschöpfliche Möglichkeiten der Anwendung in vielen Bereichen der Natur- und Ingenieurwissenschaft, Ökonomie und Medizin.

Basierend auf einer fraktalen Analyse harmonischer Schwingungen in Kettensystemen entwickelte Hartmut Müller einen universellen Ansatz zur Berechnung des Verhaltens von Systemen mit beliebig vielen Freiheitsgraden.

Die fraktalen mathematischen Methoden der Global Scaling Analyse besitzen ein präzedenzloses heuristisches Potential. Probleme im Verhalten eines Prototyps, die selbst im Testbetrieb eines maßstabsgetreuen realen Modells nicht ermittelt werden können, werden bereits am virtuellen CAD-Modell erkannt und korrigiert.

Die mathematischen Grundlagen der Global Scaling Theorie stehen seit über 20 Jahren im Zentrum des wissenschaftlichen Interesses des Biometrischen Seminars am Rechenzentrum unserer Universität.

Das vorliegende Buch bietet einen populärwissenschaftlichen Einblick in die Global Scaling Forschung der vergangenen fünf Jahre, die im Rahmen des Wissenschaftlichen Fördervereins Global Scaling e.V. unterstützt wurde

Oleg Kalinin

**Oleg M. Kalinin**

Doktor der Mathematik, Leitender wissenschaftlicher Mitarbeiter an der Fakultät für Angewandte Mathematik der Staatlichen Universität St. Petersburg, Russische Föderation.

# Global Scaling Theorie

Marco Bischof

# Global Scaling — Ein Überblick

Einer der jüngsten und interessantesten Versuche, die Prinzipien einer universellen Strukturierung zu bestimmen und eine moderne, wissenschaftliche Version des Pythagoräismus zu schaffen, ist die „Global Scaling"-Theorie von Hartmut Müller. Müller ist 1954 in Thüringen geboren (in der ehemaligen DDR), studierte von 1973 bis 1978 Physik und Philosophie im sowjetischen Leningrad und arbeitete in den 1980er Jahren in der Sowjetunion; 1991 kehrte er nach Deutschland zurück. In den frühen 1980er Jahren entwickelte er zusammen mit russischen Kollegen die „Global Scaling"-Theorie, die er erstmals 1982-89 in Moskau in russischer Sprache veröffentlichte (Müller 1982, 1989); er durfte sie jedoch auf Grund einer zehnjährigen Geheimhaltungsverpflichtung erst ab 2000 im Westen veröffentlichen. Für seine wissenschaftliche Leistung verlieh ihm die Interakademische Vereinigung in Moskau 2004 ihre höchste Auszeichnung, den Vernadski-Stern Ersten Grades. Müllers Forschungen haben ihren Ursprung in den Untersuchungen zu einer „Biofeld"-Theorie, die eine Forschungsgruppe am Institut für Angewandte Mathematik der Universität Leningrad Anfang der 1980er Jahre durchführte.

Etwa zur gleichen Zeit wiesen eine Reihe von Experimenten am Institut für Genetik in Pushchino südlich von Moskau auf die Existenz schwacher physikalischer, aber nicht elektromagnetischer Wechselwirkungen zwischen biologischen Systemen hin. Die Hypothese eines Neutrino-Äthers, die 1983 als Ursache für diese Effekte in Betracht gezogen wurde, wurde wieder verworfen, da der Effekt auch in nicht-lebender Materie gefunden wurde. Man zog den Schluss, dass ein „Biofeld" für diese Effekte verantwortlich sein müsse, das mit der Gravitation als einem universellen Medium, das biologisch relevante Information übermittelt, identifiziert wurde. Diese Hypothese wurde gestützt durch die Publikation *„Die Struktur von Fauna und Flora im Zusammenhang mit den Größen von Organismen"* von Leonid L. Tschislenko (Universität Moskau 1981). Der Biologe hatte 1967 festgestellt, dass biologische Messwerte wie Körpergröße und Körpermasse erwachsener Organismen verschiedener biologischer Arten auf einer logarithmischen Skala nicht gleichmäßig verteilt waren, wie man erwarten würde, sondern dass unterschiedlichste Arten bestimmte Wertebereiche bevorzugen und andere meiden. Tschislenko studierte 4727 Säugetier-Arten, über 5000 Reptil-Arten, 450 Vogelarten, etwa 1900 Amphibien-, 381 Süßwasser- und 218 Salzwasser-Fischarten, 21374 Insektenarten sowie viele Pflanzen-, Pilz- und Bakterienarten.

Eine weitere Entwicklung, die zur Global-Scaling-Forschung beitrug, waren die Forschungen über *„Eigenschaften der Zeit, entdeckt durch astronomische Beobachtungen"*, die von Nikolai A. Kozyrev und V. V. Nasonov im Jahre 1980 veröffentlicht wurden. Der Astrophysiker Kozyrev (1908-1983) hatte eine Reihe von Phänomenen beobachtet, die er auf die physikalische Wirkung von Zeit und

Gravitation zurückführte. Im gleichen Jahr hatte auch der Astrophysiker V. F. Litvin von der Universität Leningrad die Hypothese aufgestellt, dass sich eine kosmische Welle des „Biofeldes“ über das gesamte Universum ausbreite; nach seiner Auffassung war sie gravitativer Natur.

Das entscheidende Element der Global-Scaling-Theorie schließlich wurde gefunden, als der prominente amerikanische Physiker James D. Bjorken 1969 das Phänomen der „logarithmischen Skalen-Invarianz“ (Scaling) in der Häufigkeitsverteilung bestimmter Elementartteilchen in Abhängigkeit von ihrer Ruhemasse entdeckte (Bjorken 1969), und sein Kollege und Nobelpreisträger Richard P. Feynman (1918-1988) anschließend das Konzept zum sogenannten „Parton-Modell“ weiterentwickelte, das zur Grundlage des heutigen „Standard-Modells“ der Teilchenphysik geworden ist. Die theoretischen Voraussagen der beiden Wissenschaftler wurden in den 1970er Jahren experimentell bestätigt. 1987 gelang Müller der Nachweis der logarithmischen Skaleninvarianz in den Häufigkeitsverteilungen aller damals bekannten Teilchen, Kerne und Atome, sowie astrophysikalischer Objekte. In den Jahren 1984 - 1989 veröffentlichte er die Grundlagen der Global-Scaling-Theorie in einer Artikelserie des Instituts für Wissenschaftlich-Technische Information der Akademie der Wissenschaften der UdSSR. Sie beruhen auf einer statistischen Auswertung großer Datenmengen aus allen Gebieten der Naturwissenschaft, und können folgendermaßen zusammengefasst werden: Wenn beliebige quantitative Eigenschaften natürlicher Systeme, also Frequenzen, Größen, Massen, Lebensdauer u.s.w. von Elementarteilchen, Atomen, Molekülen, Zellorganellen, Zellen, Organen, Organismen, Populationen, Monde, Planeten, Sterne oder Galaxien auf einer logarithmischen Skala angeordnet werden, dann sind diese Werte nicht gleichmäßig verteilt, sondern häufen sich in bestimmten Zonen, während andere Zonen fast leer bleiben. Diese Messwert-Cluster sind immer zwei logarithmische Einheiten breit und voneinander durch ein konstantes Intervall von einer Einheit getrennt. Ihre Konzentrationszonen besitzen somit jeweils einen Abstand von 1,5 Einheiten des natürlichen Logarithmus voneinander. Diese Häufigkeitsverteilungen haben deshalb die Eigenschaft der „logarithmischen Skaleninvarianz“.

Die Ursache dieses globalen Scaling-Phänomens ist nach Müller die Tatsache, dass das Universum von einem „universellen Medium“, dem „Vakuum-Feld“, „Gravitationsfeld“ oder „universellen Hintergrundfeld“ erfüllt ist, dessen Eigenschwingungen ein Muster stehender Wellen bilden. Der Abstand von 1,5 logarithmischen Einheiten zwischen den Cluster-Sektoren der Skala ist die halbe Wellenlänge dieser stehenden Vakuumwelle. Das Interferenzmuster der Welle lässt Verdichtungs- und Verdünnungszonen an seinen Schwingungsknoten und -bäuchen entstehen; an den Knoten (Kompressionszonen) der Welle häuft sich Materie an, während in den Dekompressionszonen dazwischen die Schwingungsbäuche die Materie verdrängen. Auf diese Weise unterteilt die stehende Vakuum-Kompressionswelle die logarithmische Gerade in eine fraktale Struktur, das „Fundamentale Fraktal“. Jede dieser Akkumulationszonen und Dekompressions-Lücken wird wiederum unterteilt in Sub-Intervalle und Sub-Lücken, deren Breite zum Intervallzentrum hin abnimmt. So erhält man den Global-

Scaling-Code für Systeme von beliebiger Art und Größe. Die Global-Scaling-Methode kann somit zur Bestimmung der optimalen Größen, Proportionen, Frequenzen, Verteilungen, Muster etc. für jede Art von Systemen und Anwendungen verwendet werden.

Müller erklärt auch, wie diese universelle Strukturierung zustande kommt. Eigenschwingungen der Materie sind der wahrscheinlich wichtigste strukturbildende Faktor im Universum. Aus diesem Grund findet man überall in der Natur fraktale Proportionen. Die logarithmisch fraktale Verteilung der Materie im Universum ist eine Folge von Eigenschwingungsprozessen in kosmischen räumlichen und zeitlichen Maßstäben. Eigenschwingungen der Materie erzeugen logarithmisch fraktale Spektren der Frequenzen, Wellenlängen, Amplituden und ein logarithmisch fraktales Netz von Schwingungsknoten im Raum. Deshalb haben sich im Laufe der Evolution ähnliche analoge (isomorphe) geometrische Strukturen durchgesetzt; bestimmte Körpergrößen, Körpermaße und andere Eigenschaften wurden vorzugsweise verwirklicht, weil sie vorteilhaft sind und die Stabilität der betreffenden Strukturen garantieren („Theorie der Superstabilität", Müller 1989). Eine Reihe von Experimenten zu Zufallsprozessen, die der renommierte russische Biophysiker Simon E. Shnoll und seine Mitarbeiter an der Moskauer Staatsuniversität und am Institut für Theoretische und Experimentelle Biophysik der Russischen Akademie der Wissenschaften in Pushchino seit den 1950er Jahren durchgeführt haben, bestätigen eine solche Strukturierung (Shnoll et al. 1998; Müller 2000; Shnoll 2006; Fedorov et al. 2003; Bratengeyer 2005). Die Forscher stellten fest, dass Zufallsprozesse wie z.B. der radioaktive Zerfall verborgene Strukturen enthalten. Histogramme von Messungen, die am gleichen Ort oder auf dem gleichen Breitengrad durchgeführt wurden, zeigten eine ähnliche Form während einer bestimmten Zeitperiode. Außerdem kehrten diese Formen nach einer bestimmten Zeitperiode in zyklischer Weise wieder, in Perioden von 24 Stunden, 27 Tagen und ca. 365 Tagen; die Muster zeigten auch Unterschiede, die von der Orientierung nach den Himmelsrichtungen abhingen und sich mit der Drehung der Erde änderten. Die Entstehung dieser Muster kann im Rahmen eines fraktalen Raum-Zeit-Modells erklärt werden (Pancheliuga 2007, 2008).

**Weitere fraktale Modelle**

Die Bedeutung der fraktalen Strukturierung des Universums nach pythagoräischen Prinzipien ist in den letzten Jahren, unabhängig von Hartmut Müller, auch von anderen Wissenschaftlern erkannt worden und in eigenen Theorien formuliert worden. Bereits 1977 hatte der Entdecker der Fraktale, der französische Mathematiker Benoit Mandelbrot, vorgeschlagen, die Galaxien könnten auf fraktale Art im Universum verteilt sein, und hatte eine mathematische Formel für solche Verteilungen angegeben. 1986 fanden Fraktale erstmals Eingang in die theoretische Kosmologie mit Andrei Lindes Theorie des „Inflationären Kosmos". Erstmals nachgewiesen wurde die fraktale Verteilung der Galaxien dann 1987 vom italienischen Astrophysiker Luciano Pietronero. Seit 1986 sind in der Astrophysik eine Reihe verschiedener kosmologischer Theorien mit fraktalen Eigenschaften vorgeschlagen worden, u.a. vom Franzosen Laurent Nottale. Seit den 90er Jahren war der ägyptische Ingenieur und Physiker Mohamed S. El Naschie auf diesem Gebiet besonders einflussreich, der selbst mit seiner „E-Infinity"-Theorie, auch „Quantum Golden Field"-Theorie genannt, eine Theorie der Raumzeit aufgestellt hat, die auf dem „Goldenen Schnitt" aufbaut (El Nasschie 1997, 1998, 2008; Weibel et al. 2005), und in seiner Fachzeitschrift „Chaos, Solitons & Fractals" eine lebhafte Diskussion unter Naturwissenschaftlern unterschiedlicher Fachgebiete zu diesem Thema in Gang gesetzt hat. El Naschie, der in Deutschland studiert hat, Mitglied des Department of Applied Mathematics and Theoretical Physics der Universität von Cambridge und Professor an der Universität Frankfurt a. M. und an der Universität von Kairo sowie wissenschaftlicher Berater des saudi-arabischen Königshauses ist, hat die Erkenntnisse vieler Kollegen wie z.B. John Wheeler, Roger Penrose und David Finkelstein zu einer Theorie verschmolzen, mit der er die lange gesuchte Vereinheitlichung von Quantenmechanik, Gravitation und Elektromagnetismus erreicht zu haben glaubt. Ausgangspunkt seiner Überlegungen war die Erkenntnis, dass das Massenspektrum der Hochenergie-Teilchenphysik auf der Basis einer Skalierungs-Gesetzmäßigkeit im Rahmen einer unendlich-dimensionalen, aber hierarchischen Raumzeit verstanden werden kann. Im November 2007 erregte der 39-jährige amerikanische Physiker Garrett Lisi, der nicht an einer Universität tätig ist und den größten Teil des Jahres mit Surfen in Hawaii verbringt, einiges Aufsehen mit seiner „Außergewöhnlich einfachen Theorie von Allem" (Highfield 2007; Lisi 2007), die ebenfalls eine fraktale Struktur für das Universum annimmt. Seine Theorie beruht auf einer sogenannten E8-Symmetrie, die einem geometrischen Objekt von 57 Dimensionen entspricht, das 248 Punkte besitzt. Diese komplexe mathematische Figur ist bereits 1887 entdeckt worden, wurde jedoch erst 2007 von Mathematikern verstanden. Wie Lisi sagt, scheinen die verschiedenen Familien der Elementarteilchen auf zwanglose Weise aus der E8-Geometrie ableitbar zu sein, und die Theorie, die keinerlei komplizierte Mathematik erfordert, vereinigt ebenfalls drei der vier Grundkräfte der Natur, nämlich den Elektromagnetismus und die starke und schwache Wechselwirkungskraft, mit der vierten, der Gravitation.

Ebenfalls 2006 stellte ein anderer junger Physiker, der 1962 in Genf geborene Nassim Haramein, sein „Universelles Skalierungsgesetz für Organisierte Materie" an der 1. Konferenz für Vereinheitlichte Physik in Budapest der Öffentlichkeit vor, das er zusammen mit den Kollegen Michael Hyson und Elizabeth Rauscher erarbeitet hatte (Haramein 2006, 2008). Haramein ist Forschungsdirektor der „Resonance Project Foundation" in Holualoa, Hawaii, die er vor einigen Jahren gegründet hat und wo von einem Team von Pyhysikern, Ingenieuren, Mathematikern und anderen Wissenschaftlern neben nachhaltigen Technologien und Permakultur auch Forschungen zur Vereinheitlichung der Physik betrieben werden. Harameins Skalierungsgesetz soll nach seinem Autor ebenfalls auf alle materiellen Strukturen von Elementarteilchen bis zu Galaxien anwendbar sein, beruht jedoch auf einer tetraedrischen Symmetrie, während El Naschies Theorie eine dodekaedrische Symmetrie des Vakuums annimmt.

## Global Scaling und der Kristallplanet

Hartmut Müller führt die kristalline Struktur der Erde auf den strukturierenden Einfluss der globalen stehenden Gravitationswelle zurück (Müller 2001). Er führt dazu, dass die Strukturen des Universums von endlichen Geometrien, d.h. Symmetrien, bestimmt werden; auf allen Organisationsniveaus der Materie setzen sich verwandte (isomorphe) endlich-geometrische Strukturen durch. Eine wichtige Klasse solcher endlich-geometrischen Strukturen sind kristalline Symmetrien. Die Entstehung von kristallinen Symmetrien bei der Bildung von Himmelskörpern wie der Erde ist durch die Entstehungsbedingungen zu erklären, die denen der Kristallbildung sehr ähnlich sind; das gilt insbesondere für solche kristallinen Formen, die durch Deformation in eine Kugel umgewandelt werden können. Die Erde hat in erster Näherung die Gestalt einer Kugel; präziser gesagt, ist sie ein Ellipsoid mit Birnenform. Bereits 1965 haben die russischen Wissenschaftler B. L. Litschkow und N. N. Schafranowsky in ihrer Arbeit „Kritische Breitengrade des Erdellipsoiden und ihre Winkelanalogien an Kristallen" (1965) gezeigt, dass man eine Reihe von grundlegenden Symmetrieeigenschaften des Globus erklären kann, wenn man annimmt, dass die Erde eine versteckte Oktaeder-Struktur besitzt, so z.B. das Überwiegen der Kontinente auf der Nordhalbkugel und dasjenige der Ozeane auf der Südhalbkugel, die Dreiecksform der Kontinente und Ozeane, und das Fehlen eines Symmetriezentrums beim Geoid. Diese Kennzeichen der Erde entsprechen vollständig dem geometrischen Modell eines zweifarbigen Oktaeders. Die Birnenform des Erd-Geoids zeigt auch, wie Müller weiter ausführt, dass die Erde auf die Erdrotation wie eine ideale Flüssigkeit reagiert, indem Zonen von Anhebungen und Senkungen relativ zu einer idealen Kugel entstehen. Dabei befinden sich die Zonen maximaler Deformationsspannung einerseits in den Polarbereichen auf 90 nördlicher und südlicher Breite und andererseits auf ca. 35 nördlicher bzw. südlicher Breite. Diese von Litschkow und Schafranowsky berechneten Winkel stimmen genau mit dem Neigungswinkel einer Oktaederfläche überein. Die Kanten des Litschkow-Schafranowsky-Oktaeders sind identisch mit den Kontaktlinien der tektonischen Platten.

## Anwendungen des Global Scaling

Da Global Scaling eine Theorie universeller Strukturierung darstellt, sind Art und Zahl der möglichen Anwendungen naturgemäß nicht abzusehen. Ein instruktives Beispiel, die Anwendung zur Optimierung von Pumpen, wurde kürzlich von Bürger (2008) geschildert. Der Autor, ein Ingenieur, studierte 1300 Modelle der führenden Pumpenhersteller weltweit und stellte fest, dass manche Pumpendrehzahlen überhaupt nicht oder selten verwendet werden, andere hingegen besonders häufig. Charakteristische Drehzahlbereiche, die besonders häufig genutzt werden, liegen bei 120 Umdrehungen pro Minute, 1450 U/min, 2900 U/min und bei 3500 U/min. Besonders viele Pumpen werden nahe der Protonenresonanz von 1354 Umdrehungen/min im blauen Bereich betrieben; die Eigenschwingungen des Protons wurden von Hartmut Müller als Eichmaß für die Eigenschwingungen aller Systeme identifiziert. Die unterschiedlichen Umdrehungszahl-Bereiche fördern oder hemmen je nachdem verschiedene technische Eigenschaften wie Effizienz, Langlebigkeit, Zuverlässigkeit oder Flexibilität; der Bereich bei 1354 Umdrehungen unterstützt den Energiewandlungsprozess von elektrischer in mechanische Energie, da die Pumpen hier in intensiver Eigenresonanz arbeiten. In den grünen Bereichen bei Werten von 120, 2900 und 3500 Umdrehungen sind generell die physikalischen Parameter gereifter technischer Systeme zu finden; Pumpen mit Drehzahlen in diesen Bereichen zeichnen sich meist durch hohe technische Anforderungen aus. Durch die geeignete Wahl der Umdrehungszahl können nach Bürger (2008) auch weitere Eigenschaften nach Wunsch optimiert werden.

## Global Scaling in Geomantie und Baukunst

Hartmut Müller und seine Schüler haben in zahlreichen Veröffentlichungen plausibel gemacht, dass sowohl die Platzierung wie auch die Dimensionen und Eigenschaften der Bauten alter Kulturen offenbar den von Müller entdeckten Gesetzmäßigkeiten des Global Scaling folgen, genauso wie es auch bei modernen Bauten der Fall zu sein scheint, besonders wenn diese extremen Anforderungen genügen müssen. Global Scaling dürfte deshalb von großer Bedeutung für Geomantie und Architektur sein. Wie Müller 2005 ausführte, war das Eigenschwingungsverhalten von Bauwerken in der Vergangenheit ein wesentlicher Bestandteil der überlieferten Baukunst (Müller 2005). Dies liegt nach seiner Auffassung daran, dass Eigenschwingungen auf dem energetisch niedrigst möglichen Niveau stattfinden und als effizienteste Art des Bewegungsverhaltens optimale Stabilität garantieren. Deshalb findet man in der Architektur überall fraktale Proportionen; zu ihnen gehört auch die Proportion des Goldenen Schnitts. Hartmut Müller zeigte an einigen Beispielen der antiken römischen und griechischen Architektur, wie präzise antike und mittelalterliche Großbauten nach Global Scaling dimensioniert wurden. So wird der 12 m hohe oktagonale Uhrenturm oder „Turm der Winde" in Athen, erbaut um 50 v. Chr., durch den mazedonischen Astronomen Andronikos von Kyrrhene von einer Natursteinwand genau dort stabilisiert, wo die Amplitude der Eigenschwingungen des Bauwerks Maximalwerte erreicht, nämlich bei einem Radius von 4 m. Der Radius der Kuppel des römischen Pantheon, das in seiner heutigen Form 118-125 n. Chr. erbaut wurde, nämlich 18,21 m, stellt genau jenen Wert dar, bei dem die Eigenschwingungen der Kuppel Maximalwerte erreicht. Auch die überkuppelte Rotunde der Grabeskirche in Jerusalem erreicht maximale Amplituden bei diesem Radius. Das im 3. Jhdt. n. Chr. erbaute Theater im griechischen Epidauros wurde schon in der Antike wegen seiner Vollkommenheit gerühmt. Es ist so nach dem fundamentalen Global Scaling Fraktal dimensioniert, dass eine Echobildung vermieden wird – die Schallwellen erreichen erst weit hinter dem Zuschauerraum Eigenresonanzwerte – und aufgrund der logarithmischen Sitzreihen-Überhöhung alle Zuschauer gleich gut hören können. Beim Petersdom in Rom, begonnen 1503 durch Bramante, wurden diese Erkenntnisse offenbar erst angewandt, als Michelangelo 1547 leitender Architekt wurde, Pfeiler und Mauern verstärkte und den Radius der Außenmauer verkleinerte. Die Außenmauern wurden erst durch Michelangelos Korrektur gemäß den Gesetzen des Global

Scaling platziert, nämlich in einer Entfernung von 81,6 m vom Zentrum der Kuppel, wo die Amplituden der Eigenschwingungen des griechischen Kreuzkuppelbaus ein Maximum erreichen. Nicht nur in der europäischen Architektur wurden die Gesetze des Global Scaling beherzigt. Ein schönes Beispiel aus der altindischen Architektur ist die Chaitya-Halle von Karli, erbaut 150 v. Chr., Indiens größter Höhlentempel, 40 m lang, 15 m hoch und vollständig aus dem Fels gehauen. Das dreischiffige Tonnengewölbe endet in einer halbrunden Apsis, in deren Mitte eine Stupa (Darstellung des Weltenberges Meru und damit des Kosmos selbst) steht. Die 37 elefantengekrönten Pfeiler, auf denen das Gewölbe ruht, sind exakt im Global Scaling-Resonanzzentrum des Raumes im Radius von 4 m platziert; die Felswand beginnt genau dort, wo der nächste Materie-Resonanzbereich beginnt, nämlich in 6,7 m Abstand vom Zentrum der Stupa.

Aus der Analyse dieser historischen und einer Reihe von modernen Bauwerke schließt Müller, dass als Ergebnis jahrhundertelanger Entwicklung Bauten aller Epochen in aller Welt nach den Prinzipien des Global Scaling errichtet worden sind, insbesondere solche, die wegen ihrer Größe, Höhe, besonderen Bauart oder besonderen Umweltbedingungen extremen Anforderungen genügen müssen, wie z.B. Brücken, Türme, große Hallen oder großflächige Überdachungen. Die Eigenschwingungen der Materie wurden zur Erzielung von Stabilität und anderen Eigenschaften genutzt oder im Gegenteil unterdrückt. Es ist deshalb zu vermuten, dass die Gesetzmäßigkeiten des Global Scaling Bestandteil des alten Geomantischen Wissens gebildet haben. Marcus Schmieke, bekanntester Vertreter der indischen Vastu-Geomantie im deutschsprachigen Raum, hat gezeigt, dass sowohl die vedische Kosmologie wie auch die geometrischen Prinzipien des Vastu vollständig aus den Formeln des Global Scaling folgen.

Die sächsische Architektin Katja Kircheis und ihr Ehemann, der Vasati-Geomant Ronny Kircheis, berichteten 2006 über die Anwendung des Global Scaling in einem geomantisch-architektonischen Projekt ihres gemeinsamen Planungsbüros für Architektur und Stadtplanung in Thalheim (Erzgebirge) (Kircheis & Kircheis 2006). Beim Umbau einer Arztpraxis erforschten die beiden, wie Global Scaling in die Architektur eingebracht werden kann. Mit Hilfe des von Müller entwickelten Verfahrens sollte das Interieur optimal auf die Erfordernisse der verschiedenen Arbeitsbereiche abgestimmt werden. Die Auftraggeberin Dr. med. Heidrun Günther wollte im Obergeschoss eines bestehenden Gebäudes mit 2 Etagen eine Praxis für Gynäkologie und Bioresonanztherapie einrichten, die gemäß einer natürlichen und gesunden Bauweise gestaltet, nach Vastu Shastra geplant und nach Global Scaling optimiert werden sollte. Im Zeitraum von August 2004 bis Anfang 2005 wurden verschiedene Varianten entwickelt, verbessert und wieder verworfen, bis schließlich die Wünsche und Vorstellungen der Ärztin mit den vorgegebenen Randbedingungen des Gebäudes und den Prinzipien von Vastu und Global Scaling in Übereinstimmung gebracht werden konnten. Zunächst setzten sich Katja und Ronny Kircheis detailliert mit den vorgesehen Funktionen der Räume, der Persönlichkeit der Benutzer und den darin auszuführenden Tätigkeiten auseinander. Besonderes Augenmerk galt den gewünschten und erwarteten Gefühlen, Empfindungen und dem damit verbundenen Bewusstsein der Patienten, der Ärztin und der Arzthelferinnen. Grundlage der Global Scaling-Analyse war die Annahme, dass die zeitlich periodischen Komponenten menschlicher Bewegungsabläufe innerhalb eines Gebäudes oder eines Raumes auf Resonanz basieren. Deshalb ist es möglich, durch Global Scaling Analyse der Gebäude- oder Raummaße grundlegende Eigenschaften solcher Bewegungsabläufe wie Turbulenz oder Laminarität zu bestimmen bzw. zu prognostizieren. Das fraktale Spektrum dieser Bewegungsabläufe wird dabei in den Raum projiziert, so dass sich um jeden Oszillator kugelförmig Energieschichten ausbreiten, was zur Ausbildung verschiedener Energiezonen mit unterschiedlichen Raumqualitäten führt.

Dies sind in erster Linie die drei folgenden Zonen:

(1) der Knotenpunkt (Oszillator-Mittelpunkt) sowie weitere Knotenbereiche sind schmale Zonen mit hoher Energie, aber starken Energieschwankungen;

(2) Der breite grüne Bereich, der durch Überlagerungen der Schwingungs phasen entsteht, weist gleichbleibend hohe Energie und hohe Stabilität auf; er vermittelt Geborgenheit, Sicherheit, Ruhe und Harmonie und erzeugt Bereitschaft zu effektiver Mitarbeit, gutes Arbeits- und Behandlungsklima;

(3) Zwischen den genannten Bereichen befinden sich energetische Lücken; die Schwingungen in diesen Lücken bieten dem Menschen zu wenig Anregung und Stimulation für Entwicklung und Entfaltung. Durch die Fraktalität der Schwingungen bilden sich auch übergreifende Energiebereiche über ganze Raumgruppen, die sich mit den Energiezonen der einzelnen Räume überschneiden und so neue Qualitäten erzeugen.

Neben der Raumstruktur ist auch die Zeitdimension zu berücksichtigen, die sich aus dem Gründungszeitpunkt und weiteren Ereignissen, sowie dem Alter der beteiligten Personen ergibt. Auch die energetische Wechselwirkung zwischen der Praxis und dem Gesamtgebäude, den umgebenden Gebäuden und dem Wohnort der Ärztin wurden berücksichtigt. Die Auftraggeberin, die nun seit der Inbetriebnahme im Oktober 2005 in der nach Global Scaling optimierten Praxis arbeitet, ist nach 2 ½ Jahren mit den Resultaten der Arbeit sehr zufrieden. Wie sie angibt, begann sich bereits nach einem halben Jahr die Patientenstruktur zu verändern und es kamen mehr junge, berufstätige und aufgeschlossene Patienten. Sie beobachtete auch starke emotionale Reaktionen von Patienten; die neuen Praxisräume scheinen für manche Patienten eine Herausforderung darzustellen. Andere fühlten sich besonders wohl, und die Ärztin selbst und ihre Angestellten sind hochzufrieden und berichten über gute Laune und positive Emotionen; sie hätten seit einiger Zeit damit begonnen, von „unserer Praxis“ zu sprechen.

Global Scaling lässt sich auch in der Stadtplanung und im Städtebau anwenden. 2006 berichtete der Ingenieur Günter Haese über die Ergebnisse des Forschungsprojektes „City Scaling“, das die Global Scaling Research Institute GmbH in München in Zusammenarbeit mit der Wohnungsbaugenossenschaft

Gartenheim e.G. in Hannover durchgeführt hatte (Haese 2006/2007). Eines der Hauptziele des Projekts war der Nachweis, dass sich eine Global Scaling-Analyse urbaner Strukturen betriebswirtschaftlich auszahlen könnte. Die Studie wurde am Beispiel des Stadtgebietes von Hannover durchgeführt und ihre Ergebnisse konnten durch statistische Daten und Erfahrungswerte der Wohnungsgenossenschaft Gartenheim e.G. in Hannover verifiziert werden, deren Vorstandsvorsitzender Günter Haese ist. Diese Genossenschaft besteht seit 87 Jahren und besitzt ca. 4100 Wohnobjekte in Hannover. Wegen ihrer langjährigen Erfahrungswerte und ihrer statistisch verteilten Wohnungsbestände ist sie gut als Untersuchungsobjekt geeignet. Die Ergebnisse der Studie lassen sich wie folgt zusammenfassen: Die Anwendung der Global Scaling-Theorie von Hartmut Müller erlaubt es, den natürlichen Eigenschwingungsprozess in der Entwicklung und Dynamik urbaner Systeme, der hinter den ganzen zufällig wirkenden Gestaltungsprozessen steckt und einer Stadt ihre dauerhafte Prägung verleiht, zu analysieren. Eine Stadt lässt sich wie ein lebendiger Organismus betrachten, dessen einmal gesetztes Schwingungsmuster auch durch Krieg, Zerstörung und Umgestaltungen hindurch im Wesentlichen erhalten bleibt. So wie biologische Organismen sich auf Grund ihrer Selbsterhaltungsstrategie in einem ständigen Selbstheilungsprozess befinden, haben auch Städte die Tendenz, ihre Charakteristik durch alle Veränderungen hindurch zu bewahren. Solche Systemprozesse unterliegen in ihrem zeitlichen und räumlichen Verhalten fraktalen Gesetzmäßigkeiten. Solange die externen Störimpulse unterhalb der Selbstregenerations-Grenze bleiben, findet das System immer wieder zu sich selbst und optimiert seine Existenz auf der Basis der „Erstmusterausstattung". Im „City Scaling"-Projekt konnten mit Hilfe aufwendiger Softwareprogramme, die eigens für das Projekt entwickelt wurden, die Interferenzen von insgesamt 16 Eigenschwingungsfraktalen, die Hannovers Stadtteile und seinen Gesamtcharakter geprägt haben, und ihre zeitliche Entwicklung auf eindrucksvolle Weise simuliert und graphisch dargestellt werden. Prägende Attraktoren oder Eigenschwingungszentren haben als Oszillatoren durch Überlagerung ihrer fraktalen Schwingungsfelder über eine Reihe von Entwicklungsphasen das gegenwärtige Multifraktal-Feld mit seinem stabilen Endzustand erzeugt. Die Daten der Wohnungsgenossenschaft bestätigen die Existenz des mittels Global Scaling ermittelten Fundamentalen Fraktals. So ist z.B. die prozentuale Verteilung der Mieter im Einflussbereich der Knoten, Lücken und grünen Bereiche des Fraktals in Abhängigkeit von ihrem Alter signifikant verschieden. Auch die Verteilungen der Mietangebote, der Leerstände, der offenen Mietforderungen und der Häufigkeit des Mietwechsels widerspiegeln die lokalen Charakteristiken des Fraktals.

**Literaturhinweise:**


Amoroso, Richard L. / Lehnert, B. / Vigier, J. P. (Hrsg.): Beyond the Standard Model. Noetic Press, Orinda CA 2006.

Bjorken, James D.: Asymptotic sum rules at infinite momentum. Physical Review, Vol.179 (1969), S.1547-1553.

Bratengeyer, Erwin: Zufall? – Einführung in die Arbeiten von Prof. Simon Shnoll. Forschungszentrum TIM-Lab, Donau-Universität Krems. 6. Oktober 2005. http://www.globalscaling.de/_data/bratengeyer_expertenmeeting_DUK.pdf Accessed April 28, 2008.

Bürger, Claus: Pumpen im Takt von Global Scaling. Raum & Zeit, Nr. 153 (2008), S. 90-93.

Chislenko, L. L.: The Structure of the Fauna and Flora in Connection with the Sizes of the Organisms. Moscow University Press, Moscow 1981.

Das City Scaling Projekt. FraktalDesigner Website, http://www.fraktaldesigner.de/ Hier Downloads verschiedener PDF-Dateien.

El Naschie, Mohamed S.: Fractal gravity and symmetry breaking in a hierarchical Cantorian space. Chaos, Solitons & Fractals, Vol. 8, No. 11 (November 1997), S. 1865-1872.

El Naschie, Mohamed S.: Dimensional symmetry breaking, information and fractal gravity in Cantorian space. BioSystems, Vol. 46, Nr. 1-2 (1998), S. 41-46.

El Naschie, Mohamed S.: Average exceptional Lie and Coxeter group hierarchies with special reference to the standard model of high energy particle physics. Chaos, Solitons, & Fractals, Vol. 37 (2008), S. 662-668.

Fedorov, M.V., et al.: Synchronous changes in dark current fluctuations in two separate photomultipliers in relation to earth rotation. Astrophysics and Space Science, Vol.283, No.1 (2003), S. 3-10 (8).

Haese, Günter: Projekt City Scaling. Teil 1: Die schwingende Stadt. Raum & Zeit, Nr.144 (2006), S. 102-109.

Haese, Günter: Projekt City Scaling. Teil 2: Das fundamentale Fraktal. Raum & Zeit, Nr.145 (2007), S. 114-117.

Haramein, Nassim: A scaling law for organized matter in the universe. Abstract Meeting American Physical Society, October 2005. http://flux.aps.org/meetings/YR01/TSF01/abs/S30006.html

Haramein, Nassim / Rauscher, Elizabeth: Collective coherent oscillation plasma modes in surrounding media of black holes and vacuum structure – quantum processes with considerations of spacetime torque and Coriolis forces. In: Amoroso, R. L. / Lehnert, B. / Vigier, J. P. (eds.): Beyond the Standard Model: Searching for Unity in Physics. Noetic Press, Orinda CA 2006.

Haramein, Nassim / Hyson, Michael / Rauscher, Elizabeth A.: Scale unification – a universal scaling law for organized matter. Amoroso, R. L. / Dienes, I. / Varga, C. (eds.): Unified Theories. Proceedings of the Unified Theories Conference, Budapest 16-19 May, 2008. Noetic Press, Oakland CA 2008.

Highfield, Roger: Surfer dude stuns physicists with theory of everything. Telegraph Website, 14 November 2007, http://www.telegraph.co.uk/earth/main.jhtml?xml=/earth/2007/11/14/scisurf114.xml&page=1

Kircheis, Katja / Kircheis, Ronny: Die Kraft lebendiger Räume. Global Scaling in der Architektur – Teil 2: Forschungsprojekt. Raum & Zeit, Nr. 141 (2006), S. 82-88.

Litschkow & Schafranowsky: Kritische Breitengrade des Erdellipsoiden und ihre Winkelanalogien an Kristallen. In: Grundlagen der modernen Geologie. Verlag der Leningrader Universität, Leningrad 1965.

Lisi, A. Garrett: An exceptionally simple theory of everything. ArXiv preprint archive hep-th 0711.0770v1, 6 November 2007.

Müller, Hartmut: Scaling in the distributions of physical properties of stable systems as global law of evolution. Proceedings Second Soviet Biophysical Congress, Vol. 2. Moscow / Pushchino 1982 (in Russian)

Müller, Hartmut: The General Theory of Stability and evolutional trends of technology // Evolutional trends of technology and CAD applications. Volgograd Institute of Technology, 1987 (in Russian)

Müller, Hartmut: Superstability as evolutional law of technology. // Orders of technology and their applications, Volgograd-Sofia, 1989 (in Russian)

Müller, Hartmut: Die globale Zeitwelle. Raum & Zeit, Nr. 107 (2000), S. 48-59.

Müller, Hartmut: Kernfusion und Superfluidität bei Zimmertemperatur. In: Freie Energie – Global Scaling. Raum & Zeit Special 1. Ehlers Verlag, Wolfratshausen 2001, S.20-22.

Müller, Hartmut: Bauen in Harmonie mit dem Kosmos. Raum & Zeit, Nr. 136 (2005), S. 82-87.

Müller, Hartmut: Wohnen in Harmonie mit dem Kosmos. Global Scaling in der Architektur – Teil 1: Theorie. Raum & Zeit, Nr. 141 (2006), S. 78-81.

Müller, Hartmut: Fractal Scaling Models of Resonant Oscillations in Chain Systems of Harmonic Oscillators. Progress in Physics, April 2009, vol. 2

Panchelyuga Victor A., Shnoll Simon E: On the Dependence of a Local-Time Effect on Spatial Direction. Progress in Physics, July 2007, vol. 3

Panchelyuga Victor A., Shnoll Simon E: On the Second-Order Splitting of the Local-Time Peak. Progress in Physics, April 2008, vol. 2

The Resonance Project – Scale Unification. http://www.theresonanceproject.org/scale_unification.html

Schmieke, Marcus: Vedische Kosmologie nach Global Scaling entschlüsselt. Website Veden-Akademie, ohne Datum. http://www.veden-akademie.de/artikel/vasati/vasati-global-scaling.htm

Shnoll, Simon E., et al.: Realization of discrete states during fluctuations in macroscopic processes. Physics – Uspekhi, Vol.41, No.10 (1998), S.1025-1035.

Shnoll, Simon E.: Die Harmonie des Chaos – gesetzmäßige Veränderungen der Stochastik in Zufallsprozessen als Folge arithmetischer und kosmophysikalischer Ursachen. Raum & Zeit, 25. Jg., Nr. 143 (2006), S. 78-87.

Waser, André: Eine kurze Einführung in die Global Scaling-Theorie. 6. August 2001, mit Updates vom 7.Januar 2004. AW-Verlag, Einsiedeln / Schweiz. http://www.info global-scaling-verein.de/Documents/TheorieGlobalScaling01.PDF

Waser, André: Die logarithmische Normalverteilung in der Natur. AW-Verlag, Einsiedeln / Schweiz. http://www.info.global-scaling-verein.de/Documents/Waser_LogNormalverteilungInNatur.pdf

Weibel, P. / Ord, G. / Rössler, O.(eds.): Space Time Physics and Fractality: Festschrift in Honour of Mohamed El Naschie. Springer, Wien-New York 2005.

**Hartmut Müller**

# Global Scaling Grundlagen

## Ein Naturphänomen

Scaling bedeutet logarithmische Skaleninvarianz. Scaling ist eine grundlegende Eigenschaft fraktaler Strukturen und Prozesse. Die Global Scaling Theorie erklärt, warum Strukturen und Prozesse der Natur fraktal sind und worin die Ursache der logarithmischen Skaleninvarianz besteht.

Wir leben in einer logarithmischen Welt. Alle unsere Sinne nehmen den Logarithmus eines Signals wahr, nicht die lineare Intensität des Signals selbst. Deshalb messen wir die Lautstärke in Dezibel, also in logarithmischen Einheiten. Töne, deren Frequenzen sich um das Doppelte, Vier- oder Achtfache unterscheiden, nehmen wir als a, a' oder a", als gleiche Töne wahr. Diese Eigenschaft unseres Gehörs ermöglicht es uns, Harmonie von Disharmonie zu unterscheiden. Die harmonische Tonfolge 1/2 (Oktave), 2/3 (Quinte), 3/4 (Quarte), 4/5 (Terz) u.s.w. ist logarithmisch-hyperbolisch skaleninvariant.

Logarithmisch geeicht ist auch unser Tastsinn. Angenommen, man hält in der linken Hand 100 Gramm und in der rechten 200 Gramm. Gibt man nun links 10 Gramm hinzu, muss man rechts 20 Gramm auflegen, um den gleichen Gewichtszuwachs zu verspüren. Diese Tatsache ist in der Sinnesphysiologie als Weber-Fechner-Gesetz bekannt (Ernst Heinrich Weber, 1795 – 1878, Gustav Theodor Fechner, 1801 – 1887): Die Stärke einer Sinnesempfindung ist proportional dem Logarithmus der Reizstärke. Das Weber-Fechner-Gesetz trifft auch für unseren Geruchssinn und unser Sehvermögen zu. Die Netzhaut meldet nur den Logarithmus, nicht die Anzahl der auftreffenden Photonen. Deshalb können wir nicht nur bei Sonnenschein, sondern auch nachts sehen. Die Anzahl der auftreffenden Photonen ändert sich dabei um das Milliardenfache, der Logarithmus hingegen nur um das Zwanzigfache ($ln$ 1000.000.000 $\approx$ 20,72).

Logarithmisch geeicht ist unser Sehvermögen nicht nur in Hinsicht auf die Wahrnehmung der Intensität des Lichtes, sondern auch auf die Wellenlänge des Lichtes, die wir als Farbe wahrnehmen.

Unsere Fähigkeit, lineare Entfernungen zu schätzen, basiert auf der Möglichkeit, Größen von Objekten zu vergleichen und so relative Maßstäbe zu ermitteln. Das heißt, ohne die Möglichkeit, Größen in der Perspektive zu vergleichen, sind Entfernungsschätzungen nicht möglich. Die lineare Perspektive setzt ein konstantes Größenverhältnis voraus, das durch einen Vergrößerungs- oder Verkleinerungsfaktor definiert ist. Dieser Faktor wird in der Perspektive mehrmals mit sich selbst multipliziert. So entsteht eine Exponentialfunktion, deren Argument ein Logarithmus ist.

Die Funktion unserer Sinnesorgane beruht auf akustischen oder elektromagnetischen Schwingungsprozessen. Die logarithmisch skaleninvariante Wahrnehmung der Welt ist eine Folge des logarithmisch skaleninvarianten Aufbaus der Welt.

## Historischer Exkurs – Scaling in der Physik

1967 / 68 entdeckten die Physiker Richard P. Feynman und James Bjorken das Phänomen der logarithmischen Skaleninvarianz (Scaling) auch in der Hochenergiephysik, genauer in den Häufigkeitsverteilungen einiger Teilchenresonanzen in Abhängigkeit von ihrer Ruhemasse.[1)] 1967 entdeckte der russische Physiker Simon E. Shnoll prozessunabhängiges Scaling der Feinstruktur von Histogrammen physikalischer und chemischer Prozesse, unter anderem im radioaktiven Zerfall und im thermischen Rauschen.[2)] 1984 wurden meine ersten Arbeiten zum Thema Scaling in den Häufigkeitsverteilungen der Elementarteilchen in Abhängigkeit von ihren Ruhemassen sowie astrophysikalischer Objekte in Abhängigkeit von ihren Orbitalelementen, Radien und Massen ins Archiv des Institutes für Wissenschaftlich-Technische Information der Russischen Akademie der Wissenschaften aufgenommen.[3)]

## Scaling in der Seismologie

In den 50er Jahren zeigten Beno Gutenberg und Charles Richter, dass ein logarithmisch skaleninvariantes Verhältnis besteht zwischen der Energie (magnitude) und der Häufigkeit von Erdbeben pro Region und Zeitraum.[4)]

## Scaling in der Biologie

1981 veröffentlichte Leonid L. Chislenko seine Arbeit zur logarithmischen Skaleninvarianz in den Häufigkeitsverteilungen der biologischen Arten in Abhängigkeit von den Körpergrößen und –massen der Organismen. Chislenko konnte nachweisen, dass sich Abschnitte erhöhter Artenpräsenz auf der logarithmischen Geraden der Körpergrößen in gleichen Abständen (ca. 0,5 Einheiten des Zehnerlogarithmus) wiederholen.[5)] 1984 konnte Knut Schmidt-Nielsen logarithmische Skaleninvarianz im Aufbau der Organismen und in Stoffwechselprozessen nachweisen.[6)] 1981 entdeckten Alexey Zhirmunsky und Viktor Kuzmin prozessunabhängige logarithmische Skaleninvarianz der Entwicklungsetappen in der Embryogenese, Morphogenese, Ontogenese und in der Erdgeschichte.[7)]

## Scaling in der Mathematik

Alle natürlichen Zahlen 1, 2, 3, 4, 5, ... sind aus Primzahlen konstruierbar. Primzahlen sind natürliche Zahlen, die sich nur durch die Zahl 1 und durch sich selbst ohne Rest teilen lassen, also die Zahlen 2, 3, 5, 7, 11, 13, 17, 19, 23, 29, 31, ... Diese Zahlen sind quasi die Elementarteilchen des Zahlenkontinuums.

Die Verteilung der Primzahlen unter den natürlichen Zahlen ist derart unregelmäßig, dass man bislang keine Formel finden konnte, die diese Verteilung vollständig beschreibt. Allerdings sind Primzahlen immer seltener gesät, je weiter man sich auf der Zahlengeraden bewegt. Das bemerkte bereits Carl Friedrich Gauß (1795). Er entdeckte, dass sich die Menge p(n) der Primzahlen bis zur Zahl n annähernd nach der einfachen Formel $p(n) \cong n / \ln n$ berechnen lässt. Je größer n, desto präziser wird dieses Gesetz erfüllt. Das bedeutet, die Verteilung der Menge der Primzahlen unter den natürlichen Zahlen ist logarithmisch skaleninvariant.

Nichtprimzahlen sind eineindeutig als Primfaktorprodukte darstellbar. Man könnte auch sagen, Nichtprimzahlen sind Primzahl-Cluster. Damit ist gemeint, dass Nichtprimzahlen aus mehreren Primzahlen zusammengesetzt sind. In dieser Interpretation erhält man eine Primfaktor-Dichteverteilung auf der Zahlengeraden. Die folgende Grafik soll den logarithmisch fraktalen Charakter der Verteilung der Primfaktor-Dichte veranschaulichen. Das Diagramm zeigt die Anzahl der Primfaktoren (vertikale Achse) für natürliche Zahlen (horizontale Achse):

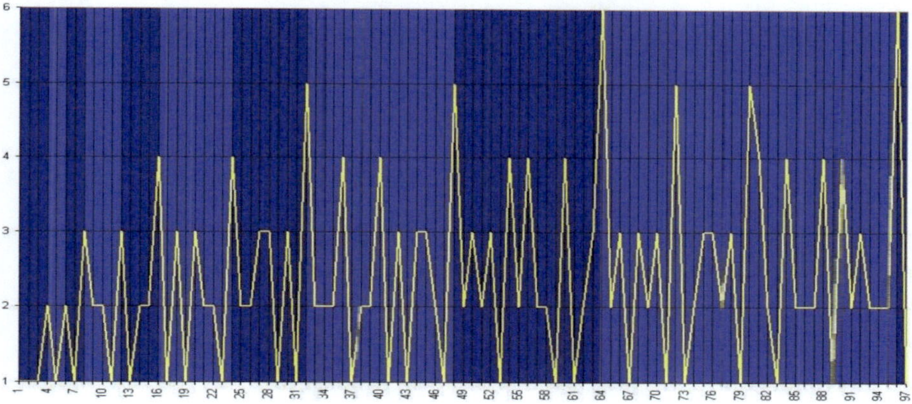


Vergleicht man die Verteilungsmuster, zum Beispiel in den heller markierten Bereichen, kann man eine Wiederholung des Musters erkennen, von rechts nach links quasi mit immer geringerer Auflösung. Je weiter man sich auf der Zahlengeraden nach rechts bewegt, desto mehr entfaltet sich das logarithmische Fraktal der Menge der Primfaktoren. Die logarithmische Skaleninvarianz der Verteilung der Primzahlen ist eine fundamentale Eigenschaft des Zahlenkontinuums. Zudem ist es die einzige nicht-triviale Aussage, die für alle Primzahlen zutrifft. Logarithmische Skaleninvarianz der Primfaktor-Dichteverteilung bedeutet, dass man von einer stehenden Dichtewelle im Zahlenkontinuum sprechen kann. Die Primfaktoren 2 und 3 erzeugen die Grundschwingung, jüngere Primfaktoren erzeugen das Obertonspektrum.

## Scaling in der Technik

1987 erschienen meine ersten Arbeiten zum Thema Scaling als Entwicklungstendenz technischer Systeme hinsichtlich ihrer funktionsrelevanten physikalischen Eigenschaften.[8)]

Heute ist die Global Scaling Analyse in der Lage, Probleme im Verhalten eines Prototyps, die selbst im Testbetrieb eines maßstabsgetreuen kleineren realen Modells nicht ermittelt werden können, bereits am virtuellen CAD-Modell des Prototyps zu erkennen. Global Scaling Verfahren der Prozessanalyse, -optimierung und -prognose kommen heute in vielen technischen Bereichen zur Anwendung, zum Beispiel in der Informationstechnologie, im Transportwesen und in der Logistik, in Architektur und Bauwesen, Maschinenbau, der industriellen Fertigung, Energietechnologie und der Nanotechnologie.

## Vom Modell zur Theorie

Schwingungen sind die energetisch effizienteste Art der Bewegung. Deshalb schwingt alle Materie – nicht nur jedes Atom, sondern auch das Sonnensystem und unsere Galaxie. Das Licht ist eine sich ausbreitende Schwingung und selbstverständlich schwingen auch die Zellen und Organe in unserem Körper. Aufgrund ihrer energetischen Effizienz determinieren Schwingungsprozesse den Aufbau der Materie in allen Größenordnungen – von den Atomen bis zu den Galaxien. In seinem bedeutendsten Werk „Weltharmonik" begründete Johannes Kepler die harmonikale Grundlagenforschung. Aufbauend auf der antiken musikalischen Weltharmonie der Pythagoräer entwickelte Kepler eine harmonikale Kosmologie. Die Global Scaling Forschung setzt diese Tradition fort.

## Die Melodie der Schöpfung

Scaling entsteht sehr einfach – infolge von Eigenschwingungsprozessen. Eigenschwingungen sind Schwingungen der Materie, die bereits bei sehr geringer Energiezufuhr entstehen. Im Unterschied zu erzwungenen Schwingungen, verlaufen Eigenschwingungen also auf energetisch niedrigstmöglichem Niveau. Sie sind deshalb verlustarm und erfüllen das Energieerhaltungsgesetz. Die Energie einer Schwingung ist sowohl von ihrer Amplitude (Intensität) als auch von ihrer Frequenz (Ereignisse pro Zeiteinheit) abhängig. Infolgedessen gilt für Eigenschwingungen: Je höher die Frequenz, desto geringer die Amplitude. Für Eigenschwingungen sind sowohl das Produkt aus Frequenz und Wellenlänge, als auch das Produkt aus Frequenz und Amplitude Erhaltungsgrößen. Sie limitieren die Geschwindigkeit der Ausbreitung von Schwingungen in Medien bzw. die Geschwindigkeit der Auslenkung (Pulsation). In einem homogenen Medium können stehende Wellen nur dann entstehen, wenn das Medium in der Ausbreitungsrichtung der Welle begrenzt ist und wenn die Ausdehnung des Mediums gleich einem ganzzahligen Vielfachen der halben Wellenlänge ist. Als Folge kann man für jede ausreichend niedrige Frequenz $f_0$ die Frequenz $f_1$ einer höheren Mode finden, wobei $n = f_1 / f_0$ ganzzahlig ist. Die Frequenzen dieser Moden generieren Exponentialreihen:

$$\boldsymbol{f_{n,k} = f_0 \cdot n^k} \tag{1}$$

Die folgende Grafik illustriert die Situation für n = 3 und k = 0, 1, 2, ... für transversale Schwingungen:

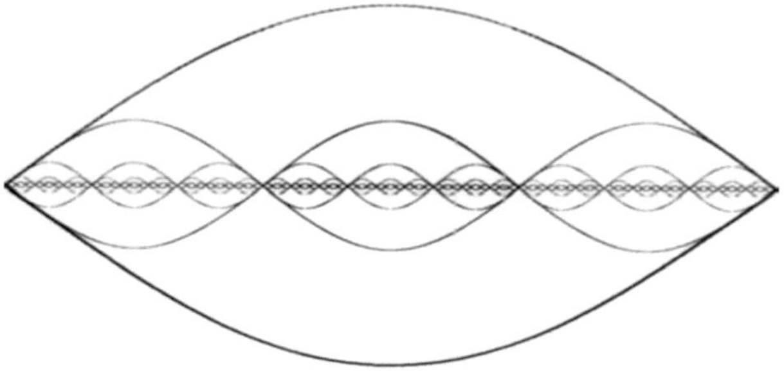

Deshalb kann das komplette Spektrum der Resonanzfrequenzen als Menge logarithmisch fraktaler Spektren (1) mit natürlichen n = 1, 2, 3, ... dargestellt werden. In dieser Vorstellung kann die Erzeugung des kompletten Spektrums der Resonanzfrequenzen als arithmetische Aufgabe verstanden werden, die auf das fundamentale Theorem der Arithmetik reduziert werden kann, dass jede natürliche Zahl n > 1 als einzigartiges Produkt von Primfaktoren darstellbar ist.

In unserem Beispiel ist die Schwingungsperiode der 1. Mode dreimal länger als die Periode der 2. Mode, neunmal länger als die Periode der 3. Mode und 27mal länger als die Periode der 4. Mode. Daraus folgt der logarithmisch fraktale (sich in allen Skalen wiederholende) Aufbau des Schwingungsbildes. In diesem Zusammenhang spricht man von Skaleninvarianz (engl. Scaling). Scaling ist in der Natur weit verbreitet – von den Elementarteilchen bis zu den Galaxien. In diesem Zusammenhang spricht man von Global Scaling.

Eigenschwingungen der Materie erzeugen logarithmisch fraktale Spektren der Frequenzen, Wellenlängen, Amplituden und ein logarithmisch fraktales Netz von Schwingungsknoten im Raum.

In realen Medien werden Grundton und Ober- oder Untertöne gleichzeitig erzeugt. Dadurch entstehen Konsonanzen bzw. Dissonanzen. Nicht nur unser Gehör ist in der Lage Konsonanz von Dissonanz zu unterscheiden, diese Fähigkeit besitzt alle Materie. Dabei geht es um den energetischen Aufwand der notwendig ist, einen Oberton zu erzeugen. Eine Quinte entsteht am leichtesten (geringster energetischer Aufwand pro Schwingungsperiode), weil lediglich eine Frequenzverdopplung und -verdreifachung notwendig ist, um einen Oberton im Abstand von 3/2 der Grundfrequenz zu erzeugen. Etwas mehr Energie ist notwendig, um eine Quarte 4/3 zu erzeugen, weil sie zusätzlich eine Vervierfachung der Grundfrequenz erfordert. Noch mehr Energie ist zur Erzeugung der großen Terz 6/5 gleicher Amplitude notwendig, u.s.w.

Die musikalischen Intervalle spielen also im Spektrum der Eigenschwingungsmoden eine energetische Schlüsselrolle. In der Tat ist dieses Spektrum so aufgebaut, wie das Spektrum einer Melodie.

Eigenschwingungen der Materie sind der wahrscheinlich wichtigste strukturbildende Faktor im Universum. Aus diesem Grund findet man überall in der Natur fraktale Proportionen. Die logarithmisch fraktale Verteilung der Materie im Universum ist eine Folge von Eigenschwingungsprozessen in kosmischen räumlichen und zeitlichen Maßstäben. In diesem Zusammenhang spricht man von der „Melodie der Schöpfung".

## Logarithmischer Strukturwechsel

Schwingungsbäuche verdrängen Materie so, dass sie sich in den Schwingungsknoten konzentriert. Auf diese Weise entsteht im eigenschwingenden Medium eine logarithmisch fraktale Verteilung der Materiedichte. Die folgende Grafik veranschaulicht diesen Sachverhalt an einem Beispiel:

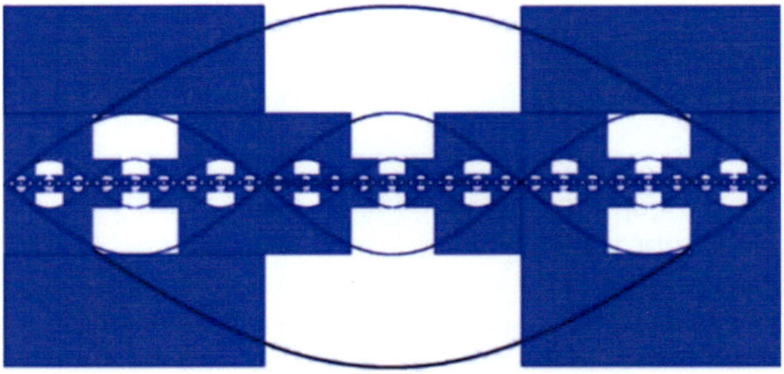

In diesem Beispiel erzeugt das logarithmisch skaleninvariante Spektrum einer Eigenschwingung eine Materiedichteverteilung, die Cantor-Fraktalen entspricht.[9)]

In der Kompressionsphase, beim Übergang von einem Wellenbauch zu einem Knoten, ergibt sich eine Fusionstendenz, in der Dekompressionsphase, beim Übergang von einem Knoten zu einem Wellenbauch, entsteht eine Zerfallstendenz. Dieser Wechsel von Kompression und Dekompression verursacht einen logarithmisch-periodischen Strukturwechsel im schwingenden Medium. Komprimierte und dekomprimierte Bereiche wechseln nach einem logarithmisch fraktalen Muster.

Einen logarithmisch-periodischen Strukturwechsel kann man in allen Maßstäben des Universums beobachten – von den Atomen bis zu den Galaxien. Bedingt durch den globalen logarithmisch-periodischen Wechsel zwischen Kompression und Dekompression, wiederholen sich im Universum auch wesentliche strukturelle Merkmale, auch wenn es sich um Strukturen völlig verschiedener Maßstäbe handelt. Komprimierte Atomkerne mit einer Dichte im Bereich von $10^{14}$ $g/cm^3$ bilden größere dekomprimierte Atome, deren Dichte zum Beispiel für Metalle zwischen 0,5 und 20 $g/cm^3$ liegt. Kleine Moleküle sind in der Regel komprimierter als Makromoleküle. Komprimierte Zellkerne (und andere Zellorganellen) bilden relativ dekomprimierte Zellen. Organismen bilden (relativ dekomprimierte) Populationen. Himmelskörper (Monde, Planeten und Sterne) bilden dekomprimierte Sonnensysteme. Komprimierte Kugelsternhaufen werden im größeren Maßstab von dekomprimierten Galaxien abgelöst, welche wiederum relativ komprimierte Galaxienhaufen bilden. Wir haben großes Glück, dass Galaxienhaufen zu den komprimierten Strukturen im Universum gehören. Nur diesem Umstand ist es zu verdanken, dass wir von der Existenz anderer Galaxien überhaupt etwas wissen. Wäre die Materie im Universum nicht logarithmisch skaleninvariant, sondern linear verteilt, wäre der Abstand zwischen den Galaxien im Verhältnis genau so groß wie der Abstand zwischen den Sternen in unserer Galaxie, und wir hätten keine Chance, jemals etwas von der Existenz anderer Galaxien zu erfahren. Scaling ist also ein globales Phänomen, quasi der Bauplan des Universums.

## Kettenbruch als Weltformel

In seinen Arbeiten „Über Kettenbrüche" (1737) und „Über die Schwingungen einer Saite" (1748) formulierte Leonhard Euler Aufgaben, deren Lösung die Mathematik noch 200 Jahre beschäftigen sollte. Euler untersuchte Eigenschwingungen eines mit Perlen besetzten masselosen elastischen Fadens. Im Zusammenhang mit dieser Aufgabe entwickelte d'Alembert seine Integrationsmethode für ein System linearer Differentialgleichungen. Daniel Bernoulli stellte seinen bekannten Satz auf, der besagt, dass die Lösung des Problems der frei schwingenden Saite als trigonometrische Reihe darstellbar ist, was zwischen Euler, d'Alembert und Bernoulli eine Diskussion veranlasste, die sich über einige Jahrzehnte erstreckte. Später zeigte Lagrange korrekter, wie man durch Grenzübergang von der Lösung des Problems der Schwingungen einer Perlenschnur zur Lösung des Problems der Schwingungen einer homogenen Saite kommt. Vollkommen gelöst wurde diese Aufgabenstellung erst 1822 von J. B. Fourier.

Schier unüberwindbare Probleme entstanden indes immer noch mit Perlen unterschiedlicher Masse und unregelmäßiger Verteilung. Diese Aufgabe führt zu Funktionen mit Lücken. Nach einem Brief von Charles Hermite vom 20. Mai 1893, der dazu aufrief, „die beklagenswerte Plage der Funktionen ohne Ableitungen in Angst und Schrecken abzuweisen", untersuchte T. Stieltjes Funktionen mit Unstetigkeiten und fand eine Integrationsmethode solcher Funktionen, die zu Kettenbrüchen führte. Indes erkannte bereits Euler, dass komplizierte schwingende Systeme auch solche Lösungen (Integrale) enthalten können, die selbst nicht überall differenzierbar sind, und hinterließ der mathematisch begabten Nachwelt ein analytisches „Monster" – die so genannten nichtanalytischen Funktionen (dieser Begriff wurde von ihm selbst gewählt). Nichtanalytische Funktionen sorgten bis ins 20. Jahrhundert für reichlich Beschäftigung, auch nachdem die durch sie heraufbeschworene Identitätskrise der Mathematik bereits überwunden schien.

Die Krise begann, als Emil Heinrich du Bois Reymond 1875 zum ersten Mal über eine von Weierstrass konstruierte, stetige aber nicht-differenzierbare Funktion berichtete, und dauerte etwa bis 1925. Ihre Hauptakteure waren Cantor, Peano, Lebesgue und Hausdorff. Als Ergebnis wurde ein neuer Zweig der Mathematik geboren – die fraktale Geometrie.

Fraktal kommt vom lateinischen *fractus* und bedeutet soviel wie „in Stücke zerbrochen" und „irregulär". Fraktale sind also ausgesprochen lückenhafte, tückische mathematische Objekte. Die Mathematik des 19. Jahrhunderts hielt diese Objekte für Ausnahmeerscheinungen und betrachtete daher reguläre, stetige und glatte Strukturen bzw. versuchte, fraktale Erscheinungen auf solche Strukturen zurückzuführen.

Die Theorie der fraktalen Mengen ermöglichte es, „nichtanalytische" faltige, körnige oder lückenhafte Formen qualitativ streng zu untersuchen. Alsbald stellte sich auch heraus, dass fraktale Strukturen gar nicht mal so selten sind. In der Natur entdeckte man mehr fraktale Objekte als bislang vermutet. Mehr noch, plötzlich schien es so, als sei das Universum von Natur aus fraktal. Vora allem die Arbeiten von Mandelbrot versetzten die Geometrie endlich in die Lage, fraktale Objekte mathematisch korrekt zu beschreiben: lückenhafte Kristallgitter, die Brownsche Bewegung der Gasmoleküle, verschlungene polymere Riesenmoleküle, irreguläre Sternenhaufen, Zirruswolken, die Saturnringe, die Verteilung der Mondkrater, Turbulenzen in Flüssigkeiten, bizarre Küstenlinien, schlängelnde Flussläufe, faltige Gebirgszüge, verzweigte Wachstumsformen verschiedenster Pflanzenarten, Flächeninhalte von Inseln und Seen, Gesteinsformationen, geologische Ablagerungen, die räumliche Verteilung von Rohstoffvorkommen, und und und.

Entscheidend für eine exakte Behandlung fraktaler Objekte war die Einführung reeller, u.a. auch irrationaler Dimensionen, im Unterschied zu den ganzzahligen Dimensionen der Euklidischen Geometrie. Betrachten wir ein Beispiel: Ein verschwindend kleines Sandkorn hat in der Euklidischen Geometrie die Dimension 0. Eine Linie - die Dimension 1. Aber welche Dimension hat eine Linie aneinandergereihter Sandkörner? Die euklidische Sichtweise kennt nur Grenzfälle: Entweder begibt man sich weit weg – bis man keine Sandkörner mehr erkennen kann und ordnet dem Objekt die Dimension 1 zu, oder man erkennt die Sandkörner als Objekte der Dimension 0, und weil bekanntlich 0+0+...+0=0 ist, wird der Sandkornreihe ebenfalls die Dimension 0 zugeordnet. Dass dabei das Wesentliche verloren geht, ist offensichtlich.

Der erste Schritt einer strengen Analyse dieser Situation wurde von Cantor in seinem Brief vom 20. Juni 1877 an Dedekind unternommen, der nächste 1890 von Peano. Die Mathematiker erkannten, dass ein genaues Verständnis von fraktalen Strukturen nicht dadurch erreicht werden kann, dass man die Dimension als Anzahl der Koordinaten definiert. Hausdorff definierte deshalb 1919 den Begriff der Dimension neu. Die fraktale (gebrochene) Dimension D ergänzt die topologische (ganzzahlige) Dimension durch logarithmische Werte. Die fraktale Dimension einer Sandkornreihe aus N Sandkörnern der (im Vergleich zur Gesamtlänge der Reihe) relativen Größe 1/k ist $D = \log(N) / \log(k)$. Angenommen, die Reihe aus 100 Sandkörnern ist 100 mm lang und ein Sandkorn ist 1 mm groß, dann ist $D = \log(100) / \log(100) = 1$. Besteht jedoch die Reihe aus nur 50 Sandkörnern, so ist $D = \log(50) / \log(100) = 0{,}849485$. Die fraktale Dimension D ist also ein Maß für die Lückenhaftigkeit eines Objektes. Je größer die Lücken, desto weiter entfernt ist D von ganzzahligen Werten. Die Anwendung der Hausdorff-Dimension in der Geometrie ermöglichte es nun, nicht nur völlig unregelmäßige reale Objekte mathematisch exakt zu behandeln, sondern vermittelte zugleich das Rezept zur Erschaffung selbstgemachter fraktaler Kreationen.

Die Herstellung verschiedener Mandelbrot- und Julia-Mengen am Computer entwickelte sich zum mathematischen Volkssport. Die Mandelbrot-Menge wurde zum Gegenstand bis heute nicht abgeschlossener theoretischer Untersuchungen. Wichtig ist sie aber über die Mathematik hinaus erst dadurch geworden, dass an ihr Zusammenhänge sichtbar werden, die bei Naturvorgängen in den verschiedensten Fachgebieten untersucht werden.

Die fraktale Sandkornreihe erinnert indes stark an Eulers Perlenschnur. Beide Objekte sind fraktal. Die Leningrader Mathematiker F. R. Gantmacher und M. G. Krein betrachteten 1950 die Auslenkungslinie einer mit Perlen besetzen schwingenden Saite als gebrochenen Streckenzug. Eben dieser Ansatz ermöglichte ihnen eine fraktale Sichtweise des Problems, ohne dass sie sich dessen bewusst waren (Mandelbrots Klassiker „Les objets fractals" erschien 1975, seine ersten Arbeiten aus den 50er Jahren fielen in den Fachbereich Linguistik). Erst die fraktale Sichtweise versetzte die beiden Mathematiker in die Lage, das 200 Jahre alte Eulersche Problem der schwingenden Perlenschnur für Perlen unterschiedlicher Masse und unregelmäßiger Verteilung vollständig (auch für den allgemeinsten Fall) zu lösen.

In ihrer Arbeit „Oszillationsmatrizen, Oszillationskerne und kleine Schwingungen mechanischer Systeme" (Leningrad 1950, Berlin 1960) zeigen Gantmacher und Krein, dass Stieltjes-Kettenbrüche Lösungen der Euler-Lagrangeschen Bewegungsgleichungen für eigenschwingende Kettensysteme sind. Diese Kettenbrüche erzeugen fraktale Spektren. Im selben Jahr erscheint das umfassende Werk von Oskar Perron „Die Lehre von den Kettenbrüchen" (1950). Das Thema bearbeitete auch N. I. Achieser in seiner Arbeit „Das klassische Momentenproblem und einige mit ihm verbundene Fragen der Analyse" (Moskau 1961). Terskich verallgemeinert die (inhaltlich fraktale) Kettenbruch-Methode auf die Analyse eigenschwingender verzweigter Kettensysteme (Terskich V. P., Die Kettenbruch-Methode. Leningrad 1955). Khintchine erschließt die Bedeutung von Kettenbrüchen in der Arithmetik und Algebra (Khintchine A. J., Continued Fractions. University of Chicago Press, Chicago 1964).

Weitere Arbeiten von Thiele, Markov, Khintchine, Murphy, O'Donohoe, Chovansky, Wall, Bodnar, Kučminskaja, Skorobogat'ko u.a. verhalfen der Kettenbruch-Methode zum endgültigen Durchbruch und ermöglichten bis 1981 die Entwicklung effizienter Algorithmen der Addition und Multiplikation von Kettenbrüchen.

Jede reelle Zahl – und damit auch jeder Messwert – ist eineindeutig als normierter Kettenbruch darstellbar. (In einem normierten Kettenbruch sind alle Teilzähler gleich 1). Endliche normierte Kettenbrüche liefern rationale Zahlen, unendliche Kettenbrüche liefern irrationale Zahlen. Die folgende Grafik zeigt Kettenbrüche einiger prominenter irrationaler Zahlen:

$$\frac{\sqrt{5}+1}{2} = 1 + \cfrac{1}{1 + \cfrac{1}{1 + \cfrac{1}{1 + \cfrac{1}{1 + \cdots}}}} = 1{,}6180339\ldots$$

$$e = 2 + \cfrac{1}{1 + \cfrac{1}{2 + \cfrac{2}{3 + \cfrac{3}{4 + \cfrac{4}{5 + \cfrac{5}{6 + \cdots}}}}}} = 2{,}718281828459\ldots$$

$$\sqrt{2} = 1 + \cfrac{1}{2 + \cfrac{1}{2 + \cfrac{1}{2 + \cfrac{1}{2 + \cdots}}}} = 1{,}41421356\ldots$$

$$1 = \cfrac{2}{3 + \cfrac{2}{-3 + \cfrac{2}{3 + \cfrac{2}{-3 + \cdots}}}}$$

Der denkbar einfachste Kettenbruch generiert die Proportion des Goldenen Schnitts. Alle seine Elemente sind gleich 1. Vermutlich ist deshalb der Goldene Schnitt in der Natur so weit verbreitet. Die Näherungsbrüche {1, 1/2, 2/3, 3/5, 5/8, 8/13, 13/21, 21/34, ...} erzeugen die Reihe der Fibonacci-Zahlen. Eine ganz besondere Struktur besitzt der Kettenbruch der Eulerschen Zahl $e$ = 2,71828 ... Dieser Kettenbruch enthält die Folge aller natürlichen Zahlen.

Die Näherungsbrüche für $e$ werden aus reziproken musikalischen Intervallen (Prime 1/1, Oktave 1/2, Quinte 2/3, Quarte 3/4, große Terz 4/5, kleine Terz 5/6, ...) gebildet. Die Zahl 1 – und damit auch jede andere ganze Zahl – kann als alternierender Kettenbruch dargestellt werden.

In ihrer Kettenbruch-Darstellung ist jede Zahl ein Schwingungsattraktor. Khinchine konnte beweisen, dass Näherungsbrüche bestmögliche Approximationen irrationaler Zahlen liefern, weil sie sich dem Eigenwert des Kettenbruches schnellstmöglich nähern.

Die folgende Grafik veranschaulicht beide Sachverhalte:

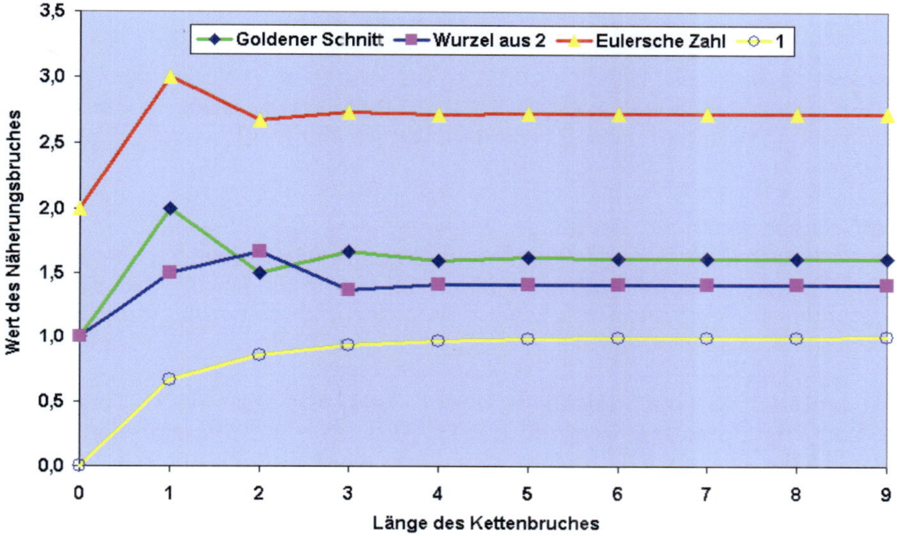


## Das Spektrum der Vakuumresonanzen

Das physikalische Vakuum repräsentiert den energetisch niedrigstmöglichen Zustand der Materie. Das bedeutet gleichzeitig, dass im Vakuum nur Eigenschwingungen möglich sind.

Die Plancksche Formel

$$\Delta \mathrm{E} = h\,\Delta f \qquad (1)$$

($h$ ist das Plancksche Wirkungsquantum) bringt zum Ausdruck, dass die Energie der Eigenschwingung eines Vakuumoszillators frequenzabhängig und gequantelt ist. Energie kann also nur in bestimmten Portionen absorbiert oder emittiert werden. Das bedeutet auch, dass blaues Licht energiereicher ist als rotes.

Basierend auf der Kettenbruchmethode suchen wir das Frequenzspektrum der Eigenschwingungen eines Kettensystems ähnlicher Quantenoszillatoren in der Form:

$$f = f_0 \exp(\mathrm{S}) \qquad (2)$$

$f$ ist eine Eigenfrequenz des Kettensystems, $f_0$ ist die Eigenfrequenz eines isolierten Quantenoszillators, S ist ein Kettenbruch mit ganzzahligen Elementen.

$$S = \frac{n_0}{z} + \cfrac{z}{n_1 + \cfrac{z}{n_2 + \cdots + \cfrac{z}{n_i}}} \qquad (3)$$

Die Teilzähler $z$, das freie Glied $n_0$ und alle Teilnenner $n_1$, $n_2$, ..., $n_i$ sind ganze Zahlen. Wir folgen der Definition eines Kettensystems von Terskich, in dem eine Wechselwirkung zwischen den Elementen nur in deren Bewegungsrichtung stattfindet.

In diesem Zusammenhang verstehen wir unter dem Begriff „Spektrum" eine diskrete Verteilung oder Menge von Eigenschwingungsfrequenzen. Die Spektren (2) sind nicht nur logarithmisch invariant, sondern auch fraktal, weil die diskrete hyperbolische Verteilung von Eigenfrequenzen sich selbst auf jeder Spektral-Schicht $i = 1, 2, \ldots$ wiederholt.

Jeder Kettenbruch (3) mit Teilzählern $z \neq 1$ kann mit Hilfe der Eulerschen äquivalenten Transformation in einen Kettenbruch mit $z = 1$ transformiert werden. Mit Hilfe der Lagrange-Transformation kann jeder Kettenbruch mit ganzen (auch negativen) Teilnennern als wertgleicher Kettenbruch mit natürlichen Teilnennern dargestellt werden. Diese Kettenbrüche sind stets konvergent. Wir untersuchen Spektren (2), die von konvergenten Kettenbrüchen (3) generiert werden.

Jeder unendliche Kettenbruch ist irrational, und jede irrationale Zahl kann auf exakt auf eine Weise als unendlicher Kettenbruch dargestellt werden. Die Kettenbruchdarstellung einer irrationalen Zahl ist sinnvoll, weil die Näherungsbrüche bestmögliche Approximationen der irrationalen Zahl darstellen. Diese Eigenschaft ist fundamental und trifft nicht auf die Dezimaldarstellung der irrationalen Zahl zu. Die Näherungsbrüche sind rational und generieren ein diskretes Spektrum. Deshalb untersuchen wir Kettenbrüche (3) mit endlicher Anzahl von Teilnennern. In der logarithmischen Darstellung kann so jede Eigenfrequenz als endlicher Satz ganzer Zahlen z, $n_0$, $n_1$, ..., $n_k$ notiert werden:

$$ln\,(f/f_0) = \frac{n_0}{z} + \cfrac{z}{n_1 + \cfrac{z}{n_2 + \cdots + \cfrac{z}{n_k}}} = [z, n_0; n_1, n_2, \ldots, n_k] \qquad (4)$$

Die folgende Grafik veranschaulicht die Erzeugung eines solchen fraktalen Spektrums für $z$ = 1 der ersten Schicht $i$ = k = 1 für $|n_1|$ = 1, 2, 3, ... und $n_0$ = 0 (logarithmische Darstellung):

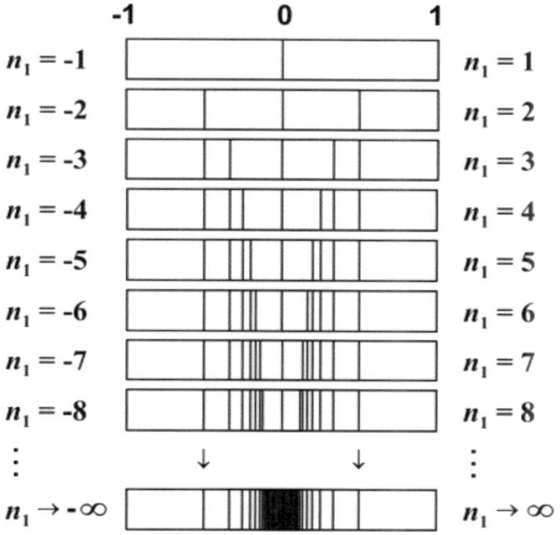


Die Teilnenner $n_1$ durchlaufen positive und negative ganze Zahlen. Die maximale Spektraldichte wird automatisch im Abstand von einer logarithmischen Einheit erreicht, wo $n_0$ = 0, 1, 2, ... und $|n_1| \to \infty$. Die nächste Grafik zeigt den Aufbau des Spektrums der ersten Schicht i = k = 1 für $|n_1|$ = 1, 2, 3, ... und $|n_0|$ = 0, 1, 2, ... (logarithmische Darstellung):

Je mehr Schichten $i$ = 1, 2, 3, ... berechnet werden, desto mehr spektrale Details werden sichtbar. In Ergänzung zur ersten Schicht, zeigt die nächste Grafik die zweite spektrale Schicht $i$ = k = 2 für $|n_2|$ = 1, 2, 3, ... und $|n_1|$ = 2 (logarithmische Darstellung):

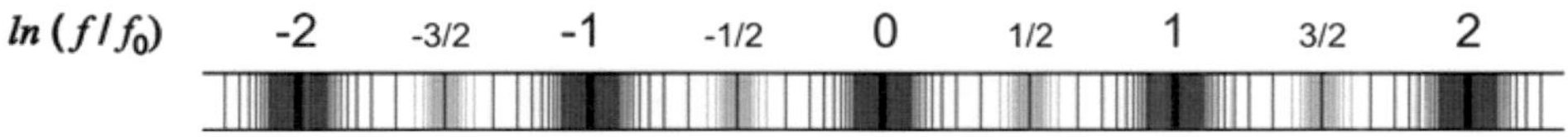


In jeder Spektralschicht $i$ kann man Bereiche relativ niedriger Spektraldichte (Lücken) und Bereiche relativ hoher Spektraldichte (Knoten) selektieren. Die höchste Spektraldichte entspricht den Knoten der obersten Schicht $i$ = 0, wo $|n_1| \to \infty$. Das nächstniedrigere Niveau der Spektraldichte befindet sich in der Schicht $i$ = 1, wo $|n_2| \to \infty$, und so weiter. Die größten Spektrallücken sind zwischen den Bereichen der Spektralknoten der Schicht $n_0$. In den Schichten $i$ = 1, 2, 3, ... sind die Lücken entsprechend schmaler.

1795 entdeckte Carl Friedrich Gauß die logarithmische Skaleninvarianz der Verteilung der Primzahlen. Gauß bewies, dass sich die Menge p($n$) der Primzahlen bis zur Zahl n dem Gesetz p($n$) $\cong n \,/\, \ln n$ folgt. Das Gleichheitszeichen ist korrekt für den Grenzfall $n \to \infty$. Die logarithmische Skaleninvarianz ihrer Verteilung ist die einzige nichttriviale Eigenschaft aller Primzahlen.

Das freie Glied $n_0$ und alle Teilnenner $n_1$, $n_2$, $n_3$, ..., $n_k$ sind ganze Zahlen und können deshalb als eindeutige Primfaktorprodukte dargestellt werden. Basierend auf dieser Darstellung unterscheiden wir Spektralklassen in Abhängigkeit von der Prim-Teilbarkeit der Teilnenner. Generell untersuchen wir Kettenbrüche, die die Markovsche Konvergenzbedingung erfüllen:

$$| n_i | \geq | z_i | + 1 \qquad (5)$$

Kettenbrüche (3) mit $z$ = 1 auf geraden Teilnennern generieren keine leeren Spektrallücken, weil der alternierende Kettenbruch [1, 0; +2, -2, +2, -2, ...] gegen 1 strebt und der Kettenbruch [1, 0; -2, +2, -2, +2, ...] gegen -1 strebt.

Durch 3 teilbare Teilnenner mit $z$ = 2 bilden die Klasse von Kettenbrüchen (3), die das Spektrum (4) mit den engsten leeren Lücken bilden. Die folgende Grafik zeigt Fragmente von Spektren, die von Kettenbrüchen (3) mit durch 2, 3, 4, ... teilbaren Teilnennern und den entsprechenden Teilzählern $z$ = 1, 2, 3, ... der ersten Spektralschicht $i$ = 1 für $n_0$ = 0 generiert wurden (logarithmische Darstellung):

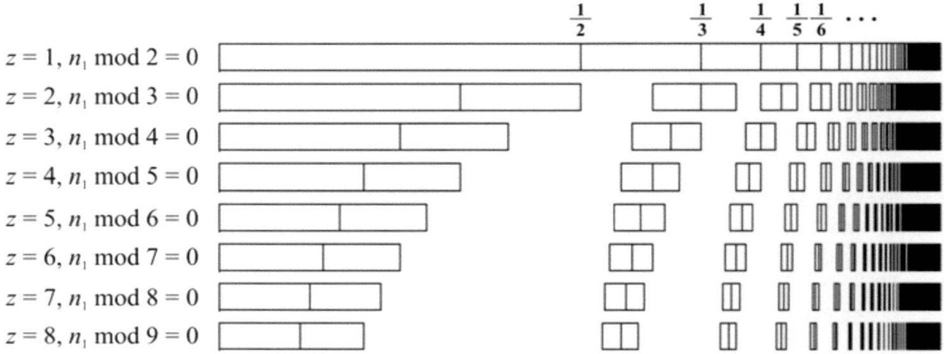


Die Grafik (oben) zeigt die Spektralknoten der ersten Schicht $i$ = 1 und auch die Grenzen der Knotenbereiche, damit die Spektrallücken klar zu sehen sind.

Die Grenzen der Spektrallücken werden von den folgenden alternierenden Kettenbrüchen definiert ($z \geq 1$):

$$-1 = \cfrac{z}{-z-1+\cfrac{z}{z+1+\cfrac{z}{-z-1+\cdots}}} \qquad 1 = \cfrac{z}{z+1+\cfrac{z}{-z-1+\cfrac{z}{z+1+\cdots}}} \tag{6}$$

Etwas detaillierter wollen wir uns mit dem zweiten Spektrum beschäftigen, das vom Kettenbruch (3) mit durch 3 teilbaren Teilnennern und den entsprechenden Teilzählern $z = 2$ generiert wird. Dieses Spektrum ist besonders interessant, weil mit $z = 2$ und $n_i \bmod 3 = 0$ die Produktion von leeren Spektrallücken beginnt. Vermutlich korrespondieren diese Lückenbereiche mit fundamentalen Eigenschaften von Schwingungsprozessen.

Die Teilnenner $n_1$ durchlaufen positive und negative ganze Zahlen. Die maximale Spektraldichte wird automatisch im Abstand von 3/2 logarithmischen Einheiten erreicht, wobei $n_0 = 3j$, ($j = 0, 1, 2, \ldots$) und $|n_1| \to \infty$. Die folgende Grafik zeigt das Spektrum der ersten Schicht $i = k = 1$ für $|n_1| = 3, 6, 9, \ldots$ und $|n_0| = 0, 3, 6, \ldots$ (logarithmische Darstellung):

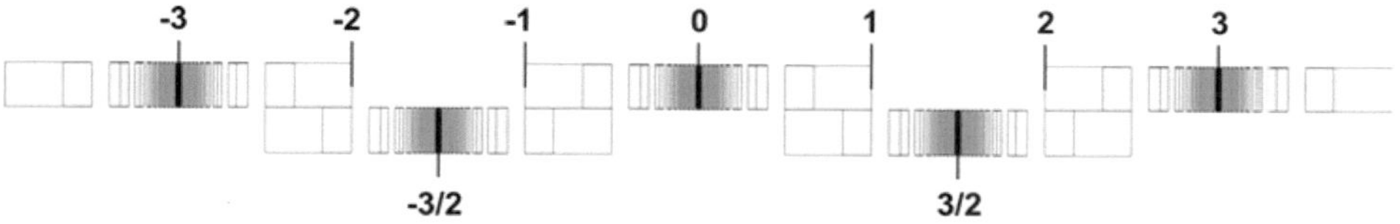


Der alternierende Kettenbruch [2, 0; +3, -3, +3, -3, ...] strebt gegen 1, der alternierende Kettenbruch [2, 0; -3, +3, -3, +3, ...] strebt gegen -1. Als Folge sind die Spektralbereiche zwischen $|n_1| = 3 - 1$ und $|n_1| = 3 + 1$ doppelt besetzt. Je mehr Schichten $i = 1, 2, 3, \ldots$ berechnet werden, desto mehr spektrale Details werden sichtbar:

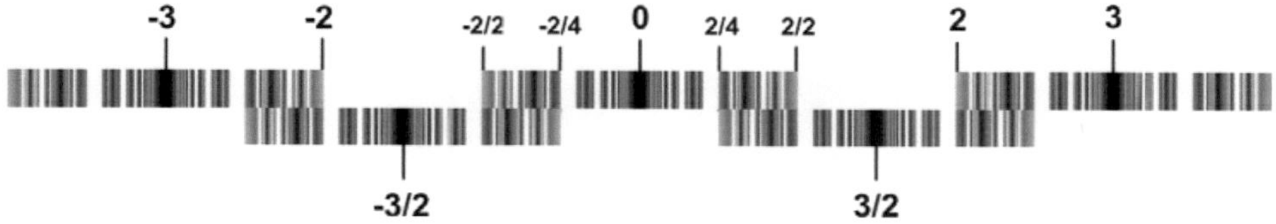


Durch 3 teilbare freie Glieder $|n_0| = 3j$, ($j = 0, 1, 2, \ldots$) des Kettenbruchs (3) markieren spektrale Hauptknoten, durch 3 teilbare Teilnenner $|n_{i>0}| = 3j$, ($j = 1, 2, \ldots$) markieren spektrale Subknoten.

Alle anderen Teilnenner $|n_i| \neq 3j$ markieren Grenzen spektraler Lücken:

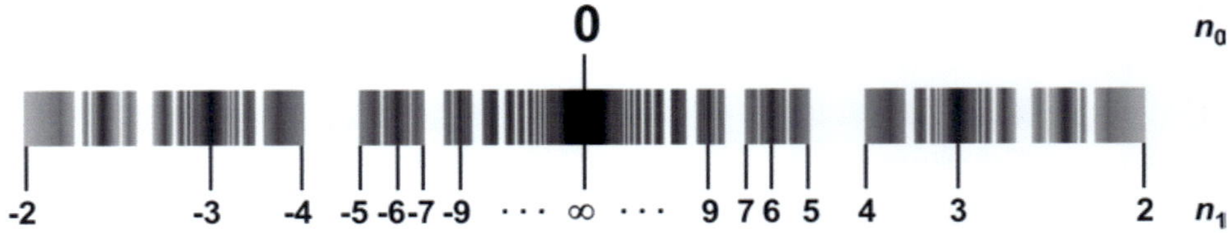


Die folgende Grafik zeigt die Überlappungsbereiche des Spektrums in grüner Farbe, wobei die Kernbereiche der spektralen Hauptknoten rot bzw. blau befärbt sind:

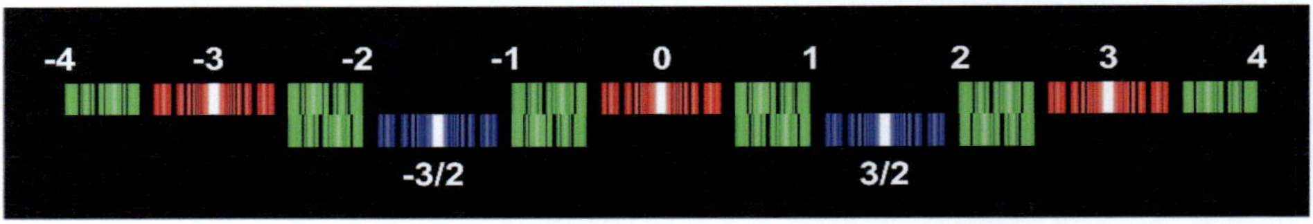


**Lokale Besonderheiten fraktaler skaleninvarianter Spektren und korrespondierende Eigenschaften von Schwingungsprozessen**

In den Spektralbereichen, in welchen die Spektraldichte ein lokales Maximum erreicht, sind Resonanzfrequenzen maximal dicht verteilt, so dass in der Nähe eines Spektralknotens fast jede Frequenz eine Resonanzfrequenz ist. Die energetische Effizienz (Wirkungsgrad) resonanter Schwingungen ist sehr hoch. Wenn also die Frequenz eines Schwingungsprozesses in unmittelbarer Nähe eines spektralen Knotens des Spektrums (6) liegt, sollte der Wirkungsgrad des Prozesses relativ hoch sein. Höchstmögliche energetische Effizienz ist im Bereich der Hauptknoten der Schicht $i = 0$ zu erwarten. Wenn andererseits die Frequenz eines Schwingungsprozesses in einer spektralen Lücke des Spektrums (6) liegt, sollte die energetische Effizienz des Prozesses entsprechend geringer sein. Im Zentrum eines Spektralknotens schaltet die spektrale Kompression um auf Dekompression um. Aus diesem Grund erhöht sich die Wahrscheinlichkeit eines Tendenzwechsels, wenn Schwingungsprozesse in die Nähe eines Spektralknotens kommen.[10)]

**Das Spektrum der Protonenresonanzen**

Ob Atom, Sonnensystem oder Milchstrasse – gewöhnliche Materie besteht zu über 99 Prozent ihres Volumens aus Vakuum (teilchenfreie physikalische Felder), so ungewöhnlich das auch klingen mag. Elementarteilchen, aus denen Materie besteht, sind Vakuumresonanzen, also Schwingungsknoten, Attraktoren, Singularitäten des Vakuums. Vakuumresonanz ist einer der wichtigsten Mechanismen, die den harmonischen Aufbau der Materie in allen Maßstäben regelt – von den subatomaren Teilchen bis zu den Galaxien. Da es sich um harmonische

Schwingungen handelt, kann man, wie bereits weiter oben angedeutet, von einer Melodie der Schöpfung sprechen.

Vakuumresonanzen haben gewöhnlich eine Lebensdauer von einigen Piko- bis Nanosekunden. Allerdings kennt die Teilchenphysik auch einige wenige außergewöhnlich stabile Vakuumresonanzen, zum Beispiel das Proton und das Elektron. Ihre Lebensdauer übersteigt alles Vorstellbare. Aufwendige Experimente belegen, dass ein Proton länger als Einhunderttausend Milliarden Milliarden Milliarden ($10^{32}$) Jahre lebt. Wie lange ein Proton wirklich leben kann, weiß niemand. Noch kein Wissenschaftler konnte je den Zerfall eines Protons beobachten. Extrem lange leben auch die Elektronen (> $10^{22}$ Jahre).

Die außergewöhnlich hohe Lebensdauer des Protons und des Elektrons ist die Ursache dafür, dass gewöhnliche Materie aus Atomen besteht. Atome enthalten stets gleichviel Protonen wie Elektronen. Allerdings ist jedes Proton etwa 1836-mal schwerer als jedes Elektron im Atom. Die Atommasse rührt daher zu über 99 Prozent von den Protonen bzw. ihren angeregten Zuständen, den Neutronen. Aus diesem Grund bestimmen Protonenresonanzen den Verlauf aller Prozesse und den Aufbau aller Strukturen im Universum.

Gegenstand der Global Scaling Theorie ist das Spektrum der Eigenschwingungen von Kettensystemen, die aus Protonen bestehen. Als ein Spektrum von Eigenschwingungsprozessen ist dieses fraktal, also lückenhaft, sich selbst ähnlich und logarithmisch skaleninvariant. Die Global Scaling Theorie sieht in der logarithmischen Skaleninvarianz des Spektrums der Protonenresonanzen die Ursache des Global Scaling Phänomens – der logarithmischen Skaleninvarianz im Aufbau der Materie.

Basierend auf (4), kann das logarithmierte Spektrum der Protonenresonanzen durch folgenden Kettenbruch beschrieben werden:

$$\ln(f/f_P) = \varphi + N_0 + \cfrac{2}{N_1 + \cfrac{2}{N_2 + \cdots + \cfrac{2}{N_k}}} = [N_0+\varphi; N_1, N_2, \ldots] \qquad (7)$$

$f_P$ = 1,425486... x $10^{24}$ Hz ist die Eigenfrequenz des Protons, $f$ ist die Frequenz einer Protonenresonanz, der Phasenwinkel kann im Eigenschwingungsmodus nur die Werte $\varphi = \{0; 3/2\}$ annehmen, $N_0$ und die Teilnenner $N_1$, ... sind ganze Zahlen (Quantenzahlen). Teilnenner, deren Werte ganzzahlige Vielfache von 3 sind, entsprechen Knoten im Spektrum. Alle anderen (ganzzahligen) Werte entsprechen Lückenrändern. Das Spektrum der Protonenresonanzen (7) ist das Fundamentale Fraktal der Global Scaling Theorie.

Die Global Scaling-Theorie basiert auf der Quantenmetrologie des Protons. Die Werte der fundamentalen physikalischen Konstanten (Ruhemasse $m_p$ des Protons, Plancksche Konstante $h$, Lichtgeschwindigkeit im Vakuum **c**, Boltzmannsche Konstante **k**, elektrische Elementarladung ***e***) und die transzendenten Zahlen *e* = 2,71828... und π = 3,14159... sind die einzigen physikalischen Eichparameter der Theorie.

## Die Quantenmetrologie des Protons

| | | |
|---|---|---|
| Ruhemasse | $m_p$ | 1,672621... $10^{-27}$ kg |
| Eigenwellenlänge | $\lambda_p = h / 2\pi c\, m_p$ | 2,103089... $10^{-16}$ m |
| Eigenfrequenz | $f_p = c / \lambda_p$ | 1,425486... $10^{24}$ Hz |
| Eigenschwingungsperiode | $\tau_p = 1 / f_p$ | 7,01515... $10^{-25}$ s |
| Innere Energie | $E_p = m_p c^2$ | 9,38272... $10^{8}$ eV |
| Gleichgewichtstemperatur | $T_p = m_p c^2 / k$ | 1,08881... $10^{13}$ K |
| Elektrische Ladung | $e_p$ | 1,6021764...$10^{-19}$ C |

Das Fundamentale Fraktal beschreibt also nicht nur das Spektrum der Protonenresonanz-Frequenzen, sondern auch das Protonenresonanz-Periodenspektrum, -Energiespektrum, -Massespektrum, -Geschwindigkeitsspektrum, -Temperaturspektrum, -Druckspektrum, -Ladungsmengenspektrum u.s.w. Die physikalischen Eigenschaften des Protons definieren die Eichmaße der Global Scaling-Theorie, die in der Global Scaling Analyse von Messdaten verwendet werden:

| **Physikalische Messgröße** | **Formel** | **Eichmaß** |
|---|---|---|
| Masse | $m_p$ | 1,67262171<br>1,67262145 · $10^{-27}$ kg |
| Geschwindigkeit | c | 2,99792458 · $10^{8}$ m/s |
| Ladungsmenge | $e$ | 1,602176525<br>1,602176399 · $10^{-19}$ C |
| Wellenlänge | $\lambda_p = h / 2\pi c\, m_p$ | 2,1030892566<br>2,1030889200 · $10^{-16}$ m |
| Frequenz | $f_p = c / \lambda_p$ | 1,42548636502<br>1,42548613694 · $10^{24}$ Hz |
| Zeit | $\tau_p = 1 / f_p$ | 7,01515064992<br>7,01514952749 · $10^{-25}$ s |
| Energie | $E_p = m_p c^2$ | 1,50327742<br>1,50327719 · $10^{-10}$ J |
| Temperatur | $T_p = m_p c^2 / k$ | 1,08882027571<br>1,08881639695 · $10^{13}$ K |
| Kraft | $F_p = m_p c^2 / \lambda$ | 7,14794990157<br>7,14794764678 · $10^{5}$ N |
| Druck | $P_p = F_p / \lambda_p^2$ | 1,61609255388<br>1,61609152693 · $10^{37}$ N/m² |
| Elektrische Stromstärke | $I_p = e\, f_p$ | 2,2838807907<br>2,2838802457 · $10^{5}$ A |
| Elektrische Spannung | $U_p = E_p / e$ | 9,3827210591<br>9,3827188627 · $10^{8}$ V |
| Ohmscher Widerstand | $R_p = U_p / I_p$ | 4,1082368818<br>4,1082349398 · $10^{3}$ Ω |
| Elektrische Kapazität | $C_p = e / U_p$ | 1,7075823633<br>1,7075818293 · $10^{-28}$ F |

## Global Scaling Methoden der Forschung und Entwicklung

### Global Scaling Analyse

Die Global Scaling Analyse beginnt mit der Lokalisierung reproduzierbarer Messwerte im entsprechend geeichten Protonenresonanzspektrum. Rechnerisch besteht diese erste Etappe der Global Scaling Analyse aus folgenden Schritten:

1. Man dividiert den Messwert durch das entsprechende Protonen-Eichmaß.

   Beispiel: GS-Analyse der Wellenlänge $\lambda$ = 540 nm:

   $\lambda / \lambda_p = 540 \cdot 10^{-9}$ m / $2{,}103089... \cdot 10^{-16}$ m $= 2{,}56765... \cdot 10^{9}$

2. Man logarithmiert das Ergebnis zur Basis $e = 2{,}71828...$:

   $$\ln(2{,}56765... \cdot 10^{9}) = 21{,}666...$$

3. Man zerlegt den Logarithmus in einen Global Scaling Kettenbruch:

   $$21{,}666... = 0 + 21 + 2/3 = [21+0;\ 3]$$

Der Phasenwinkel $\varphi$ und die Quantenzahlen $N_0$, $N_1$, ... geben Auskunft über die Platzierung des Messwertes im Fundamentalen Fraktal. In unserem Beispiel ist $\varphi = 0$, $N_0 = 21$ und $N_1 = 3$. Das bedeutet, die Wellenlänge 540 nm befindet sich in der Nähe des Subknotens 3 des Knotenbereiches 21 im Spektrum der Protonenresonanz-Wellenlängen. Die Wellenlänge 540 nm ist demnach mit hoher Wahrscheinlichkeit eine Protonensubresonanz-Wellenlänge. Die folgende Grafik veranschaulicht diese Platzierung:

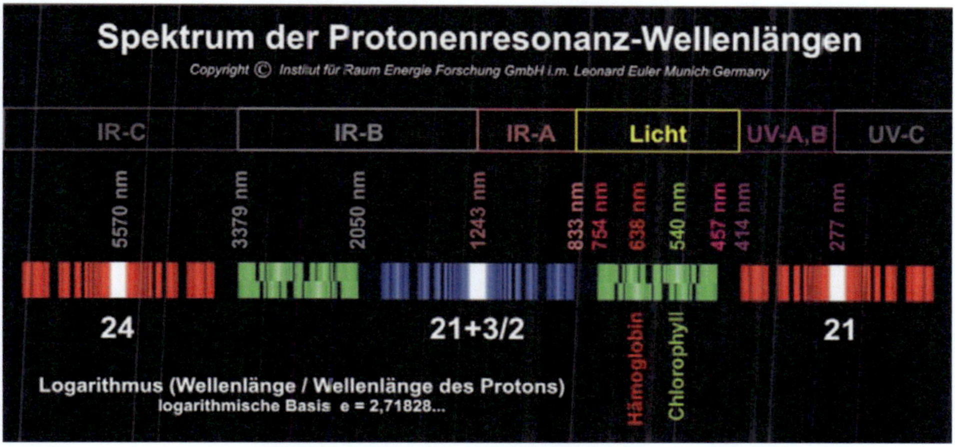

Das sichtbare Licht belegt den Grünen Bereich (Bereich hoher Komplexität des Prozessverlaufs und hoher Beeinflussbarkeit / Sensibilität) zwischen den Protonenresonanzen [24+3/2] und [21]. Das Reflexionsmaximum für eukariotische Zellen bei 1250 nm und das Absorbtionsmaximum für prokariotische Zellen bei 280 nm sind also mit hoher Wahrscheinlichkeit Protonenresonanz-Wellenlängen.

Die Platzierung von reproduzierbaren Messwerten im Fundamentalen Fraktal gibt Aufschluss über den Zustand eines Systems oder das Stadium eines Prozesses. Liegen die prozessrelevanten Messwerte in einer Lücke des Fundamentalen Fraktals, so befindet sich der Prozess mit hoher Wahrscheinlichkeit nicht im Protonenresonanzmodus und durchläuft mit hoher Wahrscheinlichkeit eine laminare Phase.

Liegen die prozessrelevanten Messwerte in der Nähe eines Knotens (Ort hoher Spektraldichte) im Fundamentalen Fraktal, so befindet sich der Prozess mit hoher Wahrscheinlichkeit im Protonenresonanzmodus und durchläuft mit hoher Wahrscheinlichkeit eine turbulente Phase. Verweilen die prozessrelevanten Messwerte in der Nähe eines Knotens, so befindet sich der Prozess mit hoher Wahrscheinlichkeit in einer relativ frühen Phase seiner Entwicklung. Stabilisieren sich die prozessrelevanten Messwerte am Rand eines Knotenbereiches bzw. am Rand einer Lücke im Fundamentalen Fraktal, so befindet sich der Prozess mit hoher Wahrscheinlichkeit in einer relativ späten Phase seiner Entwicklung.

Die zweite Etappe der Global Scaling Analyse beinhaltet deshalb die Bestimmung des Zustandes eines Systems oder des Stadiums eines Prozesses in Abhängigkeit von der Platzierung der reproduzierbaren Messwerte im Fundamentalen Fraktal.

Die folgende Tabelle beschreibt diesen Zusammenhang:

| Platzierung der Messwerte im FM | Zu erwartende Prozesseigenschaften |
|---|---|
| **Knoten / Subknoten** | hohe Eigenresonanzfähigkeit<br>turbulenter Prozessverlauf<br>hohe Fluktuationswahrscheinlichkeit<br>hohe Wahrscheinlichkeit des Tendenzwechsels<br>hohe innere Ereignisdichte<br>hohe energetische Effizienz<br>Materie- und Ereignis-Attraktor<br>geringe Beeinflussbarkeit / geringe Sensibilität<br>junges Entwicklungsstadium |
| **Lücken / Sublücken** | niedrige Eigenresonanzfähigkeit<br>laminarer Prozessverlauf<br>geringe Fluktuationswahrscheinlichkeit<br>geringe Wahrscheinlichkeit des Tendenzwechsels<br>geringe innere Ereignisdichte<br>hohe Beeinflussbarkeit / hohe Sensibilität<br>spätes Entwicklungsstadium |
| **Grüne Bereiche** | hohe Komplexität des Prozessverlaufs<br>komplexe innere Ereignisstruktur<br>komplexer Verlauf der Fluktuationsintensität<br>laminarer Prozessverlauf mit schwachen Turbulenzen<br>hohe Beeinflussbarkeit / hohe Sensibilität<br>mittleres Entwicklungsstadium |
| **Lückenränder** | Beginn der Kompression der Ereignisdichte<br>Ende der Dekompression der Ereignisdichte<br>Beginn / Abbruch einer Ereigniskette<br>Limit einer Entwicklung<br>Evolution Attraktor<br>hohes Entwicklungsstadium |

Bewegen sich im Verlaufe eines Prozesses prozessrelevante reproduzierbare Messwerte durch das Fundamentale Fraktal, so ändert sich mit hoher Wahrscheinlichkeit der Charakter des Prozesses. Die folgende Tabelle beschreibt diesen Zusammenhang:

| Bewegungsrichtung des Messwertes im FF | Zu erwartende Prozesseigenschaften |
|---|---|
| **Steigende Spektraldichte (Kompression)** | steigende Fluktuationswahrscheinlichkeit<br>steigende Turbulenzwahrscheinlichkeit<br>steigende Wahrscheinlichkeit des Tendenzwechsels<br>steigende energetische Effizienz<br>steigende innere Ereignisdichte<br>steigende Komplexität des Prozessverlaufs<br>steigende Eigenresonanzfähigkeit<br>hohe Fusionswahrscheinlichkeit |
| **Fallende Spektraldichte (Dekompression)** | fallende Fluktuationswahrscheinlichkeit<br>fallende Turbulenzwahrscheinlichkeit<br>fallende Wahrscheinlichkeit des Tendenzwechsels<br>fallende energetische Effizienz<br>fallende innere Ereignisdichte<br>fallende Komplexität des Prozessverlaufs<br>fallende Eigenresonanzfähigkeit<br>hohe Wahrscheinlichkeit des Materiezerfalls |

## Analyse-Beispiel: Entfernungen der Planeten vom Sonnenzentrum

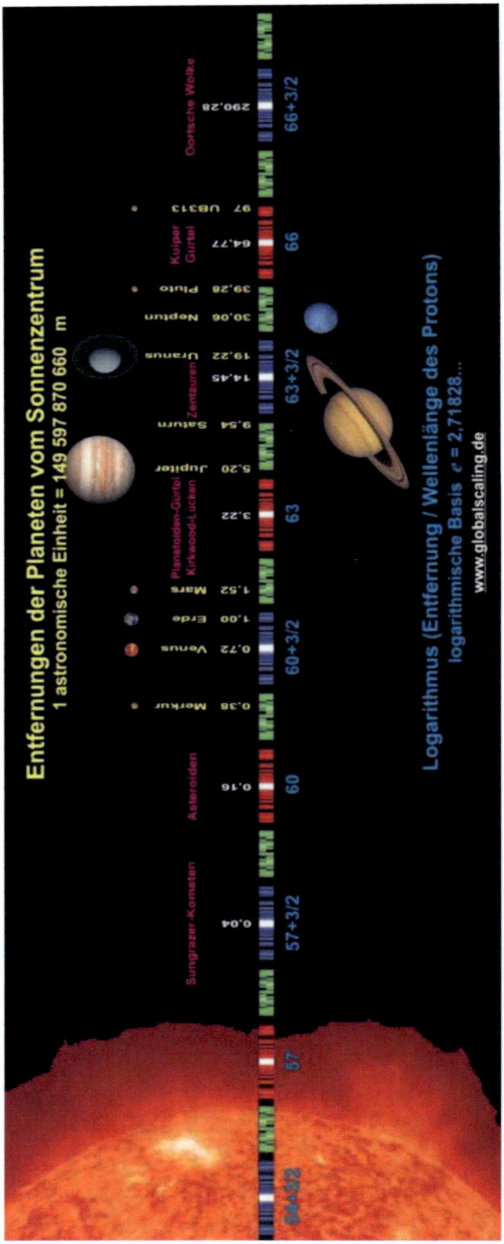


Für diese GS-Analyse wird das Protonen-Eichmaß $\lambda_p = 2{,}103089... \cdot 10^{-16}$ m verwendet. Venus ist der einzige Planet im Sonnensystem, dessen mittlere Entfernung vom Sonnenzentrum in unmittelbarer Nähe eines Knotens im Spektrum der Protonenresonanz-Wellenlängen liegt. Deshalb ist mit einer hohen Fluktuationswahrscheinlichkeit der Orbitalbewegung der Venus zu rechnen, was den extrem ausgeprägten Vulkanismus (über 1600 Vulkane) auf Venus erklären könnte. Zudem ist die Platzierung in der Nähe eines Knotens typisch für ein relativ frühes Stadium der Entwicklung. Das bedeutet, hinsichtlich ihres Orbits repräsentiert die Venus ein relativ junges Stadium, die Erde ein mittleres und Mars bzw. Merkur ein relativ spätes Stadium. Typisch für Asteroiden und Planetoiden ist eine Verteilung in Knotennähe, also in Bereichen hoher Turbulenzwahrscheinlichkeit. Diese Platzierung bedeutet, dass Planetoiden-Gürtel ein relativ junges Stadium der Orbitalevolution repräsentieren und dass ihre Population stark fluktuiert. Der Knoten [63] markiert die Grenze zwischen der Welt der festen Planeten und der Welt der Gasriesen. Insofern ist Pluto mit hoher Wahrscheinlichkeit ein orbitalälteres Objekt des Kuiper-Gürtels. Der Zwergplanet UB313 befindet sich in einem jüngeren Stadium der Orbitalevolution als Pluto. Jupiter und Saturn befinden sich in einem sehr alten Stadium der Orbitalevolution. Uranus repräsentiert ein jüngeres Stadium der Orbitalevolution als Neptun.

## Analyse-Beispiel: Größe der Planeten und Monde des Sonnensystems

Für diese GS-Analyse wird das Protonen-Eichmaß $\lambda_p$ = 2,103089... $10^{-16}$ m verwendet. Saturn und Jupiter befinden sich in einem relativ jungen Stadium der Evolution ihrer Größe. Saturn befindet sich knapp rechts neben dem Knoten [54], Jupiter etwas weiter rechts. Daher werden Saturn und Jupiter mit hoher Wahrscheinlichkeit noch wesentlich größer werden. Uranus und Neptun repräsentieren ein wesentlich späteres Stadium der Evolution der Gasriesen als Jupiter und Saturn.

Der Knoten [51+3/2] trennt die Welt der festen Planeten von der Welt der Gasriesen im Sonnensystem. Merkur und Mars repräsentieren ein relativ junges Stadium der Größenevolution, Pluto ein wesentlich älteres. Das trifft auch für unseren Mond zu sowie für den Neptunmond Triton und die Jupitermonde Europa und Io. Die Sonne befindet sich in einem relativ späten Stadium der Evolution ihrer Größe. Mit hoher Wahrscheinlichkeit wird die Sonne größer werden, wobei sich ihr Zustand bis zu einem Radius von maximal [54+3/2; 2] ≈ 725260 km mit hoher Wahrscheinlichkeit nicht wesentlich ändern wird.

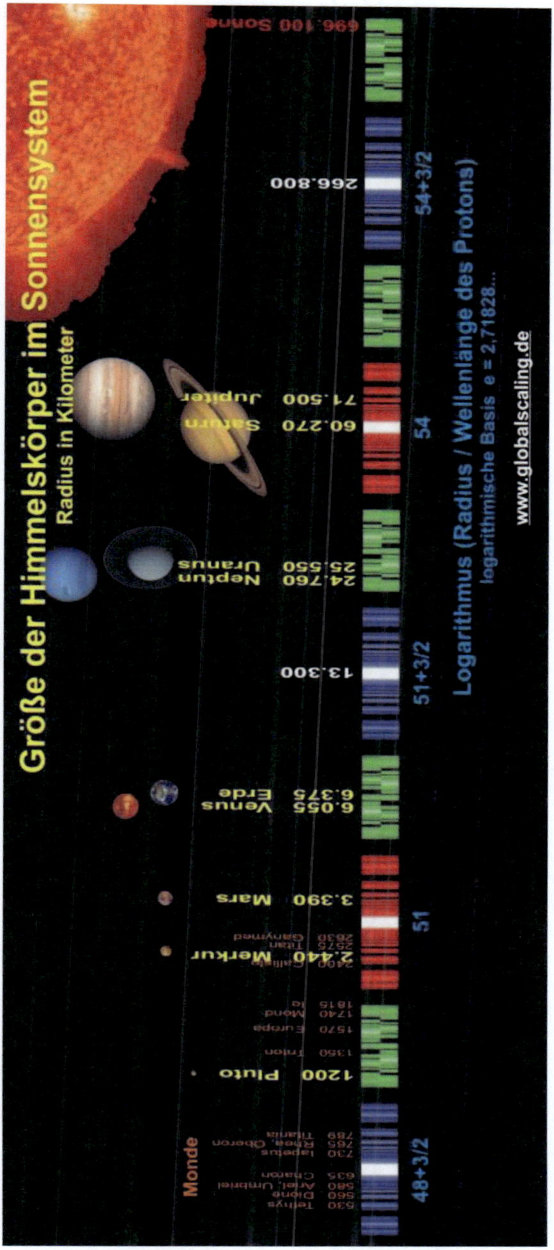

## Analyse-Beispiel: Massen der Planeten des Sonnensystems

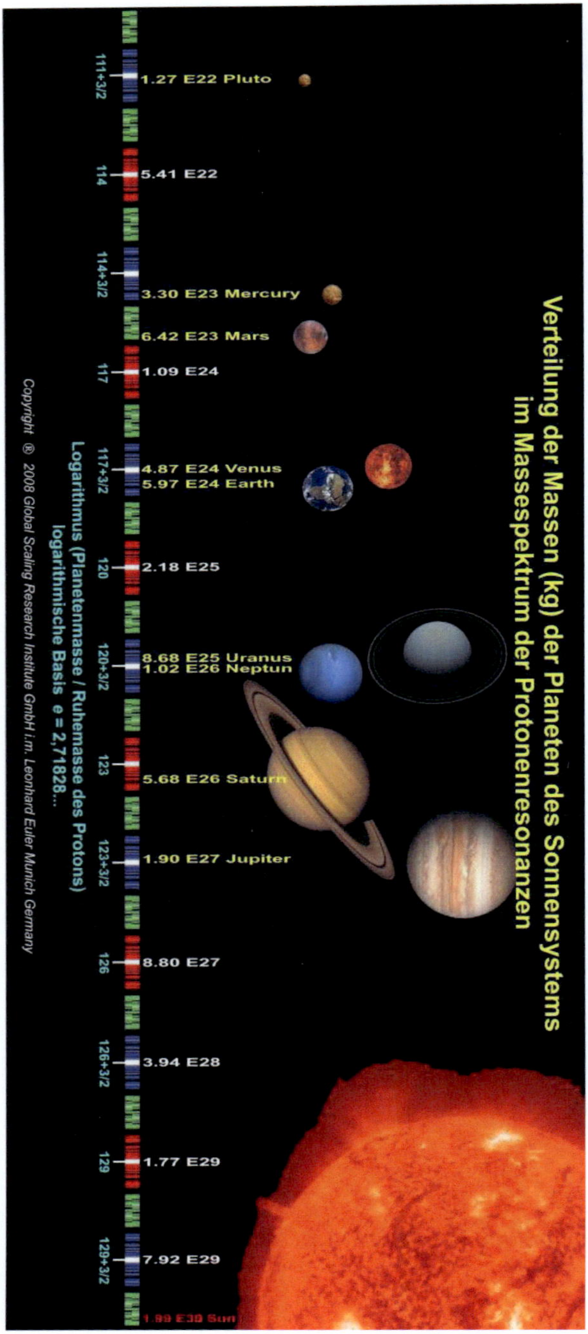


Für diese GS-Analyse wird das Protonen-Eichmaß $m_p$ = 1,672621... $10^{-27}$ kg verwendet.

Im Vergleich zu dem sie umgebenden kosmischen Raum sind Himmelskörper (Sterne, Planeten, Monde, Asteroiden) komprimierte Materie, die zu über 99 Prozent ihrer Masse aus Nukleonen bestehen. Deshalb ist zu erwarten, dass die Verteilung der Himmelskörper im Massespektrum der Protonenresonanzen nicht zufällig ist. Die Grafik veranschaulicht diese Tatsache.

Die Massen der Planeten Pluto, Merkur, Venus, Erde, Neptun, Uranus, Jupiter und Saturn befinden sich in der Nähe von Hauptknoten im Spektrum der Protonenresonanzen. Dennoch sind einige Besonderheiten zu erkennen: Venus und Jupiter befinden sich direkt in Hauptknoten, andere Himmelskörper dagegen mehr oder weniger weit entfernt. Insbesondere trifft das auf die Lage der Sonne und des Mars zu, die sich in grünen Bereichen etabliert haben.

Die Platzierung der Massen im Fundamentalen Fraktal erlaubt es nun, die Dynamik der Schwingungsprozesse im Inneren der Himmelskörper zu bestimmen.

Zum Beispiel, die Schwingungsprozesse im Inneren des Planeten Venus sind mit hoher Wahrscheinlichkeit turbulent, was durch die extreme seismische Aktivität des Planeten zum Ausdruck kommt. Die seismische Aktivität der Erde ist bedeutend geringer, und auf dem Mars ist sie praktisch nicht vorhanden. Die Sonne durchläuft ein relativ ruhiges Stadium der Sternevolution, ihre Masse liegt im laminaren grünen Bereich des Spektrums der Protonenresonanzen. Im Gegensatz dazu sind die Schwingungsprozesse im Inneren der Gasgiganten sind mit hoher Wahrscheinlichkeit turbulent, was sich indirekt durch ihre Eigenstrahlung und die atmosphärischen Turbulenzen offenbart.

Vakante (nicht belegte) Knoten im Spektrum der Protonenresonanzen können in anderen Planetensystemen durchaus durch Himmelskörper belegt sein. In diesem Sinne repräsentiert unser Sonnensystem lediglich einen Sonderfall der möglichen Verteilung von Himmelskörpern im Massespektrum der Protonenresonanzen. Basierend auf dem Spektrum der Protonenresonanzen kann man somit mögliche Masseverteilungen von Himmelskörpern in diversen Planetensystemen bestimmen und klassifizieren. Möglicherweise ist der Gasgigant CoRoT-Exo-2b ein Kandidat auf die Knotenplatzierung [126], und der Planet Gliese 581d ist vielleicht ein Kandidat für den Knoten [120].

**Analyse-Beispiel: Neurophysiologische Rhythmen**

Für diese GS-Analyse wird das Protonen-Eichmaß $f_p$ = 1,425486... $10^{24}$ Hz verwendet. Die Frequenzbänder der Delta-, Theta-, Alpha-, Beta- und Gamma-Wellen im Elektroenzephalogramm (EEG) zeigen eine deutliche Übereinstimmung mit dem Spektrum der Protonenresonanzen.

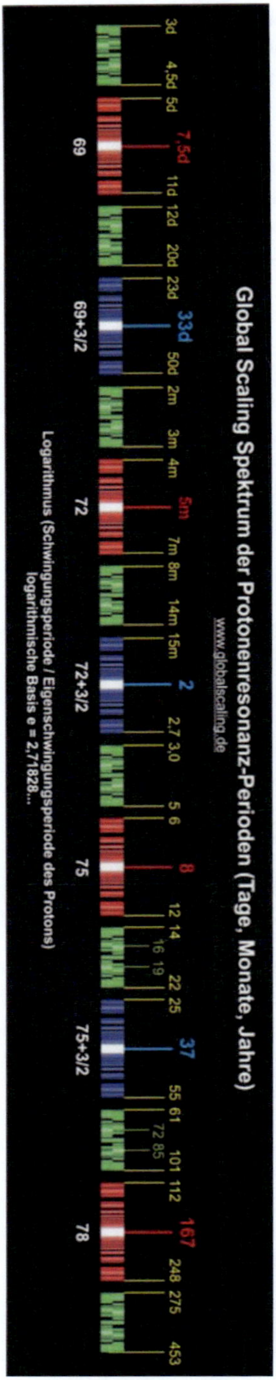
Global Scaling Spektrum der Protonenresonanz-Perioden (Tage, Monate, Jahre)
www.globalscaling.de
3d 4,5d 5d 7,5d 11d 12d 20d 23d 33d 50d 2m 3m 4m 5m 7m 8m 14m 15m 2 2,7 3,0 5 6 8 12 14 16 19 22 25 37 55 61 72 85 101 112 167 248 275 453
69 69+3/2 72 72+3/2 75 75+3/2 78
Logarithmus (Schwingungsperiode / Eigenschwingungsperiode des Protons)
logarithmische Basis e = 2,71828...

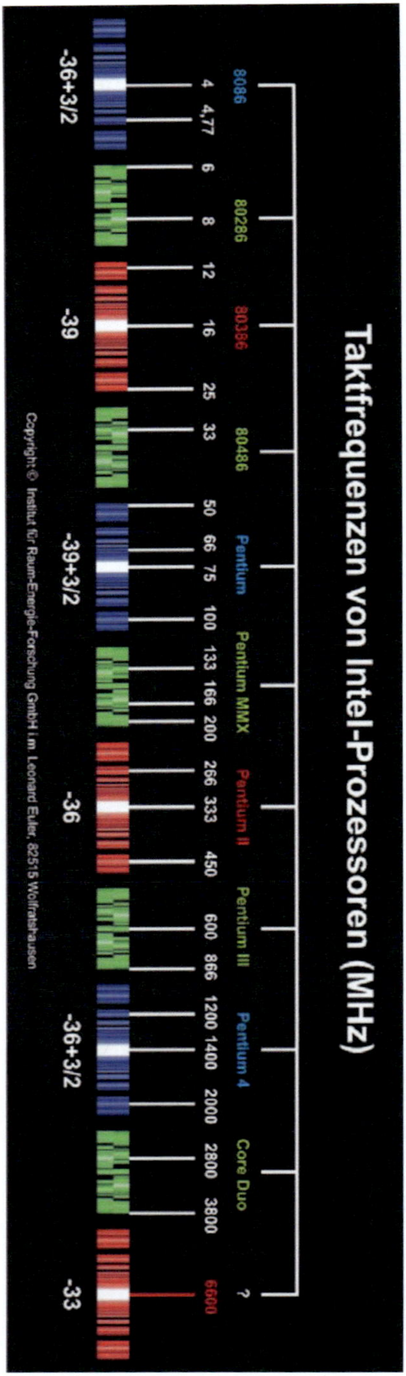
Taktfrequenzen von Intel-Prozessoren (MHz)
8086 80286 80386 80486 Pentium Pentium MMX Pentium II Pentium III Pentium 4 Core Duo ?
4 4,77 6 8 12 16 25 33 50 66 75 100 133 166 200 266 333 450 600 866 1200 1400 2000 2800 3800 6600
-36+3/2 -39 -39+3/2 -36 -36+3/2 -33
Copyright © Institut für Raum-Energie-Forschung GmbH i.m. Leonard Euler, 82515 Wolfratshausen

**Analyse-Beispiel: Taktfrequenzen von Mikroprozessoren**

Für diese GS-Analyse wird das Protonen-Eichmaß $f_p$ = 1,425486... $10^{24}$ Hz verwendet. Die Taktfrequenzen 16 MHz, 75 MHz, 333 MHz und 1400 MHz sind mit hoher Wahrscheinlichkeit Protonenresonanz-Frequenzen. Gut zu erkennen ist die logarithmische Skaleninvarianz der Taktfrequenzen, bei denen ein Modellwechsel der Prozessoren stattfindet. Grundlegend neue Konzeptionen in der Prozessor-Architektur entstehen in Knoten des Protonenresonanz-Spektrums. (Abbildung links vorige Seite)

**Analyse-Beispiel: Das Fundamentale Zeitfraktal**

Für diese GS-Analyse wird das Protonen-Eichmaß $\tau_p$ = 7,01515... $10^{-25}$ s verwendet. Das Spektrum der Protonenresonanz-Perioden ist das Fundamentale Zeitfraktal der Global Scaling Theorie. Knoten im Zeitfraktal markieren mit hoher Wahrscheinlichkeit wichtige Wendepunkte im Verlauf eines jeden Prozesses, unabhängig von seiner Natur. Im Alter von 7 Tagen nistet sich die befruchtete Eizelle in der Gebärmutter ein, ab dem 33. Tag separiert sich das Gehirn vom Rückenmark, zum 5. Monat bildet sich die Hirnrinde heraus. Gleichfalls finden 7 Tage und 33 Tage nach der Geburt, im Alter von ca. 5 Monaten, 2 Jahren, 8 Jahren und 37 Jahren wesentliche physiologische Veränderungen im Leben eines Menschen oder Tieres statt. Zudem markieren Knoten bzw. Subknoten im fundamentalen Zeitfraktal statistische Grenzen der Gerontologie, aber auch prominente Garantiefristen und Grenzen von Versicherungsleistungen, populäre Wartungsintervalle von Maschinen sowie Maxima in Produktausfall-Verteilungen (Badewannekurven).

**Global Scaling Optimierung**

Die Global Scaling Optimierung beginnt mit der Global Scaling Analyse. Ausgehend von der aktuellen Platzierung reproduzierbarer prozessrelevanter Messwerte im Fundamentalen Fraktal formuliert der Anwender Empfehlungen hinsichtlich einer besseren Platzierung, um gewünschte Prozesseigenschaften mit hoher Wahrscheinlichkeit zu erzielen.

**Global Scaling Prognose**

Die Global Scaling Prognose beginnt mit der Global Scaling Analyse. Ausgehend von der aktuellen Platzierung reproduzierbarer prozessrelevanter Messwerte im Fundamentalen Fraktal formuliert der Anwender Aussagen hinsichtlich des mit hoher Wahrscheinlichkeit zu erwartenden Prozessverlaufs. Die Global Scaling Methoden der Forschung und Entwicklung sind Inhalt der Ausbildung in Global Scaling® am Global Scaling Research Institute GmbH in memoriam Leonhard Euler. Weitere Informationen zur Ausbildung finden Sie auf der Homepage der Global Scaling Research Institute GmbH im Internet unter www.globalscaling.de.

## Global Scaling in der Anwendung

Die Global Scaling Analyse ist ein mathematisches Verfahren, das es ermöglicht, wichtige Eigenschaften realer Prozesse wie Stabilität und Sensibilität bereits am virtuellen CAD-Modell zu erkennen und zu korrigieren. Insbesondere ist die Global Scaling Analyse in der Lage, Probleme im Verhalten eines Prototyps, die selbst im Testbetrieb eines maßstabsgetreuen kleineren realen Modells nicht ermittelt werden können, bereits am virtuellen CAD-Modell des Prototyps zu erkennen.

## Worin besteht die physikalische Grundlage der Global Scaling Analyse?

Normale Materie im festen, flüssigen oder gasförmigen Zustand besteht zu über 99 Prozent ihrer Masse aus Nukleonen (Protonen und Neutronen). Deshalb determinieren die Eigenschwingungen der Nukleonen (Protonenresonanzen) das Schwingungsverhalten materieller Systeme und Konstruktionen. Zum Beispiel, befinden sich belastungsrelevante Maße einer Konstruktion in der Nähe von Protonenresonanz-Wellenlängen, stellt das eine Gefahr für die Stabilität und Lebensdauer der Konstruktion dar, insbesondere unter periodischer Last.

Die Analyse der Platzierung von Prozessparametern in den Spektren der Protonenresonanz-Wellenlängen, -Frequenzen, -Massen, -Geschwindigkeiten u.s.w. erlaubt es, Aussagen über folgende Prozesseigenschaften zu treffen:

- Turbulenz-Wahrscheinlichkeit
- Fluktuations-Wahrscheinlichkeit
- Wahrscheinlichkeit des Tendenzwechsels
- Resonanz-Wahrscheinlichkeit
- energetische Effizienz (Wirkungsgrad)
- Stabilität und Sensibilität

Durch geeignete Platzierung der Prozessparameter im Protonenresonanz-Spektrum können unerwünschte Prozesseigenschaften wirkungsvoll korrigiert werden.

Global Scaling Verfahren der Prozessanalyse, -optimierung und -prognose kommen heute in folgenden Bereichen zur Anwendung:

| | |
|---|---|
| **Informationstechnologie** | Entwicklung quantenphysikalischer Verfahren der Datensicherheit<br>Entwicklung protonenresonanz-basierter Informationssysteme |
| **Transport und Logistik** | Leistungsoptimierung von Verkehrs-, Transport- und Logistiksystemen |
| **Architektur und Bauwesen** | Funktionsoptimierung von Projekten im Zweck- und Wohnungsbau |
| **Maschinenbau** | Erhöhung des Wirkungsgrades von Maschinen und Anlagen<br>Leistungsoptimierung von Motoren und Antrieben<br>Funktionsoptimierung von Werkzeugen und Geräten |
| **Flugzeugbau** | Erkennung aerodynamischer Probleme des Prototyps bereits am CAD-Modell, die selbst im Windkanal-Test des Flugmodells nicht erkannt werden können.<br>Optimierung aerodynamischer Eigenschaften |
| **Schiffsbau** | Erkennung hydrodynamischer Probleme des Prototyps bereits am CAD-Modell, die selbst im Wasserkanal-Test des Schiffsmodells nicht erkannt werden können.<br>Optimierung hydrodynamischer Eigenschaften |
| **Energietechnologie** | Erhöhung des Wirkungsgrades von Wind-, Wasser- und Solarkraftanlagen<br>Entwicklung protonenresonanz-basierter Energietechnologie |
| **Nanotechnologie** | Berechnung größeninduzierter Funktionalitäten<br>Funktionsoptimierung nanotechnologischer Strukturen |
| **Industrielle Fertigung** | Senkung der Ausschussrate industrieller Fertigungsprozesse<br>Planungsoptimierung technischer Serviceleistungen |
| **Management** | Optimierung der Preisgestaltung und Investitionspolitik<br>Optimierung der Personalstruktur, Kundenbetreuung und Kommunikationspolitik<br>Optimierung der Logistik und Distributionspolitik |

## Global Scaling in Medizin und Heilpraxis

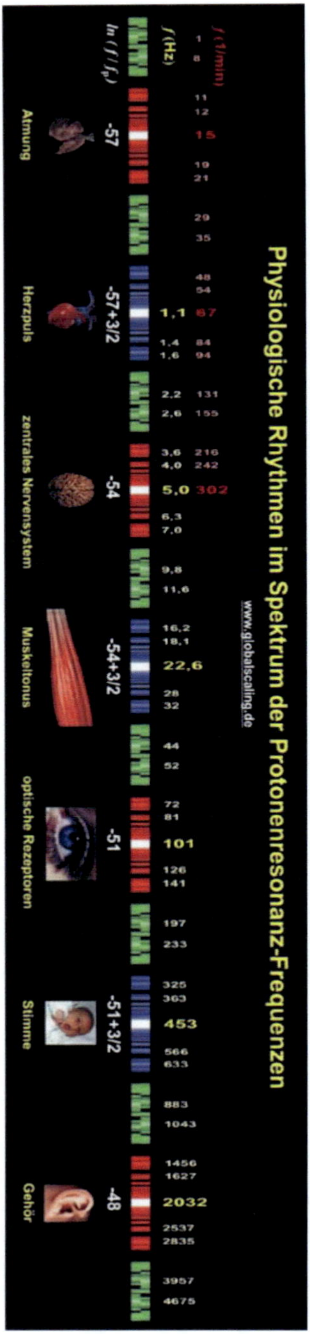


Analysiert man physiologisch wichtige Schwingungsprozesse nach Global Scaling, zum Beispiel die Atemfrequenz oder die Frequenz des Herzschlages, das Spektrum der menschlichen Stimme oder die elektrische Aktivität des Gehirns, erkennt man, welch wichtige Rolle Protonenresonanzen in der Biologie spielen:

Das Frequenzspektrum des Herzschlages eines gesunden erwachsenen Menschen pendelt sich im ruhigen Wachzustand ganz von allein auf das Intensitätsmaximum bei 67 Schlägen pro Minute ein, weil dies eine Protonenhauptresonanzfrequenz ist. Das Frequenzspektrum der Atmung eines gesunden erwachsenen Menschen pendelt sich im ruhigen Wachzustand ganz von allein auf eine Frequenz von 15 Atemzügen pro Minute ein, weil auch dies eine Protonenhauptresonanzfrequenz ist. Die Hauptarbeitsfrequenz des zentralen Nervensystems ist eine Protonenresonanz, ebenso die Resonanzfrequenz der optischen Rezeptoren der Netzhaut. Das neugeborene Baby erhebt seine Stimme in unmittelbarer Nähe einer Protonenhauptresonanz.

Die Global Scaling Analyse ist deshalb in der Lage, wichtige Kriterien für die Diagnose des Gesundheitszustandes zu liefern. Gleichzeitig ist es möglich, durch geeignete Maßnahmen das Frequenzspektrum physiologischer oder zellbiologischer Prozesse zu korrigieren und so therapeutische Effekte zu erzielen.
Basierend auf diesen Erkenntnissen entwickelte die Global Scaling Research Institute GmbH in Zusammenarbeit mit den Herstellern BIREGS GmbH aus Oberursel und ROM-Elektronik aus Deisenhausen das Lichttherapiesystem *ProtoLight*. Die LEDs des Applikators generieren monochromatisches rotes bzw. infrarotes Licht in der Nähe der Protonenresonanz-Wellenlänge 754 nm. Diese Trägerwelle wird mit zellbiologisch regulierenden und harmonisierenden Protonenresonanz-Frequenzen moduliert. Über zellbiologisch prominente Trägerwellen bringt so das Licht des Applikators Schwingungen in das Zellgewebe, welche biochemische Prozesse gezielt regulieren können.

Zellbiologische Studien des Instituts für Theoretische und Experimentelle Biophysik am Pushchino Scientific Center der Russischen Akademie der Wissenschaften haben gezeigt, dass protonenresonanz-moduliertes Licht die Aktivität der Sukzinatdehydrogenase regulieren kann, welche ihrerseits Bernsteinsäure in den Mitochondrien verbrennt. Die Verbrennung von Bernsteinsäure in den Mitochondrien ist die wichtigste Energiequelle der Zelle. So nutzt das *ProtoLight* System bestimmte Protonenresonanz-Modulationsfrequenzen zur Regulierung der mitochondrialen Energieproduktion, zur Unterstützung der Wundheilung und Harmonisierung der Zellregeneration. Das *ProtoLight* System wird auch in der Veterinärmedizin erfolgreich angewendet, denn das protonenresonanz-modulierte Licht wirkt auf zellbiologischer Ebene.

## Global Scaling in Architektur und Städteplanung

Protonenresonanzen determinieren das Schwingungsverhalten materieller Konstruktionen, weil Materie zu über 99 Prozent ihrer Masse aus Nukleonen (Protonen und Neutronen) besteht. Befinden sich belastungsrelevante Maße einer Konstruktion in der Nähe von Protonenresonanz-Wellenlängen, stellt das eine Gefahr für die Stabilität und Lebensdauer der Konstruktion dar, insbesondere unter periodischer Belastung. Aus diesem Grund definiert das Spektrum der Protonenresonanz-Wellenlängen ein Spektrum von Grenzwerten für belastungsrelevante Maße einer Konstruktion in Abhängigkeit vom verwendeten Material und der Bautechnologie.

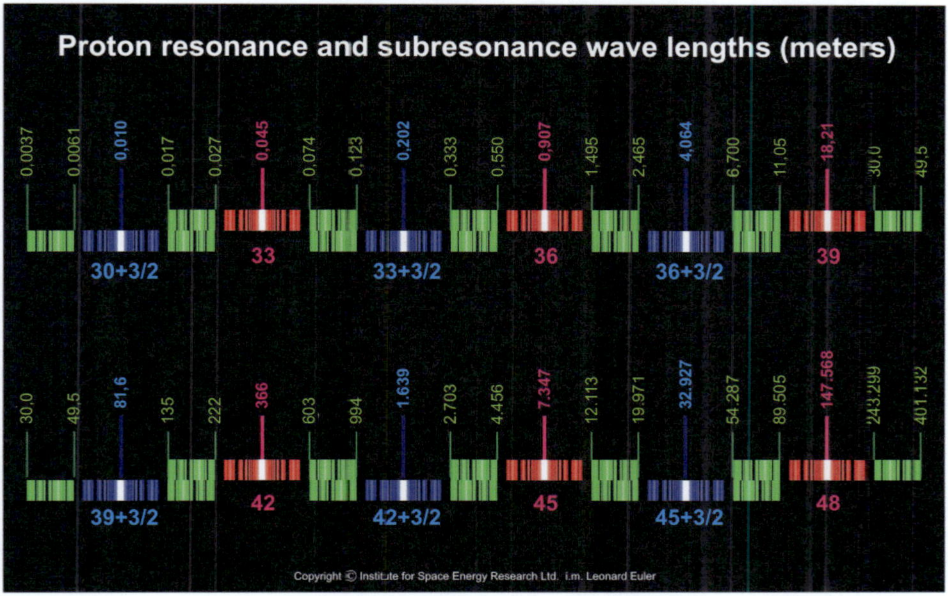


Die Grafik veranschaulicht das Spektrum der Protonenresonanz-Wellenlängen im Bereich von 3,7 Millimeter bis 401,132 Meter.

Menschen betreten Gebäude und Räume periodisch. Deshalb generieren ihre Bewegungen Schwingungsprozesse. Die Perioden dieser Schwingungsprozesse liegen zwischen einigen Minuten und Tagen. Die Geschwindigkeiten dieser Bewegungsprozesse werden durch die Rhythmen der menschlichen Physiologie bestimmt. Diese Rhythmen basieren auf Protonenresonanz. Die zeitlich periodischen Komponenten menschlicher Bewegungsabläufe innerhalb eines Gebäudes oder eines Raumes basieren also ebenfalls auf Protonenresonanz. Wände limitieren diese Bewegungsabläufe. Deshalb ist es möglich, durch Global Scaling Analyse der Gebäude- oder Raumgeometrie, der Türen und Fenster grundlegende Eigenschaften solcher Bewegungsabläufe, wie Turbulenz oder Laminarität, zu bestimmen bzw. zu prognostizieren. Auf diese Weise können Räume konzipiert werden, in denen sich Menschen (oder Tiere) wohlfühlen bzw. Bedingungen vorfinden, die bestimmte Arten von Tätigkeiten unterstützen.

In Uzwil unweit St.Gallen in der Schweiz entstand 2003/04 das erste ganzheitliche Tiergesundheitszentrum „HealthBalance“, das in vielen Aspekten nach Global Scaling optimiert eingerichtet wurde – von der Architektur bis zu Therapiemethoden (siehe www.healthbalance.ch). Dieses Projekt der Uze Bau- und Wohn-AG ist das Ergebnis enger Zusammenarbeit mit dem Global Scaling Research Institute GmbH und den Therapeuten des Ausbildungszentrums Naturwissen GmbH in Wolfratshausen.

Im September 2005 wurde der Umbau einer Arztpraxis in Thalheim / Erzgebirge nach Global Scaling unter Leitung des Planungsbüros Kircheis mit konsultativer Unterstützung des GSRI abgeschlossen (siehe www.global-scaling-engineering.com).

Die Erforschung von Schwingungsprozessen in urbanen Systemen ist Inhalt des Projektes „CityScaling“, im Internet unter www.fraktaldesigner.de

Die Anwendung von Global Scaling im Bereich Städteplanung ist Inhalt des Projektes „GeoScaling“ (siehe www.zeitfraktal.de). Die aktuelle Studie untersucht die Anwendungsmöglichkeiten der Global Scaling Theorie zur Beschreibung der Entwicklung einer Siedlung im ländlichen Raum.

## Literaturhinweise:

[1] Feynman R. P. Very High-Energy Collisions of Hadrons, Phys. Rev. Lett. 23 (1969), 1415
Bjorken J. D. Phys. Rev. D179 (1969) 1547

[2] Shnoll S. E., Oscillatory processes in biological and chemical systems, Moscow, Nauka, 1967 (in Russisch)

Shnoll S. E., Kolombet V. A., Pozharski E. V., Zenchenko T. A., Zvereva I. M., Konradov A. A., Realization of discrete states during fluctuations in macroscopic processes, Physics Uspekhi 41 (10) 1025 - 1035 (1998)

[3] Müller H., Evolution of matter and the distribution of metrological properties of stable systems, VINITI, 3808-84, 1984 (in Russisch)

[4] Gutenberg B., Richter C. F., Seismicity of the Earth and Associated Phenomena, 2nd ed. Princeton, N.J.: Princeton University Press, 1954

[5] Chislenko L. L., The structure of the fauna and flora in connection with the sizes of the organisms, Moskow University Press, 1981 (in Russisch)

[6] Schmidt-Nielsen K., Scaling Why is the animal size so important? Cambridge University Press, 1984.

[7] Zhirmunsky A. V., Kuzmin V. I., Critical scaling levels in the development of biological systems, Moskow, Nauka, 1982 (in Russisch)[8] Müller H., The General Theory of Stability and evolutional trends of technology. // Evolutional trends of technology and CAD applications. Volgograd Institute of Technology, 1987 (in Russisch)

Müller H., Superstability as evolutional law of technology. // Orders of technology and their applications, Volgograd-Sofia, 1989 (in Russisch)

[9] Georg Cantor. Über unendliche lineare Punktmannigfaltigkeiten. Math. Annalen, 1883[10] Müller H., Fractal Scaling Models of Resonant Oscillations in Chain Systems of Harmonic Oscillators. Progress in Physics, April 2009, Vol. 2

# Physik und Technik

**Hartmut Müller**

# Die Melodie der Schöpfung

Protonen und Elektronen kommunizieren miteinander weltweit durch Nutzung der Eigenschwingungen des kosmischen Vakuums. Dieses Informationsaustauschverfahren kennt die Natur seit Milliarden von Jahren. Die moderne Physik nennt es Quanten-Teleportation. Es ist das Geheimnis der interstellaren Kommunikation. Heute sind wir der Lösung dieses Rätsels so nah wie nie zuvor und ihre technische Umsetzung hat bereits begonnen.

Musik bringt uns Entspannung, Freude und Lebenslust. Die mathematischen Gesetze der Harmonie sind seit Jahrtausenden bekannt. Das Gehör ist das erste Sinnesorgan des Embryos und der Gehörknochen ist der kleinste und einzige Knochen in unserem Organismus, dessen Größe sich während des gesamten Lebens nicht ändert. Warum ist es so wichtig, Konsonanz von Dissonanz mit hoher Präzision zu unterscheiden? Diese Fähigkeit ist angeboren, auch bei Tieren.

Neue Erkenntnisse aus der physikalischen Grundlagenforschung lassen vermuten, dass alle Strukturen im Universum, von den kleinsten Teilchen bis zu den Galaxien, das Ergebnis von harmonischen Schwingungsprozessen sind. Es handelt sich um die Eigenschwingungen der Materie. Sie sind aufgebaut wie eine Melodie – die Melodie der Schöpfung.

## Logarithmisch sehen und hören

Wir leben in einer logarithmischen Welt. Alle unsere Sinne nehmen den Logarithmus eines Signals wahr, nicht die lineare Intensität des Signals selbst. Deshalb messen wir die Lautstärke in Dezibel, also in logarithmischen Einheiten. Töne, deren Frequenzen sich um das Doppelte, Vier- oder Achtfache unterscheiden, nehmen wir z.B. als a, a' oder a'', als gleiche Töne wahr. Die Tonleiter besteht aus einer logarithmisch-hyperbolischen Frequenzfolge.

Die musikalischen Intervalle Sekunde, Terz, Quarte, Quinte, Sexte, Septime und Oktave bilden eine logarithmisch-hyperbolisch invariante Zahlenfolge. Die Tonleiter der natürlich-harmonischen Stimmung ist die Grundlage der Melodie der Schöpfung. Das natürliche Spektrum der akustischen Frequenzen ist genauso aufgebaut wie die Emissionsspektren der Atome, die das Sonnenspektrum der optischen Frequenzen bilden. Logarithmisch geeicht ist auch unser Tastsinn. Angenommen, man hält in der linken Hand 100 Gramm und in der rechten 200 Gramm. Gibt man nun links 10 Gramm hinzu, muss man rechts 20 Gramm auflegen, um den gleichen Gewichtszuwachs zu verspüren. Diese Tatsache ist in der Sinnesphysiologie als Weber-Fechner-Gesetz bekannt (Ernst Heinrich Weber, 1795 – 1878, Gustav Theodor Fechner, 1801 – 1887) und besagt, dass die Stärke einer Sinnesempfindung proportional dem Logarithmus der Reizstärke ist.

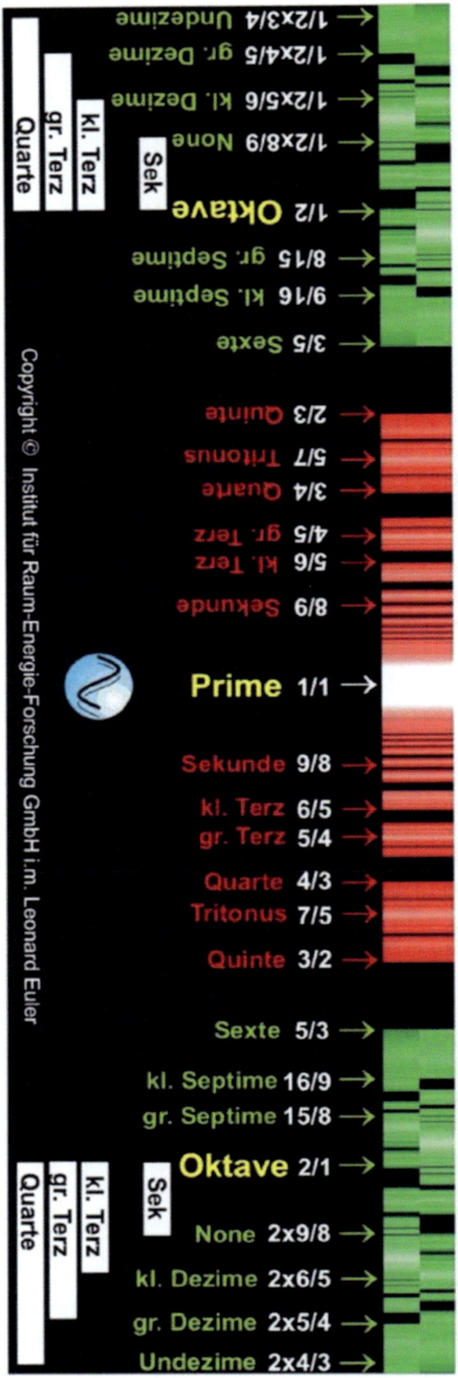


Das Weber-Fechner-Gesetz trifft auch für unseren Geruchssinn und unser Sehvermögen zu. Die Netzhaut meldet nur den Logarithmus, nicht die Anzahl der auftreffenden Photonen. Deshalb können wir nicht nur bei Sonnenschein, sondern auch nachts sehen. Die Anzahl der auftreffenden Photonen ändert sich dabei um das Milliardenfache, der Logarithmus hingegen nur um das Zwanzigfache (*ln* 1000.000.000 ≈ 20,72).

Unser Sehvermögen ist nicht nur in Hinsicht auf die Wahrnehmung der Intensität des Lichtes logarithmisch geeicht, sondern auch in Hinsicht auf die Wellenlänge des Lichtes, die wir als Farbe wahrnehmen. Die Unterscheidung einzelner Farbtöne erfolgt in logarithmisch-hyperbolischen Frequenzschritten.

Die Wellenlängen des Hämoglobin-Rot und des Retina-Blau sind im Sonnenspektrum logarithmisch-hyperbolisch spiegelsymmetrisch zum Chlorophyll-Grün platziert. Grün und Rot unterscheiden sich voneinander nicht nur als Komplementärfarben, sondern repräsentieren auch einen Modenwechsel der Eigenschwingungen des Vakuums. (Grafik nächste Seite)

Rotes und grünes Licht haben deshalb auch völlig verschiedene biologische Wirkungen. Das Chlorophyll absorbiert Licht aller optischen Wellenlängen, außer dem grünen Anteil. Der grüne Anteil hingegen wird emittiert. Es wird also ein Schwingungsprozess aktiviert, der grünes Licht

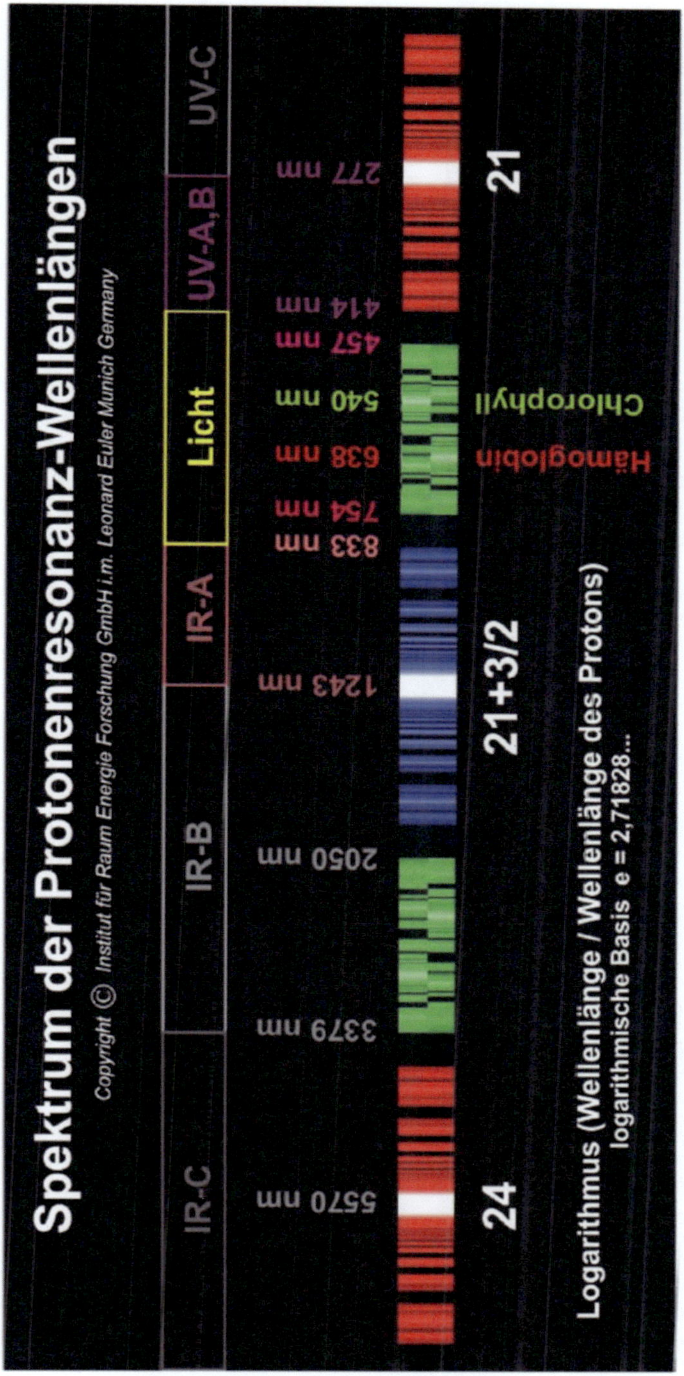
Spektrum der Protonenresonanz-Wellenlängen
Copyright © Institut für Raum Energie Forschung GmbH i.m. Leonard Euler Munich Germany
IR-C
IR-B
IR-A
Licht
UV-A,B
UV-C
5570 nm
3379 nm
2050 nm
1243 nm
833 nm
754 nm
638 nm
540 nm
457 nm
414 nm
277 nm
24
21+3/2
21
Hämoglobin
Chlorophyll
Logarithmus (Wellenlänge / Wellenlänge des Protons)
logarithmische Basis e = 2,71828...

generiert. Aus Sicht der Global Scaling Theorie ist klar warum: Die Frequenz des grünen Lichtes ist eine Vakuumresonanzfrequenz im logarithmisch-hyperbolischen Zentrum des Sonnenspektrums und ermöglicht es dem Chlorophyll, die Sonnenenergie im gesamten optischen Frequenzbereich mit maximaler Effizienz zu nutzen.

Gelangt Blut ans Sonnenlicht, erscheint es rot. Rote Blutkörperchen emittieren also rotes Licht. Welchen Sinn könnte das haben? Bekannt ist, dass rotes Licht die Wundheilung unterstützt. Es aktiviert die Mitochondrien der Zelle und regt die gesunde Zellteilung an. Rotes Licht normalisiert den Stoffwechsel der Zellen.

Auch unsere Fähigkeit, lineare Entfernungen zu schätzen, basiert auf der Möglichkeit, Größen zu vergleichen und relative Maßstäbe zu ermitteln. Das heißt, ohne die Möglichkeit, Größen in der Perspektive zu vergleichen, sind Entfernungsschätzungen nicht möglich. Die lineare Perspektive setzt ein konstantes Größenverhältnis voraus, das durch einen Vergrößerungs- oder Verkleinerungsfaktor definiert ist. Dieser Faktor wird in der fraktalen Perspektive mehrmals mit sich selbst multipliziert. So entsteht eine Exponentialfunktion, deren Argument ein Logarithmus ist (siehe Grafik).

Die lineare Perspektive basiert auf einem konstanten Größenverhältnis, das die Basis eines Logarithmus bildet. Im dargestellten Beispiel ist das Verhältnis der Seitenlängen benachbarter Quadrate konstant gleich 2. Die Seitenlänge des größten Quadrates im Verhältnis zur Seitenlänge des kleinsten Quadrates erhält man als Ergebnis der Exponentialfunktion $f(x) = 2^x$ mit x = 4. Die Quadrate als Elemente der linearen Perspektive bilden ein Fraktal.

Die Funktion unserer Sinnesorgane beruht auf physikalischen Wechselwirkungen, z.B. auf akustischen oder elektromagnetischen Wellen- und Schwingungsprozessen. Die logarithmische Wahrnehmung der Welt lässt deshalb auf einen logarithmischen Aufbau der Welt schließen.

## Der logarithmische Aufbau der Welt

In der Tat sind in der Natur, sowohl im Mikro- als auch im Makrokosmos logarithmisch-normale Häufigkeitsverteilungen die Regel. Logarithmisch skaleninvariant sind die Häufigkeitsverteilungen der Teilchen und Atomkerne in Abhängigkeit von ihrer Ruhemasse, ebenso die Häufigkeitsverteilungen der Atome in Abhängigkeit von ihren Radien sowie die Häufigkeitsverteilungen der Himmelskörper in Abhängigkeit von ihrer Größe, Masse und ihren Bahnelementen.

Auch die Häufigkeitsverteilungen der biologischen Arten in Abhängigkeit von der Körpergröße der Organismen sind logarithmisch skaleninvariant (Tschislenko, 1981). Logarithmisch skaleninvariant sind auch die Häufigkeitsverteilungen der Zellen und Zellorganellen in Abhängigkeit von ihrer Größe.
Ob ein System normal funktioniert, entspannt und gesund ist oder nicht, kann man daran erkennen, ob die physikalischen Werte seiner wichtigsten Eigenschaften logarithmisch-normal verteilt sind oder nicht. Gaußsche Normalverteilungen hingegen sind charakteristisch für Zufallsprozesse, sie indizieren Chaos und Deregulation. Logarithmische Normalverteilungen sind also ein wichtiges Kriterium optimaler Struktur und Funktion. Diese Tatsache gehört heute zu den gesicherten Erkenntnissen der naturwissenschaftlichen Grundlagenforschung und ist eine zentrale Aussage der Global Scaling Theorie.

Logarithmische Normalverteilung der Biophotonen-Emission des menschlichen Organismus bedeutet gute Regulationsfähigkeit und Gesundheit (Popp, 1992, www.lifescientists.de). Messungen der elektrischen Leitfähigkeit der Meridiane sind Grundlage der PROGNOS Regulationsdiagnose (www.prognos.info). Die AMSAT Systemdiagnose basiert auf der Messung der elektrischen Leitfähigkeit des Gewebes. In beiden Verfahren werden die statistischen Verteilungen der Messwerte auf logarithmische Skaleninvarianz geprüft.

## Der Kosmos schwingt

Worin liegt die Ursache des logarithmisch skaleninvarianten Aufbaus der Materie? Die Global Scaling Theorie geht davon aus, dass Materie auf energetisch niedrigstem Niveau harmonisch schwingt. Dieses Niveau trägt die Bezeichnung „physikalisches Vakuum", weil noch keine energetisch angeregten Zustände (Teilchen) vorhanden sind.

Eine harmonische Schwingung ist ein zeitlich periodischer Prozess. Zum Beispiel, das Pendel einer mechanischen Uhr schwingt in regelmäßigen Zeitabständen durch die Vertikale. Die Ortskoordinate der Pendelspitze in Abhängigkeit von der Zeit folgt einer Sinusfunktion. Eine elektronische Digitaluhr besitzt kein mechanisches Pendel, infolgedessen auch keine sich periodisch ändernde Ortskoordinate. Stattdessen zeigt sie die zeitlich periodische Änderung eines elektrischen Stromes an.

Ausschlaggebend für eine Schwingung ist also nicht, welche Eigenschaft eines Prozesses sich periodisch ändert, sondern die zeitliche Periodizität selbst. Diese zeitliche Periodizität wird durch die Frequenz charakterisiert. Die Frequenz misst die Anzahl ähnlicher Ereignisse pro Zeiteinheit. Grundsätzlich unterscheidet man zwischen der Frequenz der Grundschwingung und den Frequenzen der Oberschwingungen eines zeitlich periodischen Prozesses. Zum Beispiel: Wird der Kammerton „a" per Tastendruck auf dem Klavier erzeugt, klingt dieser Ton anders als bei einer Flöte oder Stimmgabel. Das liegt daran, dass eine Saite andere Obertöne erzeugt als eine schwingende Luftsäule oder ein Stück Metall.

Eine Schwingung setzt die Existenz eines wie auch immer begrenzten Mediums (Saite, Luftsäule, Metallstück) voraus, für das die Hauptsätze der Thermodynamik gelten, also auch der Energieerhaltungssatz. Die Energie einer Schwingung ist frequenz- und amplitudenabhängig. Die Frequenzen der Oberschwingungen sind höher als die Frequenz der Grundschwingung. Als Folge des Energieerhaltungsgesetzes sind deshalb die Amplituden der Oberschwingungen stets kleiner als die Amplitude der Grundschwingung.

Betrachtet man nun die Amplituden der Oberschwingungen in Abhängigkeit von ihrer Frequenz, erhält man wiederum ein Schwingungsbild. Das Spektrum der Frequenzen einer Schwingung ist also genauso aufgebaut wie eine Schwingung. Es ist ein logarithmisch-hyperbolisches Fraktal. Im schwingenden Medium erzeugen relativ große Amplituden auch höhere Druckgefälle. Schwingt das Medium über einen längeren Zeitraum, entsteht so eine logarithmisch-hyperbolisch fraktale Häufigkeitsverteilung der Materie im Medium.

Maßstäbe sind relativ. Ohne Größenvergleich ist es nicht möglich, den Maßstab eines Objektes zu bestimmen. Wie groß die Sonne wirklich ist, erkennt man erst, wenn man sie mit der Erde (blauer Punkt rechts unten) vergleicht. Die wahre Größe des Jupiters wird erst im Vergleich mit seinem Mond Io ersichtlich.

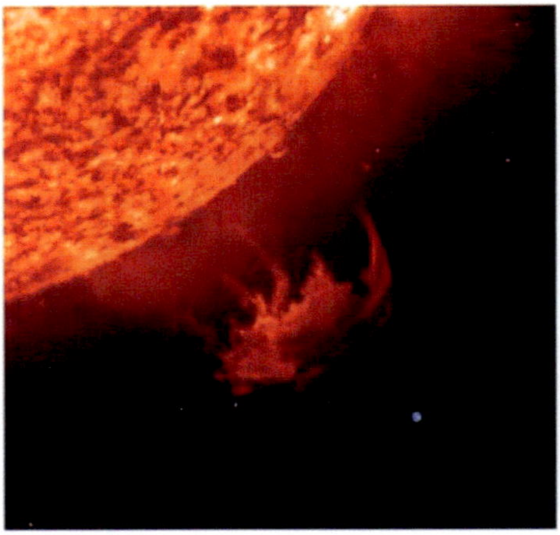

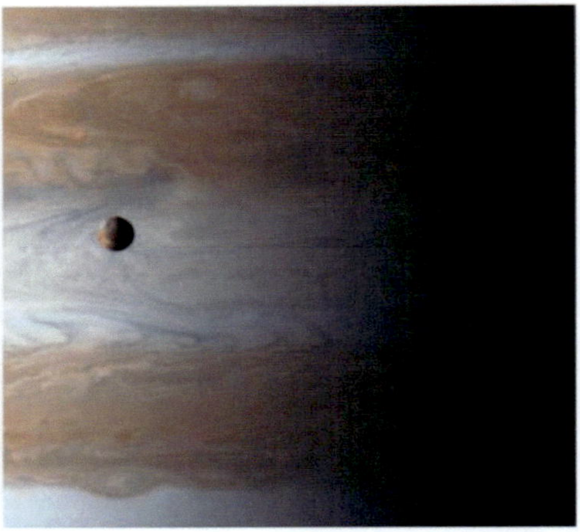

Fotos: NASA

Das physikalische Vakuum ist ein universelles Medium. Jedes Atom besteht zu 99 Prozent aus Vakuum, ebenso das Sonnensystem oder der interstellare Raum. Die allgegenwärtigen Eigenschwingungen der Materie auf energetisch niedrigstem Niveau (Vakuum) erzeugen deshalb eine globale logarithmisch-hyperbolisch fraktale Häufigkeitsverteilung der Materie im Universum. In diesem Zusammenhang spricht man von globaler logarithmischer Skaleninvarianz (engl. *Global Scaling*).

Die Verteilung der Planeten und Monde des Sonnensystems in Abhängigkeit von ihrer Größe, wie man es in der nebenstehenden Grafik erkennen kann, ist ebenfalls logarithmisch skaleninvariant. Die Schwingungsknoten des Vakuums markieren Resonanzwellenlängen, in welchen infolge starker Fluktuationen des Vakuums Materie entsteht. Im Verlaufe ihrer Materieakkumulation gewinnen die Himmelskörper an Masse und verlassen letztendlich den stark fluktuierenden Bereich der intensiven Materieakkumulation. Vermutlich repräsentieren Venus und Erde hinsichtlich ihrer Größe ein relativ

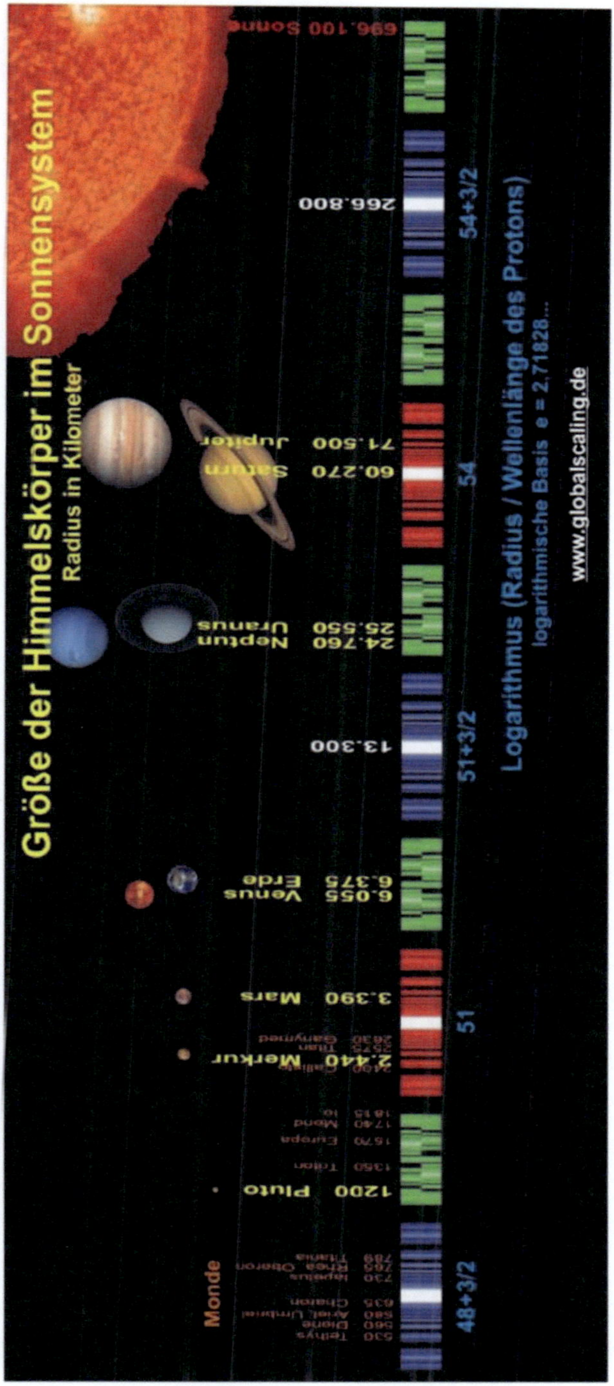

spätes Stadium der Materieakkumulation erdähnlicher Planeten. Relativ zu Uranus und Neptun befinden sich Jupiter und Saturn offensichtlich immer noch in einem intensiven Stadium der Materieakkumulation. Zu erkennen ist auch, dass die Sonne das Stadium der intensiven Materieakkumulation und Fluktuation verlassen hat.

Kompressions- bzw. Dekompressionstendenzen im physikalischen Vakuum wiederholen sich in Maßstäben, deren Abstand auf einer logarithmischen Geraden konstant ist. So wird in Abhängigkeit vom Maßstab die Herausbildung komprimierter bzw. dekomprimierter materieller Strukturen begünstigt. Im Ergebnis bilden komprimierte Atomkerne mit einer Dichte im Bereich von $10^{14}$ g/cm³ größere dekomprimierte Atome (Dichte liegt für Metalle zwischen 0,5 und 20 g/cm³). Kleine komprimierte Moleküle werden durch größere dekomprimierte Makromoleküle abgelöst. Komprimierte Zellkerne (und andere Zellorganellen) bilden dekomprimierte Zellen. Komprimierte Organismen bilden dekomprimierte Populationen. Komprimierte Himmelskörper (Monde, Planeten und Sterne) bilden dekomprimierte Sonnensysteme, die zum größten Teil aus Vakuum bestehen.

Komprimierte Kugelsternhaufen werden im größeren Maßstab von dekomprimierten Galaxien abgelöst, die wiederum komprimierte Galaxienhaufen bilden. Das Größenverhältnis einer dekomprimierten Struktur zu einer maßstäblich benachbarten komprimierten Struktur bleibt etwa konstant. Das Sonnensystem ist im Vergleich zur Sonne etwa genauso groß wie ein Atom im Vergleich zum Atomkern.

Die russische Holzpuppe „Matroschka“ ist ein Fraktal. Die Größen der Puppen unterscheiden sich um einen konstanten Faktor B. Die viertgrößte Puppe ist im Vergleich zur größten Puppe um den Wert der Exponentialfunktion $f(x) = B^x$ mal kleiner (x = 4). Die Zahl x ist ein Logarithmus, B ist seine Basis. Stellt man die Puppen, ihrer Größe nach geordnet, in eine Reihe, entsteht eine lineare Perspektive.

## Nachbarn im logarithmischen Raum

Systeme, die im linearen Raum sehr weit voneinander entfernt sind, können im logarithmischen Raum der Maßstäbe ziemlich nahe beieinander liegen. Unsere Sonne und Alpha Centauri sind im linearen Raum über 4 Lichtjahre voneinander entfernt, im logarithmischen Raum der Maßstäbe sind sie jedoch unmittelbare Nachbarn. Wenn man das einmal begriffen hat, ist es auch nicht mehr allzu schwer, physikalische Bedingungen zu schaffen, die eine Kommunikation im logarithmischen Raum ermöglichen. Zwei Elektronen im gleichen Quantenzustand, die tausende Kilometer voneinander entfernt sind, befinden sich im logarithmischen Raum der Maßstäbe praktisch in einem Punkt. Dieser Sachverhalt erklärt nicht nur eine ganze Reihe quantenmechanischer Phänomene, sondern ist auch die Basis einer völlig neuen Technologie der Kommunikation.

Dabei handelt es sich um einen Informationsaustausch über die Eigenschwingungen des in aller Materie enthaltenen Vakuums, das kosmische Hintergrundfeld. Entgegen den Vorstellungen der klassischen Physik haben die Eigenschwingungen des Vakuums kein thermisches (chaotisches), sondern ein harmonikales Spektrum, wie eine Melodie.

Wie in der Graphik auf der folgenden Seite deutlich wird ist die Verteilung der Planeten in Abhängigkeit von ihrer Entfernung zur Sonne logarithmisch skaleninvariant. Die Schwingungsknoten markieren Resonanzwellenlängen, in welchen das Vakuum stark fluktuiert. Vermutlich markieren der Asteroidengürtel und der Kuipergürtel Orte intensiver Prozesse der Materieentstehung und des Zerfalls. Asteroidenkollisionen führen zur Bildung neuer Himmelskörper, die nach Erreichen einer kritischen Masse den Asteroidengürtel verlassen, in den Attraktorbereich des Jupiters oder eines anderen Gasriesen gelangen und zu Monden werden. Alte Himmelskörper haben den stark fluktuierenden Kernbereich der Schwingungsknoten bereits verlassen. Vermutlich repräsentiert die Venus hinsichtlich ihrer Entfernung zur Sonne ein relativ junges Stadium der Entwicklung eines erdähnlichen Planeten, der Mars hingegen das Endstadium. Die präzedenzlose Platzierung der Venus in unmittelbarer Nähe eines Resonanzknotens erklärt im Rahmen der Global Scaling Theorie die extreme vulkanische Aktivität der Venus.

## Die Melodie des Rauschens

Fragmente dieser „Melodie der Schöpfung“ findet man auch im Spektrum der kosmischen Mikrowellen-Hintergrundstrahlung, der sogenannten Drei-Kelvin-Strahlung. Im Unterschied zur stellaren, galaktischen und extragalaktischen Strahlung im optischen, ultravioletten, Radio-, Röntgen- oder Gammabereich konnte man für die diffuse Mikrowellenstrahlung keine Quelle ausmachen. Klassische kosmologische Modelle interpretieren diese Strahlung als Echo eines hypothetischen Urknalls. Die Global Scaling Theorie geht davon aus, dass es sich um Eigenschwingungen des kosmischen Vakuums handelt, also um eine Art „Urmelodie“.

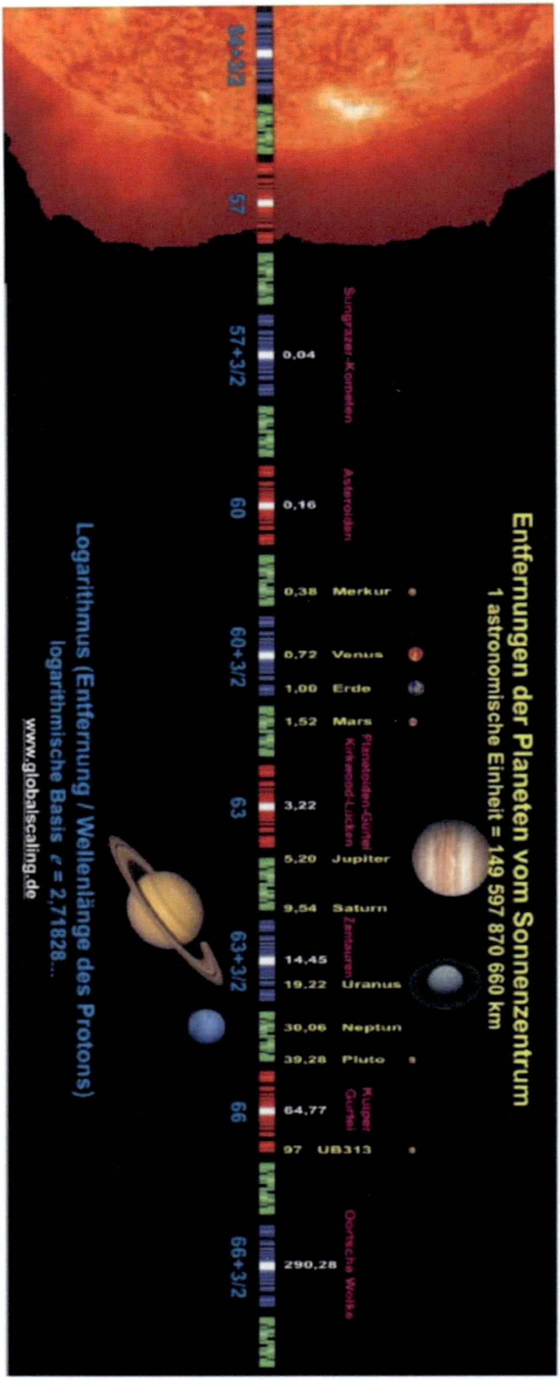

Entfernungen der Planeten vom Sonnenzentrum
1 astronomische Einheit = 149 597 870 660 km
54+3/2
57
57+3/2
60
60+3/2
63
63+3/2
66
66+3/2
Sungrazer-Kometen
0,04
Asteroiden
0,16
0,38 Merkur
0,72 Venus
1,00 Erde
1,52 Mars
Planetoiden-Gürtel Kirkwood-Lücken
3,22
5,20 Jupiter
9,54 Saturn
Zentauren
14,45
19,22 Uranus
30,06 Neptun
39,28 Pluto
Kuiper Gürtel
64,77
97 UB313
Oortsche Wolke
290,28
Logarithmus (Entfernung / Wellenlänge des Protons)
logarithmische Basis e = 2,71828...
www.globalscaling.de

Die mittlere Gleichgewichtstemperatur dieser Strahlung beträgt ca. 3 Kelvin, also etwa minus 270 °C. Ausgehend vom logarithmisch-hyperbolischen Modell der Eigenschwingungen des Vakuums präzisiert die Global Scaling Theorie mit 2,77 K ≈ $\tau_p \cdot e^{-29}$ den oberen Grenzwert dieser Gleichgewichtstemperatur ($\tau_p \approx 1{,}0888 \cdot 10^{13}$ K ist die Gleichgewichtstemperatur des Protons). Neueste Messungen lieferten einen Wert von 2,725 K.

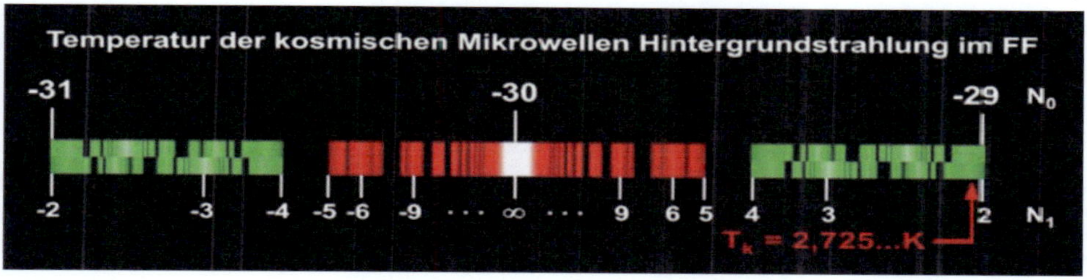


## Ordnung im Chaos

Die kinetische Gastheorie interpretiert die absolute Temperatur eines Gases als Maß für die mittlere Bewegungsenergie der Gasmoleküle. Aufzeichnungen der Wärmebewegung markierter Moleküle zeigen, dass die Trajektorie eines oszillierenden Moleküls keine Ähnlichkeit mit bekannten analytischen Funktionsbildern hat, sondern eher an den Zickzacklauf eines körnersuchenden Huhns erinnert. Es ist der Verlauf eines thermischen Rauschprozesses.

Global Scaling Spektralanalysen belegen, dass physikalische Rauschsignale harmonische Komponenten enthalten, deren Herkunft die Eigenschwingungen der Materie sind.

Wie Gasmoleküle bewegen sich auch die Photonen der kosmischen Mikrowellenstrahlung oder die frei beweglichen Elektronen im warmen Metall. Wie Billardkugeln stoßen sie aufeinander und lenken sich gegenseitig immer wieder auf unvorhersehbare Art und Weise ab. So entsteht ihre chaotische Wärmebewegung.

Dieses Chaos enthält jedoch Komponenten, die die harmonischen (nichtchaotischen) Oszillationen der Teilchen beschreiben. Ist die Amplitude der Oszillationen klein, verhalten sich die Teilchen wie ein schwingendes Kettensystem.

Das Problem der mathematisch exakten Beschreibung schwingender Kettensysteme wurde zwar bereits 1748 von Leonard Euler formuliert, konnte jedoch erst 200 Jahre später von Gantmacher und Krein gelöst werden. Ihr Lösungsansatz der Euler-Lagrangeschen Bewegungsgleichungen basiert auf Erkenntnissen aus der fraktalen Geometrie und führt zu einer bestimmten Klasse von Kettenbrüchen.

Die Global Scaling Analyse eines Rauschprozesses ermöglicht es, seine harmonischen von den chaotischen Komponenten zu trennen (Euler-Filter). Auf diese Weise selektiert man die melodischen Eigenschwingungen der Materie.

**Weiterführende Literatur:**


1. Bouwmeester D., Pan J.-W., Mattle K., Eibl M., Weinfurter H., Zeilinger A., Experimental Quantum Teleportation, Nature 390, 575 (1997)
2. Die Melodie des Universums. DVD, mind films GmbH, www.mindfilms.com

Hartmut Müller/Erwin Müller

# Global Scaling – Die Macht des Zeitfraktals

Rhythmen subatomarer, zellbiologischer, physiologischer, meteorologischer, geologischer und astrophysikalischer Prozesse bestimmen unser Wohlbefinden und den Verlauf unseres Lebens. All diese Rhythmen bilden kein Chaos, sondern erzeugen das Zeitfraktal.

Jeder kennt das aus eigener Erfahrung: Manche Tage vergehen fast ereignislos, andere wiederum sind mit Ereignissen prall gefüllt. Es gibt Tage, da geht gar nichts und andere, an denen alles wie von selbst gelingt.

Warum ist das so? Und ist das alles nur Zufall oder steht dahinter eine Gesetzmäßigkeit? In der Natur gibt es keine absolut gleichmäßig ablaufenden Prozesse. Auch keine Uhr der Welt tickt wirklich regelmäßig. Jede Uhr fluktuiert mehr oder weniger stark. Das trifft nicht nur für mechanische, sondern auch für elektronische quarzstabilisierte Uhren und sogar für Atomuhren zu. Nur mit sehr hohem technischem Aufwand können diese Fluktuationen teilweise unterdrückt werden.

Gewöhnliche Uhren messen nichts (und schon gar nicht die Zeit), sondern zeigen die konstante Geschwindigkeit eines künstlich konstant gehaltenen Prozesses an. Diese konstante Geschwindigkeit vergleichen wir mit der Geschwindigkeit anderer, normal ablaufender Prozesse. Sind diese Prozesse langsamer als die Uhr, vergeht viel „Zeit“, sind sie schneller als die Uhr, vergeht wenig „Zeit“.

Auch die Stunden-Anzeige einer gewöhnlichen Uhr bedeutet nichts. Aus diesem Grund stellte mein Vater seine Uhr nie auf Sommerzeit um. Als Forstmann und Jäger hatte er ein unschlagbares Argument: „Kein Schwein wird sich danach richten“. Die Verwendung von Uhren beruht auf dem mechanistischen Weltbild des 18. Jahrhunderts und hat mit dem realen Zeitverlauf nichts zu tun.

## Synchrone Fluktuationen

Was sind eigentlich Fluktuationen? Es sind Ereignisse, die nicht prognostiziert und deshalb auch nicht gesteuert werden können. Warum nicht? Weil die heute etablierte Physik auf einem Zeitmodell basiert, das einer ideal gleichmäßig tickenden Uhr entspricht, die niemals fluktuiert. Im Ergebnis einer 40-jährigen Forschungsarbeit an der Lomonosov Universität Moskau konnte der russische Biophysiker Simon E. Shnoll nachweisen, dass gleichzeitig ablaufende Prozesse stets auch zeitlich identische Fluktuationen aufweisen. Der Moment des Auftretens gleichzeitiger Fluktuationen ist nicht prozessabhängig, hat also offensichtlich eine globale Ursache. Fluktuationen realer Prozesse können heute im

Rahmen der Global Scaling Theorie berechnet werden. Es ist also auch möglich, Fluktuationen zu prognostizieren. Die Grundlagen dieses Verfahrens beruhen auf einem völlig neuen Verständnis des Phänomens der Zeit.

**Das Zeitfraktal**

Entgegen herkömmlichen Modellvorstellungen spult die Zeit nicht linear ab. In Wirklichkeit ist die Zeit auch kein Kontinuum, sondern ein Fraktal. Das Zeitfraktal komprimiert und dekomprimiert die Ereignisstruktur eines jeden Prozesses in gleichen logarithmischen Abständen.

Deshalb kommen auf ein vorgegebenes lineares Zeitintervall mal mehr, mal weniger Ereignisse. Die Regelmäßigkeit des Wechsels zwischen Kompression und Dekompression der Ereignisstruktur kann man nur auf einer logarithmischen Zeitgeraden erkennen. Auf einer linearen Zeitgeraden jedoch präsentiert sich die Ereignisstruktur als chaotische Folge von Fluktuationen.

Das logarithmische Zeitfraktal determiniert die Ereignisstruktur jedes Prozesses, auch die eines menschlichen Lebens. In der Nähe eines Knotens bzw. Subknotens des Zeitfraktals sind die Fluktuationen des Prozesses maximal. Die Wahrscheinlichkeit, dass sich nun ein mögliches Ereignis materialisiert, erreicht Maximalwerte. Darum ist auch die reale Ereignisdichte in Knotenpunktnähe maximal.

Die Existenz des Zeitfraktals beruht auf den Eigenschwingungen der Materie. Schwingungen stellen die energetisch effizienteste Art der Bewegung dar. Deshalb schwingt nicht nur jedes Atom, sondern auch das Sonnensystem, das Licht ist eine sich ausbreitende Schwingung und selbstverständlich schwingen auch die Zellen, das Gewebe und die Organe in unserem Körper – das Herz schlägt, die Lunge atmet ein und aus.

Eigenschwingungen der Materie verlaufen auf energetisch niedrigst möglichem Niveau und erzeugen logarithmische Spektren. In diesem Zusammenhang spricht man von Skaleninvarianz (Scaling).

Die außergewöhnlich hohe Lebensdauer des Protons und des Elektrons ist die Ursache dafür, dass gewöhnliche Materie aus Atomen besteht. Atome enthalten stets gleichviel Protonen wie Elektronen. Allerdings ist jedes Proton etwa 1836-mal schwerer als jedes Elektron im Atom. Deshalb rührt die Atommasse zu über 99 Prozent von den Protonen bzw. ihren angeregten Zuständen (Resonanzen), den Neutronen. Wenn also zum Beispiel ein Mensch 70 kg wiegt, dann stammen etwa 69 kg von den Protonen bzw. Neutronen der Atome, aus denen er besteht. Aus diesem Grund bestimmen letztendlich die Protonenresonanzen den Verlauf aller Prozesse und den Aufbau aller Strukturen im Universum. Gegenstand der Global Scaling Theorie ist das Spektrum der Protonenresonanzen.

Analysiert man physiologisch wichtige Schwingungsprozesse nach Global Scaling, zum Beispiel die Atemfrequenz (Graphik links auf der nächsten Seite) oder die Frequenz des Herzschlages, das Spektrum der menschlichen Stimme oder die elektrische Aktivität des Gehirns, erkennt man, welch wichtige Rolle Protonenresonanzen in der Biologie spielen. (Linke Graphik auf der folgenden Seite)

Das Frequenzspektrum des Herzschlages eines gesunden erwachsenen Menschen pendelt sich im normalen Ruhezustand ganz von allein auf das Intensitätsmaximum bei 67 Schlägen pro Minute ein, weil es sich hier um eine Protonenhauptresonanz-Frequenz handelt. Das Frequenzspektrum der Atmung eines gesunden erwachsenen Menschen pendelt sich im normalen Ruhezustand ganz von allein auf eine Frequenz von 15 Atemzügen pro Minute ein, weil auch dies eine Protonenhauptresonanz-Frequenz ist. Die Hauptarbeitsfrequenz des zentralen Nervensystems ist eine Protonenresonanz, ebenso die Resonanzfrequenz der optischen Rezeptoren der Netzhaut. Sogar das neugeborene Baby erhebt seine Stimme in unmittelbarer Nähe einer Protonenhauptresonanz.

Alle Materie besteht zu 99 Prozent ihrer Masse aus Protonen bzw. Protonenresonanzen (Neutronen). Deshalb ist es für jede Art von Materie energetisch sehr vorteilhaft, im Rhythmus der Protonenresonanzen zu schwingen. (Mittlere Graphik folgende Seite)

Das Spektrum der Protonenresonanz-Perioden ist das Fundamentale Zeitfraktal der Global Scaling Theorie. Knoten im Zeitfraktal markieren wichtige Wendepunkte im Verlauf eines jeden Prozesses, unabhängig von seiner Natur. Zum Beispiel, im Alter von 7 Tagen nistet sich die befruchtete menschliche Eizelle in der Gebärmutter ein, ab dem 33. Tag separiert sich das Gehirn vom Rückenmark, zum 5. Monat bildet sich die Hirnrinde heraus.

Gleichfalls finden 7 Tage und 33 Tage nach der Geburt, im Alter von ca. 5 Monaten, 2 Jahren, 8 Jahren und 37 Jahren wesentliche physiologische Veränderungen im Leben eines Menschen oder Tieres statt.

Knoten bzw. Subknoten im Fundamentalen Zeitfraktal markieren statistische Grenzen der Gerontologie, aber auch prominente Garantiefristen und Grenzen von Versicherungsleistungen, populäre Wartungsintervalle von Maschinen sowie Maxima in der Statistik des Produktausfalls. (Rechte Graphik folgende Seite)

***Graphik Mitte folgende Seite:***
*Die Grafik veranschaulicht den Aufbau des Zeitfraktals im Zeitbereich zwischen 1 Sekunde und 24 Stunden. Bereiche hoher Ereignisdichte (Knoten) und Bereiche niedriger Ereignisdichte(Lücken) wechseln in logarithmisch-hyperbolisch, skaleninvarianter Folge.*

***Graphik rechts folgende Seite:***
*Die Grafik veranschaulicht den Aufbau des Fundamentalen Zeitfraktals im Zeitbereich zwischen 3 Tagen und 453 Jahren.*

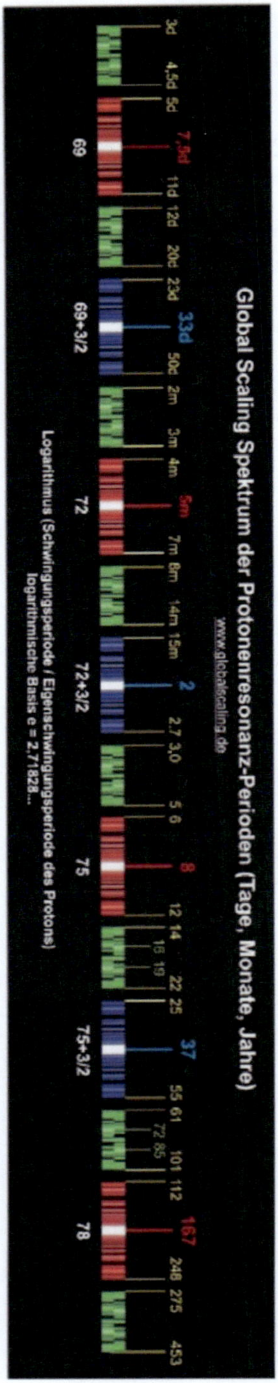
Global Scaling Spektrum der Protonenresonanz-Perioden (Tage, Monate, Jahre)
www.globalscaling.de
Logarithmus (Schwingungsperiode / Eigenschwingungsperiode des Protons)
logarithmische Basis e = 2,71828...
69
69+3/2
72
72+3/2
75
75+3/2
78

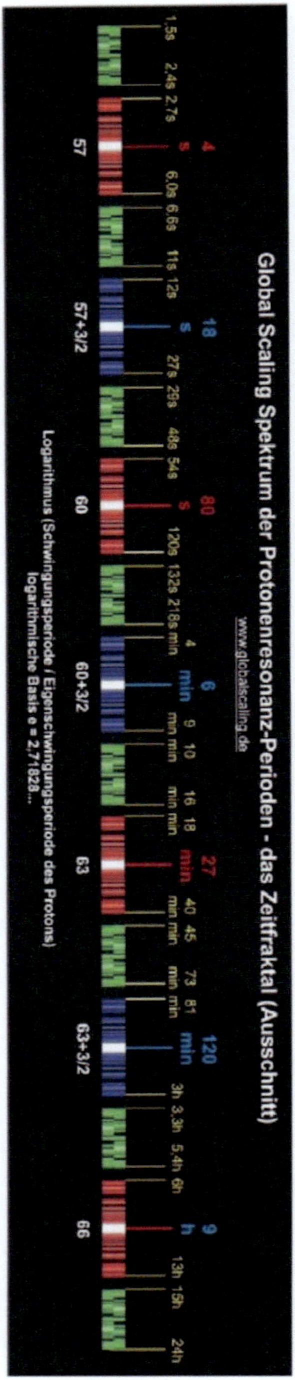
Global Scaling Spektrum der Protonenresonanz-Perioden - das Zeitfraktal (Ausschnitt)
www.globalscaling.de
Logarithmus (Schwingungsperiode / Eigenschwingungsperiode des Protons)
logarithmische Basis e = 2,71828...
57
57+3/2
60
60+3/2
63
63+3/2
66

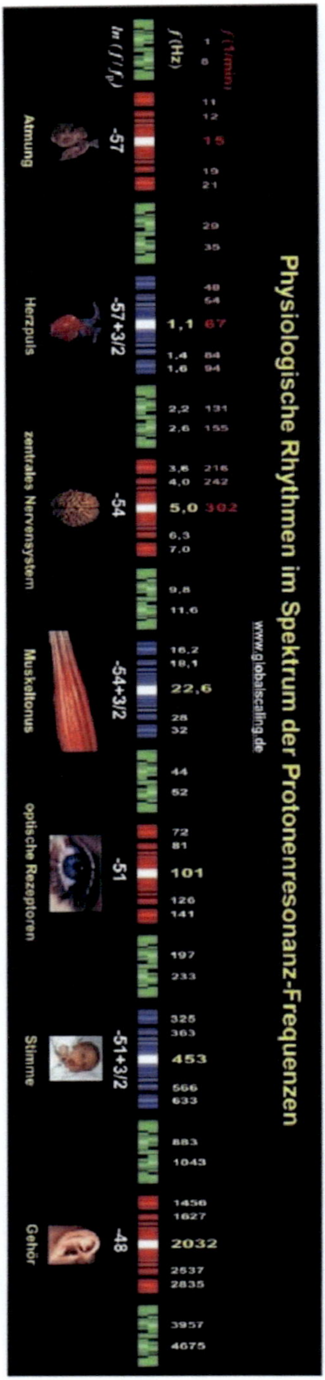
Physiologische Rhythmen im Spektrum der Protonenresonanz-Frequenzen
www.globalscaling.de
f (1/min)
f (Hz)
Atmung
Herzpuls
zentrales Nervensystem
Muskeltonus
optische Rezeptoren
Stimme
Gehör
-57
-57+3/2
-54
-54+3/2
-51
-51+3/2
-48

## Die fraktale Lebenslinie

Wird ein Mensch geboren, starten erstmals sehr wichtige Prozesse, die ihn sein ganzes weiteres Leben lang begleiten werden – die selbständige Atmung und Verdauung, das Sehvermögen u.v.m. Im Unterschied zum Stoffwechsel kann die Atmung nur für kurze Zeit unterbrochen werden. Der Rhythmus des Ein- und Ausatmens erfüllt lebenswichtige regulative Funktionen. Deshalb ist die Atemkultur ein zentrales Thema in klassischen fernöstlichen Philosophien. Im Leben des menschlichen Embryos ist nicht nur die Zeugung, sondern auch die Geburt ein präzedenzloses Ereignis, das eine logarithmisch fraktale Kette an Folgeereignissen nach sich zieht, die ein Zeitfraktal bilden. Diese Tatsache eröffnet im Rahmen der Global Scaling Theorie die Möglichkeit, die statistisch zu erwartenden Fluktuationen der Ereignisdichte im Verlaufe des Lebens vor und nach der Geburt zu prognostizieren. So entsteht die fraktale Lebenslinie. Sehr seltene Ereignisse, insbesondere präzedenzlose Ereignisse, basieren auf Rhythmen, die eine sehr lange Schwingungsperiode und eine große Amplitude haben. Daraus folgt, dass die Ereignisdichte unmittelbar vor und nach einem solchen Ereignis sehr hoch ist. Das ist auch vor und nach der Geburt so.

Dabei ist es besonders wichtig zu verstehen, dass die Physiologie eines 4 Tage alten Kindes zwar Sekunden-, Minuten- und Tagesrhythmen kennt, aber zum Beispiel Jahresrhythmen noch gar nicht kennen kann. Je älter der Mensch wird, desto größer auch die Anzahl der verschieden kurzen und langen Rhythmen, die seine Physiologie verkraften muss. Mit zunehmendem Alter steigt auch die Wahrscheinlichkeit, mit seltenen Ereignissen konfrontiert zu werden, die eine sehr hohe, mitunter eine lebensgefährlich hohe Ereignisdichte mit sich bringen, denen der durch frühere Ereignisse bereits geschwächte Organismus eventuell nicht mehr standhält.

## Die Global Scaling Uhr

Auf der Grundlage des Zeitfraktals entwickelte das Global Scaling Software Team die weltweit erste fraktale Uhr. Die Global Scaling Uhr zeigt die reale fraktale Zeit an und erlaubt es somit erstmals in der Geschichte der Naturwissenschaften, die reale Zeitqualität unmittelbar und kontinuierlich zu messen.

Die Qualität der Zeit wird wesentlich durch die zu erwartende Ereignisdichte bestimmt. Die Kenntnis der statistisch zu erwartenden Ereignisdichte eines Prozesses hat unmittelbaren praktischen Wert. Wenn ich weiß, dass die Ereignisdichte in meinem Leben aller Wahrscheinlichkeit nach zum Beispiel am 17. Juni kommenden Jahres ein Maximum erreichen wird, kann ich mich darauf vorbereiten und meinen Terminkalender sinnvoll gestalten. Die Global Scaling Uhr zeigt an, wie sich die statistisch zu erwartende Ereignisdichte im Verlauf eines Prozesses ändert, und das sekundengenau. Man kann erkennen, wann die Fluktuationswahrscheinlichkeit im Verlauf eines Prozesses steigt oder fällt.

Mi 19.12.07 16:27:15
Start: 02.03.1992 15:20

Die regelmäßige Verwendung der Global Scaling Uhr kann zur Erhöhung der Lebensqualität beitragen, weil günstige Zeiträume optimaler Ereignisdichte besser genutzt werden können. Die Kenntnis ereignisarmer Phasen erspart unnötige Anstrengungen und bewahrt vor Enttäuschungen. Durch cleveren Gebrauch der Global Scaling Uhr ist es durchaus denkbar, Stress zu vermeiden und so einen lebensverlängernden Effekt zu erzielen. Richten auch Sie Ihren Alltag nach der Global Scaling Uhr und leben Sie in der realen Zeit! Weiterführende Informationen im Internet: www.globalscaling.de

*Bild links: Die Global Scaling Uhr kann als Java-Software auf jedem handelsüblichen Windows-, Mac- oder Linux-PC installiert werden.*

Michael Köhlmann

# Global Scaling Analyse der Schumann-Resonanzfrequenzen

Die Atmosphäre, die den Globus umspannt, wird am Übergang in den Weltraum durch die Ionosphäre begrenzt. Die Ionosphäre besteht im Wesentlichen aus drei Schichten (D, E, F-Schicht). Die unterste Schicht (D) liegt in einer Höhe von ca. 80 km und bildet die obere Grenzschicht der Atmosphäre. Die Erdoberfläche stellt die untere Grenzschicht dar. Ionosphäre und Erdoberfläche sind elektrisch leitfähige Medien. Die negativ geladene Erdoberfläche bildet den Minus-Pol und die positiv geladene Ionosphäre den Plus-Pol eines riesigen Kugelkondensators. Dazwischen befindet sich die Lufthülle als Isolationsschicht des Kondensators. Man kann das ganze Gebilde auch als Hohlraumresonator betrachten. Die Eigenfrequenz dieses Hohlraumresonators wurde 1954 von den deutschen Physikern Winfried Otto Schumann und Herbert König in ersten Messungen nachgewiesen. Sie beträgt ca. 7,8 Hz. In diesem Zusammenhang spricht man auch von der Schumann-Resonanzfrequenz.

Rund um den Globus finden zeitgleich ca. 2.000 Gewitter statt. Die Blitzentladungen erzeugen elektromagnetische Wellen in einem breiten Frequenzspektrum. Die hochfrequenten Anteile unterliegen einer starken Dämpfung. Die niederfrequenten Anteile breiten sich über große Entfernungen über den Globus aus und treten in Resonanz mit den Eigenfrequenzen des „Erdkugelkondensators".

Rein rechnerisch ergibt sich die Grundresonanzfrequenz zu Lichtgeschwindigkeit : Erdumfang, also 300.000 km/s : 40.000 km = 7,5 Hz. Messtechnisch erweist sich das Phänomen der Schumann-Resonanz als äußerst komplex. Es muss die elektrische und magnetische Komponente von sehr schwachen niederfrequenten (natürlichen) Feldern bestimmt werden. Neben der Grundfrequenz werden bis zu ca. 6 Resonanzen höherer Ordnung in einem Abstand von jeweils ca. 6 Hz gemessen. Die Resonanzgüte nimmt zu höheren Frequen zen stark ab.

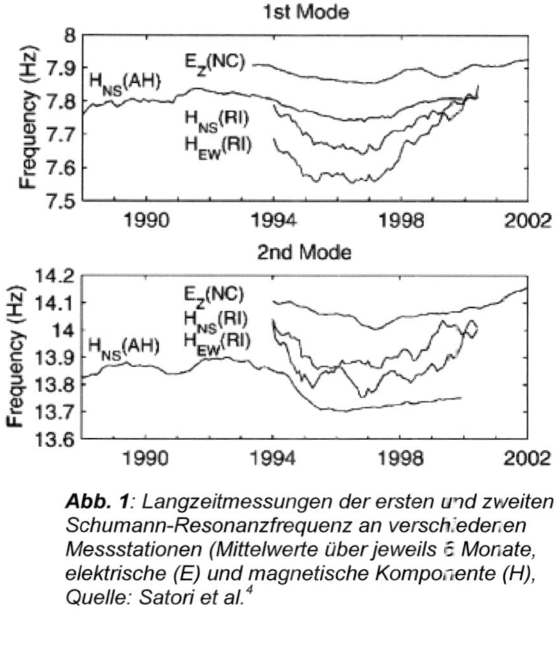


***Abb. 1**: Langzeitmessungen der ersten und zweiten Schumann-Resonanzfrequenz an verschiedenen Messstationen (Mittelwerte über jeweils 6 Monate, elektrische (E) und magnetische Komponente (H), Quelle: Satori et al.*[4]

Seit ca. 20 Jahren existieren Langzeitmessungen der Schumann-Resonanzen. Untersucht werden Amplituden- und Frequenzschwankungen in unterschiedlichen zeitlichen Maßstäben. Es werden Korrelationen zu extraterrestrischen Einflüssen wie Sonnenzyklus und Röntgenstrahlung hergestellt, Zusammenhänge von Amplitudenschwankungen und Gewitteraktivität in unterschiedlichen Breitengraden gefunden, Abhängigkeiten von Frequenz- und Ionosphärenschwankungen aufgezeigt, u.v.a.m.[1,4]

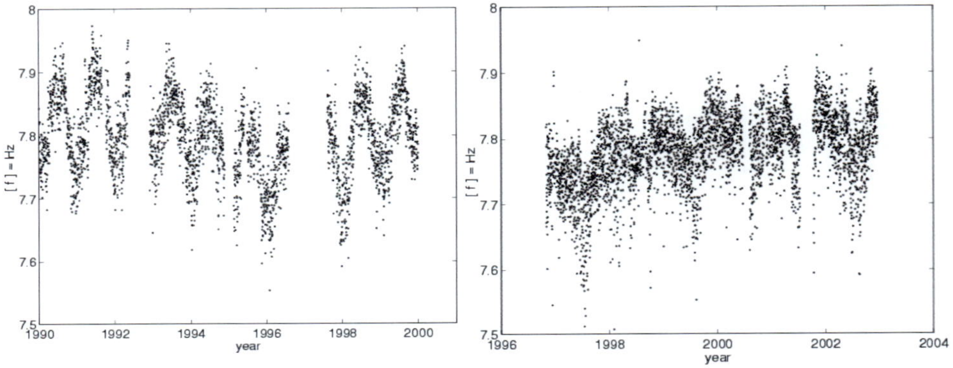


***Abb. 2:*** *Langzeitmessungen der ersten Schumann-Resonanzfrequenz (magnetische Komponente), Quelle: M. Füllekrug*[2]

Da die erste und zweite Resonanzfrequenz deutlich leichter und mit größerer Messgenauigkeit als höhere Resonanzen bestimmt werden können, konzentrieren sich die Untersuchungen und das vorliegende Datenmaterial auf diese Frequenzen. Zudem sind die höheren Resonanzen wegen ihrer geringen Güte nur von begrenztem Aussagewert.

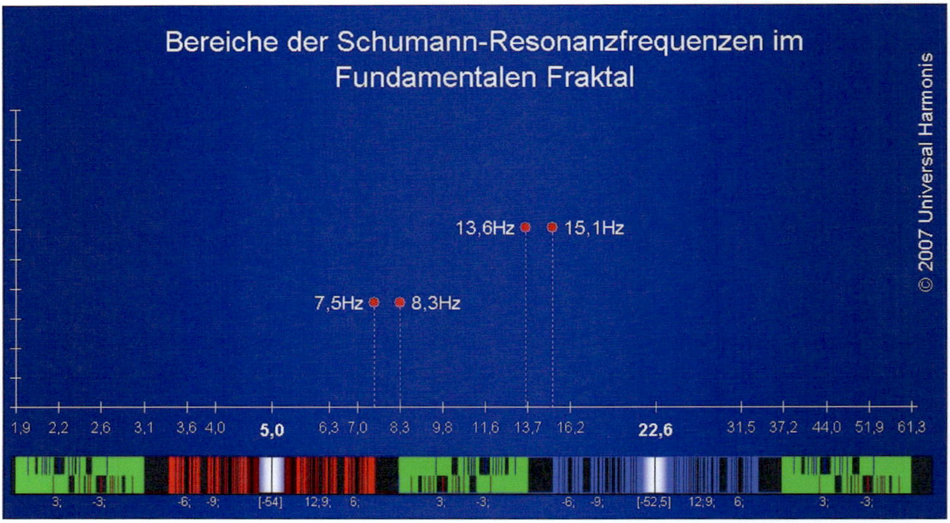


***Abb. 3:*** *Lage der 1. und 2. Schumann Resonanzfrequenz im Fundamentalen Fraktal*

Als natürliche Eigenfrequenz ist die Schumann-Resonanz für eine Global Scaling[3] Analyse natürlich prädestiniert. Abb. 1 zeigt Langzeitmessungen der ersten beiden Schumann- Resonanzfrequenzen (elektrische und magnetische Komponente verschiedener Messstationen), Abb. 2 ist das Ergebnis weiterer detaillierter mehrjähriger Messungen der ersten Resonanzfrequenz. Erkennbar sind darin jahreszeitliche Schwankungen und der Einfluss des 11-jährigen Sonnenzyklus. Die Schwankungsbereiche der Resonanzfrequenzen liegen zwischen 7,5 – 8 Hz bzw. 13,7 – 14,2 Hz. Diese Bereiche sind praktisch identisch mit Sublücken der Knoten [-54] und [-54+$^3/_2$] im Fundamentalen Fraktal, die von 7,5 – 8,3 Hz bzw. 13,6 – 15,1 Hz reichen.

Die für das Phänomen der Schumann-Resonanz wichtigsten Frequenzbereiche liegen also nicht in Knotenbereichen, wie man das spontan erwarten würde. Sie sind vielmehr deckungsgleich mit denjenigen Bereichen im Fundamentalen Fraktal, in denen die Tendenz zur Eigenresonanzfähigkeit minimal ist. Gleichzeitig sind dies aber auch diejenigen Bereiche, in denen sich physikalische Werte am exaktesten steuern lassen.

Die Schumann-Resonanz ist primär durch die geometrischen Abmessungen des Hohlraumresonators Erde-Ionosphäre bestimmt. Die Höhe der untersten Ionosphärenschicht schwankt jedoch.[1] Es ergeben sich verschiedene Werte auf der der Sonne zu- bzw. abgewandten Seite, außerdem beeinflussen Magnetstürme der Sonne die Dicke der Schicht und damit die Resonanzfrequenz. Der 11-jährige Sonnenzyklus und die jahreszeitliche Schwankung sind Einflussgrößen, die eine weitere Modulation bewirken.[4] Offenbar gibt es eine ganze Anzahl von Parametern, welche die Schumann-Resonanzfrequenzen in einem fest begrenzten Bereich regeln.

*Abb. 4: Lage der elektrischen Aktivitätsbereiche des Gehirns im Fundamentalen Fraktal*

Wahrscheinlich ist dieser enge Regelbereich auch wichtig für das Leben auf der Erde. So sind auch die Frequenzbereiche im menschlichen Gehirn (Abb. 4) an diesen Grenzen ausgerichtet. Der Bereich von 7 – 8 Hz stellt das obere Ende der Thetawellen (4 – 7 Hz, leichter Schlaf, Übergang Wachzustand / Schlaf) und zugleich das untere Ende der Alphawellen (8 – 13 Hz, entspannter Wachzustand) dar. Durch das Intervall 13 – 14 Hz wird das obere Ende der Alphawellen und das untere Ende der Betawellen (14 – 30 Hz, konzentrierter Wachzustand) gekennzeichnet.

In einigen literarischen Quellen, auch zunehmend im Internet, wird von einer Erhöhung der Schumann-Resonanz („Erd-Frequenz") in unserer gegenwärtigen Zeit gesprochen. Dies ist aufgrund der vorliegenden Messergebnisse definitiv nicht der Fall. Die Schumann-Resonanzfrequenz ist, ähnlich der Körpertemperatur des Menschen, ein Beispiel für einen natürlichen physikalischen Wert, der aufgrund von übergeordneten Eigenschwingungsprozessen in einem bestimmten Regelbereich gehalten werden muss und somit aus energetischen Gründen in Sublückenbereichen des Fundamentalen Fraktals liegt.

**Literaturhinweise:**


[1]: Füllekrug, M., Fraser-Smith, A.C., Schlegel, K., „Global ionospheric D-layer height monitoring", Europhysics Letters., 59 (4), 2002, S. 626–632

[2]: Füllekrug, M., „Magnetic Activity and Schumann Resonance", http://www.ncedc.org/ncedc/em.intro.html

[3]: Müller, Hartmut, „Global Scaling – Special 1", Ehlers Verlag, 2005, www.ehlersverlag.de

[4]: Satori, G., Williams, E., Mushtak, V., „Response of the Earth-ionospere cavity resonator to the 11-year solar cycle in X-radiation", Journal of Atmospheric and Solar-Terrestrial Physics, 67, 2005, S. 553-562, Copyright Elsevier 2008

Claus Bürger

# Pumpen im Rhythmus der Protonen

## Ausgereifte technische Prozesse folgen den natürlichen Eigenresonanzen der Protonen

Die Natur liefert für technische Optimierungen und Weiterentwicklungen wertvolle Informationen – Stichwort Bionik. Beispielsweise wurde in Versuchsreihen der Kerosinverbrauch des Airbus A 340 deutlich gesenkt, indem die Flugzeugaußenseite mit der Riblet-Folie beklebt wurde, die der Schuppenstruktur der Außenhaut des Galapagoshais - entspricht. Weitere Beispiele aus der Bionik sind die Schiffsnase, welche dem Delphin nachempfunden wurde oder der Lotuseffekt für sich selbstreinigende Oberflächen. Darüber hinaus ermöglicht ein neues Naturverständnis, Forschungs- und Entwicklungsprozesse deutlich zu beschleunigen. Das Optimierungspotenzial basiert auf der Global Scaling Analyse. Am Beispiel der Drehzahlen von Pumpen soll dies verdeutlicht werden. Technische Prozesse und Produkte, die einen intensiven Reifeprozess durchlaufen haben, weisen bezüglich ihrer Betriebsparameter Eigenschaften auf, die das Ergebnis einer Optimierung nach Global Scaling sein könnten. So haben sich auch Pumpendrehzahlen in einem evolutionären Prozess auf Protonenresonanzfrequenzen ausgerichtet. Das zeigt eine umfangreiche Recherche einer Vielzahl von Pumpenmodellen aus den unterschiedlichsten Anwendungsbereichen. Global Scaling kann als eine nächste Generation der Bionik – eine Fusion aus Biologie und Technik – betrachtet werden. Mancher Umweg bei technischen Entwicklungen ließe sich vermeiden, wenn von vorneherein die Prinzipien von Global Scaling und die Effekte natürlicher Eigenschwingungen berücksichtigt würden. Diese neue Erkenntnis aus der physikalischen Grundlagenforschung ist ein hoch effizientes Tool, um die Betriebsgrößen von Systemen hinsichtlich Energieeffizienz, Langlebigkeit, Zuverlässigkeit und Flexibilität optimal auszurichten. Als Referenzgrößen der Global Scaling Analyse dienen die physikalischen Eigenschaften des Protons, als stabilste Eichgröße unseres Universums.

***Abb. 1:***
*Ehemalige Kolbenpumpe eines Wasserwerkes*
*Quelle: Wikipedia*

## Recherchegrundlage

Pumpen haben eine Entwicklungsgeschichte von über 2.000 Jahren, in denen sie kontinuierlich verbessert und zu einem hohen Reifegrad gebracht wurden. Unsere Recherche umfasst 1.300 Modelle der führenden Hersteller, wie Wilo, KSB, Jung Pumpen, Jessberger Pumps, ITT Richter, HOMA Pumpen, Hoerbiger Hydraulik, Grundfos, Grindex, Flux-Geräte, DANFOSS, Crane Flow, Boge Kompressoren, Bock Kältemaschinen, BOX Edwards Hochvakuum, Blackmer, ASV Stübbe, Alldos Eichler und Abel Pumpen. Die Studie zeigt, dass manche Pumpendrehzahlen überhaupt nicht oder sehr selten verwendet werden, andere hingegen besonders häufig (siehe Abbildung 2).

**Warum aber meiden Entwickler bestimmte Pumpendrehzahlbereiche und bevorzugen andere? Welche Ursache hat diese Nichtlinearität?**

## Durchgängiges Grundprinzip

Die Global Scaling Analyse baut auf der Erkenntnis auf, dass es quer durch alle Bereiche der Naturwissenschaften ein durchgängiges Grundprinzip gibt, eine Maßstäblichkeit (Skaleninvarianz), die einen nichtlinearen Charakter besitzt.

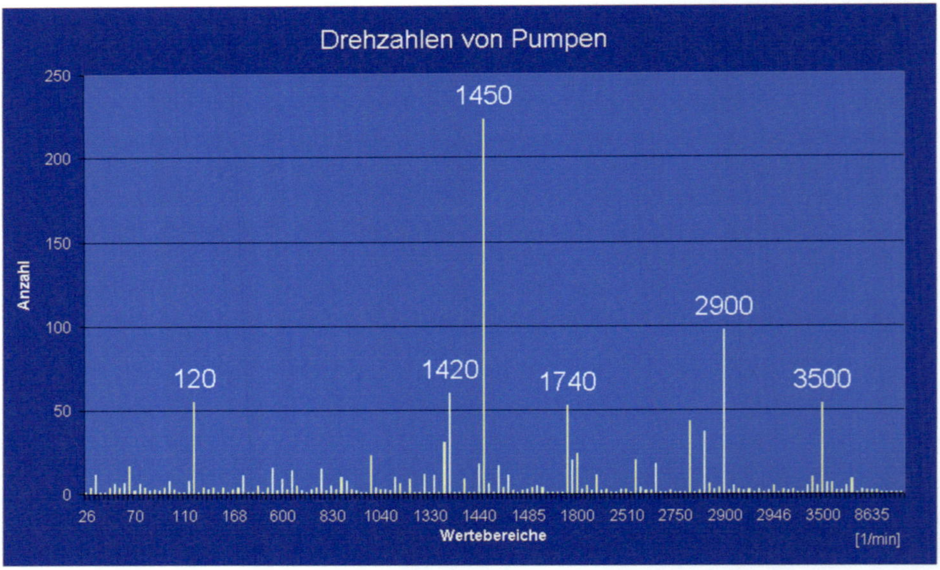


***Abb. 2:** Häufigkeitsverteilung von Pumpendrehzahlen von insgesamt 1.300 Pumpenmodellen der führenden Hersteller. Deutlich erkennbar die gerne genutzten Drehzahlen insbesondere bei 1.450 U/min.*

Zuerst ist die nichtlineare Verteilung von Massen, Längen und Frequenzen in der Teilchenphysik[I], Kosmologie[II] und Biologie[III] entdeckt worden. Auch Elementarteilchen, Sterne und Säugetiere bevorzugen mit ihren „betriebsbestimmenden Parametern“ bestimmte Bereiche und meiden andere. Aus diesen Erkenntnissen, die überwiegend aus der russischen Grundlagenforschung stammen, hat der deutsche Physiker Hartmut Müller die Global Scaling Theorie[IV] als Maßstab der Natur entwickelt. Dieser Maßstab ist skalenunabhängig und fraktal, so dass er sowohl im Kleinen wie im Großen anwendbar ist.

Unterhalb der Pumpendrehzahlverteilung in Abb. 4 (Graphik nächste Seite) ist dieser fraktale Maßstab für die physikalische Größe der Drehzahl dargestellt. Dieser zeigt über einen Bereich von 25 U/min bis über 10.000 U/min die Übereinstimmung der Drehzahlen mit den Eigenschwingungsqualitäten der Protonen. Dabei lässt sich aus der Position eines Drehzahlwertes über dem fraktalen Maßstab ablesen, welche Protonenresonanz-Eigenschaften diese Werte unterstützen oder unterbinden. Siehe dazu auch Abbildung 3 und Tabelle 2. In Bezug auf die Pumpendrehzahlen lässt sich deutlich erkennen, dass charakteristische Werte auf der Maßstabsgeraden der Natur deutlich häufiger genutzt werden.

Die Global Scaling Theorie begründet die Nichtlinearität damit, dass alle Systeme – egal ob technischer oder natürlicher Herkunft – eine natürliche Resonanz mit Eigenschwingungen der Materie anstreben, da dies dem energetisch günstigsten Zustand entspricht. Materie wird dabei zu 99% durch Protonen repräsentiert, da sie 99% aller Materie ausmachen und mit einer Lebensdauer von mindestens $10^{32}$ Jahren die stabilsten Elemente des Universums sind. Jegliche Prozesse in Natur oder Technik werden daher von den Effekten bestimmt, welche durch die Eigenschwingungen der Protonen hervorgerufen werden, wir nennen das kurz Eigenresonanzeffekte. Zum einen bewirken diese Eigenresonanzeffekte, dass sich Materie formiert, zusammenballt. Dies wird im Rahmen des Global Scaling Modells auch als physikalische Ursache der Gravitation erkannt. Zum anderen werden durch das Eigenschwingungsverhalten der Materie alle rhythmischen Vorgänge bestimmt. Das bedeutet, dass die Dauer der Eigenschwingungen der Materie, also zu 99% die der Protonen, die Entwicklungsetappen aller Vorgänge in Natur und Technik bestimmen (siehe [V, VI]). So werden in der Natur sowohl die Entwicklungsetappen des Embryos, der Verpuppungsvorgang des Schmetterlings oder das Wachstum eines Baumes, in der Technik Fertigungsabläufe, zeitliche Vorgänge im Projektmanagement oder der Unternehmensentwicklung, wie auch in der Kosmologie die Entwicklungsetappen unseres Planeten oder das Entstehen und Vergehen von Sternen zeitlich durch die Eigenschwingungsvorgänge der Protonen bestimmt. Zurück zur Praxis der Global Scaling Analyse. Will man nun Eigenresonanzeffekte der Pumpendrehzahlen analysieren, so werden diese über dem Protonenresonanz-Frequenzspektrum angeordnet (siehe Abb. 4). Eine Pumpe arbeitet hocheffizient, langlebig und zuverlässig, wenn sie mit ihren verschiedenen betriebsbestimmenden Parametern an charakteristischen Bereichen dieses Spektrums ausgerichtet ist.

***Abb. 4**: (nächste Seite): Evolutionäre Technik-Auslese – Pumpen bevorzugen manche Drehzahlen und meiden andere. Die Global Scaling Theorie erklärt dies durch Eigenresonanzen der Materie: Natürliche Eigenresonanz herrscht in den Zentren der blauen und roten Bereiche. Die dunklen Bereiche haben eine sehr geringe Resonanz. In den grünen Bereichen findet man häufig Parameter ausgereifter Systeme.*

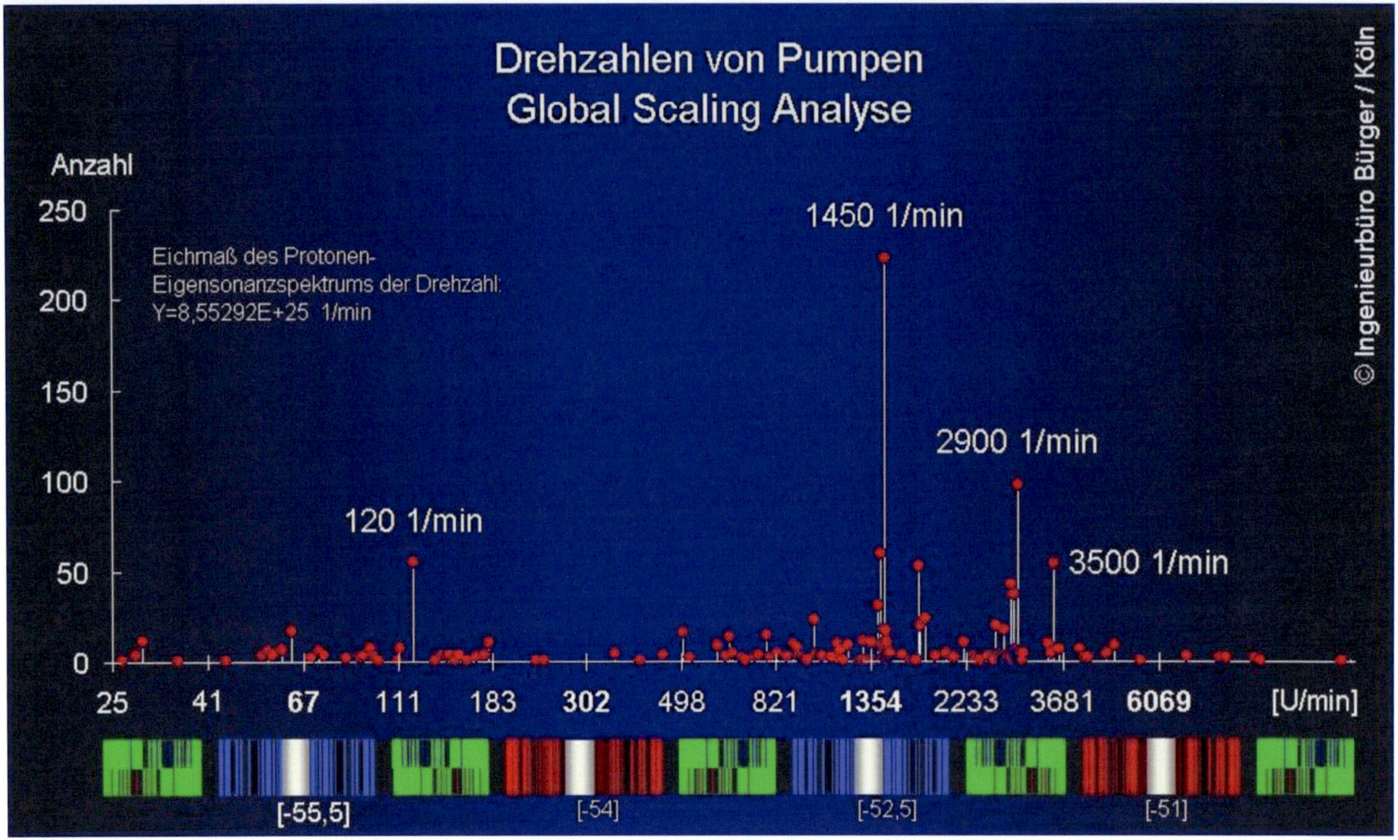
Drehzahlen von Pumpen
Global Scaling Analyse
Anzahl
250
200
150
100
50
0
Eichmaß des Protonen-
Eigensonanzspektrums der Drehzahl:
Y=8,55292E+25 1/min
120 1/min
1450 1/min
2900 1/min
3500 1/min
25 41 67 111 183 302 498 821 1354 2233 3681 6069 [U/min]
[-55,5]
[-54]
[-52,5]
[-51]
© Ingenieurbüro Bürger / Köln

### Natürliche Technikauslese

Je nachdem, in welchem Drehzahlbereich eine Pumpe arbeitet, werden Effizienz, Langlebigkeit, Zuverlässigkeit und Flexibilität gefördert oder gehemmt.

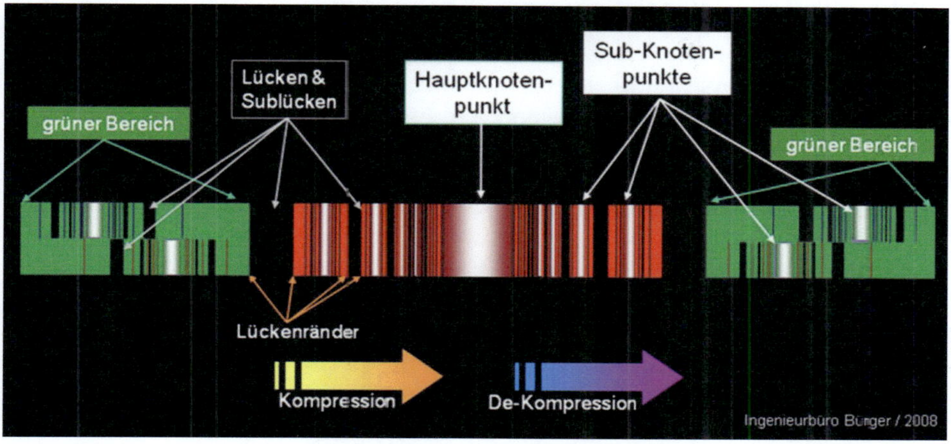


***Abb. 3:** Bezeichnungen der einzelnen Bereiche des Protonen-Resonanzfraktals. Jeder Bereich hat seine eigene Resonanzqualität*

Vereinfacht gilt: In den dunklen Knotenbereichen der Umdrehungszahlen arbeiten Pumpen in intensiver Eigenresonanz, ein Energieaustausch wird unterstützt. In weißen Lücken herrscht geringe Resonanz (Tabelle 2). Wie sich zeigt, werden sehr viele Pumpen nahe der Protonenresonanz von 1.354 U/min betrieben, was gerade den Energiewandlungsprozess von elektrischer in mechanische Energie unterstützt.

**In einem evolutionären Prozess natürlicher Technikauslese nach der Methode „Trial and Error" hat sich dieser blaue Bereich offenbar als vorteilhaft erwiesen.**

### Asynchronmaschinen und Nutzdrehzahlen

In den meisten Anwendungsfällen werden Pumpen durch elektrische Asynchronmaschinen angetrieben. Bei diesen elektrischen Antriebsaggregaten sind durch die Anzahl der Polpaare und die Netzfrequenzen feste Nutzdrehzahlen vorgegeben. So ergeben sich beim Betrieb der Antriebsmaschinen unter Berücksichtigung des Schlupfs und der Netzfrequenz nebenstehende Nutzdrehzahlen $n_{nutz}$ (siehe Tabelle 1).

| *Polpaarzahl* | $n_{sync}$ 50 Hz [min$^{-1}$] | $n_{nutz}$ [min$^{-1}$] | $n_{sync}$ 60 Hz [min$^{-1}$] | $n_{nutz}$ [min$^{-1}$] |
|---|---|---|---|---|
| 1 | 3.000 | 2.900 | 3.600 | 3.500 |
| 2 | 1.500 | 1.450 | 1.800 | 1.750 |
| 3 | 1.000 | 950 | 1.200 | 1.150 |
| 4 | 750 | 720 | 900 | 870 |

***Tab. 1:** Polpaarzahl und Nutzdrehzahl der Asynchronmaschinen*

Ohne den Einfluss von Protonenresonanzen müsste die Anwendung durch Netzfrequenz und Polzahl vorgegebene Drehzahlen relativ gleichverteilt sein. Die Drehzahlen 2.900, 1.450, 950, 720 und 3.500, 1.750, 1.150, 870 U/min müssten vom Markt und den Anwendungen gleichermaßen nachgefragt werden.

Die Abbildung 4 zeigt uns jedoch, dass von den gängigen zur Auswahl stehenden acht Drehzahlbereichen deutlich mehr mit einer Drehzahl von 1.450 U/min eingesetzt werden. Aus Global Scaling Sicht betrachtet, ergibt sich diese Nichtlinearität aus der Wirkung des Global Scaling Attraktors der Protonenresonanzen bei 1.354 U/min. Pumpen mit Drehzahlen nahe an diesem Eigenschwingungsknoten arbeiten effektiver. Die natürlichen Resonanzeffekte sind energetisch vorteilhaft und wirken unterstützend.

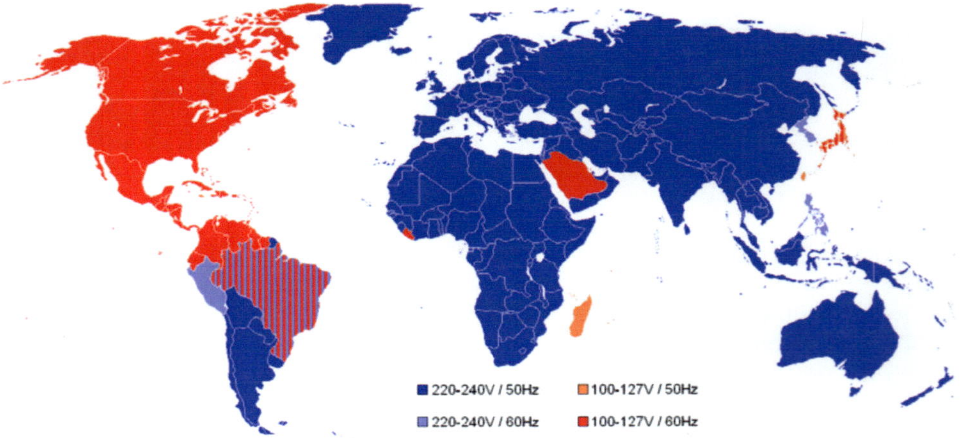


***Abb. 5:*** *Netzspannung und Netzfrequenz auf der Erde - (Quelle: Wikipedia)*

## Häufungsmaxima in grünen Bereichen

Interessant sind auch die Häufungsmaxima in den grünen Bereichen mit Werten von 120 U/min und 2.900 U/min. Die Pumpen in einem Bereich um die 120 U/min werden oft zur Dosierung von Flüssigkeiten eingesetzt. Es geht dabei um hohe Genauigkeit. Im Bereich von 2.900 U/min. findet sich im Spektrum der Protonen wieder ein Knotenpunkt. Dieser liegt exakt in der Mitte des grünen Bereichs, der sogenannte Interferenzknotenpunkt. Daher im Vergleich zu den anderen Nutzdrehzahlen auch hier wieder eine höhere Nutzung, eine höhere Nachfrage des Marktes.

Weitere Untersuchungen von über 300 verschiedenen Verbrennungsmotoren von Pkws zeigen, dass eine Vielzahl der Motoren ihre Nennleistung bei einer Drehzahl von rund 6.050 U/min liefert. Dieser Wert liegt wiederum sehr nahe am Protonenresonanzwert von 6.069 U/min, denn auch hier geht es um Energiewandlung (siehe Abbildung 2).

## Die Menschliche Lebenspumpe

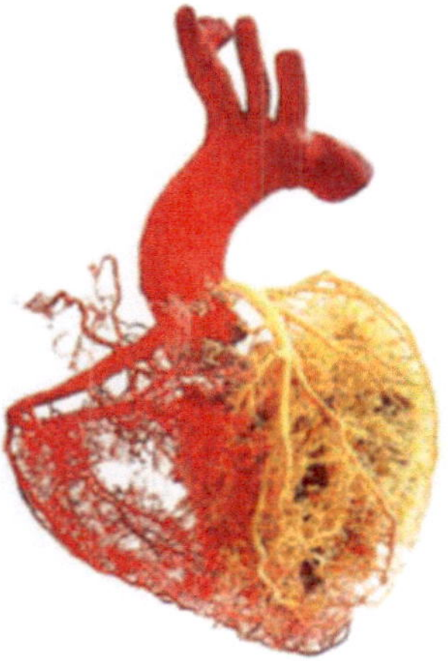

Wenn man von Pumpen spricht, so sollte man das menschliche Herz nicht außer Betracht lassen. Mit seiner enormen Leistungsfähigkeit, Flexibilität und Ausdauer sollte man meinen, dass bei näherer Betrachtung der „Betriebs"-Parameter eine hohe Resonanzfähigkeit zu den Schwingungen der Protonen zu entdecken ist. Das menschliche Herz ist bezüglich seiner Betriebsparameter ebenfalls auf die Eigenresonanzen des Protons ausgerichtet.

Das durchschnittliche Gewicht liegt bei etwa 300g bis 350g. Ordnet man dieses Gewicht wiederum den hochstabilen Eigenschaften des Protons, in diesem Fall der Ruhemasse des Protons zu und betrachtet es auf der logarithmisch fraktalen Skala der Protonenmasse, so findet man das durchschnittliche Herzgewicht eines ausgewachsenen Menschen im grünen Randbereich. Aus der Sportmedizin und Kardiologie erfährt man, dass das kritische Herzgewicht bei ca. 500g liegt. Dieser Wert liegt sehr nahe am rechten Randbereich des grünen Bereichs, der bei 520g endet. Oberhalb dieses Gewichtswertes von 520g folgt eine Resonanzlücke (siehe „Lücken und Sublücken" in Tab.2). Diese bewirkt, dass die Herzmasse an dieser Gewichtsgrenze keine Eigenresonanz mehr erfährt.

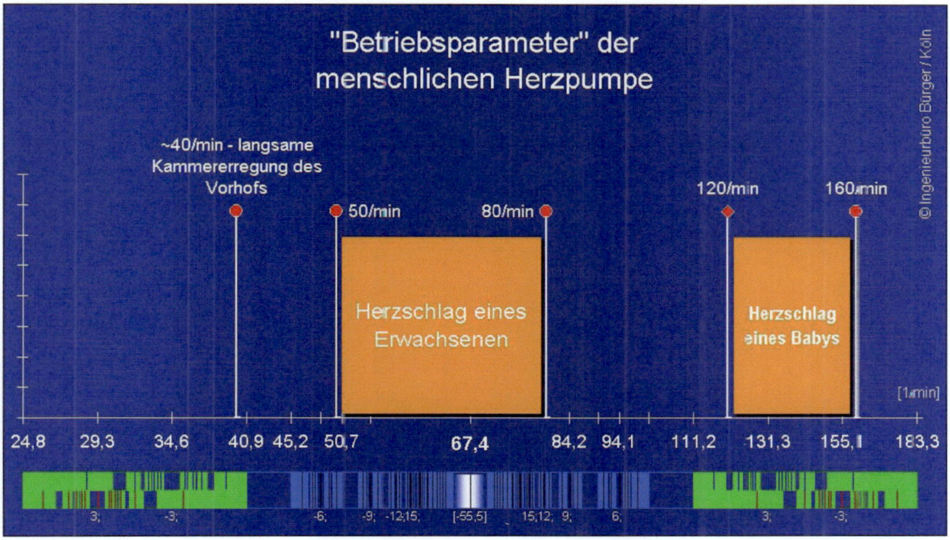


***Abb. 6**: Das menschliche Herz ist hochflexibel, leistungsfähig und ausdauernd. Die Darstellung der Herzfrequenz über dem fundamentalen Fraktal des Protons. Für den erwachsenen Menschen im Bereich des Hauptknotenpunkts bei 67 $min^{-1}$ und für das kindliche Herz im rechten grünen Randbereich.*

## Skalenunabhängigkeit auch bei Pumpen

Die Global Scaling Erkenntnis hat sich unter anderem aus der Beobachtung von Scaling-Effekten entwickelt. Man fragte sich, warum sich in den verschiedenen Bereichen der Naturwissenschaften wie auch der ausgereiften Technik ähnliche Verteilungsmuster von physikalischen Werten in gleichen Abständen auf der logarithmischen Achse wiederfinden. Die Ursache dafür wurde in den im Hintergrund schwingenden, stehenden Wellenprozessen gefunden, die eben diese Verteilung erzeugen. So finden wir diese Skalenunabhängigkeit auch bei einem Vergleich der Pumpen. Das Verhältnis der Herz-„Drehzahl" von 67 U/min zur Drehzahl der technischen Pumpen bei 1.450 U/min ist 20, was 3 Einheiten auf der logarithmischen Geraden entspricht. Hier zeigt sich die Selbstähnlichkeit anhand der Drehzahl zwischen der ausgereiften natürlichen Pumpe – dem menschlichen Herz – und den leistungsfähigeren technischen Pumpen. Die Häufigkeitsmaxima der Drehzahlen sind skaleninvariant.

## Optimierung

Wie kann man nun bestehende Pumpen optimieren oder ganz neue, wesentlich leistungsfähigere Pumpen entwickeln? Forschung und Entwicklung bedeutet heutzutage, dass man zuerst Klarheit darüber gewinnen muss, welche Eigenschaften und Qualitäten ein System aufweisen soll. Global Scaling liefert hier eine deutliche Unterstützung in Bezug auf die Qualität von konkreten physikalischen Messwerten. Aus den Erfahrungen der bisher analysierten natürlichen und technischen Prozesse und Systeme können zum Beispiel folgende Eigenschaften aufgrund ihrer Position im Protonenresonanzspektrum prognostiziert werden: ruhiges oder turbulentes Strömungsverhalten, hohe oder geringe Fluktuationswahrscheinlichkeit, hohe oder geringe energetische Effizienz, hohe oder geringe Eigenresonanz- und Schwingungsfähigkeit, gute oder niedrige Beeinflussbarkeit.

## Global Scaling in der Optimierung und Anwendung

Wenn man weiß, welche Eigenschaften ein System haben soll, kann man diese durch eine geeignete Wahl der entscheidenden Parameter in natürlicher Art und Weise festlegen. Dieses gilt grundsätzlich für alle physikalisch-technischen Parameter. Was am Beispiel der Pumpen dargestellt wurde, findet sich zum Beispiel auch in der intensiven Entwicklungsgeschichte von Mikroprozessoren, Lüftern & Gebläsen, Otto-, Diesel- und Modellmotoren aber auch im Bereich des Ultraleichtflugs, bei Extremalgebäuden, bei Fahrwerken von Automobilen oder Motorrädern, in der Bahntechnik aber auch im Sport, zum Beispiel bei den Rekordleistungen von Spitzen-Sportlern wieder. Da es grundsätzlich um die Ausrichtung physikalischer Werte auf Protoneneigenresonanzen geht, ist Global Scaling in allen Richtungen von Forschung, Wissenschaft und Technik zu finden. Global Scaling entwickelt sich dadurch zu einem universellen Werkzeug, durch das Unternehmen auf eine natürlich-intelligente Art und Weise die eigene Wettbewerbssituation nachhaltig ausbauen können.

| **Lokale Besonderheiten des fundamentalen Eigenschwingungs-Fraktals**[1] | |
|---|---|
| **Bezeichnung** | Eigenschaften der Bereiche im fundamentalen Eigenschwingungs-Fraktal |
| **Knoten und Subknoten** | hohe eigene Spektraldichte, turbulentes Schwingungsverhalten, hohe eigene Ereignisdichte, hohe eigene Fluktuationswahrscheinlichkeit, Materieattraktor, Phasensprung, Tendenzwechsel |
| **Lücken und Sublücken** | geringe eigene Spektraldichte, geringe eigene Fluktuationswahrscheinlichkeit, hohe externe Beeinflussbarkeit |
| **grüner Bereich** | geringe Schwankungen der Spektraldichte, laminares Schwingungsverhalten |
| **Kompressionsbereiche** | Zunahme der eigenen Spektraldichte, Zunahme der Ereignisdichte, Zunahme der Fluktuationswahrscheinlichkeit, Unterstützung der Materieakkumulation |
| **Dekompressionsbereiche** | Abnahme der eigenen Spektraldichte, Abnahme der Ereignisdichte, Abnahme der Fluktuationswahrscheinlichkeit, Unterstützung des Materiezerfalls |
| **Ränder** | Grenze der Materieakkumulation bzw. des Zerfalls. Beginn oder Ende einer Kompression oder Dekompression, Limit einer Entwicklung, Beginn oder Abbruch einer Ereigniskette wahrscheinlich |

***Tab. 2**:*
*Lokale* Besonderheiten des Eigenschwingungs-*Fraktals*

In der Architektur, Stadtplanung und Geomantie, im Projektmanagement, im Maschinenbau, der Elektrotechnik und Energietechnik, wie auch in der alternativen Medizin und Informationsverarbeitung befinden sich diese Erkenntnisse bereits in der praktischen Anwendung.

**Literaturhinweise:**

[I] Feynman, R. P.: „Very High-Energy Collisions of Hadrons“ in Phys Rev Lett; 23 (1969), 1415

[II] Müller, H.: „Scaling in the distributions of physical properties of stable systems as global law of evolution“; Second Soviet Biophysical Congress, vol. 2, Moscow / Pushchino, 1982
* Müller, H.: „Evolution of matter and the distribution of properties of stable systems“, VINITI, 3808-84, Moscow, 1984

[III] Chislenko, L. L.: „The structure of the fauna and flora in connection with the sizes of the organisms“; Moscow University Press, 1981

Zhirmunsky, A. V.; Kuzmin, V. I.: „Critical scaling levels in the development of biological systems“; Moscow, Nauka, 1982

Schmidt-Nielsen, K.: „Scaling. Why is the animal size so important?“; Cambridge University Press, 1984

[IV] Müller, H.: „The General Theory of Stability and evolutional trends of technology // Evolutional Trends of Technology and CAD Applications“; Volgograd Institute of Technology, 1987

Müller, H.: „Superstability as a developmental law of technology // Developmental laws of technology and their applications“; Volgograd Institute of Technology, Sophia, 1989

[V] Müller, H., „Das Geheimnis der kosmischen Rhythmen“, Teil1, Wolfratshausen, Raum&Zeit, 2005

[VI] Müller, H., Bürger, C. „Das Geheimnis der kosmischen Rhythmen“, Teil2, Wolfratshausen, Raum&Zeit, 2006

Frank Lichtenberg

# Forschungsvorhaben Raumtemperatur-Supraleiter

Das besonders interessante und faszinierende physikalische Phänomen der sog. Supraleitung erscheint bisher nur bei sehr tiefen Temperaturen. Dadurch sind ihre technischen Anwendungen auf relativ wenige Bereiche begrenzt. Sollte es gelingen, Materialien zu erschaffen, die Supraleitung bei Raumtemperatur aufweisen, könnte dies eine technische Revolution auslösen. Mehr als 10 Jahre Grundlagenforschung, Erfahrung, Wissen und Ideen im Bereich spezieller Materialien (Oxide) führten

- zu der Überzeugung, dass Supraleitung bei Raumtemperatur möglich ist
- zusammen mit Global Scaling zu einer neuen Herangehensweise bei der Suche nach Raumtemperatur-Supraleitern

## Supraleitung – Eine kurze Einführung

*Fig. 1: Schwebender Magnet über einem supraleitenden Ring Bild:www.imit.kth.se/courses/2B1771*

Die Supraleitung ist ein physikalisches Phänomen einiger Materialien, das unterhalb einer material-spezifischen tiefen Temperatur $T_c$ auftritt. Der supraleitende Zustand ist durch mehrere besondere Eigenschaften gekennzeichnet, z.B. kann ein Magnet über einem Supraleiter schweben (Fig. 1), und für einen Gleichstrom, der kleiner als die sog. kritische Stromstärke ist, verschwindet der elektrische Widerstand, was einen verlustlosen Stromtransport bedeutet. Die Supraleitung ist für Wissenschaft, Forschung und technische Anwendungen von großer Bedeutung.

Jahrzehntelang war die Legierung $Nb_3Ge$ das Material mit dem höchsten $T_c$, nämlich -250 °C, und die Suche nach Materialien mit höherem $T_c$ blieb zunächst erfolglos. 1986 gab es einen überraschenden Durchbruch bzgl. der Temperatur $T_c$ und der Materialklasse. J.G. Bednorz und K.A. Müller vom IBM Forschungslabor Zürich entdeckten in Oxiden mit der chemischen Zusammensetzung $(La, Ba)_2CuO_4$ Supraleitung mit $T_c$ = -238 °C, also 12 °C höher als das eben erwähnte $Nb_3Ge$ mit $T_c$ = -250 °C. Oxide sind chemische Verbindungen zwischen Metallen und Sauerstoff. Für diese Entdeckung erhielten J.G. Bednorz und K.A. Müller ein Jahr später, also 1987, den Nobelpreis für Physik. Die Arbeit von J.G. Bednorz und K.A. Müller löste eine weltweite Lawine von Forschungsaktivitäten von beispiellosem Ausmaß aus. Es folgte die Entdeckung weiterer Oxide mit höherem $T_c$ die ebenfalls auf Kupfer (Cu) basieren, z.B. $YBa_2Cu_3O_7$ mit $T_c$ = -182 °C, das mit flüssigem Stickstoff (-196 °C) relativ einfach und kostengünstig gekühlt werden kann. Der atomare Aufbau, d.h. die Kristallstruktur, von $YBa_2Cu_3O_7$ ist in Fig. 2 skizziert. Die Supraleitung löste eine große Begeisterung aus. Im März 1987 trafen sich im New Yorker Hilton Hotel ca. 2.000 PhysikerInnen zum Thema Supraleitung, was als "Woodstock in Physics" bekannt ist.

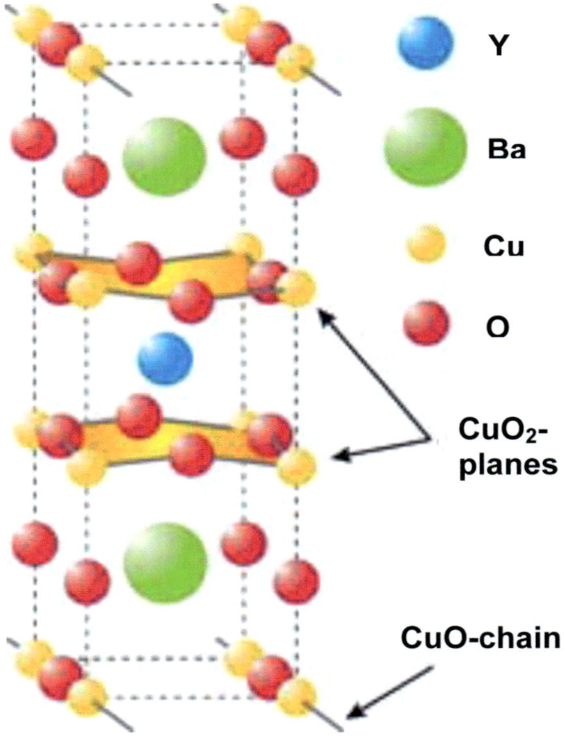


Bild: www.fom.nl/live/imgnew.db?55473

*Fig. 2: Kristallstruktur, hier die kristallographische Elementarzelle, des sog. Hochtemperatur-Supraleiters $YBa_2Cu_3O_7$. Die Kristallstruktur weist einen Schichtcharakter auf, der durch das Vorhandensein von Cu-O-Schichten ($CuO_2$ planes) gegeben ist, die als Flächen in gelber Farbe markiert sind. Die Höhe der skizzierten kristallographischen Elementarzelle, die sog. c-Achse, beträgt etwa 1,2 nm (1 nm = 0,0000001 cm = 0,000000001 m = $10^{-9}$ m).*

## Supraleitung – Anwendungen

Die Anwendungsbereiche sind abhängig von den chemischen und mechanischen Eigenschaften des supraleitenden Materials (Rohstoffe, Herstellung, Verarbeitung ...) und den Eigenschaften des supraleitenden Zustandes.

Hier einige Beispiele bereits realisierter industrieller Anwendungen der sog. Hoch-$T_c$-Supraleiter, die auf Kupfer (Cu) und Sauerstoff (O) basieren, wie z.B. $YBa_2Cu_3O_7$, das mit flüssigem Stickstoff gekühlt wird:

- **Messtechnik und Sensorik:**
  - Detektion sehr schwacher Magnetfelder
    z.B. im Bereich Materialprüfung, Erz-Suche und Medizin

- **Kommunikationstechnik:**
  - Mikrowellen-Filter

- **Elektrotechnik:**
  - Generatoren
  - Motoren (z.B. für Schiffsantriebe)
  - starke Elektro-Magnete (z.B. für Erz-Trennung)
  - Kabel für Stromtransport

Es sei noch darauf hingewiesen, dass Supraleiter auch ein großes Anwendungspotential im Bereich der Computertechnik haben.

**Anmerkung:** Oftmals wird die Bedeutung der Supraleitung im Zusammenhang mit einer möglichen Energieeinsparung beim Stromtransport über große Entfernungen erwähnt, da die Supraleitung im Prinzip einen verlustlosen oder verlustarmen Stromtransport ermöglicht. Bekanntlich geht beim Transport von elektrischer Energie über Überlandleitungen ein nicht unerheblicher Teil der Energie in Form von Wärmeenergie verloren. In der Praxis ist die Realisierung von supraleitenden Kabeln aus vielerlei Gründen mit großen technischen und wissenschaftlichen Herausforderungen verbunden. Zum Beispiel hat es nach der Entdeckung des Hoch-$T_c$-Supraleiters $YBa_2Cu_3O_7$ etwa 20 Jahre gedauert, bis praxistaugliche supraleitende Kabel auf der Basis von $YBa_2Cu_3O_7$, die mit flüssigem Stickstoff gekühlt werden, verfügbar waren. Weiterhin geht der Autor davon aus, dass in den nächsten Jahren grundlegend neue und umweltfreundliche Energietechnologien entwickelt werden, die auf einer Auskopplung von Energie aus dem Quanten-Vakuum oder der Raum-Zeit basieren. Dies würde die schrittweise Realisierung einer dezentralen Stromversorgung ermöglichen, so dass die Anwendung von supraleitenden Kabeln wahrscheinlich bedeutungslos wird.

## Supraleitung – Ein quantenphysikalisches Phänomen

Die Supraleitung basiert auf einem besonderen quantenphysikalischen Zustand der sog. Leitungselektronen, d.h. jener Elektronen, die delokalisieren und für das metallische Verhalten des elektrischen Widerstands verantwortlich sind. Die Leitungselektronen sind auch diejenigen Elektronen, die sich energetisch unmittelbar in der Nähe der höchsten besetzten Zustände/Energien befinden, d.h. in der Nähe der sog. Fermi-Energie.

Ein Teil der Leitungselektronen formiert sich zu Paaren, die Cooper-Paare genannt werden. Ein Cooper-Paar besteht aus zwei Elektronen. Die vielen Cooper-Paare bilden einen kohärenten Zustand, der mit der sog. Bose-Einstein-Kondensation in Zusammenhang steht. In diesem kohärenten Zustand sind die Elektronen stark korreliert und haben eine starke Tendenz, sich alle in der gleichen Weise zu verhalten bzw. alle im gleichen Zustand zu sein. Für die Paarbildung ist eine anziehende Wechselwirkung zwischen den Elektronen erforderlich. Normalerweise erfahren zwei Elektronen aufgrund ihrer gleichen negativen elektrischen Ladung eine abstoßende Wechselwirkung. Unter bestimmten Umständen kann in Festkörpern eine anziehende Wechselwirkung zwischen den Leitungselektronen zustande kommen. In vielen Fällen ergibt sich diese über die sog. Elektron-Phonon-Wechselwirkung, d.h. die Wechselwirkung zwischen den negativ geladenen Elektronen und den Schwingungen der positiv geladenen Ionen des Kristallgitters. Im Jahr 1972 erhielten J. Bardeen, L.N. Cooper und J.R. Schrieffer den Nobelpreis für Physik für eine Theorie der Supraleitung, die auf der Elektron-Phonon-Wechselwirkung basiert. Diese Theorie wird BCS-Theorie genannt.
Die Paarbildung der Elektronen kann auch durch andere physikalische Prozesse zustande kommen, z.B. über magnetische Wechselwirkungen. Eine weitere hypothetische Möglichkeit stellt die sog. exzitonische Supraleitung dar, bei der die anziehende Wechselwirkung zwischen den Elektronen unter besonderen Umständen alleinig aus einer Elektron-Elektron-Wechselwirkung resultiert. Es ist auch möglich, dass zur Paarbildung mehrere Arten von Wechselwirkungen beitragen. Für viele Supraleiter, wie z.B. die Hoch-$T_c$-Supraleiter, die auf Kupfer (Cu) und Sauerstoff (O) basieren, sind die physikalischen Prozesse, welche die Supraleitung hervorbringen, gegenwärtig noch nicht verstanden.

## Supraleitung – Eine Vision

Bisher werden die höchsten Werte von $T_c$ in Oxiden hervorgebracht, die auf Kupfer (Cu) basieren und deren Kristallstruktur aus Schichten aufgebaut ist. Die gegenwärtig (Juli 2009) höchste erreichte Temperatur $T_c$ ist -135 °C und wird durch ein Oxid mit der relativ komplizierten chemischen Zusammensetzung $Hg_{0.8}Tl_{0.2}Ba_2Ca_2Cu_3O_8$ realisiert (siehe dazu die Publikation von G. F. Sun et al. in Physics Letters A 192 (1994) 122 – 124).

In der Website www.superconductors.org werden weitere auf Kupfer (Cu) basierende Oxide mit höheren Werten von $T_c$ präsentiert, wobei gegenwärtig (Juli 2009) ein höchster Wert von $T_c$ = – 31 °C angegeben ist. Jedoch erscheinen die vorgestellten Hinweise auf Supraleitung als relativ schwach. Bevor diese höheren Werte von $T_c$ als allgemein akzeptiert betrachtet werden können, müssen die dortigen Aussagen von anderen Forschern bestätigt werden.

Es ist natürlich das Ziel, ein Material zu finden, das bei Raumtemperatur supraleitend ist, also z.B. ein $T_c$ von +90 °C aufweist. In diesem Fall wäre keine Kühlung mehr erforderlich, um den supraleitenden Zustand aufrecht zu erhalten. Somit wären technische Anwendungen in vielen Bereichen möglich. Sehr wahrscheinlich, d.h. je nach Eigenschaften des Materials und supraleitenden Zustandes, würden Raumtemperatur-Supraleiter eine technische Revolution auslösen, einschließlich der Möglichkeit von grundlegend neuen Entwicklungen, die derzeit noch nicht absehbar sind. Die Supraleitung könnte somit in der alltäglichen Technik präsent werden.

**Bisherige eigene Forschungsarbeiten und Vision**

Im Zeitraum von 1998 bis April 2007 hat der Autor am Institut für Physik der Universität Augsburg Grundlagenforschung auf dem Gebiet der Festkörperchemie/physik durchgeführt. Es wurden ca. 500 verschiedene oxidische Proben mit unterschiedlicher chemischer Zusammensetzung hergestellt, davon ca. 400 elektrisch leitfähige, und deren strukturelle und physikalische Eigenschaften untersucht. Dabei standen insbesondere strukturell und elektronisch niedrig-dimensionale Oxide im Vordergrund, die auf Titan (Ti) oder Niob (Nb) basieren. Strukturell niedrig-dimensional bedeutet, dass bestimmte Atome oder Ionen so miteinander verbunden sind, dass sie Schichten oder Ketten bilden. Elektronisch niedrig-dimensional bedeutet, dass sich diejenigen Elektronen, die für die elektrische Leitfähigkeit mit metallischem Charakter verantwortlich sind, nur entlang von zwei Raumrichtungen oder nur entlang einer Raumrichtung im Kristallgitter bewegen können.

Die Oxide wurden vorwiegend in kristalliner Form hergestellt. Dies wurde mit dem sog. Zonenschmelzverfahren durchgeführt. Hierbei wird die entsprechende Pulvermischung so weit aufgeheizt, bis sie schmilzt und dann durch Abkühlen wieder in eine feste Form übergeführt. Dabei entstehen oftmals Kristalle von solcher Größe und Qualität, die es erlauben, ihre physikalischen Eigenschaften längs der verschiedenen Raumrichtungen zu untersuchen sowie ihre detaillierte Kristallstruktur zu bestimmen. Die Proben, die mit dem Zonenschmelzverfahren hergestellt werden, sind zylinderförmig, typischerweise mit einer Länge von 2 – 3 cm und einem Durchmesser von ca. 5 mm. Vorwiegend wurden Oxide mit einer Schichtstruktur hergestellt. Diese lassen sich meistens relativ leicht in eine Richtung spalten, so wie es auch beim Graphit oder dem Tonmineral Glimmer der Fall ist, die ebenfalls eine Schichtstruktur besitzen. Durch leichte Krafteinwirkung spalten sich die zylinderförmigen Proben oftmals in mehrere plättchenförmige Kristalle auf.

Ein Beispiel von einem plättchenförmigen Kristall ist in Fig. 3 gezeigt.

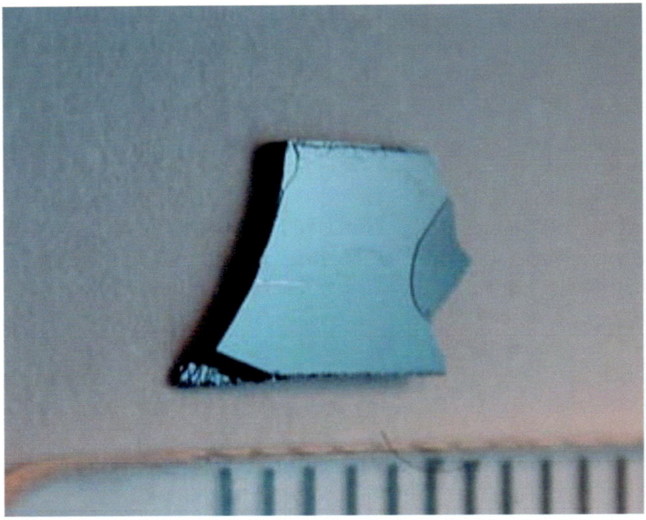

***Fig. 3:*** *Plättchenförmiger Kristall mit der chemischen Zusammensetzung $Sr_5Nb_5O_{17}$. Der Kristall besitzt eine Schichtstruktur und ist elektrisch leitfähig. Die Fläche des Plättchens ist ca. 4 x 5 $mm^2$.*

Die Forschungsarbeiten von 1998 bis April 2007 führten zu vielen interessanten wissenschaftlichen Ergebnissen, die u.a. in den am Ende dieses Beitrags aufgeführten englischsprachigen Artikeln publiziert wurden.

Eine der wichtigsten Motivationen dieser Forschungsarbeiten war die Suche nach neuen supraleitenden Materialien. Hinweise auf Supraleitung wurden dabei nicht gefunden. Jedoch ist die Anzahl möglicher chemischer Zusammensetzungen praktisch unendlich groß und nur sehr wenige davon haben das Potential Supraleitung hervorzubringen. Es gibt weiterhin viele Ideen über Kristallstruktur-Typen und chemische Zusammensetzungen, die im Zusammenhang mit der Suche nach Raumtemperatur-Supraleiter interessant erscheinen.

Insbesondere wird in strukturell und elektronisch niedrig-dimensionalen Oxiden, die auf Titan (Ti), Niob (Nb) oder Wolfram (W) basieren, ein Potential für Raumtemperatur-Supraleitung gesehen. Diese können möglicherweise einen hypothetischen Typ von Supraleitung hervorbringen, der exzitonische Supraleitung genannt wird. Weiteres dazu findet sich im Kapitel 5.4 eines umfangreichen englischsprachigen wissenschaftlichen Artikels, der in *Progress in Solid State Chemistry 36 (2008) 253 - 387* publiziert ist.

Eine Ausbildung in Global Scaling am Global Scaling Research Institute GmbH (ehemals Institut für Raum-Energie-Forschung) bei München im Herbst und Winter 2005 führte im Jahr 2006 zu der intuitiv gewonnenen Hypothese, dass bei geeigneter Kristallstruktur und chemischer Zusammensetzung des Materials Protonenresonanz-Effekte das Zustandekommen von Supraleitung bei Raumtemperatur ermöglichen können.

Einige Monate später, im Herbst 2006, wurde eine sinnvoll erscheinende Herangehensweise gefunden, wie Global Scaling angewendet werden kann, um solche Kristallstruktur-Typen und chemische Zusammensetzungen einzugrenzen, die das Potential für Raumtemperatur-Supraleitung begünstigen. Diese stellt eine wegweisende Arbeitsgrundlage für weitere Forschungsarbeiten dar.

## Global Scaling: Ganzheitlicher Ansatz in der Naturwissenschaft

Gegenstand der Global Scaling Theorie ist das logarithmisch fraktale Spektrum der Protonenresonanzen. Global Scaling wurde von Hartmut Müller entwickelt und geprägt und basiert u.a. auf den vielen bedeutsamen Forschungsergebnissen von Simon E. Shnoll zum Thema Häufigkeitsverteilungen.

Wichtige Stichworte bei Global Scaling sind Logarithmus, Skaleninvarianz, Schwingungen, Resonanz, Vakuum-Resonanz, Protonen-Resonanz, Synchronizität, Wahrscheinlichkeit, Häufigkeitsverteilungen, fraktale (= lückenhafte) Strukturen, Kompression, Dekompression und der nicht-lineare Verlauf der Zeit. Global Scaling ermöglicht den Zugang zu komplexen Systemen / Fragestellungen.

## Global Scaling und die Suche nach Raumtemperatur-Supraleitern

Die allgemeine Vorgehensweise bei der Anwendung von Global Scaling ist in diesem Buch bereits skizziert worden. Demgemäß wird eine Idee/Hypothese/ intuitive Annahme darüber benötigt, an welchen Positionen die Materialparameter im Spektrum der Protonenresonanzen platziert werden sollen, damit sie das Hervorbringen von Raumtemperatur-Supraleitung begünstigen. Zum Beispiel könnte dies bedeuten, dass einige Materialparameter an Positionen mit hoher Resonanzfähigkeit (spektrale Knoten) platziert werden, während andere an Positionen mit niedriger Resonanzfähigkeit (spektrale Lücken) platziert werden. Beispiele von Materialparametern sind die Abmessungen der kristallographischen Elementarzelle (Gitterparameter) sowie die Anzahl und die Masse der Atome in der kristallographischen Elementarzelle.

Bei jeder Aufgaben- oder Fragestellung, bei der Global Scaling angewendet wird, spielen konventionelles Wissen und Erfahrungen eine gleichberechtigte Rolle. Daher stellen die Erfahrungen, das Wissen und die Ideen auf dem Gebiet spezieller Materialien (Oxide) einen wesentlichen Teil bei der Suche nach Raumtemperatur-Supraleiter dar.

## ECE-Theorie und Supraleitung

Die zuvor genannte intuitiv gewonnene Hypothese, dass Protonenresonanz-Effekte bei geeigneter Kristallstruktur und chemischer Zusammensetzung des Materials das Zustandekommen von Supraleitung bei Raumtemperatur ermöglichen können, scheint durch eine Aussage der sog. ECE-Theorie unterstützt zu werden, die möglicherweise in einem Zusammenhang mit dieser Hypothese steht: "... One of the important practical consequences is that a material can become a superconductor by absorption of the inhomogeneous and homogeneous currents of ECE space-time ... " (Zitat von Seite 97 aus dem uft paper Nr. 51 "ECE Generalizations of the d'Alembert, Proca and Superconductivity Wave Equations: Electric Power from ECE Space-Time" von M.W. Evans, das in der Website www.aias.us unter "uft papers" verfügbar ist).

## Was ist die ECE-Theorie?

ECE steht für Einstein, Cartan und Evans and stellt eine vereinheitlichte Feldtheorie dar, die eine gemeinsame Beschreibung von Gravitation, Elektromagnetismus, starken und schwachen Kernkräften ermöglicht. Sie wurde entwickelt und geprägt von Prof. Dr. Myron W. Evans, wobei Albert Einsteins Allgemeine Relativitätstheorie und einige Ergebnisse des Mathematikers Elie Cartan wichtige Ausgangspunkte waren.
Hier einige wichtige Aussagen der ECE-Theorie:

- Gravitation basiert auf der Krümmung der Raum-Zeit
- Elektromagnetismus basiert auf der Torsion der Raum-Zeit
- Kopplung zwischen Elektromagnetismus und Gravitation
- Erweiterte Elektrodynamik mit Resonanzphänomenen, die im Englischen "spin connection resonance" genannt werden und eine Auskopplung von Energie aus der Raum-Zeit ermöglichen.

Umfangreiche Informationen zur ECE-Theorie finden sich in der Website des AIAS (Alpha Institute for Advanced Study): www.aias.us.

Dort findet sich unter "publications" auch Literatur zur Einführung in die ECE-Theorie, z.B. die beiden Artikel "Einstein, Cartan and Evans – Start of a New Age in Physics?" von H. Eckardt und L.G. Felker sowie "How Do Space Energy Devices Work?" von H. Eckardt.

## Schlusswort

Für eine positive Entwicklung der Menschheit und der Erde ist nicht allein der wissenschaftliche und technologische Fortschritt entscheidend, sondern vielmehr die Entwicklung von Herzensqualitäten wie zum Beispiel Mitgefühl, bedingungslose Liebe, Frieden, Freiheit und Toleranz.

**Literaturhinweise:**

Buch "Supraleitung: Grundlagen und Anwendungen" von W. Buckel und R. Kleiner

www.superconductors.org (interessante und umfangreiche Website über Supraleiter, in Englisch)

Nobel lecture of J.G. Bednorz and K.A. Müller, Angewandte Chemie International Edition 27 (1988) 735 – 748 (in Englisch)

"High-Temperature Superconductors Get to Work", A.P. Malozemoff, J. Mannhart and D. Scalapino, Physics Today 4 (2005) 41 – 47

„Synthesis, structural, magnetic and transport properties of perovskite-related layered titanates, niobates and tantalates of the type $A_nB_nO_{3n+2}$, $A'A_{k-1}B_kO_{3k+1}$ and $A_mB_{m-1}O_{3m}$". F. Lichtenberg, A. Herrnberger and K. Wiedenmann, Progress in Solid State Chemistry 36 (2008) 253 – 387

"Synthesis of perovskite-related layered $A_nB_nO_{3n+2} = ABO_x$ type niobates and titanates and study of their structural, electric and magnetic properties", F. Lichtenberg, A. Herrnberger, K. Wiedenmann and J. Mannhart, Progess in Solid State Chemistry 29 (2001) 1 – 70

"Electronic and vibrational properties of low-dimensional perovskites $Sr_{1-y}La_yNbO_{3.5-x}$", C.A. Kuntscher, S. Schuppler, P. Haas, B. Gorshunov, M. Dressel, M. Grioni and F. Lichtenberg, Physical Review B 70 (2004) 245123 (1 – 10)

Hartmut Müller

# Kommentare

**Ausgewählte Nachrichten aus der internationalen naturwissenschaftlichen Forschung aus Sicht der Global Scaling Theorie kommentiert**

Folgende Nachrichten wurden aus Global Scaling Sicht kommentiert:

- **Wie konstant sind physikalische Konstanten?**
- **Die Melodie der Schöpfung**
- **Kosmisches Netz aus dunkler Materie**
- **Große Galaxien im jungen Universum**
- **Beschleunigte Expansion des Universums**
- **Schwarze Löcher als Keimzellen der Galaxien**
- **Leben in der Milchstraße**
- **Geht die Botschaft im Rauschen unter?**
- **Fraktales Netz der Supercluster**
- **Der Klang von Alpha Centauri A**

## Wie konstant sind physikalische Konstanten?

Physiker der Physikalisch-Technischen Bundesanstalt (PTB) in Braunschweig haben jetzt mit Hilfe von Atomuhren und optischen Frequenznormalen eine zeitliche Änderung der Feinstrukturkonstanten Alpha aufzuspüren versucht. Das Ergebnis: Die Wissenschaftler konnten mit ihren Präzisionsmessungen keine Variation feststellen.[1]

**Kommentar aus Sicht der Global Scaling Theorie**
Die Global Scaling Theorie basiert auf der Quantenmetrologie des Protons. Die Werte der fundamentalen physikalischen Konstanten (Ruhemasse des Protons, Plancksche Konstante, Lichtgeschwindigkeit im Vakuum, Boltzmannsche Konstante, elektrische Elementarladung) sind die einzigen physikalischen Eichparameter der Theorie. Das Proton ist der älteste und stabilste Vakuum-Oszillator, den wir kennen. Noch nie konnte der Zerfall eines Protons nachgewiesen werden. Der Wert $10^{32}$ Jahre (Hunderttausend Milliarden Milliarden Milliarden Jahre) ist die statistische Untergrenze seiner Lebenserwartung. Im Vergleich zum Proton ist das für uns sichtbare Universum ein Baby, das erst vor kurzem geboren wurde. Darum gestaltet sich überall im Universum die gleiche Situation: Alle Materie befindet sich permanent in Schwingung, wobei die Eigenfrequenz des Protons die einzige Komponente ist, die zu allen Zeiten vorhanden war, ist und sein wird. Andere Komponenten kommen und gehen. Deshalb finden wir die Eigenfrequenz des Protons in allen Prozessen wieder. Das gilt auch für sein komplettes Unterton- und Obertonspektrum – das Fundamentale Fraktal der Global Scaling Theorie.

## Die Melodie der Schöpfung

Das frühe Universum ist voller Schallwellen, die Materie und Licht zusammendrücken oder verdünnen ganz wie wir das von Schallwellen in einer Flöte oder Trompete kennen.[2]
Eine neue Untersuchung der kosmischen Hintergrundstrahlung weckt Zweifel an vermeintlich gesicherten Erkenntnissen der Kosmologie: Möglicherweise wird unser Universum doch nicht von unsichtbarer dunkler Materie und einer mysteriösen dunklen Energie dominiert. Die Analyse zeigt, dass Galaxienhaufen die Struktur der Hintergrundstrahlung — eine Art Echo des Urknalls — erheblich stören und verändern können. Die bislang aus Unregelmäßigkeiten der Hintergrundstrahlung gezogenen Schlüsse wären demnach falsch.[3]

**Kommentar aus Sicht der Global Scaling Theorie**
Die Global Scaling Theorie erklärt die Anisotropie der räumlichen Verteilung der kosmischen Mikrowellen-Hintergrundstrahlung nicht aus dem Urknall-Modell, sondern als Folge der harmonischen Eigenschwingungen des physikalischen Vakuums, also ausgehend von einem Urmelodie-Modell. Die Global Scaling Theorie erlaubt es, den Maximalwert der statistisch normalen schwarzen Gleichgewichtstemperatur T der kosmischen Mikrowellen-Hintergrundstrahlung unter der Annahme zu berechnen, dass es sich bei dieser Strahlung um einen sehr alten Vakuumresonanzprozess handelt. Grundlage der Berechnung sind die Ruhemasse des Protons m, die Lichtgeschwindigkeit im Vakuum c und die Boltzmannsche Konstante k: $T = (mc^2/k) \exp(-29) = 2{,}7696$ K. Der gemessene statistische Mittelwert beträgt 2,726 K.

## Kosmisches Netz aus dunkler Materie

Die bislang genaueste Karte der Verteilung der so genannten dunklen Materie in zwei jungen Galaxienhaufen hat jetzt ein Team amerikanischer Astronomen erstellt. Die Karte bestätigt die Theorie, dass Galaxien an den dichtesten Knotenpunkten eines kosmischen Netzes aus dunkler Materie entstehen.[4] Elliptische Galaxien enthalten möglicherweise keine dunkle Materie. Zu diesem überraschenden Schluss kommt jetzt ein internationales Astronomenteam. Bislang waren die Himmelsforscher davon ausgegangen, dass rund 90 Prozent der Materie in allen Galaxien unsichtbar sei.[5]

**Kommentar aus Sicht der Global Scaling Theorie**
Die Existenz eines globalen logarithmisch fraktalen Netzes von Materie-Attraktoren im Raum ist eine Grundaussage der Global Scaling Theorie.
Schwingungen sind die energetisch effizienteste Art der Bewegung. Deshalb schwingt alle Materie, insbesondere auf energetisch niedrigstmöglichem Niveau (physikalisches Vakuum). Eigenschwingungen sind verlustarme Prozesse und erfüllen das Energieerhaltungsgesetz. Infolgedessen erzeugen Eigenschwing-

ungen logarithmisch fraktale Spektren der Frequenzen, Wellenlängen, Amplituden und ein logarithmisch fraktales Netz von Schwingungsknoten im Raum.
Im Rahmen der Global Scaling Theorie sind Vakuumresonanzknoten Kerne der Materieakkumulation und Gravitationsquellen (Materie-Attraktoren). Modellmäßig ist die logarithmische Skaleninvarianz (*Scaling*) der Verteilung der Vakuumresonanzknoten im Raum Ursache der sichtbaren logarithmisch skaleninvarianten Verteilung der Materie im Kosmos.
Die Materieakkumulation in einem Schwingungsknoten ist ein gedämpfter Schwingungsprozess. Zuerst vollzieht sich der Akkumulationsprozess lawinenartig und sehr intensiv, mit der Zeit verlangsamt er sich jedoch wesentlich, weil mit der Sättigung auch die Attraktorwirkung der Knoten abnimmt. Schwingungsknoten sind primär, Materieakkumulation ist sekundär. Schwingungsknoten sind mathematische Singularitäten. Im Rahmen der Global Scaling Theorie ist es nicht notwendig, zur Erklärung der beobachtbaren fraktalen Materieverteilung und der beschleunigten Expansion des Universums die Existenz massereicher dunkler Materie zu postulieren. Beides ist aus dem Eigenschwingungsverhalten des physikalischen Vakuums und aus der daraus folgenden logarithmisch fraktalen Verteilung der Vakuumresonanzknoten im Raum ableitbar. Berechnungen im Rahmen des Global Scaling Modells stimmen mit der beobachtbaren Materieverteilung im Kosmos gut überein.

## Große Galaxien im jungen Universum

Moderne Teleskope stellen das Weltbild der Astronomen immer mehr auf den Kopf: Im jungen Universum, so die bisherige Meinung, sollte es nur relativ kleine Galaxien geben, die sich dann im Laufe von Milliarden Jahren zu heutiger Größe entwickelten. Jetzt aber entdeckte man am Rande des Universums eine Galaxie, die acht Mal größer ist als die Milchstraße.[6]
Im jungen Universum konnten offenbar sehr viel früher bereits Galaxien größeren Umfangs entstehen als bislang gedacht.[7]
Große massereiche Galaxien, so die bisherige Lehrmeinung, entstehen durch Verschmelzen von vielen kleinen Galaxien. Also sollten im jungen Universum kaum massereiche Galaxien zu finden sein. Ein internationales Astronomenteam hat jetzt aber vier Galaxien im frühen Universum aufgespürt, die ähnlich groß sind wie die größten Galaxien heute. Müssen die Lehrbücher also umgeschrieben werden?[8]
Astronomen müssen nach Beobachtungen mit dem *Galaxy Evolution Explorer* von einer ihrer Theorien Abschied nehmen: Bislang dachten die Wissenschaftler, dass im heutigen Kosmos nur noch kleinere Sternsysteme entstehen und die großen Galaxien somit sehr alt sind. Jetzt entdeckten sie aber große und relativ junge Galaxien. Sie bieten eine unerwartete Chance zum Studium der Entwicklung dieser Sternsysteme.[9]
Astronomen haben jetzt mit Hilfe des Hubble-Weltraumteleskops die jüngste Galaxie aufgespürt, die bislang entdeckt wurde: I Zwicky 18. Sie ist nur 500 Millionen Jahre alt und entstand somit in einer Zeit als auf der Erde schon Leben existierte.[10]

Neue Messungen mit dem *Very Large Telescope* der Europäischen Südsternwarte in Chile haben es jetzt ermöglicht, das Alter unserer Milchstraße äußerst genau zu bestimmen: Unsere Heimatgalaxie ist demnach 13,6 Milliarden Jahre alt. Ihre ersten Sterne müssen sich also schon sehr kurz nach dem Urknall gebildet haben.[11]

**Kommentar aus Sicht der Global Scaling Theorie**

Im Rahmen der Global Scaling Theorie sind Vakuumresonanzknoten Kerne der Materieakkumulation und Gravitationsquellen (Materie-Attraktoren). Modellmäßig ist die logarithmische Skaleninvarianz (Scaling) der Verteilung der Vakuumresonanzknoten im Raum Ursache der sichtbaren logarithmisch skaleninvarianten Verteilung der Materie im Kosmos. Modellmäßig erzeugen Eigenschwingungen des physikalischen Vakuums logarithmisch fraktale Spektren der Frequenzen, Wellenlängen, Amplituden und ein logarithmisch fraktales Netz von Schwingungsknoten im Raum.

Infolge des Energieerhaltungsgesetzes (für Eigenschwingungsprozesse) haben hochfrequente Schwingungsmoden eine relativ kleine Amplitude, niederfrequente Schwingungsmoden (große Wellenlänge) dagegen auch eine relativ große Amplitude. Im Ergebnis entsteht für Schwingungsknoten (Materie-Attraktoren) ein direkt proportionaler Zusammenhang zwischen ihrer Mächtigkeit und der räumlichen Entfernung zwischen ihnen: Je mächtiger Materie-Attraktoren sind, desto weiter sind sie voneinander entfernt. Deshalb ist die statistisch normale Entfernung zwischen Sternen in einer Galaxie um viele Größenordnungen geringer als die Entfernung zwischen Galaxien im Galaxienhaufen.

Die Materieakkumulation in einem Schwingungsknoten ist ein gedämpfter Schwingungsprozess. Zuerst vollzieht sich der Akkumulationsprozess lawinenartig und sehr intensiv, mit der Zeit verlangsamt er sich jedoch wesentlich, weil mit der Sättigung auch die Attraktorwirkung der Knoten abnimmt. Schwingungsknoten sind primär, Materieakkumulation ist sekundär.

Geschwindigkeit und Ausmaß der Materieakkumulation sind nicht abhängig vom absoluten Alter einer Region im Weltall, sondern werden allein von der Mächtigkeit des Materie-Attraktors im Raum bestimmt.

## Beschleunigte Expansion des Universums

Vor acht Jahren entdeckten die Astronomen zu ihrer Verblüffung, dass sich die Expansion unseres Universums beschleunigt. Eine geheimnisvolle dunkle Energie soll, so lautet seither die These, diese beschleunigte Expansion antreiben. Ein Team italienischer und amerikanischer Forscher fand allerdings eine Erklärung für die Beschleunigung, die ohne dunkle Energie auskommt. Es vermutet, dass unmittelbar nach dem Urknall Gravitationswellen entstanden, wellenförmige Verzerrungen des Raumes, die zu langfristigen Schwankungen der Expansionsgeschwindigkeit führten. Die Gravitationswellen sollten Spuren in der kosmischen Hintergrundstrahlung, dem Echo des Urknalls, hinterlassen haben.[12]

**Kommentar aus Sicht der Global Scaling Theorie**
Im Rahmen der Global Scaling Theorie ist die beobachtbare Zunahme des statistisch normalen Abstandes zwischen extragalaktischen Objekten mit der Entfernung zum Beobachter eine Folge der modellmäßig herleitbaren Existenz eines logarithmisch fraktalen (skaleninvarianten) Netzes von Materie-Attraktoren im Raum. Modellmäßig ist die logarithmische Skaleninvarianz (*Scaling*) der Verteilung der Vakuumresonanzknoten im Raum Ursache der sichtbaren logarithmisch skaleninvarianten Verteilung der Materie im Kosmos. Im Rahmen der Global Scaling Theorie sind Vakuumresonanzknoten Kerne der Materieakkumulation und Gravitationsquellen (Materie-Attraktoren). Insofern entspricht die logarithmisch skaleninvariante Verteilung der Vakuumresonanzknoten im Raum dem Effekt einer globalen stehenden Gravitationswelle.
Schwingungen sind die energetisch effizienteste Art der Bewegung. Deshalb schwingt alle Materie, insbesondere auf energetisch niedrigstmöglichem Niveau (physikalisches Vakuum). Eigenschwingungen sind verlustarme Prozesse und erfüllen das Energieerhaltungsgesetz. Infolgedessen erzeugen Eigenschwingungen logarithmisch fraktale Spektren der Frequenzen, Wellenlängen, Amplituden und ein logarithmisch fraktales Netz von Schwingungsknoten im Raum.
Die proportionale Zunahme der Fluchtgeschwindigkeiten extragalaktischer Objekte mit der Entfernung ist ebenfalls eine Folge der logarithmisch skaleninvarianten Verteilung der Materie-Attraktoren im Raum. Die Global Scaling Theorie interpretiert die beobachtbare beschleunigte Expansion des Universums als Folge der logarithmischen Skaleninvarianz von Eigenschwingungsprozessen der Materie in kosmischen Maßstäben.

## Schwarze Löcher als Keimzellen der Galaxien

Jüngste Beobachtungen mit dem *Very Large Array*, einer großen Anlage aus 27 Radioteleskopen in Neu-Mexiko, deuten darauf hin, dass die Schwarzen Löcher zuerst da waren und demnach die Keimzellen für die Entstehung der großen Galaxien bildeten. Im Zentrum nahezu aller großen Galaxien befindet sich ein supermassereiches Schwarzes Loch. Offenbar gibt es einen physikalischen Zusammenhang zwischen der Entstehung einer Galaxie und der eines Schwarzen Loches, denn die Masse des Schwarzen Loches hängt direkt mit der Masse der zentralen Verdichtung der Galaxie, dem so genannten Bulge, zusammen.[13]
Quelle der kosmischen Röntgenhintergrund-Strahlung sind vermutlich hunderte Millionen Schwarzer Löcher, die in weit entfernten Milchstraßensystemen mit Materie versorgt werden. Weil die Schwarzen Löcher dabei an Masse zulegen, sehen wir ihre Wachstumsphase im Röntgenhintergrund. Im heutigen Universum stecken massereiche Schwarze Löcher im Zentrum nahezu aller Galaxien. Die meisten Schwarzen Löcher im Weltall rotieren vermutlich schnell.[14] Im Zentrum fast jeder Galaxie befindet sich ein Schwarzes Loch.[15]
Galaxienentstehung und das Wachstum supermassereicher Schwarzer Löcher erscheinen also als ein eng verzahnter Vorgang, der in theoretischen Modellen künftig als eine Einheit behandelt werden muss[16]. Dunkle Materie verhält sich als Gravitationsquelle im Raum und herkömmliche Materie fließt in sie hinein.[17]

Dass es im Zentrum unserer Galaxis ein gewaltiges Schwarzes Loch gibt, ist schon seit längerem bekannt. Nun fanden Astronomen mit Hilfe des Röntgenteleskops *Chandra* Hinweise darauf, dass dieses von einem großen Schwarm kleinerer Schwarzer Löcher umgeben ist. Diese haben sich durch Strahlungsausbrüche im Röntgenbereich verraten.[18]

**Kommentar aus Sicht der Global Scaling Theorie**
Im Rahmen der Global Scaling Theorie sind quantenphysikalische Vakuumresonanzknoten Kerne der Materieakkumulation und Gravitationsquellen (Materie-Attraktoren). Die Materieakkumulation in einem solchen Schwingungsknoten ist ein gedämpfter Schwingungsprozess. Zuerst vollzieht sich der Akkumulationsprozess lawinenartig und sehr intensiv, mit der Zeit verlangsamt er sich jedoch wesentlich, weil mit der Sättigung auch die Attraktorwirkung der Knoten abnimmt. Schwingungsknoten sind primär, Materieakkumulation ist sekundär. Schwingungsknoten sind mathematische Singularitäten.
In der Nähe eines Schwingungsknotens nimmt die spektrale Dichte logarithmisch-hyperbolisch zu. Infolgedessen steigt auch in unmittelbarer Nähe des Schwingungsknotens die Fluktuationswahrscheinlichkeit des Vakuums, was zur Entstehung von Subknoten (Subsingularitäten) führt.

## Leben in der Milchstraße

Im Zentrum unserer Milchstraße hatte das Leben nie eine Chance, so das Fazit eines Astronomenteams, das diese Region unserer Galaxie mit einem Teleskop in der Antarktis studiert hat, denn etwa alle 20 Millionen Jahre kommt es im Milchstraßenzentrum zu einer heftigen Sternentstehungsphase. Die folgenden Supernova-Explosionen sterilisieren die gesamte Region mit ihrer Strahlung.[19]
Die Milchstraße ist in ein ausgedehntes 1,4 Millionen Grad heißes Plasma eingebettet — ganz analog der Sonnenkorona.[20]

**Kommentar aus Sicht der Global Scaling Theorie**
Als Folge von Eigenschwingungsprozessen ist die Materie im Universum logarithmisch skaleninvariant (fraktal) verteilt. Deshalb sind Galaxien ähnlich aufgebaut wie das Sonnensystem. In beiden Systemen haben sich infolge von Resonanzprozessen turbulente und laminare Schwingungszonen herausgebildet, die sich in beiden Systemen in der logarithmischen Skalierung relativ zum Oszillationszentrum (Sonne bzw. Galaxienkern) an der gleichen Stelle befinden. Im Sonnensystem markiert der Asteroidengürtel die turbulenteste Schwingungszone, die Umlaufbahnen der Planeten Erde und Mars befinden sich in einer laminaren Schwingungszone. Im Gegensatz dazu befindet sich die Umlaufbahn des Planeten Venus in einer turbulenten Schwingungszone, worin aus Sicht der Global Scaling Theorie die Ursache des hochintensiven Vulkanismus der Venus zu suchen ist. Die Global Scaling Theorie geht davon aus, dass sich nur in einer laminaren Schwingungszone der Milchstraße höhere Lebensformen herausbilden können. Das Sonnensystem ist in der Milchstraße in einer laminaren Schwingungszone platziert.

## Geht die Botschaft im Rauschen unter?

Die Suche nach einer Botschaft von intelligenten Lebewesen aus einer anderen Welt fasziniert viele Astronomen, besonders aber die Öffentlichkeit, die sich im Rahmen des SETI-Home-Projektes an dieser Suche beteiligt. Die Bemühungen könnten allerdings vergebens sein, wie jetzt ein Forscherteam zu bedenken gibt: Eine außerirdische Botschaft wäre für uns nicht vom thermischen Rauschen eines Sterns zu unterscheiden.[21]

**Kommentar aus Sicht der Global Scaling Theorie**
Über einen Zeitraum von mehr als 40 Jahren wurden an der Lomonosov Universität Moskau und am Pushchino Scientific Center der Russischen Akademie der Wissenschaften unter Leitung des Physikers Simon E. Shnoll physikalische Zufallsprozesse (radioaktiver Zerfall, thermisches Rauschen) nach einem speziellen statistischen Verfahren ausgewertet. Im Ergebnis konnte eine der fundamentalsten Erkenntnisse der modernen Naturwissenschaft gewonnen werden: Das thermische Rauschen enthält harmonische (deterministische) Komponenten, welche Eigenschwingungsprozesse der Materie abbilden. Diese harmonischen Komponenten treten synchron auf und können über große Entfernungen moduliert und demoduliert werden. Die Erforschung synchron auftretender deterministischer Effekte in physikalischen Zufallsprozessen (radioaktiver Zerfall, thermisches Rauschen, quantenoptische Rauschgeneratoren) und ihre Anwendung im Bereich Kryptografie und Datenübertragung ist Inhalt eines GSRI-Projektes.

## Fraktales Netz der Supercluster

Ein internationales Astronomenteam hat mit einem Survey der 447 hellsten Galaxienhaufen am Südhimmel im Röntgenlicht eine bislang einmalige Kartierung der räumlichen Verteilung der sichtbaren Materie im Universum vorgelegt. Die Daten der Forscher unterstützen die These, dass sich unser Universum beschleunigt ausdehnt. Deutlich sieht man, dass die Galaxienhaufen nicht gleichmäßig im Weltraum verteilt sind, sondern sich in deutlichen, sehr weitgespannten Strukturen konzentrieren.[22]
Bis in eine Entfernung von 14 Milliarden Lichtjahren haben Wissenschaftler im Rahmen des *Two degree field-Quasar-Survey* rund 11.000 Quasare vermessen und damit auch die großräumige Struktur des Universums. Und dieses scheint klumpiger zu sein, als man bislang gedacht hatte. Durch die nun gefundene Klumpigkeit — also die Ansammlung von Quasaren in großräumigen Strukturen wie Haufen und Gruppen von Haufen — geraten kosmologischen Modelle in Schwierigkeiten, die eine geringere Klumpigkeit vorhersagen. Das schließt auch manche Standardmodelle mit ein, die viel dunkle Materie enthalten.[23]
A 120-Mpc periodicity in the three-dimensional distribution of galaxy super clusters: According to the favoured models for the formation of large-scale structures in the Universe (in which the dynamics of the Universe is dominated

by cold dark matter), the distribution of galaxies and clusters of galaxies should be random on large scales. Here, using a new compilation of available data on galaxy clusters, we present evidence for a quasi-regular three-dimensional network of rich super clusters and voids, with the regions of high density separated by 120 Mpc. If this reflects the distribution of all matter (luminous and dark), then there must exist some hitherto unknown process that produces regular structure on large scales.[24]

**Kommentar aus Sicht der Global Scaling Theorie**
Im Rahmen der Global Scaling Theorie ist die großräumige Struktur des Universums eine Folge der logarithmisch skaleninvarianten (fraktalen) Verteilung der Materie im Raum. Die Ursache für die fraktale Materieverteilung sind Eigenschwingungen der Materie. Schwingungen sind die energetisch effizienteste Art der Bewegung. Deshalb schwingt alle Materie, insbesondere auf energetisch niedrigstmöglichem Niveau (physikalisches Vakuum). Eigenschwingungen sind verlustarme Prozesse und erfüllen das Energieerhaltungsgesetz. Infolgedessen erzeugen Eigenschwingungen logarithmisch fraktale Spektren der Frequenzen, Wellenlängen, Amplituden und ein logarithmisch fraktales Netz von Schwingungsknoten im Raum. Im Rahmen der Global Scaling Theorie sind Vakuumresonanzknoten Kerne der Materieakkumulation und Gravitationsquellen (Materie-Attraktoren). Modellmäßig ist die logarithmische Skaleninvarianz (*Scaling*) der Verteilung der Vakuumresonanzknoten im Raum Ursache der sichtbaren logarithmisch skaleninvarianten Verteilung der Materie im Kosmos. Das beobachtete regelmäßige Raumnetz der Supercluster interpretiert die Global Scaling Theorie als Schwingungsmuster, quasi als Chladnische Klangfigur mit einem Abstand zwischen den Schwingungsknoten (Membranen) von ca. 120 ± 20 Mpc. Das Global Scaling Modell erwartet für die Voids der Supercluster eine Größe zwischen 62 und 454 Mpc. Das statistische Maximum der Häufigkeitsverteilung wird zwischen 130 und 200 Mpc erwartet.

## Der Klang von Alpha Centauri A

Oszillationen des Sterns Alpha Centauri A, der nur rund vier Lichtjahre von der Sonne entfernt liegt. Der Stern pulsiert mit einer Periode von sieben Minuten — ganz ähnlich wie unsere Sonne.[25]

**Kommentar aus Sicht der Global Scaling Theorie**
Pulsationen der Sonne und anderer sonnenähnlicher Sterne besitzen ein harmonisches (logarithmisch fraktales) Spektrum. Die Global Scaling Theorie erwartet für sonnenähnliche Sterne Pulsationsperioden (Grundschwingungen) im Bereich von 2 bis 17 Minuten. Unsere Sonne pulsiert mit einer Periode von ca. 5 Minuten.

Quellen:

[1] http://www.astronews.com/news/artikel/2004/10/0410-019.shtml
[2] http://www.astronews.com/news/artikel/2001/04/0104-037.shtml
[3] http://www.astronews.com/news/artikel/2004/02/0402-003.shtml
[4] http://www.astronews.com/news/artikel/2005/12/0512-009.shtml
[5] http://www.astronews.com/news/artikel/2003/04/0304-008.shtml
[6] http://www.astronews.com/news/artikel/2005/09/0509-022.shtml
[7] http://www.astronews.com/news/artikel/2005/09/0509-019.shtml
[8] http://www.astronews.com/news/artikel/2004/07/0407-006.shtml
[9] http://www.astronews.com/news/artikel/2005/01/0501-001.shtml
[10] http://www.astronews.com/news/artikel/2004/12/0412-001.shtml
[11] http://www.astronews.com/news/artikel/2004/08/0408-013.shtml
[12] http://www.astronews.com/news/artikel/2005/03/0503-013.shtml
[13] http://www.astronews.com/news/artikel/2004/11/0411-013.shtml
[14] http://www.astronews.com/news/artikel/2005/02/0502-019.shtml
[15] http://www.astronews.com/news/artikel/2005/02/0502-008.shtml
[16] http://www.wissenschaft.de/wissen/news/249230.html
[17] http://www.astronews.com/news/artikel/2005/01/0501-022.shtml
[18] http://www.astronews.com/news/artikel/2005/01/0501-008.shtml
[19] http://www.astronews.com/news/artikel/2004/10/0410-004.shtml
[20] http://www.astronews.com/news/artikel/2005/09/0509-003.shtml
[21] http://www.astronews.com/news/artikel/2004/12/0412-005.shtml
[22] http://www.astronews.com/news/artikel/2004/05/0405-017.shtml
[23] http://www.astronews.com/news/artikel/2001/04/0104-005.shtml
[24] http://www.nature.com/nature/journal/v385/n6612/abs/385139a0.html
[25] http://www.astronews.com/news/artikel/2001/06/0106-027.shtml

# Biologie und Medizin

Michael Köhlmann

# Kosmische Psychophysik des Gehörs

*Das menschliche Gehör verarbeitet Schallsignale in einem äußerst komplexen Mechanismus. Die Psychophysik stellt eine Vielzahl von Daten zur Verfügung, mit denen unsere Hörempfindungen wie Lautstärke und Tonhöhe beschrieben und in einen gesetzmäßigen Zusammenhang mit physikalischen und physiologischen Größen gebracht werden können. Neueste Erkenntnisse aus der physikalischen Grundlagenforschung zeigen, dass diese Parametergrößen in direkter Korrespondenz mit den Eigenschwingungen des Kosmos stehen, die im Rahmen der Global Scaling Theorie berechnet werden können. Neue Ansätze für schalltherapeutische Anwendungen sind denkbar.*

Der Mensch steht bekanntermaßen über die fünf Sinne Sehen, Hören, Riechen, Schmecken und Tasten in Verbindung mit der ihn umgebenden Welt. Neben dem visuellen Sinn stellt der auditive Sinn, d.h. der Gehörsinn den wichtigsten Informationskanal dar. Über ihn erschließt sich uns die Welt der Schalle und Geräusche, die insbesondere für die Kommunikation fundamental ist. Die Entwicklung der Sprache hatte in der Evolution der Menschheit wesentlich dazu beigetragen, dass überhaupt ein soziales Umfeld entstehen konnte.

## Kategorien

Schallsignale werden vom Gehör in einer äußerst komplexen Art und Weise in Hörempfindungen umgesetzt, welche wiederum informatorischen Inhalt besitzen. Bei der Beschreibung dieses Vorgangs ist es hilfreich zwischen drei verschiedenen Bereichen zu unterscheiden (Terhardt[9]). Die Schallausbreitung und -übertragung im Medium (Luft) und im peripheren Gehörorgan wird durch physikalische Größen beschrieben. Dazu zählen in einem umfassenderen Verständnis auch physiologische Vorgänge wie die weitere neuronale Verarbeitung der Schallreize in Hirnzentren. Der Bereich der Wahrnehmungen beinhaltet subjektive Empfindungsgrößen, die nicht unmittelbar mit physikalischen Parametern beschrieben werden können. Hörempfindungen wie Lautstärke (auch als Lautheit bezeichnet), Tonhöhe, Klangfarbe u.a. stehen natürlich in Beziehung zu physikalischen Parametern wie Schalldruck oder Frequenz; sie unterliegen aber eigenen Gesetzmäßigkeiten. Der dritte Bereich kann als die Welt der Information betrachtet werden, welche einen abstrakten Bereich darstellt, der die Bedeutung und das Wissen der Empfindungen verkörpert. Die Vorstellung der drei „Welten“ wurde vornehmlich von Popper und Eccles[7] in der Diskussion neurophysiologischer und erkenntnistheoretischer Ergebnisse eingebracht (Abb. 1 auf der nächsten Seite).

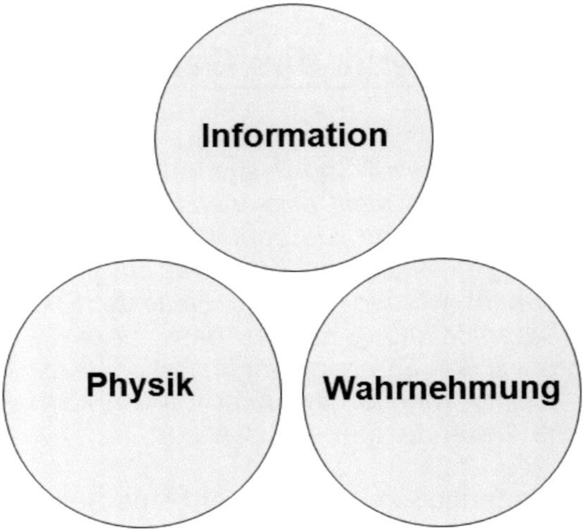


***Abb. 1:*** *Die drei „Welten" wissenschaftlicher Erfahrung* [7,9]

## Anatomie des menschlichen Gehörs

Die Anatomie des menschlichen Hörsystems umfasst Außen-, Mittel- und Innenohr (Abb. 2). Das Außenohr besteht aus der Hörmuschel und dem Gehörgang mit einer Länge von ca. 25 mm und einem mittleren Durchmesser von 7 - 8 mm. Abgeschlossen wird der Gehörgang durch das Trommelfell mit einem mittleren Durchmesser von ca. 9 mm und einer Fläche von ca. 0,7 $cm^2$.

Das Mittelohr stellt die mechanische Übertragung der Schwingungen des Trommelfells zum Innenohr sicher. Die Mechanik ist aufgebaut aus drei Knöchelchen, die als Hammer, Amboss und Steigbügel bezeichnet werden. Der Hammer ist am Trommelfell angewachsen und besitzt eine bewegliche Befestigung am Mittelohrknochen. Er überträgt die Schwingungen auf den Amboss, der wiederum die Bewegungen an das ovale Fenster weitergibt, eine feine Membran, die den Eintritt in das Innenohr darstellt. Das Mittelohr schützt das Innenohr vor mechanischen Beschädigungen und Krankheitserregern, es gleicht die Impedanz des äußeren Luftschalls an die Impedanz der Flüssigkeit des Innenohres an und ermöglicht eine Dämpfung bei sehr hohen Schallintensitäten. Die Dämpfung kommt zustande über feine Muskeln, mit denen die Gehörknöchelchen verbunden sind. Ausgelöst wird sie über einen neuronalen Mechanismus, der jedoch eine Zeitkonstante von ca. 100 ms aufweist. Das Mittelohr bietet somit keinen Schutz vor sehr kurzen, lauten Schallimpulsen. Die Mittelohrhöhle ist mit dem Rachenraum durch die Eustachische Röhre verbunden. Diese ermöglicht (bei Schluckbewegungen) einen Druckausgleich zwischen Mittelohr und äußerer Umgebung.

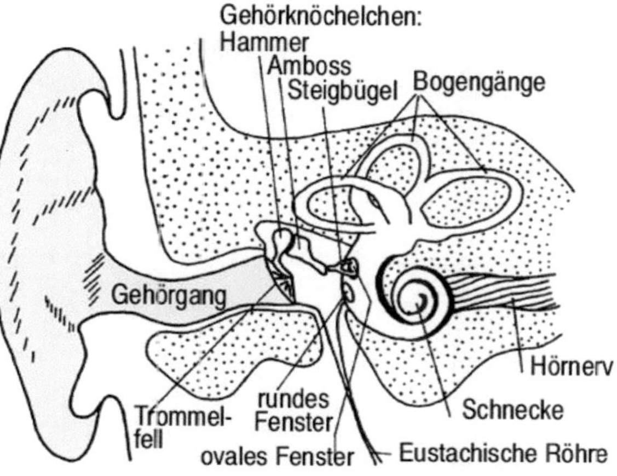


***Abb. 2:** Anatomie des menschlichen Gehörs*

Im Innenohr befinden sich das Gleichgewichtsorgan (Vestibulärorgan) mit den drei Labyrinthbögen und die Cochlea, in deren schneckenförmigem Teil sich das eigentliche Hörorgan befindet. Die Cochlea (Schnecke) enthält in ihren ca. 2,5 Windungen einen ca. 35 mm langen Kanal, der mit Lymphe gefüllt ist. Der Kanal ist der Länge nach durch die Basilarmembran in eine untere und obere Hälfte geteilt. Die Schwingungsübertragung auf die Lymphflüssigkeit erfolgt an der Basis des Schneckenkanals in der oberen Hälfte durch das ovale Fenster, d.h. die Membran, die durch den Amboss angeregt wird. Ebenfalls an der Basis in der unteren Hälfte befindet sich eine weitere Membran, das runde Fenster. Die Basilarmembran trägt auf ihrer ganzen Länge das Corti'sche Organ, der eigentliche neuronale Schwingungsempfänger. Das Corti'sche Organ enthält ca. 25.000 Haarzellen, welche die mechanischen Schwingungen in neuronale Impulse umwandeln und über den Hörnerv an das Gehirn weiterleiten.

## Psychophysikalische Grundgesetze

Das menschliche Gehör ist in der Lage, aus komplexen Schallsignalen, die aus einem Frequenzgemisch bestehen, bestimmte Parameter, welche die Empfindungsgrößen repräsentieren, zu extrahieren und diese wiederum auf einer höheren neuronalen Ebene in einen informationsrelevanten Bezug zu bringen, wie z.B. das Verstehen von Sprache oder die Wahrnehmung von musikalischen Darbietungen. Wie aber kann man Empfindungsgrößen messen und diese in Bezug zu physikalischen Parametern bringen? Basierend auf den Arbeiten von Weber und Fechner[2] wurde von Stevens[8] gezeigt, dass bei Intensitätsempfindungen wie Lautstärke oder Helligkeit die Reiz-Empfindungsfunktion einem Potenzgesetz unterliegt: $R = c * S^k$ (R: Empfindungsgröße, S: physikalische Stimulusgröße, c: Anpassungsfaktor, k: Konstante für die betreffende Empfindungsfunktion). So wurden beispielsweise für die Lautstärke und die Helligkeit Exponenten von $k = 0{,}67$ bzw. $k = 0{,}3 – 0{,}5$ ermittelt.[8]

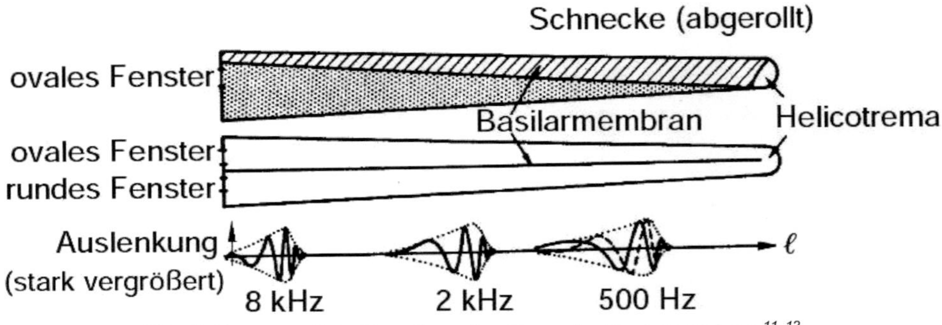


***Abb. 3:*** *Frequenz-Orts-Transformation längs der Basilarmembran* [11, 12]

Für die Unterschiedsschwellen von Intensitätsempfindungen wurde von Weber anhand von psychophysikalischen Versuchen gefunden, dass die eben wahrnehmbare Unterschiedsschwelle $\Delta S$ einer physikalischen Stimulusgröße S relativ konstant ist: $\Delta S/S = const.$ Fechner[2] postulierte, dass auf dem Kontinuum der Empfindungsgröße R der eben wahrnehmbare Unterschied $\Delta R$ konstant sei. Daraus ergab sich das Weber-Fechner'sche Gesetz: $\Delta R = const * \Delta S/S$. Geht man zu differentiellen Größen über, erhält man eine Differentialgleichung mit der Lösung: $R = \log S + const.$ Die Basis des Logarithmus und die Konstante sind dabei freie Parameter.

**Empfindung der Lautheit**

Für das menschliche Gehör sind der Schalldruckpegel und die Frequenz die wichtigsten physikalischen Parameter, aus denen sich die Empfindungsgrößen Lautheit und Tonhöhe ergeben. Für die Entstehung dieser Empfindungsgrößen gibt es verschiedene Modelle. Ein für die Lautheit sehr verbreitetes und durch viele psychophysikalische Messungen untermauertes Modell wurde von Zwicker[11,12] entwickelt. Das Gehör interpretiert Schallreize primär aufgrund einer Frequenzanalyse. Auf der Basilarmembran breiten sich, angeregt durch die mechanische Übertragung des Mittelohres, Wanderwellen aus, die an bestimmten Stellen ihre maximale Auslenkung erreichen (Abb. 3). Die Erregung auf der Basilarmembran wird in sog. Frequenzgruppen unterteilt. Die Breite der Frequenzgruppen beträgt im unteren Bereich ca. 100 Hz und steigt ab ca. 500 Hz exponentiell an (Abb. 4). Es hat sich als zweckmäßig erwiesen, die nichtlineare Frequenzskala auf eine lineare Skala abzubilden. Diese hat die Einheit Bark. In einem Frequenzbereich von 0 – 16.000 Hz kann man die Bark-Skala in gleich große Bereiche dergestalt aufteilen, dass 24 Frequenzgruppen mit einer Breite von 1 Bark entstehen. In den Frequenzgruppen entsteht jeweils eine sog. spezifische Lautheit. Durch Integration über die 24 Frequenzgruppenkanäle wird die Gesamtlautheit ermittelt.

Dieses Verfahren ermittelt mit hoher Genauigkeit die wahrgenommene Lautstärke. Es wird ergänzt durch Parameter, welche die Auflösung des Gehörs bei zeitlich veränderlichen Schallen beschreiben.

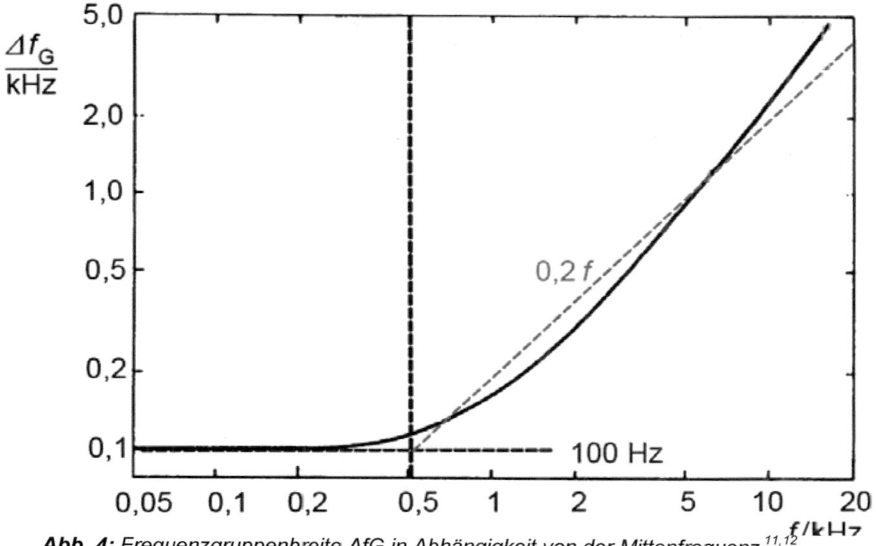


***Abb. 4:*** *Frequenzgruppenbreite ΔfG in Abhängigkeit von der Mittenfrequenz* [11,12]

## Empfindung der Tonhöhe

Die Wahrnehmung der Tonhöhe beruht primär auch auf der spektralen Analyse der logarithmischen Frequenzskala durch das Gehör. Schallsignale bestehen im Allgemeinen aus einem Frequenzgemisch. So sind z.B. in einem breitbandigen Rauschsignal, von statistischen Schwankungen abgesehen, alle Frequenzen mit annähernd gleicher Amplitude vorhanden. Eine Tonhöhenempfindung ist hier mit Ausnahme von kurzzeitigen statistischen Effekten nicht gegeben. Besteht das Schallsignal aber aus nur einer oder aber auch aus mehreren Frequenzen, die in einem bestimmten Verhältnis zueinander stehen (z.B. 2:1, 3:1, etc.), entsteht eine spektrale Tonhöhenempfindung. Die Spektraltonhöhe ist von zahlreichen Faktoren abhängig. So verschiebt z.B. der Lautstärkepegel die Tonhöhe nach oben oder unten, dies ist wiederum von der Frequenzlage selbst abhängig. Ebenso beeinflussen sich Teiltöne gegenseitig, so dass deren Spektraltonhöhen verschoben sein können; d.h. die Spektraltonhöhe ist abhängig von benachbarten Erregungsmustern auf der Basilarmembran. Terhardt[9] beschreibt die Tonhöhenwahrnehmung in seinem Modell durch einen Algorithmus, der aufgrund der Frequenzanalyse eine oder auch mehrere Tonhöhen (bei mehrdeutigen Schallen) aus komplexen Schallsignalen ermittelt. Eine erstaunliche Eigenschaft des Gehörs ist es, dass oftmals (Grund-)Tonhöhen wahrgenommen werden, denen keine physikalischen Frequenzen im Schallsignal entsprechen. Dies wird als virtuelle Tonhöhe bezeichnet und durch das Modell von Terhardt[9] ausgezeichnet wiedergegeben. Zur Bildung der Tonhöhe bevorzugt das Gehör einen Bereich von ca. 500 – 1.500 Hz, der als dominanter Frequenzbereich bezeichnet wird. Es ergibt sich somit eine Gewichtung der einzelnen Spektraltonhöhen (Abb. 5), welche die Basis für den Grundton, d.h. die wahrgenommene Tonhöhe, darstellen.

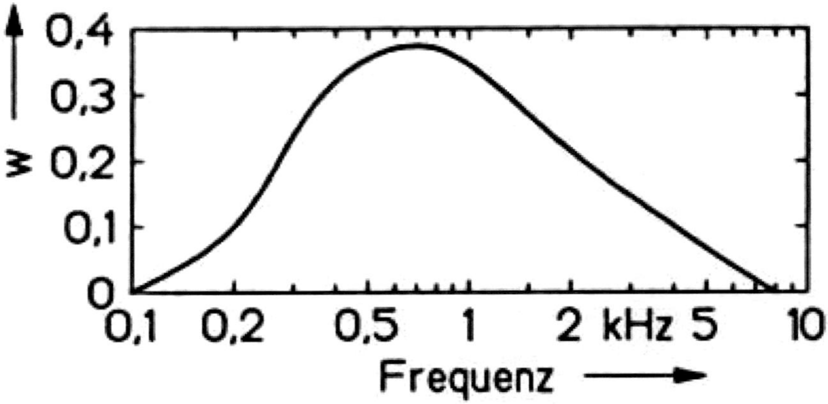


***Abb. 5:*** *Gewichtung des für die Tonhöhenwahrnehmung relevanten Frequenzbereiches*[9]

In der Psychophysik und dem speziellen Fachgebiet der Psychoakustik werden zur Klassifizierung akustischer Signale weitere Empfindungsgrößen herangezogen. Dazu gehören Klangfarbe, Rauhigkeit, Schärfe und für zeitliche veränderliche Schalle die Schwankungsstärke und der Rhythmus. Dafür gibt es eigene Modelle, die aber meist in engem Zusammenhang mit den primären Hörempfindungen Lautheit und Tonhöhe stehen. Einen ausgezeichneten Überblick über dieses Thema gibt Terhardt[9] mit über 1.100 weiteren Referenzen.

## Logarithmische Verteilung physikalischer Größen in der Natur

Gewöhnliche Materie besteht aus Atomen und damit zu über 99 Prozent ihrer Masse aus Protonen und ihren angeregten Zuständen – Neutronen. Aus diesem Grund bestimmen Protonenresonanzen den Verlauf aller Prozesse und den Aufbau aller Strukturen, auch den Aufbau und die Funktion des menschlichen Hörorgans. Als Spektrum von Eigenschwingungen sind sie fraktal, das bedeutet lückenhaft, sich selbst ähnlich und logarithmisch skaleninvariant. Die Global Scaling Theorie sieht in der logarithmischen Skaleninvarianz des Spektrums der Protonenresonanzen die Ursache des Global Scaling Phänomens – der logarithmischen Skaleninvarianz im Aufbau der Materie (siehe „Global Scaling Grundlagen“ von Hartmut Müller).

## Protonenresonanzfrequenzen des Hörbereiches

Das für die Akustik wichtige Spektrum physikalischer Frequenzen wird im Rahmen der Global Scaling Theorie in logarithmisch gleich große Intervalle unterteilt (Abb. 6). Der Hörumfang des menschlichen Gehörs umfasst in jungen Jahren einen Bereich von ca. 20 – 16.000 Hz. Der obere Hörbereich reduziert sich mit zunehmendem Alter auf ca. 10 kHz oder auch darunter, ohne dass eine wesentliche Beeinträchtigung in der Sprachverständlichkeit oder der Wahrnehmung von Musikdarbietungen eintritt.

Die wesentlichen informationstragenden Merkmale von Schallsignalen sind in einem Frequenzbereich < 10 kHz angesiedelt. Protonenresonanzfrequenzen des phasenverschobenen Spektrums in diesem Bereich befinden sich bei 22,6 Hz (Knoten [-54+3/2]), 453,3 Hz (Knoten [-51+3/2]) und bei 9,1 kHz (Knoten [-48+3/2]). Der informationstragende Hörbereich wird also durch sechs Einheiten auf der logarithmischen Frequenzskala repräsentiert, was wiederum genau einer logarithmischen „Wellenlänge“ entspricht. Die Orgel, das Musikinstrument mit dem größten Tonumfang über neun Oktaven, deckt diesen Frequenzumfang ebenso ab. Der spektrale Hörbereich weist einige charakteristische Bereiche auf. Die Grundfrequenzen der Sprache (stimmhafte Laute, Vokale) liegen typischerweise zwischen 100 – 300 Hz. Dies entspricht dem gesamten rechten Bereich des Knotens [-51] im Protonenresonanzspektrum. Der für die Tonhöhenwahrnehmung dominante Frequenzbereich von 500 – 1.500 Hz hat ein Maximum zwischen 700 Hz und 800 Hz. Im Protonenresonanzspektrum korrespondiert dies mit dem linken Randbereich des Knotenbereiches [-48], der von 747 – 1.232 Hz reicht. Die maximale Empfindlichkeit für absolute Schallpegel liegt bei ca. 3,3 – 3,4 kHz (Resonanz der äußeren Übertragungsfunktion des Gehörs). Dieser Wert entspricht der unteren Grenze des Knotenbereiches [-48+3/2].

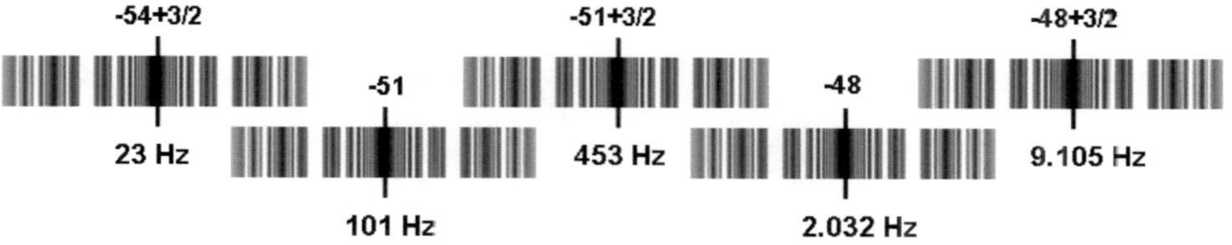


***Abb. 6:** Logarithmische hyperbolische Verteilung der Frequenzen des Hörbereiches*

Das Gehör arbeitet bezüglich des Schalldrucks in einem Bereich von $10^{-5}$ – $10^{2}$ Pa. Derartige Unterschiede über sieben Größenordnungen hinweg sind nur über eine interne Logarithmierung zu verarbeiten. In der Akustik wird deshalb auch der Schalldruckpegel L verwendet: L = 20 * log ($p/p_0$) dB (p = Schalldruck [Pa], $p_0 = 2 * 10^{-5}$ Pa). Auch Schalldruckwerte sind logarithmisch, hyperbolisch und skaleninvariant verteilt (Abb. 7). So entspricht der für Umgangssprache typische Schalldruckpegel von etwa 45 - 65 dB dem gesamten Knotenbereich [-90] auf der globalen Skala des Schalldrucks. Die Knotenbereiche [-93], [-90] und [-87] umfassen den relevanten Pegelbereich von Musik, entsprechend 22 – 91 dB. Die untere Wahrnehmungsschwelle wird durch den Knoten [-96] begrenzt in einem Bereich von -4 – 13 dB. Bei -4 dB liegt auch genau der tiefste Punkt der Ruhehörschwelle. Die Schmerzgrenze entspricht dem Knoten [-81] mit dem Kernpunkt bei 135 dB und umfasst den Bereich von 126 – 134 dB. Das bedeutet, dass untere und obere Hörschwelle und bevorzugte Pegelbereiche von Sprache und Musik primär durch Protonenresonanzen bestimmt werden.

## Zeitparameter bei Sprach- und Musiksignalen

Zeitlichen Änderungen des Schalldruckpegels kann das Gehör nur mit einer gewissen Trägheit folgen, da das Erregungsmuster eines Schallimpulses einer Abklingzeitkonstante unterworfen ist. Typischerweise gilt hier ein Wert von 100 ms (GS-Analyse: [54; -3, ∞], entsprechend 102 ms), der als Integrationskonstante bezeichnet wird[11,12]. Einzelne aufeinander folgende Tonimpulse mit alternierender Frequenz werden bis zu einem Abstand der Impulse von ca. 200 ms (GS-Analyse: [54; ∞], entsprechend 199 ms) als eine kontinuierlichen Folge wahrgenommen, bei größeren Abständen findet eine Aufspaltung in zwei separate Stimmen statt.[10]

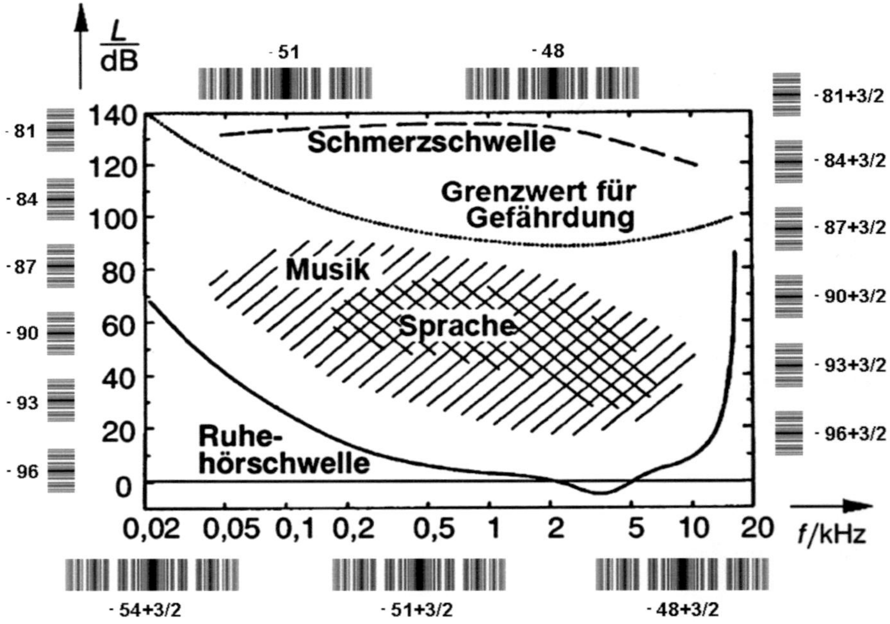


***Abb. 7:*** *Hörbereich und logarithmisch-hyperbolische Verteilung von Frequenz und Schalldruck*

Die Neurone des Hörnervs feuern mit einer maximalen Frequenz von 300 Hz bzw. 3,3 ms (GS-Analyse: [48+3/2, 5], phasenverschobenes Spektrum). Dies ist zugleich der obere Grenzwert der Rauhigkeit. Zwei benachbarte Töne werden zwischen ca. 30 Hz (GS-Analyse [-54; 7], phasenverschobenes Spektrum) und 300 Hz als rau empfunden.[9] Unterhalb 30 Hz folgt das Gehör den zeitlichen Änderungen des Schallreizes, d.h. es wird primär die Zeitstruktur ausgewertet. Empfunden wird dies als Schwankung des Signals. Oberhalb 30 Hz erfolgt die Zerlegung des Signals in spektrale Anteile. Die Frequenzgruppenbreite beträgt 100 Hz (GS-Analyse: [-51; ∞], entsprechend 101,1 Hz) bis zu dem Grenzwert von 500 Hz.

Sprach- und Musiksignale werden in Bezug auf ihren zeitlichen Verlauf als Gestalten wahrgenommen; d.h. das Gehör extrahiert aus dem Signal zeitliche Schwerpunkte (auch Perceptual Centers[3] oder Ereigniszeitpunkte[4,5] genannt), deren Folge ein zusammengehöriges rhythmisches Muster ergibt. Bei natürlicher Sprache kennzeichnen die Ereigniszeitpunkte die Silbenstruktur. Der zeitliche Silbenabstand hat ein Häufungsmaximum bei 330 ms (GS-Analyse [54; 4]). Untersuchungen für verschiedene Musikrichtungen haben ein Häufungsmaximum aufeinander folgender Ereigniszeitpunkte bei 250 ms (GS-Analyse [54; 9, ∞] ergeben (Abb. 8). Bei 250 ms bzw. 4 Hz liegt auch die größte Empfindlichkeit des Gehörs für zeitliche Schwankungen eines Schallsignals.[1] Die wesentlichen Parameter der zeitlichen Hörwahrnehmung sind also ebenso an das Spektrum der Protonenresonanzen angepasst.

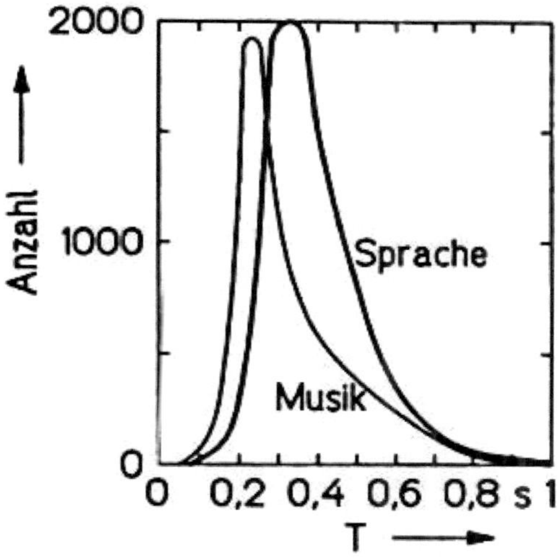


***Abb. 8:*** *Häufigkeitsverteilung der Ereignisintervalle bei Sprache und Musik* [4,5]

## Tonsystem und Global Scaling

In der abendländischen Musik wird das chromatische Tonsystem verwendet, das die Einteilung von 12 Halbtönen innerhalb einer Oktave definiert. Oktavtöne stehen zueinander in einem Frequenzverhältnis von 2:1. Oktavverwandte Töne werden als sehr ähnlich bzw. verwandt wahrgenommen. Wichtige andere verwandte Intervalle sind Quinte, Quarte und Terz. Diese bilden in der sogenannten reinen Stimmung die Frequenzverhältnisse 3/2, 4/3 und 5/4. Die Quinte ist nach der Oktave das nächstverwandte Tonintervall. Das Frequenzverhältnis der Quinte von 3/2 ist analog der Phasenverschiebung innerhalb des Spektrums der Protonenresonanzen. Korrespondierende Knotenpunktfrequenzen stehen hier im Verhältnis $e^{3/2}$. Aus musikalischer Sicht könnte man auch hier von einer Quintverwandtschaft sprechen.

Bei der heutzutage bevorzugten temperierten Stimmung haben die Halbtöne ein konstantes relatives Frequenzverhältnis von $2^{1/12} \sim 1{,}0594$. Damit liegt eine logarithmische Skalierung vor. Als Bezugspunkt gilt derzeit nach internationaler Norm das eingestrichene a (Kammerton $a^1$) mit einer Frequenz von 440 Hz. Dieser Wert war in früheren Jahrhunderten kleiner, so betrug er z.B. Ende des 17. Jahrhunderts 415 Hz. 1859 wurde er von einer französischen Kommission auf 435 Hz und 1939 auf 440 Hz festgelegt. In den letzten Jahrzehnten wurde der Kammerton zunehmend höher bis auf ca. 450 Hz angesetzt. Weshalb der Kammerton so gewählt wurde, ist historisch nicht eindeutig erkennbar. Eine Erklärung könnte jedoch auch hier die Global Theorie liefern, denn die Protonenresonanz [-51] im phasenverschobenen Teil des Spektrums hat den Wert 453,3 Hz. Es ist zu vermuten, dass sich der Kammerton diesem Wert mit der Zeit angleicht. Die historische Entwicklung zeigt dies bereits.

Die chromatische Tonleiter umfasst mit 10 Oktaven von der Subkontra- bis zur sechsgestrichenen Oktave den gesamten Hörbereich. Inwieweit sich eine Übereinstimmung der Frequenzen des Tonsystems mit Protonenresonanzfrequenzen ergibt, ist exemplarisch in Abb. 9 anhand der eingestrichenen Oktave gezeigt.

| | Temperierte Stimmung | | | | | | | | | | Reine Stimmung | | | | | | | | |
|---|---|---|---|---|---|---|---|---|---|---|---|---|---|---|---|---|---|---|---|
| | Hz | GS-Kettenbruch | | | | | | GW [Hz] | % | | Hz | GS-Kettenbruch | | | | | | GW [Hz] | % |
| | | $n_0$ | $n_1$ | $n_2$ | $n_3$ | $n_4$ | $n_5$ | | | | | $n_0$ | $n_1$ | $n_2$ | $n_3$ | $n_4$ | $n_5$ | | |
| c | 261,63 | -51 | -3 | -3 | -15 | 147 | -3 | | | | 264,00 | -51 | -3 | -3 | 15 | -3 | -9 | | |
| cis | 277,18 | -51 | -4 | | | | | 274,94 | 0,81 | | 275,00 | -51 | -4 | | | | | 274,94 | 0,02 |
| d | 293,66 | -51 | -5 | | | | | 303,86 | 3,47 | | 293,33 | -51 | -5 | | | | | 303,86 | 3,59 |
| dis | 311,13 | -51 | -6 | 3 | -23 | | | | | | 309,38 | -51 | -6 | -3 | -6 | 3 | -3 | | |
| e | 329,63 | -51 | -6 | -7 | | | | | | | 330,00 | -51 | -6 | -6 | -3 | 15 | -3 | | |
| f | 349,23 | -51 | -8 | | | | | 353,03 | 1,09 | | 352,00 | -51 | -8 | | | | | 353,03 | 0,29 |
| fis | 369,99 | -51 | -9 | -3 | 3 | 13 | | | | | 366,67 | -51 | -9 | -5 | | | | | |
| g | 392,00 | -51 | -14 | | | | | 392,96 | 0,25 | | 396,00 | -51 | -15 | 9 | 3 | 6 | -20 | | |
| gis | 415,30 | -51 | -23 | | | | | 415,55 | 0,06 | | 412,50 | -51 | -21 | -11 | | | | | |
| a | 440,00 | -51 | -66 | -3 | 3 | -3 | 3 | | | | 440,00 | -51 | -66 | -3 | 3 | -3 | 3 | | |
| ais | 466,16 | -51 | 72 | -6 | 10 | | | | | | 469,33 | -51 | 57 | 3 | 48 | 21 | 3 | | |
| h | 493,88 | -51 | 24 | -3 | -39 | -5 | | | | | 495,00 | -51 | 23 | | | | | 494,98 | 0,01 |

***Abb. 9:*** *Kettenbruchanalyse der Frequenzen der eingestrichenen Oktave (phasenverschobene Welle)*

Sowohl für die reine als auch die temperierte Stimmung stimmen die Werte sehr gut überein. Einige Frequenzen weisen im ersten Teilnenner des GS-Kettenbruchs einen instabilen Wert auf. Für diese Frequenzen sind jeweils der nächste stabile Grenzwert (GW) und dessen relative Abweichung angegeben. Andere Oktaven zeigen ein ähnliches Bild. Eine perfekte Übereinstimmung ist jedoch nicht möglich, da das Spektrum der Protonenresonanzen eine hyperbolische Verteilung aufweist. Es wäre jedoch sicher interessant ein Tonsystem, das exakt auf Protonenresonanzfrequenzen beruht, zu konstruieren und dessen Effekte psychoakustisch zu untersuchen. Möglicherweise könnten sich damit auch neue Ansätze z.B. für die Tontherapie ergeben, da der Mensch mit allen seinen physikalischen und physiologischen Parametern an das kosmische Hintergrundfeld angekoppelt ist.

Schwingungsprozesse sind die Ursache für die Selektion aller physikalischen Parameterwerte in der Natur. Die Eigenschaften des Gehörs bilden hier erwartungsgemäß keine Ausnahme. Die Global Scaling Theorie erweitert bisher bekannte Erkenntnisse und stellt sie in einen neuen umfassenden Zusammenhang. Das eingangs erwähnte Modell der drei Welten (Physik, Wahrnehmung, Information) könnte somit durch einen übergeordneten Aspekt ergänzt werden.

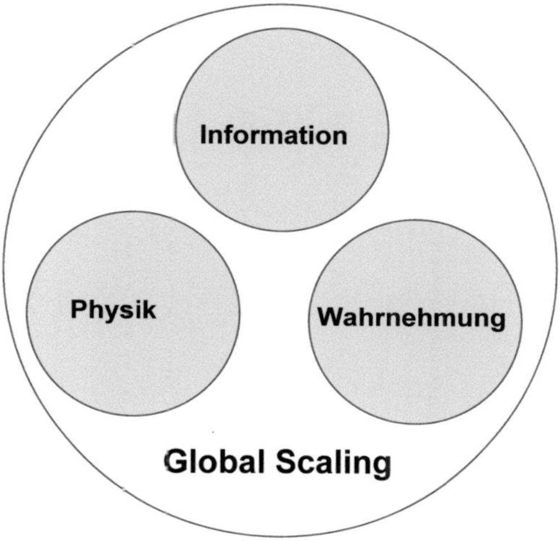


***Abb. 10:*** *Die drei Welten und Global Scaling*

## Literaturhinweise:

[1]: Fastl, Hugo, „Fluctuation strength and temporal masking patterns of amplitude modulated broadband noise", 1982, Hearing Research, 8, 59-69

[2]: Fechner, G.T., „Elemente der Psychophysik", Breitkopf Härtel Verlag, Leipzig, 1860

[3]: Fowler, C.A., „Perceptual Centers in Speech Production and Perception", 1979, Perception & Psychophysics, 25, 375-388

[4]: Köhlmann, Michael, „Bestimmung der Silbenstruktur von fließender Sprache mit Hilfe der Rhythmuswahrnehmung", 1985, Acustica, 56, 120-125

[5]: Köhlmann, Michael, „Rhythmische Segmentierung von Sprach- und Musiksignalen und ihre Nachbildung mit einem Funktionsschema", 1985, Acustica, 56, 193-204

[6]: Müller, Hartmut, „Global Scaling – Special 1", Ehlers Verlag, 2007

[7]; Popper, Karl R. & Eccles, John C, „Das Ich und sein Gehirn", Piper Verlag, München, 1982, ISBN 3-492-02447-5

[8]: Stevens, S.S., „Psychophysics", Wiley, New York, 1975

[9]: Terhardt, Ernst, „Akustische Kommunikation", Springer Verlag, Berlin Heidelberg New York, 1998, ISBN 3-540-63408-8

[10]: van Noorden, L.P.A.S., „Temporal Coherence in the Perception of Tone Sequences", Institute of Perception, Eindhoven, 1975

[11]: Zwicker, Eberhardt, Feldkeller, Richard, „Das Ohr als Nachrichtenempfänger", S. Hirzel Verlag, Stuttgart, 1967

[12]: Zwicker, Eberhardt, „Psychoakustik", Springer Verlag, Berlin Heidelberg New York, 1982, ISBN 3-540-11401-7

Hartmut Müller

# Die globale Evolutionswelle

Offensichtlich entdeckten weder Darwin noch Lamarck die eigentliche Triebfeder der globalen Evolution. Permanentes Casting schlafender Mutanten bzw. ihre umweltfreundliche Anpassung sind nicht mehr als Episoden eines globalen Prozesses. Die geheimnisvolle Genialität und Zielstrebigkeit der Evolution hat eine tiefgreifende physikalische Ursache. Lebende Organismen können sich nicht willkürlich bzw. in zufälligen Formen entwickeln, weil das Spektrum der Eigenschwingungen der Materie eine streng definierte harmonikale Struktur hat, die für historische Szenarien eine limitierende Rolle spielt. Das betrifft auch ganze Biosphären, Planeten, Sonnensysteme und Galaxien.

Die relativistische Offenbarung „Nichts ist absolut“ und die dialektische Binsenwahrheit „Alles verändert sich“ sind nur noch für Büttenreden zu gebrauchen. Die konzeptuelle Verwandtschaft der Evolutionstheorie, der modernen Kosmologie und der Theologie offenbart sich im Schöpfungsakt, im Urknall bzw. in der „Entstehung des Lebens“. Die Grundlage dieser deterministischen Konzeption ist die Vorstellung einer Zeit, als es noch kein Leben, keine Menschen und kein Universum gab. Wie Baron Münchhausen zog sich sodann das Universum an den eigenen Haaren aus dem Sumpf des Vakuums, der Schöpfer erschuf sich selbst und das Leben sprang aus der Ursuppe wie das Kasperle und rief „Seid ihr auch schon alle da?“ Trotz ihrer satirischen Note könnte diese beklemmende anfangs- und endzeitliche Konzeption unserer Zivilisation das Leben kosten. Deshalb ist es an der Zeit, nicht nur die Kosmologie, sondern auch die Evolutionstheorie auf ein zeitgemäßes naturwissenschaftliches Fundament zu stellen.

Ungeachtet der Mannigfaltigkeit aller ihrer Erscheinungsformen ist die statistische Verteilung der Materie in allen räumlichen und zeitlichen Maßstäben (von den Elementarteilchen bis zur Metagalaxie) logarithmisch fraktal. Ursache dieses Phänomens sind die Eigenschwingungen der Materie. Diese Tatsache hat weitreichende Folgen. Das bedeutet vor allem, dass sich die logarithmisch fraktale Struktur des Raumes und der Zeit nicht ändert. Und das gilt auch für die logarithmisch fraktale Verteilung der Materie im Universum. Deshalb gab es zu allen Zeiten Elektronen, Protonen, Wasserstoff, Helium, Sauerstoff, Kohlenstoff, Silizium, Eisen, Blei und Uran, aber auch jede Menge Wasser, Staub, Mineralien, kleine und große Himmelskörper, Planeten, Sterne und Galaxien.

Das fraktale Spektrum der Eigenschwingungen der Materie, das Fundamentale Fraktal, ist eine globale, zeitlose Matrix. Sie ist eine universelle Konstante und bildet ein absolutes, logarithmisches Bezugssystem im Universum. Nur die Verteilung der Materie im linearen Raum ändert sich mit der linearen Zeit. Erscheinungsformen der Materie entstehen an Orten, wo es sie zuvor nicht gab, entfalten sich und bilden Populationen. Dort wo es vor einigen Millionen Jahren noch kein Sternensystem gab, leuchtet heute der Orion-Nebel mit seinem Sternentrapez. Die logarithmische Struktur des Fundamentalen Fraktals verhinderte jedoch, dass der Orion-Nebel in unserem Sonnensystem entstand. Galaxien, Sterne, Planeten, Organismen, Zellen, Moleküle, Atome, Elementarteilchen ändern laufend ihren Ort im linearen Raum (ihre Koordinaten im Weltall). Um seine Koordinaten im Fundamentalen Fraktal ändern zu können, muss das Neutron zum Proton werden, oder mit anderen Nukleonen einen Atomkern bilden. Solange das Neutron ein Neutron bleibt, das Heliumatom ein Heliumatom oder das Wassermolekül ein Wassermolekül, ändern sich ihre Koordinaten im Fundamentalen Fraktal kaum.

Ebenso geringfügig ändert sich der „Aufenthaltsort“ der DNS, des Zellkerns, der Lysosomen, Mitochondrien, des Milchsäurebakteriums, des Zitronenfalters, der Spitzmaus, des Gorilla, Elefanten oder Buckelwals im Fundamentalen Fraktal. Jede Erscheinungsform der Materie ist an bestimmte Bereiche des Fundamentalen Fraktals gebunden, innerhalb derer sie im Verlauf ihres Lebens migriert, weil sie ein typisches und einzigartiges Spektrum von Frequenzen, Wellenlängen, Masse und Energie besitzt. Natürlich gilt das auch für Hominiden. Das bedeutet aber auch, dass es Hominiden schon immer gab und geben wird. Allerdings ändern sich ihr Aufenthaltsort und ihr Lebensraum im Weltall in Abhängigkeit von ihrem Entwicklungsstadium. Sonnen ändern ihre Strahlungsintensität und Temperatur. Irgendwann müssen auch wir unseren Standort im Sonnensystem wechseln, später auch den Standort in unserer Galaxie. Sicher gibt es in unserer Galaxie Zivilisationen, die dieses Stadium bereits aus eigener Erfahrung kennen. Vielleicht waren sie unsere Vorfahren und wir selbst sind eigentlich „Außerirdische“.

Auf der Erde leben jetzt nicht nur Menschen, sondern auch urzuständliche Lebewesen, bis hin zu den Bakterien und Pilzen. Viele sind auf der Erde ausgestorben, aber nicht überall im Universum. Im Sonnensystem gibt es nicht nur die Erde, sondern auch Planeten, auf denen sich Leben vielleicht erst später entwickeln wird. Im Weltall existieren außer unserer relativ alten Galaxie auch Sternensysteme, die sich erst vor kurzem gebildet haben. Also sind im Universum zu jedem Zeitpunkt immer alle Entwicklungsstadien der Materie präsent, nur eben an verschiedenen Orten. Dafür kann es nur eine plausible Erklärung geben: die Existenz einer Evolutionswelle im Universum.

Die Ursache dieser Evolutionswelle sind die Eigenschwingungen der Materie, die das Fundamentale Fraktal erzeugen, das wiederum die Verteilung und die Migration der Materie im Universum bestimmt. Die Natur hat sich über viele Millionen Jahre an die Existenz des Fundamentalen Fraktals angepasst – durch die Wahl der Maßstäbe ihrer Erscheinungsformen, aber auch durch die Entwicklung des logarithmisch geeichten Feedbacks mannigfaltiger Sinnesorgane und Bewusstseinsformen.

Menschen sind eine globale Erscheinungsform der Natur, wie Tiere, Pflanzen und Bakterien. Nichts gibt es in der Natur nur in einem Exemplar, sonst wäre es aufgrund mangelnder Vielfalt nicht überlebensfähig. Statistische Gesetzmäßigkeiten gelten jedoch nicht nur auf unserem Heimatplaneten. Auch die Erde und die menschliche Population könnten im Universum nicht als Einzelexemplare überleben. In unserer Galaxis existieren sonnenähnliche Sternpopulationen und erdähnliche Planetenpopulationen. Das Hertzsprung-Russell-Diagramm und astronomische Beobachtungen extrasolarer Planeten bestätigen das. Die erdähnlichen Planeten unserer Galaxis bilden eine kosmische Spezies, natürlich auch die jupiterähnlichen Gasriesen. Wir Menschen gehören auch zu einer kosmischen Spezies, deren Populationen auf viele erdähnliche Planeten in der Galaxis verteilt sind.

Ulrike Granögger

# Holographie der DNA

## Ein Beitrag zur Evolutionsdiskussion

Aus der Sicht von *Global Scaling* hat es Hominide immer gegeben, allerdings an verschiedenen Orten im Universum. Ebenso hat es Protonen, Planeten oder Galaxien immer gegeben. Evolution – sowohl die von Spezies als auch die von Materie, zum Beispiel von Atomen – ist kein Zufallsprozess im historischen Raum, sondern vollzieht sich primär im logarithmischen Raum der physikalischen Maßstäbe. Der logarithmische Raum ist zeitlos (im herkömmlichen Sinne von Zeit). Zeit als gerichteter Vektor entsteht erst mit dem lokalen Übergang vom logarithmischen Raum in den linearen Raum, in dem sich mehrere lokale Zeitgeraden ausbilden.

Als Folge verläuft Zeit nicht linear sondern hyperbolisch und fraktal, das heißt der logarithmische Raum komprimiert und dekomprimiert die Zeit in regelmäßigen Abständen, so dass ein fraktales Muster entsteht, das den lokalen Zeitstrahl eines Prozesses determiniert. Das fraktale Muster zeigt sich in der linearen Raum-Zeit als scheinbar chaotische Folge von Fluktuationen während der Evolution eines Prozesses.

Dieser Artikel betrachtet Evolution unter Berücksichtigung des zeitlosen logarithmisch-hyperbolischen Eigenschwingungsspektrums der Materie. Die Arbeiten der Shnoll-Gruppe haben die Grundlage für ein völlig neues Verständnis der Zeit gelegt und zeigen die Existenz eines globalen Takt- oder Zeitgebers für alle lokalen Prozesse. Shnoll zeigte einerseits, dass gleichzeitig ablaufende Prozesse über ein globales Frequenzspektrum räumlich gekoppelt sind (sie schwingen synchron), und andererseits, dass in den dabei auftretenden fraktalen Fluktuationsmustern übergeordnete, weitreichende Korrelationen existieren, die sich in bestimmten zeitlichen Abständen selbstähnlich wiederholen.[1] Wie wir noch sehen werden, existieren "weitreichende Korrelationen" („long-range correlations“) auch zwischen bestimmten Sequenzabschnitten innerhalb der DNA, was eine mögliche Selbstähnlichkeit zwischen DNA und der globalen Zeitgeraden des logarithmischen Raumes nahe legt, wie sie in Global Scaling auch gegeben ist.

Ist Speziesevolution ein rein chaotischer Selektionsprozess von Zufallsmutationen unter Einwirkung von Umweltstressfaktoren, wie es die allgemein für gültig erachtete Darwinsche Evolutionstheorie vorlegt? Oder ist es möglich, dass auch die Evolution von Arten als ein lokaler zeitlicher, wenn auch langwährender (und nicht abgeschlossener) Prozess von der Mathematik einer nicht-linearen Zeitgeraden beeinflusst ist? In jeder Frage zur Natur der Evolution kommt der DNA, dem genetischen Code als Bauplan jeder Spezies, eine zentrale Rolle zu. Zweihundert Jahre nach Darwin sind bei weitem nicht alle Geheimnisse um den genetischen Code gelüftet, im Gegenteil, neue Erkenntnisse zwingen die Biologen zu fortlaufenden Revisionen veralteter Standpunkte, die sich im Licht der modernen Biophysik als nicht mehr haltbar erweisen. Betrachten wir einige dieser zwingenden neuen Erkenntnisse im Licht von Global Scaling.

Einer der wichtigsten und folgereichsten dieser in Frage stehenden Aspekte ist das Postulat der Zufälligkeit des genetischen Codes. Der deutsche Mediziner Joachim Bauer[2] veröffentlicht in einer aktuellen Studie Hinweise auf die kommunikativen und kreativen Eigenschaften der DNA, die ein Gen zu quasi-intelligenten kooperativen Anpassungen veranlasst, wenn äußere Stressfaktoren das erfordern.

Nach der derzeitigen Auffassung der Molekularbiologie gelten bis zu 97% des Chromosomenmaterials als inaktive, nicht-codierende Sequenzen, die keine Funktion bei der Proteinsynthese haben (sogenannte Intronen, früher als "Junk DNA" bezeichnet). Nur etwa 3% der gesamten DNA seien erkennbar an Proteinsynthese beteiligt und enthielten demnach den Bauplan des Lebens. Der Großteil des genetischen Materials aber sei ein "Friedhof" alter, übriggebliebener Codes, die im Verlauf der Evolution ihre Funktion verloren haben und ausselektiert wurden. Diese Sichtweise ist unter Berücksichtigung neuer Erkenntnisse zunehmend unbefriedigend geworden, und Ansätze russischer Forschungen sowie der Global Scaling Theorie lassen Interpretationen zu, die ein anderes Bild von der Evolution des genetischen Codes ergeben. Welche Erkenntnisse sind das?

## DNA ist ein Fraktal

Graphische Darstellungen zur Analyse von langen DNA-Sequenzen und im Besonderen die sogenannte Chaosspieldarstellung von H.J. Jeffrey[3] haben gezeigt, dass Nukleotidsequenzen im Genom nicht zufällig auftreten. Die Chaosspieldarstellung (CGR) lässt globale Muster im Genom erkennen, die aus linearer Be trachtung nicht ersichtlich werden. Mithilfe einer Technik aus der Chaostheorie wird ein Punktmuster erzeugt, welches inhärente fraktale Strukturen offenbart.[4]

**Was ist die CGR Methode?**

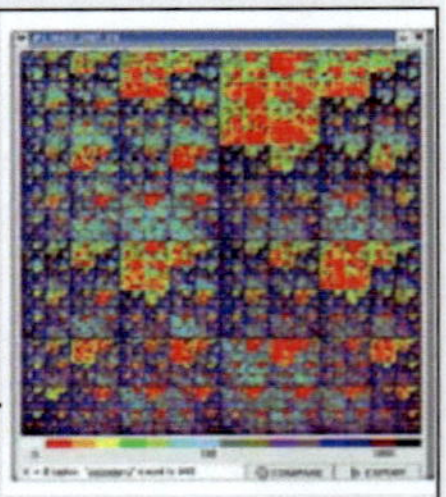

*2-dimensionales Portrait des menschlichen Chromosoms 22.*
Abb. © Bailin Hao, 2004.

Die vier Nukleotidbasen *Adenin, Guanin, Cytosin* und *Thymin* werden den vier Ecken eines Quadrats zugeordnet. Die erste Nukleotidbase einer Sequenz wird als Punkt in der Mitte der Verbindungslinie zwischen Quadratmittelpunkt und dem der Base entsprechenden Quadrateckpunkt abgebildet. Die zweite Base wird als Punkt in der Mitte der Verbindungslinie zwischen erstem Basenpunkt und dem entsprechenden Eckpunkt der zweiten Base abgebildet. Der Prozess wird bis zur Abbildung der letzten Nukleotidbase der analysierten Sequenz fortgesetzt. Eine reine Zufallssequenz ließe eine gleichförmige Punktverteilung im Quadrat erwarten (weißes Rauschen). Wenn jedoch die Basen in der Gensequenz nach einem Muster vorkommen, wird man dunklere und lichtere oder leere Stellen erhalten, da die Position eines jeden Punktes abhängig von der vorherigen Sequenz ist.

Es ergeben sich "weitreichende Korrelationen", die sich über mehrere Tausend Basenpositionen erstrecken können und auf einen übergeordneten **Kontext** schließen lassen. Interessanterweise bestehen diese Korrelationen hauptsächlich in den nicht-codierenden Abschnitten (Intronen) des Genmaterials, was ein Hinweis darauf ist, dass die 97% scheinbar 'unnützer' DNA organisierende oder kontexterzeugende Information enthalten.[5]

## Zipfsche Verteilung

Kontext ist eine grundsätzliche Voraussetzung für die fehlerfreie Übertragung (Reproduzierbarkeit) und Intelligibilität von Information. Mehrere Forscher beginnen darüber nachzudenken, dass die verblüffende Präzision bei der RNA-Transkription von Information in der Zelle nicht dem Zufall überlassen sein kann, sondern Korrektur- und Steuerungsmechanismen voraussetzt, die sicherstellen, dass die übertragenen Baupläne auch verstanden werden. Dies, zumal unter den protein-codierenden Einheiten ziemliche Ambiguität herrscht, da es *homonyme*[6] und *synonyme*[7] Sequenzen gibt, die kein eindeutiges Rezept für die Proteinsynthese abgeben. Wie entscheidet dann aber die Zelle, welche Proteine zu synthetisieren sind? Die Vermutung geht heute in Richtung übergeordneter Kontextstrukturen, die den genetischen Code als holographisches Ganzes und nicht nur einen winzigen Prozentsatz berücksichtigen, der die 'aktiven' Gene darstellt. Es ist wie bei einem sprachlichen Text, in dem der Leser/Rezipient aus dem Zusammenhang begreift, mit welcher Bedeutung ein Wort oder Satz versehen ist.

Und in der Tat verhält sich DNA wie eine natürliche Sprache. Texte natürlicher (menschlicher) Sprachen zeichnen sich durch eine bestimmte Häufigkeitsverteilung ihrer konstituierenden Elemente aus, die man als Zipfsches Gesetz bezeichnet. Es handelt sich um eine statistische Erscheinung, die besagt, dass die Anzahl Worte, die in einem Text *n* mal auftreten, ungefähr mit dem umgekehrten Quadrat von *n* abnimmt.

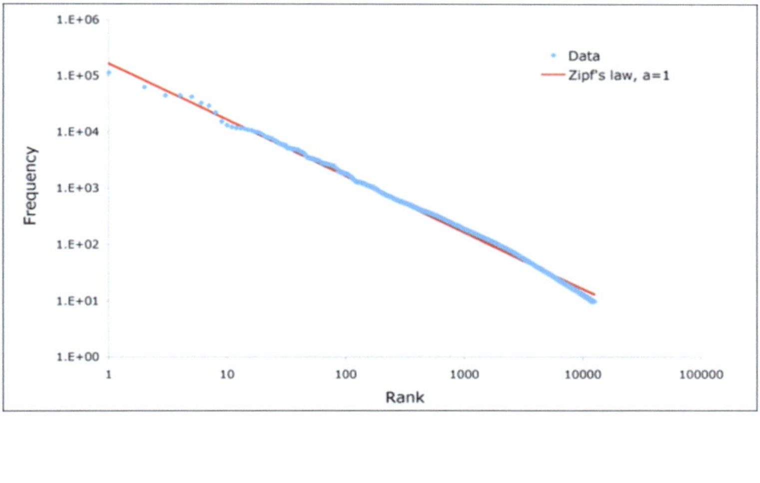


*Die Häufigkeit der Worte auf der mathematischen Webseite PLUS entspricht exakt der Zipf-Verteilung. Graphik: plus.maths.org*

Anders ausgedrückt: Zählt man die in einem Text vorkommenden Worte *n* und weist dem am häufigsten auftretenden Wort den Rang *r* 1 zu, dem zweithäufigsten Wort den Rang *r* 2, usf., dann ergibt sich eine umgekehrte Proportionalität der Häufigkeit zum Rang, $n \sim 1/r$. Man bemerke, dass die Häufigkeitsverteilung von Worten (oder Buchstaben) in einem Text hyperbolisch ist. G.K. Zipf hat dieses statistische Phänomen in den 1930er Jahren für gesprochene und geschriebene Texte verschiedener Autoren und in unterschiedlichen Sprachen nachgewiesen.[8] Nachfolgende Autoren interpretierten dieses Gesetz mit der Kontextgenerierung während des Entstehungsprozesses von Texten. Das heißt, der Kontext selbst favorisiert das spätere Auftreten (oder die Unterdrückung) bestimmter Wörter.

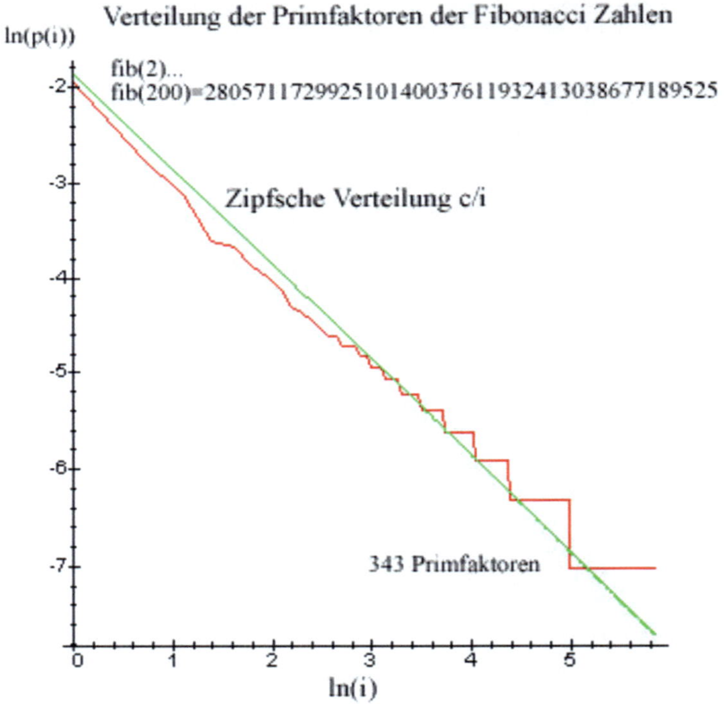


*Die Verteilung der Primfaktoren der Fibonacci-Zahlen folgt annähernd einer Zipf-Verteilung. Enthalten Fibonacci-Zahlen semantische Information? Graphik mit freundlicher Genehmigung von Thomas Richardon*

Kontext garantiert die Kohärenz oder Verstehbarkeit einer übertragenen Nachricht. Kontext entsteht aus der gegenseitigen Wechselwirkung der Semantik der Wörter. Eine lange Kette von Worten bliebe unverstehbar, solange der kollektive semantische Inhalt der Worte keinen zusammenhängenden Sinn ergibt. Die Zipfsche Verteilung wurde auch in musikalischen "Texten" gefunden und als Maß für den kompositorischen Kontext interpretiert. Dabei stellte man fest, dass harmonische Kompositionen eine größere Übereinstimmung mit der Zipfschen Verteilung (der Noten) aufweisen als zum Beispiel atonale Kompositionen.[9] Worin liegt die Ursache für diese Verteilung, und warum zeigt sie sich besonders in harmonischen Sprachen oder harmonischen Kompositionen?

Wie die Global Scaling Theorie zeigt, bilden die Eigenschwingungen der Materie kein chaotisches, sondern ein fraktales Spektrum. Dieses Spektrum stellt ein globales morphogenetisches Hintergrundfeld für alle evoluierenden Systeme (Prozesse) dar. Natürliche Sprachen sind Systeme, die sich über lange Zeiträume entwickelt haben, und daher eine starke Resonanzkopplung an das Spektrum der Materie-Eigenschwingungen erwarten lassen. Eigenschwingungen sind Schwingungen auf möglichst niedrigem energetischem Niveau. Das ist das *Prinzip des geringsten Aufwandes*, das man auch für die Evolution natürlicher Sprachen vermutet.[10] George Kingsley Zipf selbst ging davon aus, dass die statistische Erscheinung dieser spezifischen Häufigkeitsverteilung in natürlichen Sprachen ein Ausdruck des Bestrebens nach geringstem Aufwand zwischen Sender und Empfänger im sprachlichen Kommunikationsprozess ist. Man könnte sagen, Sprachen eignen sich deshalb hervorragend zur Kommunikation, weil ihre fraktale Struktur dem Spektrum der Materieeigenschwingungen möglichst genau entspricht.

Die Entdeckung der Zipfschen Verteilung unter den "weitreichenden Korrelationen" von DNA-Sequenzen ist Hinweis auf die **kommunikative Effizienz** der DNA und die Tatsache, dass DNA eine kohärente, Kontext-getragene Botschaft übermittelt, die mit dem natürlichen Hintergrundfeld der Materieschwingungen in Resonanzkopplung steht. Das Hintergrundfeld der Materieeigenschwingungen ist logarithmisch und fraktal. Es ist der logarithmische Raum der Maßstäbe. Weit von einander entfernt existierende physikalische Systeme können, wie Hartmut Müller sagt, "Nachbarn im logarithmischen Raum" sein. Über dieses Spektrum der Eigenschwingungen können Informationen auch zwischen entfernten Systemen ausgetauscht werden. Die morphologische Übereinstimmung der DNA mit der (arithmetischen) Struktur des logarithmischen Raums macht sie zu einem hocheffizienten Kommunikator der Informationsstrukturen des zeitlosen logarithmischen Raumes. Insofern weisen einige Phänomene, die in Genexperimenten der russischen Forscher P.P. Gariaev, V.P. Kaznacheev und Y.V. Tsian Kanchzhen sichtbar wurden, darauf hin, dass die Evolution der DNA und damit die Evolution von lebenden Spezies nicht ausschließlich ein linearer zeitlicher Prozess glücklicher chemischer Zufälle und fortschreitender Selektion unter den gegebenen Bedingungen eines Planeten gewesen ist, sondern umgekehrt und zumindest zum Teil eine "Programmierung" des chemischen Trägermaterials mit der Geometrie und Information aus dem logarithmischen Raum war. Das könnte auch erklären, warum es keine Hinweise darauf, gibt, dass das Leben auf der Erde – die sogenannte *Biosphäre*[11] – nicht an einem einzelnen Ort entstanden ist, von dem aus es sich über den gesamten Planeten verbreitet hat, sondern scheinbar explosionsartig und gleichzeitig auftrat. Lebende Systeme treten damit als Selbstausdruck der Evolution des Universums an sich auf, und zwar überall dort, wo es die lokalen raumzeitlichen Bedingungen begünstigen, das heißt, nicht nur auf dem Planeten Erde. Kaznacheev geht davon aus, dass auch Intelligenz oder die Emergenz von Bewusstsein – die Entstehung der *Noösphäre* – ein spezifisches Stadium der kosmophysischen Evolution ist, welche die Informationsstrukturen des von ihm bezeichneten "Kozyrev-Raums" (ein Äquivalent des logarithmischen Raumes) manifestiert.[12] In diesem Sinne könnte es auch "höhere Intelligenz" geben, die sich dann manifestiert, wenn die kosmophysikalischen Bedingungen des linearen Raumes in Resonanzkopplung mit dieser maßstablichen Ebene des logarithmischen Raumes treten.

## Nichtörtlichkeit und Distanzübertragung genetischer Information

*V. P. Kaznacheev*

Kaznacheev und Trofimov verweisen auf zahlreiche außergewöhnliche Studien, die eine Kommunikation/Wechselwirkung von lebender Materie mit dem geo-, helio- und kosmophysikalischen Umfeld beweisen. Lebewesen entwickeln sich nicht unabhängig von diesen kosmophysikalischen Einflüssen, sondern in einer beständigen Einbettung in diese bisher vernachlässigten Felder und Faktoren. Der Zeitpunkt der Befruchtung der Eizelle und die Periode der Embryogenese stehen unter dem Einfluss externer Felder, die sowohl zum Zeitgeber der chronobiologischen Rhythmen[13] des Organismus werden, als auch ausschlaggebend für die Aktivierung biologischer und psychologischer Tendenzen sind. Experimente mit dem *Cosmobiotron*, einer Installation, die das natürliche Magnetfeld der Erde um den Faktor 600 verringert, haben gezeigt, dass genetisch bedingte Krankheiten wie gewisse Formen der Epilepsie über eine vorübergehende Abschirmung des natürlichen geomagnetischen Feldes gelindert oder geheilt werden können. Das würde bedeuten, dass bestimmte Inhalte der genetisch vererbten Information **nicht** im chemischen Genom gespeichert sind, sondern in begleitenden Informationsfeldern der kosmophysischen Umwelt.

*Die Autorin im **Cosmobiotron** am Institut für kosmische Anthropoökologie ISRICA in Novosibirsk*

Eine ähnliche Entdeckung machten die beiden mittlerweile leider verstorbenen Forscher Guido Ebner und Heinz Schürch, die bei Ciba-Geigy in Basel feststellten, dass Sporen, Samen oder Eier, die in ein elektrostatisches Feld gelegt werden, frühere entwicklungsgeschichtliche Phänotypen ausbilden, die dem heutigen Organismus nicht mehr entsprechen.[14] Es scheint, dass das elektrostatische Feld zu einer Abschirmung der **derzeitigen** kosmophysischen Feldfaktoren geführt hat, wodurch die seit dem evolutionären Urtyp der Spezies eingetretenen Entwicklungsschritte (im lokalen Zeit-Raum des Planeten Erde) "ausgeblendet" wurden. Das ist Indiz für die oben skizzierte Vermutung, dass Spezies einen "Ur"Anteil ihres Informationsbauplans im logarithmischen Raum gespeichert haben könnten, der mit der Übersetzung in eine lineare lokale Raumzeit (Evolution im Darwinschen Sinne) dem Einfluss unterschiedlicher Felder ausgesetzt ist, die möglicherweise nur gewisse Eigenschaften des Genoms aktivieren.

Gleichzeitig sind es gerade diese kosmophysikalischen Felder, welche die den Spezies eigene genetische Feldinformation über lange Zeiträume aufrechterhalten. Mutationen innerhalb der Evolution sind aus dieser Sicht nicht ausschließlich die zufällige Anpassung eines cleveren Organismus an gegebene Umweltbedingungen, sondern könnten ihren Auslöser in den Fluktuationen des komplexen Feldhintergrundes des Sonnensystems (und darüber hinaus) finden. Der Organismus findet seine „dynamische Gestalt“ (nach G.W. Leibniz und Wolfgang Köhler) als holographische Information gespeichert im Hintergrund einer komplexen Feldstruktur, welche selbst den Veränderungen im kosmologischen Raum unterworfen ist. In gewisser Weise wäre hier die „Entelechie“ der Organismen in der raumzeitlichen Evolution des Sonnensystems (Universums) vorgegeben.[15] Das Sonnensystem selbst ist ein raumzeitlicher Prozess, der in seiner Evolution dem logarithmisch-hyperbolischen Zeitfraktal gehorcht. Die Materie-Energie-Verteilung im Sonnensystem (Sonne, Planeten, Monde, Asteroiden...) ist ein nicht abgeschlossener Prozess, der vom universellen Spektrum der Protonenresonanzen diktiert wird. Es handelt sich im Kepler'schen Sinne um ein harmonisches System von Eigenschwingungen in Form von Umlaufbahnen. Anhand von Langzeit-Simulationen der Umlaufbahnen des inneren Sonnensystems haben Astronomen und Geophysiker am UCLA das Auftreten von Resonanzen im Sonnensystem festgestellt, die den dynamischen Zustand des Systems zu bestimmten Zeitpunkten, am auffallendsten aber vor 65 Millionen Jahren, abrupt veränderten. Die Präzessionen von Erde, Merkur und Mars änderten sich, was verantwortlich für Störungen des Asteroidengürtels gewesen sein könnte, die zum Untergang der Dinosaurier auf unserem Planeten führten.[16] Solche Fluktuationen im Sonnensystem sind nach Ansicht der Global Scaling Theorie Ausdruck des Verlaufs des globalen Zeitfraktals für den Prozess „Sonnensystem“, der die Materie- und Feldstruktur in logarithmisch-hyperbolisch, fraktalen Abständen komprimiert und dekomprimiert. Es gibt daher nicht nur bestimmte Orte im Universum, an welchen die Bedingungen für Leben (und Aussterben) hervortreten, sondern ebensolche Zeitpunkte.

Die Forschungen von V.P. Kaznacheev und A.V. Trofimov zeigen das Vorhandensein informatorischer Felder, die die chemische materielle Realität des Organismus begleiten. Es wird immer deutlicher, dass die materielle Trägerstruktur vielleicht nur als Leseapparat für die im logarithmischen (Kozyrev) Raum gelagerte, nichtörtliche Bibliothek quantenüberlagerter Biohologramme agiert. Eine Hypothese, die von weiteren Forschungen untermauert wird.

*P. P. Gariaev*

Es ist eine der großen ungelösten Fragen der modernen Evolutionsbiologie, wie aus dem genetischen Material der eigentliche Phänotyp, die Gestalt des Organismus entsteht. Bekanntlich sind die Genome von äußerlich sehr unterschiedlichen Organismen bis auf wenige Prozent identisch. Wie genau entstehen die so verschiedenen Morphologien? Wie entscheidet die einzelne Zelle, die den gesamten Chromosomensatz in sich trägt, zu welcher Art Zelle im Organismus sie werden soll?
Peter Gariaev hat Hinweise auf einen Wellencharakter des genetischen Codes gefunden, der Informationen nicht nur auf der chemischen Basis der Nukleotide speichert, sondern holographisch im kohärenten akustisch-elektromagnetischen Feld der oszillierenden Moleküle.[17] Ein solches quanten-holographisches DNA-Biocomputer-Modell beschreibt die Morphologie und Dynamik der DNA als eine Art „Antenne“, die Quantenhologramme sowohl senden als auch empfangen kann. Es sind diese holographischen Muster – akustisch-elektromagnetische Bilder –, die die für die embryonale Entwicklung und morphologische Differenzierung notwendigen Informationen tragen. Laut Gariaev entsprechen die Quantenhologramme den bekannten Eigenschaften der Quantenkommunikation oder Quantenteleportation und sind nicht auf den einzelnen Chromosomensatz im Zellnukleus beschränkt, sondern agieren global über den gesamten „Chromosomenapparat“ des Organismus. Auf der Basis dieser Eigenschaften ist es gelungen, genetische Information über kohärente Trägerwellen auf entfernte Genome zu transportieren, ohne dass chemischer Kontakt (herkömmlicher gentechnischer Eingriff) nötig war. Das fremde Genom „liest“ die übertragenen Hologramme und kann die darin enthaltene genetische Information umsetzen. Auf diese Weise konnten u.a. insulinkranke Ratten über eine Distanz von bis zu 20 Kilometern „ferngeheilt“ werden.

*Y. V. Tsian Kanchzhen*

Äußerst spektakuläre Ergebnisse mit der Manipulation nonlokaler genetischer Informationsfelder erzielte Y.V. Tsian Kanchzhen mithilfe seines patentierten *Biotron Tszyan-2*, einem Gerät zur „Übertragung natürlicher Information auf biologische Objekte“.[18]

*Y. V. Tsian Kanchzhen vor seinem Biotron. Bemerkenswert ist die Dodekaedergeometrie der Anlage*

Kanchzhen gelang es angeblich, die Genome unterschiedlicher Spezies in Resonanzkopplung zu bringen und vollkommen neue Mischformen zu erzeugen, deren phänotypische Eigenschaften stabil und vererbbar blieben.

Kanchzhens *Biotron* besteht aus einem Gehäuse von spezifischer Topologie mit zwei Kammern und zwei Mikrowellen-Antennensystemen, die innerhalb des Gehäuses einander gegenüber montiert sind. Dort werden Biosysteme hochfrequenten elektromagnetischen Schwingungen ausgesetzt, die über die Antennensysteme an geometrisch strategischen Punkten ausgetauscht werden. Kanchzhen vermutet, dass es zu einer nicht-physischen kontaktlosen Biofeld-Informationsübertragung von der Transmitter- zur Rezipientenkammer kommt, wodurch sich genetische Eigenschaften übertragen lassen.

Mit ähnlichen Methoden erzielte man in diversen Versuchsreihen (1987 in Russland durchgeführt) auch verblüffende Verjüngungseffekte in gealterten Organismen. Dazu wurden verschiedene junge Pflanzenkeimlinge (engbepflanzte Topfkultur), bebrütete Eier oder trächtige Kaninchenweibchen in der Transmitterkammer untergebracht, während sich in der Rezeptorkammer 2jährige Mäuse aufhielten. Es wurden 300 Mäuse in der Experimentgruppe und ebenso viele in der Kontrollgruppe beobachtet. Im Ergebnis konnten an den Mäusen der Experimentgruppe Verjüngungssymptome beobachtet werden, sie fraßen mehr, liefen schneller und hatten ein glatteres Fell. In 30% der Mäuse wurden die Reproduktionsfähigkeit reaktiviert und Junge gezeugt, und die durchschnittliche Lebensspanne verlängerte sich: nach 18 Monaten waren noch 41% der behandelten Mäuse am Leben, im Gegensatz zu nur 2,7% aus der Kontrollgruppe. Kanchzhen plädiert dafür, diese Studien zur Grundlage neuer medizinischer und verjüngender Behandlungsmaßnahmen zu machen.[19]

Die hier erörterten Experimente unterschiedlicher Forscher haben ebenso unterschiedliche Interpretationen und Modelle hervorgebracht, von Torsionskräften und raumzeitlichen Spiegelwirkungen über Quantenholographie und Quantenteleportation bis zur Kommunikation von Biofeldern. Gemeinsam ist den Erscheinungen, dass ohne erkennbaren physikalischen Kontakt und ohne dazwischen liegende entwicklungsgeschichtliche Stadien signifikante Änderungen in Organismen und genetischen Strukturen stattfanden. Woran koppelt die DNA? Wie können raumzeitlich nicht mehr existente Evolutionsformen plötzlich in der Gegenwart auftauchen? Kann die lineare Zeit überbrückt, komprimiert, gespiegelt werden?

Kaznacheev postuliert das Modell des Kozyrev-Raumes, der den Minkowski-Raum komplementiert. Und es ist die lebende Materie, die an beiden Räumen teilnimmt. Im Kozyrev-Raum sind Prozesse mit beliebig hohen Geschwindigkeiten erlaubt und ermöglichen daher Kommunikation jenseits des Lichtkegels. Innerhalb des Minkowski-Raumes hingegen sind alle Prozesse auf die Lichtgeschwindigkeit im Vakuum begrenzt.

Die Global Scaling Theorie analysiert Prozesse und ihre Fluktuationen innerhalb der Raumzeit basierend auf der Arithmetik des logarithmischen Raumes, und findet neue Formen der nonlokalen Kommunikation.

Die alten Griechen kannten zwei Konzepte der Zeit: Die eine galt als *Chronos*, der lineare Lauf der Zeit. Die andere war *Kairos*, das nichtlineare Hereinbrechen eines Augenblicks der Ewigkeit. Und es waren die Weisen, die beide Zeiten miteinander zu verknüpfen wussten.


**<u>Literaturhinweise:</u>**

[1] Zum Beispiel in Perioden des siderischen und solaren Tages. Zur Diskussion kosmophysikalischer Einflüsse auf lokale Prozesse siehe zum Beispiel: Shnoll S.E., Zenchenko K.I., Udaltsova N.V.: "Cosmo-physical effects in structure of the daily and yearly periods of change in the shape of the histograms constructed by results of measurements of alpha-activity Pu-239." *http://arxiv.org/abs/physics/0504092* und Shnoll, S.E.: "Changes in the Fine Structure Stochastic Distributions as a Consequence of Space-Time Fluctuations." *Progress in Physics.* Vol. 2, 2006, pp. 39-45. Neueste Arbeiten weisen nach, dass auch räumliche Richtungen und astronomische Positionen Einfluss auf die Feinstruktur zeitlicher Histogramme nehmen. Siehe: Panchelyuga, V.A., Shnoll, S.E.: "On the Dependence of a Local-Time Effect on Spatial Direction." *Progress in Physics.* Vol. 3, 2007, pp. 51-54.

[2] Bauer, Joachim: *Das kooperative Gen. Abschied vom Darwinismus.* Hamburg 2008.

[3] Jeffrey, H.J.: "Chaos Game Representation of gene structure." *Nucleic Acids Research.* Vol. 18, 1990, pp. 2163-2170.

[4] Abbildung aus Shen, J., Zhang, S., Lee, H., Hao, B.: "See DNA: A Visualization Tool for *K*-string Content of Long DNA Sequences and Their Randomized Counterparts." *Geno. Prot. Bioinfo.* Vol. 2 (3), August 2004, pp.192-196.

[5] Yam, P. "Noisy Nucleotides. DNA sequences show fractal correlations." *Scientific American.* Vol. 267 (3), 1992, pp. 23-27.

[6] Verschiedene Proteine werden von gleichen Einheiten codiert.

[7] Verschiedene Einheiten codieren für dasselbe Protein.

[8] Zipf, G.K.: *The Psycho-Biology of Language.* Boston 1935.

[9] Zanette, D.H.: "Zipf's law and the creation of musical context." *Musicae Scientiae.* Vol. 10, 2006, pp. 3-18.

[10] Ferrer i Cancho, R., Solé, R.V.: "Least effort and the origins of scaling in human language." *PNAS.* Vol. 100 (3), 2003, pp. 788-791.

[11] Vernadsky, V.I.: The Biosphere. Copernicus, New York, 1997.

[12] Kaznacheev, V.P., Trofimov, A.V.: *Reflections on Life and Intelligence on Planet Earth. Problems of Cosmo-Planetary Anthropoecology.* Academy For Future Science, 2008, www.anthropoecology.com

Den Hauptteil dieser Monographie, welche die wichtigsten Resultate jahrzehntelanger Arbeiten V.P. Kaznacheevs und zukunftsweisende Ausblicke der wissenschaftlichen Forschung präsentiert, handelt von den Studien zur Quanten-Nichtörtlichkeit des Bewusstseins und die dahingehenden Experimente im sogenannten "Kozyrev-Spiegel". Die Bedeutung dieser Experimente ist zu weitreichend, als dass sie hier nur tangential behandelt werden sollten. Ich empfehle dem Leser obige Monographie zum Eigenstudium.

[13] Dubrov, A.P.: "Unknown factors in chronobiology." *Frontier Perspectives.* Temple University, Vol. 12 (2), 2003.

[14] Europäisches Patent EP0351357A1, 1989, "Verbessertes Fischzuchtverfahren".

[15] Ich glaube, dass eine noch ausstehende vergleichende Analyse der Global Scaling Theorie mit der Leibniz'schen „Dynamik", die wesentlich zur heutigen Entwicklung der *Prozessphysik*, allen voran den Theorien von Reginald Cahill, beigetragen hat, fundamentale Erkenntnisse für Physik und Philosophie zutage fördern könnte.

[16] F. Varadi, M. Ghil, B. Rnegar: "Possible ultimate cause of the K-T impact." Geological Society of America; Earth System Processes Conference, Edinburgh, 2001. Ein Meteoriteneinschlag auf der Yukatan-Halbinsel vor 65 Millionen Jahren, an der Grenze zwischen Kreide und Tertiär, wird den aktuellen Theorien zufolge für das Aussterben der Saurier verantwortlich gemacht.

[17] Gariaev, P.P., Marcer, P.J., Tertishny, G.G., et.al.: „The DNA-wave Biocomputer." MS, Institute for the Control of Sciences, Russian Academy of Sciences, Moscow, Russia, and Wave Genetics, Inc., Toronto, Canada. Der Wellencharakter biologischer Moleküle wurde auch von der Zeilinger-Gruppe in Österreich nachgewiesen. Siehe: Hackermüller, L., Arndt, M., Zeilinger, A., et.al.: „Wave nature of biomolecules and fluorofullerenes." *Phys. Rev. Lett.* 91, 090408, 2003.

[18] Russisches Patent RU 1828665, 1981; Genfer Internationales Patent WO96/41872, 1996.

[19] Chiang Kanzhen: „Experiments with Auras." *Nexus*, December 1995, pp. 47-50.

Hartmut Müller

# Quantenmedizin

## Melodisches Licht gegen Alterung und Zellschädigung

**Das neue Zauberwort der physikalischen Medizin heißt Protonenresonanz. Es ist der Schlüssel zu den Schwingungen der Protonen, aus welchen jede Materie besteht. Diese „Melodie der Schöpfung“ regelt den harmonischen Ablauf zellbiologischer Prozesse und ist deshalb von entscheidender Bedeutung für die Vitalität und Regenerationsfähigkeit der Zellen in unserem Organismus.**

Seit Urzeiten nutzt der Mensch das Sonnenlicht als Heilfaktor. Im antiken Griechenland verehrte man den Sonnengott Apollo. Besonders wertvoll für das gesamte Leben auf der Erde ist der langwellige Anteil des Sonnenlichtes, die Infrarotstrahlung, die sich als Wärmestrahlung offenbart. Die wohltuende und heilkräftige Wirkung der Wärme ist seit vielen Generationen bekannt und hat sich als kurierendes Hausmittel bestens bewährt. Kaminfeuer, Wärmflasche, heißer Salzbeutel, elektrische Heizdecke, Rotlichtlampe und ähnliche Erfindungen wirken nach dem gleichen Prinzip – über die heilenden Eigenschaften der Wärmestrahlung. Ungeachtet der Tatsache, dass dieses Phänomen seit Jahrtausenden heilpraktische Anwendung findet und physiologisch nachweisbar ist, bleibt sein physikalischer Wirkungsmechanismus weitgehend unverstanden. Wärmestrahlung besteht aus infraroten elektromagnetischen Wellen. Jeder Körper kann sie absorbieren oder emittieren. Die Wärme erzeugende Einwirkung des langwelligen „Lichtes“ (insbesondere auf Wassermoleküle) erreicht ihre maximale Effizienz im Millimeterwellenbereich.

Für sichtbares Licht ist Wasser transparent, für infrarotes Licht jedoch nicht. Es wird vom Wasser absorbiert. Infrarotes Licht wird von fast allen Körpern absorbiert, Röntgenstrahlen dagegen nicht. Die Ursache dieses recht abwechslungsreichen Verhaltens elektromagnetischer Wellen liegt hauptsächlich in ihren verschiedenen Wellenlängen. Für die Art der Wechselwirkung einer elektromagnetischen Welle mit den Teilchen des Mediums, in dem sie sich ausbreitet, ist jedoch nicht nur ihre Wellenlänge ausschlaggebend, sondern auch die Dichte und Struktur des Mediums. Dieses Phänomen wird als Dispersion bezeichnet. Wasser ist nicht wirklich blau. Aber es absorbiert in viel stärkerem Maß als Luft die Farben des Lichts. Zuerst verschwindet Rot, dann Gelb und Grün, und nur Blau bleibt übrig. Bereits in fünf Metern Tiefe ist Blau die alleinige und dominante Beleuchtungsfarbe. Erst durch Scheinwerfer oder Blitzgeräte werden Objekte unter Wasser wieder farbig.

Je nach dem Verhältnis dieser Faktoren kann eine elektromagnetische Welle im Medium gebeugt, reflektiert oder absorbiert werden. Ist die Wellenlänge im Vergleich zum Maßstab der Wellenausbreitung vernachlässigbar klein und ist das Medium homogen, können Dispersionsprozesse wie Brechung und Reflexion auch im Rahmen eines vereinfachten Modells beschrieben werden, in dem Wellen durch Strahlen ersetzt werden. Auf dieser Vereinfachung beruht die geometrische Optik. Der geometrische Strahlengang gilt streng nur für eine Wellenlänge (Farbe), d.h. nur für monochromatisches Licht. Eine Lichtwelle pflanzt sich in einem optisch dichteren Medium langsamer fort als in einem optisch dünneren. Beim Übergang von einem ins andere Medium wird der Lichtstrahl deshalb gebrochen – die Ausbreitung der elektromagnetischen Welle ändert ihre Richtung. Bei jedem Übergang des Lichts von einem Medium in eines mit anderer Dichte wird stets auch ein Teil des Lichts reflektiert.

Die Brechzahl $n = c_1 / c_2 = \sin\alpha / \sin\beta$ ist in der Regel für alle Einfallswinkel $\alpha$ konstant, aber für verschiedene Medien und für verschiedene Wellenlängen verschieden ($c_1$ und $c_2$ sind die Phasengeschwindigkeiten des Lichts vor und nach der Brechung, $\beta$ ist der Brechungswinkel). Für die im sichtbaren Bereich durchsichtigen Medien nimmt die Brechzahl n mit der Wellenlänge ab (normale Dispersion). Es gibt aber auch Medien, in denen die Brechzahl mit der Wellenlänge steigt (z.B. Joddampf) oder allgemein, in denen die Brechzahl in Abhängigkeit von der Wellenlänge (Dispersionskurve) Maxima und Minima zeigt (anomale Dispersion).

Liegt die Wellenlänge des verwendeten Lichtes in der Größenordnung der Abstände zwischen den Teilchen (Atomen, Ionen) eines Kristallgitters, entstehen Beugungsbilder, die sich fotografisch sichtbar machen lassen. Das trifft für Röntgenstrahlen zu ($\lambda \approx 10^{-10}$ m). Aus der Verteilung der Beugungspunkte können die Symmetrie des durchstrahlten Kristalls hergeleitet und die Gitterkonstanten berechnet werden. Für die Strukturbestimmung von Kristallen mit Röntgenstrahlen gilt die Braggsche Gleichung $n\lambda = 2d \sin\gamma$. Interferenzmaxima sind also zu erwarten, wenn der Gangunterschied der an verschiedenen Gitterebenen des Kristalls gebeugten Strahlen ein ganzzahliges Vielfaches $n\lambda$ der Wellenlänge $\lambda$ des Röntgenlichtes ist (d ist der Abstand zwischen parallelen Gitterebenen, $\gamma$ der Beugungswinkel).

Atome und Moleküle können Licht nicht nur beugen, sondern auch absorbieren. Dabei werden sie energetisch angeregt. Die Lichtabsorbtion erfolgt nach der Bohrschen Frequenzbedingung $\Delta E = h\nu$. Die Frequenz $\nu$ ist über die Lichtgeschwindigkeit c mit der Wellenlänge $\lambda$ gekoppelt: $\nu = c / \lambda$. Molekülspektren sind kompliziert aufgebaut, da im Molekül nicht nur Elektronensprünge, sondern auch Rotationen und Schwingungen der Atome innerhalb des Moleküls schon mit geringem Energieaufwand $\Delta E$ initiiert werden können. Den Übergängen zwischen den einzelnen Schwingungsniveaus entspricht eine Lichtabsorbtion im nahen Infrarot. Die Elektronenübergangsbande liegen meist im sichtbaren oder ultravioletten Bereich. Die Schwingungsfrequenzen sind für verschiedene Bindungstypen und verschiedene Atomgruppen charakteristisch, so dass man aus der Lage der Banden chemische Verbindungen identifizieren kann.

Wird Wärmestrahlung (infrarotes Licht) von einem Medium absorbiert, wird es also energetisch angeregt. Die Bewegungsenergie der Teilchen erhöht sich, die Temperatur steigt. Nach dem physikalischen Prinzip der kleinsten Wirkung kehren die Teilchen jedoch wieder in den energetisch niedrigsten Ausgangszustand zurück und emittieren dabei selbst elektromagnetische Strahlen im infraroten Bereich. Das bestrahlte Medium wird selbst zu einem Wärmestrahler – solange, bis es sich wieder auf die Umgebungstemperatur abgekühlt hat.

Im lebenden Gewebe hat die Erhöhung der Bewegungsenergie der Moleküle infolge einer Wärmebehandlung beschleunigenden Einfluss auf den Verlauf biochemischer Reaktionen, fördert die Zirkulation (Durchblutung) und somit die Sauerstoffversorgung des Gewebes. Da die Absorbtion des infraroten Lichtes vorwiegend in der Haut erfolgt, ging man in der physiotherapeutischen Anwendung bislang nur von einer Oberflächenerwärmung aus und rechnete nicht mit photochemischen Prozessen. Dafür spricht auch der relativ geringe Indikationsbereich in der Rheumatologie.

Ein völlig anderes Bild entsteht bei Einwirkung ultravioletter Strahlung, die von intensiven systematischen physiologischen Reaktionen begleitet wird. Durch die photochemische Wirkung des ultravioletten Lichts wird die Wasserbindungsfähigkeit von Proteinen herabgesetzt und die Membranpermeabilität erhöht, es tritt nicht nur eine Lokal-, sondern auch eine Allgemeinwirkung (auf den ganzen Organismus) ein. Das UV-A-Licht wirkt immunmodulatorisch auf Mastzellen und T-Lymphozyten, UV-B-Licht bewirkt die Synthese des Vitamin D aus dem Provitamin und aktiviert Enzymsysteme, UV-C-Licht denaturiert das Zelleiweis und wirkt deshalb bakteriozid. Die maximale Entkeimungswirkung haben UV Strahlen mit einer Wellenlänge von 260 nm. Diese Wellenlänge wird von bestimmten Molekülgruppen innerhalb der DNS absorbiert (das exakte Absorbtionsmaximum liegt bei 253,7 nm), wodurch es zu genetischen Veränderungen kommt. Da Einzeller nur eine Kopie jeder DNS haben, ist die Konsequenz des Verlustes nur eines Moleküls vernichtend. Der durch die absorbierte Energie initiierte photochemische Prozess bewirkt, dass die Zellteilung unterbleibt und der Mikroorganismus abstirbt.

Im Gegensatz zur UV-Strahlung besitzt infrarotes Licht also nur eine geringe physiologische Relevanz. Diese traditionelle Meinung wurde jetzt revidiert. Medizinische Experimente, die an Bord russischer und amerikanischer Raumstationen liefen, belegen die beschleunigende Wirkung des infraroten Lichtes auf Wachstums- und Wundheilprozesse, wobei die Wirkung als Wundheil-Accelerator nicht von der Intensität des infraroten Lichtes abhängig ist, sondern einzig und allein von dessen Wellenlänge.

Dieses Phänomen ist im Rahmen herkömmlicher Vorstellungen über die Wirkungsweise schwacher infraroter Strahlung auf lebendes Gewebe nicht erklärbar. Nicht der Wärmeeffekt spielt hierbei die entscheidende Rolle, denn Wundheil- und Wachstumsprozesse werden schon bei einer Behandlungsdauer von einigen Minuten pro Tag und einer Strahlungsleistung von weniger als 100 mW/sr beschleunigt. Entscheidend ist die Wellenlänge des IR-Lichtes.

Thermische Lichtquellen, z.B. Rotlichtlampen, senden ein praktisch lückenloses Infrarotspektrum aus und sind deshalb als Wundheil- und Zellwaschstums-Accelerator kaum geeignet. Man benötigt eine monochromatische Lichtquelle, z.B. einen Laser. Entsprechende Geräte wurden in Russland bereits Ende der 80er Jahre entwickelt und sind auch heute auf dem Markt. 1997 verwendete Dr. Harry T. Whelan, Professor für Neurologie und Pädiatrie am Medical College of Wisconsin in Milwaukee (USA), GaAlAs-Laserdioden. Diese LEDs (Light-Emitting Diodes) emittieren Licht von 630, 688, 730 und 880 nm Wellenlänge. Diese Wellenlängen sind nicht nur für die Photosynthese grüner Pflanzen relevant und wirken wachstumsbeschleunigend, sondern stimulieren auch die Mitochondrien verletzter Hautzellen und beschleunigen so den Wundheilprozess. Die Frage ist nur, warum haben sie diese Wirkung?

1923 entdeckte Gurwitsch die bei Zellteilung entstehende ultraschwache „mitogenetische" Strahlung. 1968 registrierten Fraser und Fray eine spontane ultraschwache infrarote Strahlung der Nervenzellen des Hummers. Die Intensitätsverteilung dieser IR-Strahlung weicht wesentlich von der thermodynamischen Gleichgewichtsstrahlung eines absolut schwarzen Körpers ab. Sie gibt Aufschluss über submolekulare Struktur bildende Prozesse, die in der Zelle ablaufen. Wiener äußerte bereits 1968 die Vermutung, dass die IR-Luminiszenz der Viren in der Lage ist, aus dem „Magma der Amino- und Nukleinsäuren" neue Virusmoleküle zu formen. Ausgehend von dieser Konzeption startete Kaznačejev 1965 eine Serie von Experimenten, um herauszufinden, inwiefern Biophotonen einen durch Stressfaktoren gestörten Zustand der Zelle kodieren und fernwirkend Prozesse initiieren können, die intakte Zellkulturen in einen ähnlichen Stresszustand überführen. Kaznačejev erkannte, dass Biophotonen zellbiologische Informationsträger sind und biochemische Reaktionen auslösen und steuern können.

Biologische Systeme treten über ein sehr breites Spektralband in Resonanz mit der Umwelt. Biophotonen regeln nicht nur den Stoffwechsel und Informationsfluss zwischen den Zellen, sondern steuern auch die Transkription der DNA während der Eiweissynthese (Popp, 1981).

1997 entdeckte Dr. Harry T. Whelan, dass Infrarot-LEDs die Wundheilung fördern. An Bord der russischen Orbitalstation „Mir" fanden Infrarot-Laser schon Mitte der 80-er Jahre therapeutische Anwendung. Rotes Licht bestimmter Wellenlänge stimuliert die Enzyme des Antioxidschutzes. Außerdem bewirkt es eine Steigerung der Glutathionperoxidase-Produktion durch die Leber. Es stimuliert die Bildung von ATP, das den Brennstoff und Energievorrat der Zellen ausmacht. Man hat auch festgestellt, dass das Kalzium-Ionengleichgewicht in den Zellen positiv beeinflusst wird. Rotes Licht reguliert oxydative Prozesse, die ihrerseits den Zellenmetabolismus und die Kollagensynthese bei Fibroblasten sowie das Aktionspotential der Nervenzellen steigern, die Bildung von DNA und RNA im Zellkern fördern und die Mitochondrien und Leukozyten stimulieren.

Auch die Enzyme des Antioxidschutzes Katalase und Superoxidismutase haben ein Absorbtionsmaximum für rotes Licht.

Internationale Erfahrungen auf dem Gebiet der kohärenten Lichttherapie belegen, dass bei Herpes, Gürtelrose, Gesichtslähmung, Nervenentzündung, venösen Beingeschwüren, Wundliegen, Hand- und Fußwarzen (besonders bei Kindern), empfindlichen Zahnhälsen, Problemen mit Rücken, Nacken, Schultern und Knien, rheumatischen Beschwerden und Sportschäden ca. 75 – 90 Prozent der Patienten beschwerdefrei werden. Bei hormonell bedingtem Haarausfall, Psoriasis, Hand- und Fußwarzen bei Erwachsenen, Ischias, rheumatischen Schmerzen, Narben, Falten, starrer Schulter liegt die Erfolgsquote bei etwa 50%. Lichttherapie wird auch zur Behandlung von chronischen Lebererkrankungen eingesetzt.

Basierend auf diesen Erkenntnissen entwickelte die Global Scaling Research Institute GmbH in Zusammenarbeit mit den Herstellern BIREGS GmbH, Oberursel und ROM-Elektronik, Deisenhausen das *ProtoLight* System. Die LEDs des Applikators generieren monochromatisches rotes bzw. infrarotes Licht in der Nähe der Protonensubresonanz-Wellenlänge 754 nm. Diese Trägerwelle wird mit zellbiologisch relevanten Protonenresonanz- Frequenzen moduliert. Über zellbiologisch prominente Protonenresonanz-Trägerwellen bringt so das Licht des Applikators Protonenresonanzen in das Zellgewebe, die gezielt biochemische Prozesse regulieren können.

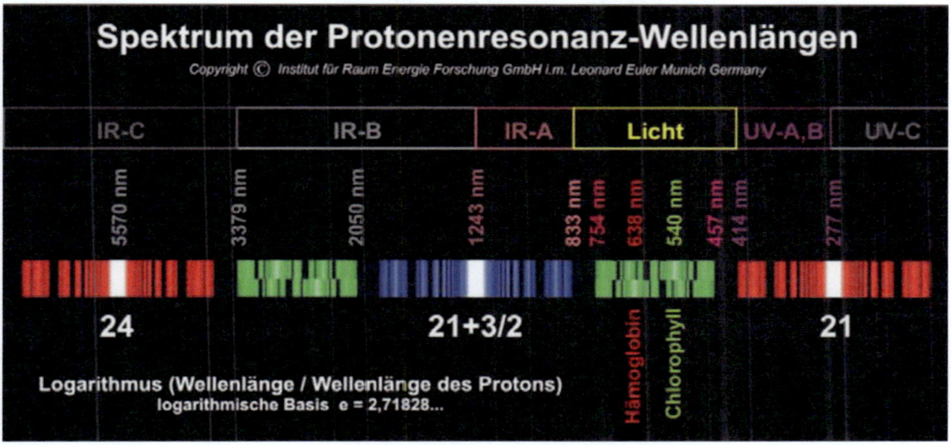


***Abb.1:*** *Das sichtbare Licht belegt den Grünen Bereich (Bereich hoher Komplexität des Prozessverlaufs und hoher Beeinflussbarkeit / Sensibilität) zwischen den Protonenresonanzen [24+3/2] und [21]. Das Reflexionsmaximum für eukariotische Zellen bei 1250 nm und das Absorbtionsmaximum für prokariotische Zellen bei 280 nm sind also mit hoher Wahrscheinlichkeit Protonenresonanz-Wellenlängen.*

Zellbiologische Studien des Instituts für Theoretische und Experimentelle Biophysik am Pushchino Scientific Center der Russischen Akademie der Wissenschaften haben gezeigt, dass protonenresonanz-moduliertes Licht die Aktivität der Sukzinatdehydrogenase regulieren kann, die ihrerseits Bernsteinsäure in den Mitochondrien verbrennt. Die Verbrennung von Bernsteinsäure in den Mitochondrien ist die wichtigste Energiequelle der Zelle. Deshalb nutzt das *ProtoLight* System bestimmte Protonenresonanz-Modulationsfrequenzen zur Regulierung der mitochondrialen Energieproduktion, zur Stimulation der Wundheilung und Harmonisierung der Zellregeneration. Das *ProtoLight* System wird auch in der Veterinärmedizin erfolgreich angewendet, denn das protonenresonanz-modulierte Licht wirkt auf zellbiologischer Ebene.

Protonenresonanz ist einer der wichtigsten Mechanismen, die den harmonischen Aufbau der Materie in allen Maßstäben regelt – von den subatomaren Teilchen bis zu den Galaxien. Da es sich um harmonische Schwingungen handelt, spricht man auch von der "Melodie der Schöpfung". Ob Atom, Sonnensystem oder Milchstraße – gewöhnliche Materie besteht zu über 99 Prozent ihrer Masse aus Nukleonen (Protonen, Neutronen). Auch unser Organismus und jede Zelle besteht hauptsächlich aus Nukleonen, die über 99 Prozent unserer Körpermasse ausmachen. Deshalb spielen Protonenresonanzen eine Schlüsselrolle in allen lebenswichtigen Prozessen. Insbesondere trifft das für zellbiologische Prozesse zu, die damit unterstützt werden und so die Vitalität und Regenerationsfähigkeit des Organismus zu stärken.

**Literaturhinweise:**


1. Drollette D. Can light hasten healing in space? // Biophotonics International, September / October 2000
2. Popp F.-A. Modern physical aspects of mitogenetic radiation (Biophotons) // Biophotonics. Proceedings of International A.G. Gurwitsch Conference, Moscow, 1994
3. Zaichkina S. I., Rozanova O. M. et al. Influence of low doses of different physical and chemical agents on the induction of cytogenetic adaptive response. // 11th International Wolfsberg Meeting on Molecular Radiation Biology/Oncology 2009

**Rainer Viehweger**

# Global Scaling-Analyse des Frequenzspektrums der Gehirnwellen

## Erfolge der sogenannten Psychosomatischen Energetik

Psychosomatische Energetik (PSE) ist eine seit mittlerweile mehr als zehn Jahren in vielen Teilen der Welt erfolgreich angewendete Methode zur Diagnose und Heilung seelischer Konflikte. Das Messverfahren der PSE zur Erhebung des Ladungszustandes des feinstofflichen Energiefeldes des Menschen orientiert sich an den Spektren der Hirnwellen des Menschen, die seit langer Zeit im EEG gemessen werden können. Die homöopathischen Mittel der PSE (Chavitae und Emvitae sowie Akutmittel) sind von Herrn Dr. Banis in jahrelanger empirischer Arbeit durch Nachdenken und Erprobung mit elektro-dermalen Testsystemen entwickelt worden. Ihre Wirksamkeit ist unter den Anwendern der PSE unbestritten. In Kenntnis des Naturphänomens Global Scaling entstand die Idee, unter Zuhilfenahme der Global-Scaling-Theorie mathematisch nachzuprüfen, inwiefern die Wahl der Potenzen der Mittel der PSE den Heilungsprozess unterstützt oder ob auch andere Mechanismen eine Rolle spielen könnten.

Global Scaling (GS) beschreibt die Maßstäbe der Verteilung physikalischer Größen in der Natur in dem Fall, dass sich die Schwingungssysteme im Eigenschwingungsmodus befinden. Auf diese Weise wird am wenigsten Energiezufuhr benötigt. Die Ursache für das Global-Scaling-Phänomen sind die Protonenresonanzen (Eigenschwingungen) der Materie auf energetisch niedrigstem Niveau. Eigenschwingungen erzeugen logarithmisch fraktale Spektren; sie sind energetisch effizient. Die Masse der Atome besteht zu ca. 99,995 % aus Protonen; ein Proton lebt mindestens $10^{32}$ Jahre. Deshalb sind die Protonenresonanzen so stabil (Grundlagen der Global Scaling Theorie, H. Müller 1982-89). Dr. Hartmut Müller ist der Entdecker des Global Scaling Phänomens und der Begründer der Global Scaling Research Institute GmbH Institutes i. m. Leonhard Euler (GSRI) in München.

Wir kennen das Scaling unserer Sinne. Im 19. Jahrhundert entdeckten Ernst Heinrich Weber (1795-1878) und Gustav Theodor Fechner (1801-1887) das nach ihnen benannte Weber-Fechner-Gesetz: Die Stärke einer Sinnesempfindung ist proportional dem Logarithmus der Reizstärke. Intensität und Spektrum der Wahrnehmung durch unser Hör- und Sehvermögen, die Intensität des Geruchs- und Tastsinns sind logarithmisch aufgebaut. Auch Entfernungen schätzen wir logarithmisch. (2)

**Die logarithmische Wahrnehmung der Welt ist eine Folge des logarithmischen Aufbaus der Welt. (2)**

Gesundheit kann man aus dieser Sicht heraus auch als einen Zustand bezeichnen, in dem sich möglichst viele Körpersysteme im Eigenschwingungsmodus befinden, weil der Organismus dann wenig Energie zur Aufrechterhaltung der Homöostase verbraucht und viel Energie (= Lebenskraft) zur Verfügung steht. Betrachtet man das Fundamentale Fraktal (FF) der Global-Scaling-Theorie, finden wir Bereiche im Spektrum der Verteilung physikalischer Größen, die statistisch gesehen unterschiedliche Eigenschaften unterstützen (siehe Tab. 1).

| | |
|---|---|
| **Knoten und Subknoten** | **hohe eigene Spektraldichte, turbulentes Schwingungsverhalten, hohe eigene Ereignisdichte, hohe eigene Fluktuationswahrscheinlichkeit, Materieattraktor, Phasensprung, Tendenzwechsel** |
| **Lücken** | **geringe eigene Spektraldichte, geringe eigene Fluktuationswahrscheinlichkeit, hohe externe Beeinflussbarkeit** |
| **Grüner Bereich** | **geringe Schwankungen der Spektraldichte, laminares Schwingungsverhalten** |
| **Kompressionsbereiche** | **Zunahme der eigenen Spektraldichte, Zunahme der Ereignisdichte, Zunahme der Fluktuationswahrscheinlichkeit, Unterstützung der Materieakkumulation** |
| **Dekompressionsbereiche** | **Abnahme der eigenen Spektraldichte, Abnahme der Ereignisdichte, Abnahme der Fluktuationswahrscheinlichkeit, Unterstützung des Materiezerfalls** |
| **Lückenränder** | **Grenze der Kompression bzw. Dekompression, Grenze der Materieakkumulation bzw. des Zerfalls** |

***Tab. 1:*** *Verschiedene Bereiche des Fundamentalen Fraktals unterstützen unterschiedliche Eigenschaften. Quelle: IREF München (1)*

Das Fundamentale Fraktal der Global-Scaling-Theorie ist das Spektrum der Protonenresonanzen, in diesem Falle das Frequenzspektrum mit dem Eichmaß der Eigenschwingung des Protons ($f_0 = 1{,}42549 \times 10^{24}$ Hz). Legt man das Spektrum der Gehirnwellen auf das Fundamentale Fraktal findet man sehr interessante Zusammenhänge. Wenn man davon ausgeht, dass die Evolution energetisch effiziente Systeme hervorbringt und das Spektrum der Gehirnwellen ein Protonenresonanzspektrum ist, dann sind solche Zusammenhänge auch zu erwarten.

**Das Spektrum der Gehirnwellen**

Betrachtet man Abbildung 1, fällt als erstes auf, dass die einzelnen Arten der Hirnwellen den unterschiedlichen Abschnitten auf dem Fundamentalen Fraktal folgen. Die Delta-Wellen umfassen den gesamten Hauptknoten -57+3/2. Interessanterweise können wir diesem Knotenbereich auch die Herzfrequenzen zuordnen. 1,1 Hz entsprechen 67 Herzschlägen pro Minute. Das ist die Ruhefrequenz des Herzens. Bei weniger als 24 Schlägen und mehr als 180 Schlägen pro Minute gerät unser Organismus in große Schwierigkeiten, d. h. wenn die Grenzen der zu diesem Hauptknoten gehörenden Frequenzen verlassen werden. Hier erkennen wir die direkte Resonanz und Kommunikation der Delta-Wellen mit dem Herzrhythmus. Der Theta-Bereich umfasst den Knoten -54. Das entspricht 5 Hz. Dieser wichtige Hauptknoten (in der GS-Theorie sind Knoten, die ohne Rest mehrmals durch 3 teilbar sind, mächtige Knoten, da sie mit vielen Bereichen des Spektrums direkt in Resonanz stehen – $54 = 3 \times 3 \times 3 \times 2 = 2 \times 3^3$) führt einen Tendenzwechsel ein (siehe Tab. 1) und trennt den Schlafzustand im Bereich unter 5 Hz vom Wachzustand über 5 Hz. Wir wissen, dass sich im Theta-Bereich der Übergang vom Wachzustand zum Schlafen befindet. Je tiefer der Delta-Zustand (weiter links im FF), desto tiefer der Schlaf. Die REM-Phasen befinden sich im Theta-Bereich und sind von flachem Schlaf geprägt.
Der Alpha-Bereich fällt genau in das grüne Gebiet im FF. Hier finden sich laut Definition die laminaren Schwingungszustände ohne große Turbulenzen. Der Alpha-Zustand ist eine Phase der wachen Entspannung. Über 14 Hz gelangen wir zum Beta-Bereich in den Knotenbereich -54+3/2 ohne die grünen Bereiche. Dieser Abschnitt ist durch Turbulenzen und Fluktuationen geprägt; ein Zustand, den wir uns bei angespannter Aufmerksamkeit wünschen. Die Einschlaf- und Aufwachphasen von rechts nach links vom Beta- zum Delta-Zustand beim Einschlafen und umgekehrt von rechts nach links beim Aufwachen lassen sich im Fundamentalen Fraktal im täglichen Rhythmus sehr schön beobachten.

Die energetischen Ebenen der PSE sind in Abbildung 2 den Spektren der Gehirnwellen zugeordnet. Es ist ersichtlich, welche der Potenzen der in der PSE benutzten Mittel welchen Gehirnwellenbereichen zugeordnet sind (entnommen aus: Spirituelle Energiemedizin von Dr. med. Reimar Banis, Seite 118, Verlag Via Nova 2007).

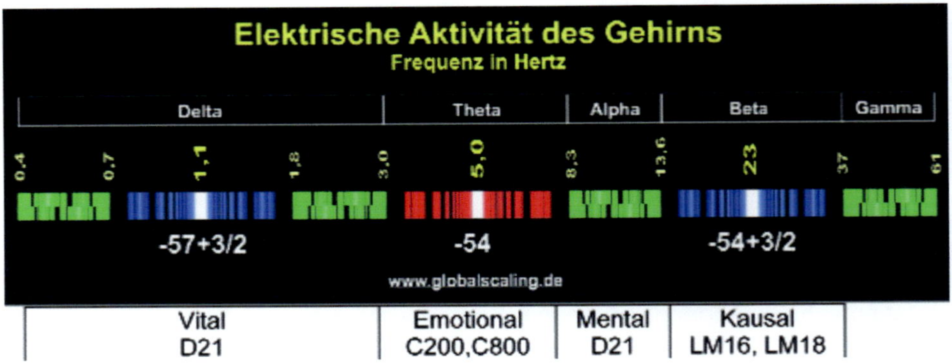


***Abb. 2:** Das Spektrum der Hirnwellen entspricht den energetischen Ebenen der PSE.*
*Quelle: IREF (1)*

Beim Reba-Test gehen wir davon aus, dass wir den Körper mit seinem Gehirn als Resonanzorgan mit dem Oberwellenspektrum der einzelnen Hirnwellenbereiche im Frequenzbereich von 0-30 kHz konfrontieren. Ich stelle mir die Reaktion so vor: Sobald das Oberwellenspektrum des Testgerätes „lauter“ ist als das körpereigene, bekommen wir die Testreaktion, weil das Gehirn durch den höheren Energiegehalt der „lauteren“ Testfrequenzen unter Stress gerät und dadurch die Synchronisation der beiden Hirnhälften gestört wird. Durch das Auflegen der richtig getesteten homöopathischen Mittel werden die Grundwellen der Hirnwellenbereiche balanciert und verstärkt, so dass beim erneuten Reba-Test die Oberwellenspektren erst bei höherer Lautstärke den bekannten Stress hervorrufen und die Testreaktion auslösen. Ein weiteres Ergebnis lässt sich aus dem Fundamentalen Fraktal herleiten. Die Methode der Psychosomatischen Energetik erscheint hier eindeutig als ganzheitliche Methode. Da es sich bei den physiologischen Spektren um fraktale Strukturen handelt, die in ihrer Eigenschaft als sich selbst ähnlich in allen Bereichen der Natur wieder zu finden sind, wird durch die Optimierung der Frequenzen, die im Fundamentalen Fraktal der Hirnwellenspektren enthalten sind, ganzheitlich diagnostiziert und behandelt. Das ist auch der Grund, weshalb das hier erwähnte Testgerät ein hervorragendes Instrument zur ganzheitlichen Testung von Medikamenten und Ergebnissen auch aller anderen Behandlungen oder Belastungen ist.

## Die homöopathischen Potenzen

Was bedeutet Potenzierung von Urtinkturen im Sinne der Homöopathie? Bei der Potenzierung handelt es sich um ein Verfahren, bei dem die Urtinkturen in bestimmten Verhältnissen schrittweise verdünnt werden. Bei jedem Schritt erfolgt eine so genannte Verschüttelung. Die Verschüttelung erfolgt asymmetrisch, das heißt, mit unterschiedlicher Beschleunigung in den einzelnen Phasen. Genaueres kann in den Lehrbüchern der Homöopathie nachgelesen werden. Neben der Verdünnung ist die Verschüttelung der entscheidende Faktor, der dazu führt, der potenzierten Substanz bzw. der verdünnten Lösung einen höheren Ordnungsgrad zu ermöglichen. Durch das Potenzieren wird die Ordnung innerhalb der Moleküle der Trägersubstanz ständig erhöht. Der Informationsgehalt wächst mit jedem Potenzierungsschritt, da auf Grund der kleiner werdenden Wellenlänge immer mehr Information übertragen werden kann. Mit anderen Worten: Es geschieht ein Entropieexport. Der Begriff Entropie stammt ursprünglich aus der Wärmelehre und bezeichnet den Grad der Unordnung, der durch die Molekularbewegung bei Temperaturanstieg zunimmt. Alle Prozesse streben nach Entropieerhöhung. Lebende Systeme müssen die Entropieerhöhung verhindern, um am Leben zu bleiben. Alle Lebewesen müssen Ordnung in Form ihrer Nahrung zu sich nehmen (vgl. Biophotonen nach Prof. Dr. F. A. Popp). Die Anwendung homöopathischer Potenzen kann als eine Form der Informationsmedizin betrachtet werden. Interessant ist es nun zu untersuchen, welche Potenzen besonders wirksam sind. Dabei kann die Analyse der Potenzen mit Hilfe von Global Scaling Auskunft geben. Das entsprechende Protonenresonanzspektrum ist bei dieser Analyse das Mengenspektrum (die Anzahl der Protonen, Eichmaß ist die Zahl 1). Ziel der Analyse ist es zu sehen, wie hoch das Potenzial der verwendeten Potenzen von PSE-Mittel ist, Entropie zu verringern bzw. die Ordnung zu erhöhen (Negentropie).

**Heilung geschieht durch Verminderung der Entropie im System**

In der Abbildung 3 werden die Abschnitte des Fundamentalen Fraktals dargestellt, welche statistisch die Entropie senken. Am linken Rand des linken grünen Bereiches ist die Entropie senkende Wirkung am höchsten mit fallender Tendenz bis zum Hauptknoten in der Mitte. Dort schlagen die Eigenschaften in das Gegenteil um (Phasenwechsel). Eine gute Unterstützung der Heilung durch geeignete Wahl der Potenzen kann erwartet werden, wenn die Berechnungen Werte ergeben, die möglichst weit links im linken grünen Bereich oder mindestens links des Hauptknotens liegen. Eine andere Möglichkeit ergibt sich aus einer Platzierung des berechneten Wertes in der Nähe des Hauptknotens. Dann kann man von einer hohen Fluktuationstendenz ausgehen, was bedeuten könnte, dass diese Potenz als „Blockadenbrecher“ dienen kann, um eine Heilung erst zu ermöglichen oder um „festgefahrene“ Informationsstrukturen zu knacken“.

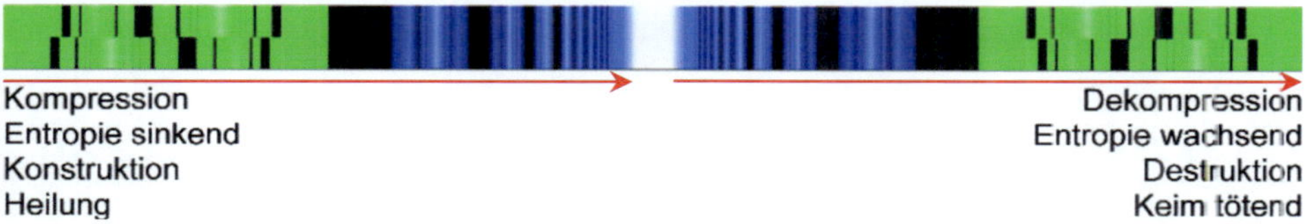


***Abb. 3:*** *Die Entropie senkende Abschnitte des Fundamentalen Fraktals*

**Berechnungen**

Potenzierungen sind Logarithmierungen. Für die Global-Scaling-Analyse müssen die Logarithmen zur Basis 10 für D- Potenzen, zur Basis 100 für die C-Potenzen sowie zur Basis 50.000 für die LM-Potenzen in den natürlichen Logarithmus umgerechnet werden. Die entsprechende Formel lautet wie folgt:

$\ln P = \log_{D, C, LM} P \,.\, \ln(D, C, LM)$; P = Potenz.

**Bei Informationsmengen besteht eine Besonderheit in den Berechnungen:** Im Spektrum der Informationsmengen wird eine logarithmische Einheit abgezogen. Der Grund dafür besteht in der Definition des Eichmaßes der Informationsmenge. Das Eichmaß für Informationsmengen ist e, daraus ergibt sich ln(e) = 1, das Eichmaß für Mengen ist 1, daraus folgt ln(1) = 0. Dadurch entsteht zwischen Mengen und Informationsmengen eine Phasenverschiebung von einer logarithmischen Einheit, die bei den Berechnungen am Ende abgezogen wird.

**Eine weitere Besonderheit kommt bei der Analyse der LM-Potenzen hinzu:** Die Grundsubstanz ist hier nicht, wie bei den D- und C-Potenzen, die Urtinktur, sondern eine C3-Verreibung. Das bedeutet, dass bereits von einer 1.000.000sten Verdünnung ausgegangen wird. Deshalb wird bei der Berechnung der Wert für C3 ($\ln C3 = \log_{100} C3 \times \ln 100 = 3 \times \ln 100 = 13{,}8155$ ($e^{13,8155}$)) addiert. Auch dieser Sachverhalt entspricht einer Phasenverschiebung auf der logarithmischen Zahlengeraden.*) Die Anzahl der Verschüttelungen wurde in diesen Analysen nicht berücksichtigt. Das könnte Thema einer weiteren Analyse sein.

***Interessante Beobachtung***

Die Analyseberechnungen wurden auch für viele andere Potenzen durchgeführt. Dabei wurden einige interessante Beobachtungen gemacht. Nach Global-Scaling bedeuten Knotenpunkte im Fundamentalen Fraktal immer Tendenzwechsel. Die Mächtigkeit der Knotenpunkte richtet sich danach, wie oft sich der entsprechende Logarithmus ohne Rest durch 3 teilen lässt (0, 3, $3^2 = 9$, $3^3 = 27$, $3^4 = 81$). Interessanterweise fällt das Ergebnis für die D23 und C11 links des Knotenpunktes 54 (2 x 3 x 3 x 3) in das FF, für D24 und C12 befindet es sich rechts davon. Wenn wir den Bezug zur Avogadro-Zahl betrachten, bedeutet das folgendes: Die Avogadro-Zahl besagt, dass in 1 Mol eines Stoffes $6{,}023 \times 10^{23}$ Moleküle vorhanden sind (bei 20 °C und 760 Torr Luftdruck). Eine D23 ist eine $10^{23}$-fache Verdünnung. Wir können behaupten, dass sich in jeder Verdünnung noch ungefähr sechs Moleküle befinden.

*) An dieser Stelle möchte ich mich bei Herrn Dr. Ing. Michael Köhlmann, dem Vorsitzenden des Global-Scaling-Vereins, ganz herzlich bedanken. Ohne seine mathematische Hilfe wären die Berechnungen für die LM-Potenzen für mich nicht möglich gewesen

In einer D24 kann man statistisch gesehen also keine Moleküle mehr finden. Diese Beobachtung deckt sich damit, dass in der Homöopathie alle Potenzen ab D30 oder C15 rein auf den Geist wirken und nicht mehr auf die körperliche Ebene. Auf Grund der Global-Scaling-Analyse können wir sagen, dass dieser Tendenzwechsel schon bei einer D24 bzw. C12 stattfindet. Beim Knoten 27 (3*3*3) finden sich ähnliche Zusammenhänge. Bis zur D12 bzw. C6 liegen die Ergebnisse links des Knotens 27, ab D13 oder C7 rechts davon. In der Homöopathie werden die niedrigen Potenzen vor allem für die Wirkung auf das Körperliche genutzt, Potenzen von D13 bis D23 für Wirkungen auf Körper und Geist. Die in der PSE verwendete D21 ist deshalb auch für die Ankopplung an das entsprechende Organ zuständig.

*D21 – Emvitae, Chavitae*
Die D21 dient unter anderem dem Andocken des komplexen Informationscocktails an das entsprechende Chakra und ist die wichtigste Potenz im Emvita. Sie ist auch in jedem Chavita enthalten. Sie wirkt auf die vitale und mentale Ebene (vgl. Abb. 2).

**Für die D21-Potenz gilt:**
$\log_{10}21 \times \ln 10 - 1 = 21 \times \ln 10 - 1 = 48{,}354 - 1 = 47{,}354$ ($e^{47{,}354}$)

Das Ergebnis wurde in Abbildung 4a eingetragen. Der Wert befindet sich im linken grünen Bereich des Knotens 48. Damit unterstützt die Potenz den Heilvorgang sogar recht stark, da sich der Wert unmittelbar in der Nähe des Subknotens -3 befindet. Damit wird auf dieser Subebene der Heilvorgang durch ein turbulentes Schwingungsverhalten und hohe Eigenresonanzfähigkeit (vgl. Tab. 1) unterstützt.

***Abb. 4a***

*C50 – Chavitae*
Diese Potenz ist in den Chavitae 1-6 enthalten. Chavita 7 enthält dafür zweimal die C200.

**Für die C50-Potenz gilt:**
$\log_{100}50 \times \ln 100 - 1 = 50 \times \ln 100 - 1 = 229{,}26$ ($e^{229{,}26}$)

Das Ergebnis wurde in Abbildung 4b eingetragen. Der Wert befindet sich ebenfalls links des Hauptknotens 229,5. Es handelt sich um den Subknotenbereich -9. Die Unterstützung der Heilung ist durch diese Potenz nicht ganz so stark ausgebildet, nimmt vielmehr einen mittleren Stellenwert ein zwischen Aufbau von Ordnung (Entropiesenkung) und starker Veränderung ein.

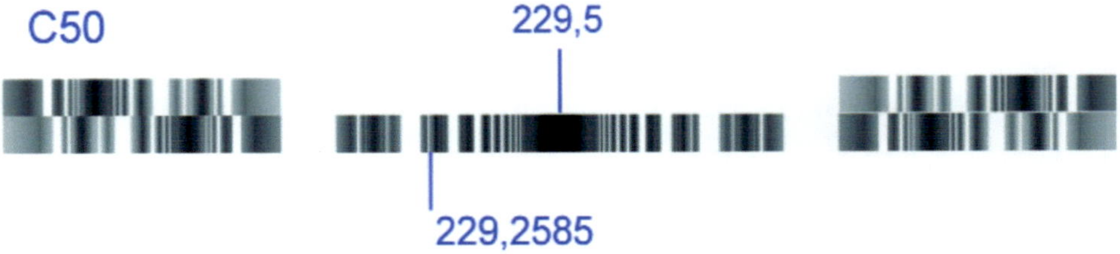


***Abb. 4b***

*C200 – Chavitae 2-4, Chavita 7*
In den Chavitae 1, 5 und 6 ist diese Potenz nicht enthalten. Sie wirkt auf die emotionale Ebene (vgl. Abb. 2).

**Für die C200-Potenz gilt:**
$\log_{100}200 \times \ln 100 - 1 = 200 \times \ln 100 - 1 = 920{,}03 \; (e^{920,03})$

Das Ergebnis wurde in Abbildung 4c eingetragen. Der Wert für die C200 liegt am äußeren linken Rand des maximal Entropie senkenden, grünen Bereiches. Damit unterstützt die Wahl dieser Potenz die Heilung maximal.

***Abb. 4c***

*C800 – Emvitae*
Die C800 ist die in den Emvitae enthaltene Potenz, die auf die emotionale Ebene wirkt (vgl. Abb. 2). Sie ist in allen 28 Emvita enthalten.

**Für die C800-Potenz gilt:**
$\log_{100}800 \times \ln 100 - 1 = 800 \times \ln 100 - 1 = 3683{,}136 \; (e^{3683,136})$

Das Ergebnis wurde in Abbildung 4d eingetragen. Der Wert liegt weit links im linken grünen Bereich und hat ebenfalls ein hohes Potenzial, die Heilung zu unterstützen, die Entropie zu senken. Beide Potenzen, die auf die emotionale Ebene wirken, unterstützen die Fähigkeit zur Heilung. Sie liegen auf Grund der Positionierung im Fundamentalen Fraktal in verschiedenen Dimensionen, wie es von Dr. Banis mit der unterschiedlichen Wirktiefe in der emotionalen Schicht der Aura auch beschrieben wird.

***Abb. 4d***

*LM16 – Emvitae*
Die LM16 ist in den meisten Emvitae enthalten. Emvita 11, 17, 18, 21, 23 und 28 enthalten sie nicht. Die LM16 wirkt auf die Kausalebene (vgl. Abb. 2).

**Für die LM16-Potenz gilt:**
C3: $\log_{100}C3 \times \ln100 = 3 \times \ln100 = 13{,}8155$ ($e^{13,8155}$)
LM16: $\log_{50.000}LM16 \times \ln50000 = 16 \times \ln50000 = 173{,}116$ ($e^{173,116}$)

Es wird die 1 als eine ln-Einheit abgezogen. Ergebnis: 13,8155 + 173,116 - 1 = 185,93 ($e^{185,93}$) Das Ergebnis wurde in die Abbildung 4e eingetragen. Der Wert liegt nahe des Hauptknotens 186. Daraus ergibt sich eine hohe Fluktuationswahrscheinlichkeit, eine hohe Eigenresonanzfähigkeit. Diese Potenz unterstützt Veränderungen im System und wird deshalb von mir als Blockadenbrecher bezeichnet. Hier wird das System in der kausalen Ebene unterstützt, alte, tief sitzende Denkstrukturen zu verändern. Emvitae, die die LM 16 nicht enthalten, sind möglicherweise Konflikte, die sich leichter beeinflussen lassen?

***Abb. 4e***

*LM18 – Emvitae*

Die LM18-Potenz ist in allen Emvitae enthalten. Sie wirkt auf die Kausalebene (vgl. Abb. 2).

**Für die LM18-Potenz gilt:**

C3: $\log_{100}C3 \times \ln 100 = 3 \times \ln 100 = 13{,}8155$ ($e^{13{,}8155}$)

LM18: $\log_{50.000}LM18 \times \ln 50000 = 18 \times \ln 50000 = 194{,}756$ ($e^{194{,}756}$)

Es wird die 1 als eine ln-Einheit abgezogen. Ergebnis: $13{,}8155 + 194{,}756 - 1 = 207{,}571$ ($e^{207{,}571}$)

Das Ergebnis wurde in die Abbildung 4f eingetragen. Auch der Wert der letzten ausgewerteten Potenz liegt weit links im grünen Bereich und unterstützt somit den Aufbau der Ordnung im Organismus. Die zwei LM-Potenzen, die dicht beieinander liegen, möchte man meinen, haben auf Grund ihrer Platzierung im Fundamentalen Fraktal völlig unterschiedliche Eigenschaften: Die LM16 dient als Wegbereiter für neue Gedankenstrukturen, in dem sie die Bereitschaft zur Veränderung unterstützt. Die LM18 hat wiederum eine heilende Wirkung.

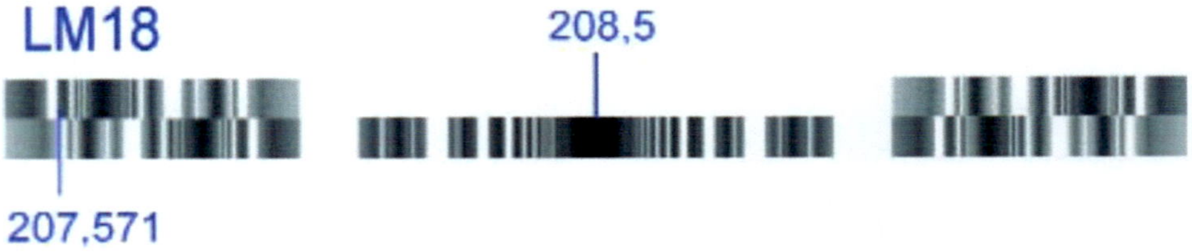


***Abb. 4f***

## Zusammenfassung

Nachdem ich 2003 die Psychosomatische Energetik kennen lernen durfte und in den folgenden Jahren diese Methode der energetischen Heilung ziemlich erfolgreich anwenden konnte, wurde es mir zu einem Bedürfnis, auch zu ergründen, **warum** die PSE so erfolgreich wirkt. Nachdem ich ebenfalls 2003 von Global Scaling gehört hatte, absolvierte ich im Jahre 2006 die Global-Scaling-Ausbildung bei Dr. Hartmut Müller an seinem Institut. Von da an war es völlig klar, dass die Testmethode der PSE nach Global Scaling untersucht werden musste, um die Wirksamkeit auch mathematisch-physikalisch zu untermauern. Die Psychosomatische Energetik als Heilmethode stellt für mich in der Medizin etwas Ähnliches dar wie Global Scaling in den Naturwissenschaften: Ein Verfahren für eine neue Zeit, die durch ein neues Bewusstsein geprägt ist, welches das liebende Bewusstsein als oberstes Prinzip annimmt und in Einheit mit seiner Ausdrucksweise als geistige und materielle Welt eine harmonische Welt erschaffen kann. Es konnte das Spektrum der Gehirnwellen nach Global Scaling analysiert werden und in Bezug zu den Energieebenen der PSE gesetzt werden. Das Spektrum der Hirnwellen ist ein Protonenresonanzspektrum. Damit steht es mit seiner Hauptfrequenz von 5 Hz in Resonanz mit allen Dimensionen unseres gesamten Universums und unterstreicht die Bedeutung des menschlichen Bewusstseins.

**Über Protonenresonanz-Phänomene nehmen wir mit unseren Gedanken Einfluss auf alle Geschehnisse im gesamten Universum.**

Das gesamte Frequenzspektrum von so komplexen Stoffen wie Pflanzenteilen oder Organen nach Global Scaling zu analysieren, ist unmöglich, da sie viel zu komplex sind. Einzelne Hauptfrequenzen zu analysieren, ist jedoch möglich, im Falle der homöopathischen Anwendung allerdings nicht richtig. Deshalb ist es sinnvoll, danach zu suchen, welche Potenzen für optimale Wirkungen eingesetzt werden können. Für mich war es eine große Freude festzustellen, dass die durch Erfahrung und Ausprobieren gefundenen Potenzen der Mittel der PSE so gut mit den Berechnungen nach Global Scaling übereinstimmen. Damit hat die gesamte PSE-Methode, sowohl im Sinne ihres Testverfahrens als auch ihrer Therapie, eine gute mathematisch-physikalische Grundlage erhalten.

**Literaturhinweise:**


GSRI : www.globalscaling.de

1) www.globalscaling.de/images/stories/pdf/gscompv16.pdf

2) www.globalscaling.de/images/stories/pdf/gsmelodieiref/pdf

Global Scaling, raum & zeit special 1, Ehlers-Verlag GmbH, 5. Auflage, 2004 ,

Dr. Reimar Banis, Durch Energieheilung zu neuem Leben, Verlag Via Nova 1. Auflage 2002,

Dr. Reimar Banis, Spirituelle Energiemedizin, Verlag Via Nova 1. Auflage 2007,

Dr. Reimar Banis, Psychosomatische Energetik, VAK Verlag, 2003

**Viktor Zyganow**

# Global Scaling als Grundlage der Energie–Informationsmedizin

Diagnostische und therapeutische Verfahren in der modernen Komplementärmedizin erstrecken sich von der physikalisch nachweisbaren Dekoderdermographie, über Elektroakupunktur bis hin zu Methoden der nichtlinearen Systemanalyse bzw. Radiästhesie-Radionik. Als Energie-Informations-Medizin bzw. Energy Medicine bezeichnet, wird sie von der Ärzteschaft und anderen Heilberufen immer mehr als neues medizinisches Bewusstsein begriffen.

Die uralte Erfahrungsmedizin mit Gras- und Wiesenkräutern bis hin zu den homöopathischen Präparaten mit einer Konzentration weit unter der chemischen Nachweisgrenze wird jetzt durch neuartige Verfahren nicht nur bestätigt, sondern mit erstaunlichen Erfolgen in der Prävention und Therapie, besonders bei chronischen Erkrankungen, immer mehr eingesetzt.

Die Entdeckung des Global Scaling Phänomens und dessen Entschlüsselung durch Hartmut Müller in der GS-Theorie liefert die wissenschaftlichen Grundlagen dieser Medizin. Schwingungsprozesse erzeugen eine gleichzeitige Verbundenheit aller Teilchen innerhalb eines Mediums. Sie sind zugleich auch Informationsprozesse. Über Resonanzprozesse besteht nicht nur die Möglichkeit zum Vergleich des jeweiligen Objektes mit Norm- oder Pathologie-Schwingungen, sondern auch zur Einwirkung zwecks Ausgleich und Regulation der Pathologie. Eine Anregung zur Selbstregulation findet statt.

Seit der Begründung der Homöostase um 1860 von Claude Bernard, einem der Väter der modernen Physiologie, ist das Konzept der Selbstregulation ein Bestandteil der ganzheitlichen Medizin. Um Selbstregulationskräfte steuern zu können, benötigt der Organismus elektromagnetische Signale, und diese müssen geregelt ablaufen. Nach heutiger Erkenntnis besteht Materie aus Atomen. Jedes Atom setzt sich aus einem positiven Atomkern mit Protonen und Neutronen und einer Atomschale mit negativen Elektronen zusammen. Allerdings sind Atome, ähnlich dem Sonnensystem, fast leer, das heißt, sie bestehen zu über 99% ihres Volumens aus teilchenfreien elektromagnetischen Feldern.

Schwingungsprozesse auf dieser subatomaren Ebene bestimmen den Aufbau der Materie. Das Universum schwingt, und es schwingt scheinbar chaotisch. Chaotische Prozesse konnten von Mandelbrot bereits Mitte der 70er Jahre als fraktale (sich selbst wiederholende) Strukturen identifiziert und mathematisch korrekt beschrieben werden. Die logarithmische Aufarbeitung großer Datenmengen – von der Teilchenphysik bis hin zur Biologie – führte zur Entdeckung eines Naturphänomens, der globalen harmonischen Verteilung, oder dem sogenannten Scaling.

Logarithmische Spektren werden von EIGEN-Schwingungen der Materie erzeugt. Eigenschwingungen sind die effizienteste Form der Bewegung und Existenz der Materie. Der Mensch ist ein logarithmisch ausgerichtetes Wesen. Das Gesetz von Weber und Fechner belegt, dass die Intensität der Gefühle zum Logarithmus der Intensität der Reizung der Sinnenorgane proportional ist, und erhält mehr als ein Jahrhundert nach seiner Entdeckung eine grundlegende Erklärung: Die logarithmische Wahrnehmung der Welt ist eine Folge des logarithmischen Aufbaus der Welt. Alle unsere Sinne nehmen den Logarithmus eines Signals wahr, nicht die lineare Intensität des Signals selbst. Die Funktion unserer Sinnesorgane beruht auf akustischen bzw. elektromagnetischen Schwingungsprozessen, welche logarithmische Spektren generieren.

Da Atome zu über 99 Prozent ihrer Masse aus Nukleonen bestehen, sind es letztendlich Protonen-Resonanzen, die den Verlauf aller Prozesse bestimmen. Der russische Biophysiker Simon E. Shnoll entdeckte prozessunabhängiges Scaling der Feinstruktur von Histogrammen unterschiedlichster physikalischer und chemischer Prozesse, einschließlich radioaktiver Zerfalls- und thermischer Rauschprozesse.

Professor Vlail P. Kaznacheev führte 1981 Versuchsreihen durch, deren Ergebnis später als „Zytopathischer Spiegeleffekt" bezeichnet wurde. Bei diesen Versuchen fand eine kontaktlose Informationsübertragung pathogener Faktoren von einer geschädigten Zellkultur auf eine gesunde im optischen Spektrum statt. Quantenphysikalische Prozesse spielen also auch in der Zellbiologie eine entscheidende Rolle. Dazu gehört auch die „spukhafte" Fernwirkung des Einstein-Podolski-Rosen-Effektes.

In der klassischen Medizin ist unbestritten, dass Gene unsere Organstrukturen bedingen. Mit der Entwicklung der Wellengenetik (Peter Garjajev) und Epigenetik (Alexey Kutmin) kann jedoch bereits die genetische Prädisposition als Folge und nicht als Ursache gesehen werden. Mithilfe von Global Scaling können wir nun die primäre Determinanz durch das Fundamentale Fraktal der Protonenresonanzen nachvollziehen, denn es bestimmt die natürliche, „gesunde" Matrix des menschlichen Organismus.

Als Energie- und Informationsstrukturen sind Schwingungen in mathematischen Rechen- und Vergleichsmodellen von menschlichen Organ-, Gewebe- oder Zellstrukturen, von homöopathischen oder allopathischen Präparaten, von Bakterien, Viren, Parasiten und Toxinen darstellbar und nutzbar. Diagnostisch und therapeutisch kann damit auch präventiv gearbeitet und besonders bei chronischen Erkrankungen gezielt auf Ursachen eingewirkt werden. Dabei ist anzumerken, dass der Einwirkungsbereich nicht auf den physischen Körper begrenzt bleibt.

Jede Fehlfunktion des Organismus findet lange bevor Befindlichkeitsstörungen auftreten bzw. sich eine Erkrankung manifestiert und damit messtechnisch und klinisch nachweisbar wird im energetisch-feinstofflichen Bereich ihren Anfang.

Mit anderen Worten: Jede Funktionsstörung und jede Erkrankung beginnt mit einer Störung im Bereich der Energie-Informationsfelder. Werden diese Felder diagnostisch erfasst, so ist es oftmals möglich, die bereits im Feldbereich vorhandenen Dissonanzen vor ihrer klinischen Relevanz abzuschwächen oder zu korrigieren und damit eine Erkrankung gar nicht erst aufkommen zu lassen. Anfang der 90er Jahre untersuchte die amerikanische Forscherin Hulda Clark elektromagnetische Resonanzspektren, die für Parasiten, Bakterien und Viren charakteristisch sind und publizierte ihre Ergebnisse. Basierend auf Protonenresonanz-Verfahren konnten diese Erkenntnisse im Rahmen eines Projektes am Global Scaling Research Institute in München grundlegend erweitert werden. Der menschliche Organismus mit seinen Organen und Zellverbänden ebenso wie die ganze bakteriell-parasitäre Welt erzeugen verschiedene Resonanzspektren. Bei irgendeiner beliebigen Veränderung im System strebt das Universum diese schnell zu kompensieren, in dem es seine „Reparaturbrigaden" mit den erforderlichen Frequenzmustern aussendet. In der Medizin bezeichnen wir das als „ätiologischen Faktor', später mit Auswirkungen als Krankheit. Für das globale Hintergrundfeld ist es ein Prozess der Wiederherstellung des angestrebten Gleichgewichtes im Sinne der Schwingungsprozesse. Wir bezeichnen es als Harmonie.

Die Harmonisierung vorhandener Formen kann im äußersten Grad auch zu ihrer Zerstörung führen, d.h. zur Verwertung und zum Übergang in eine andere, neue Form. Die physikalische Realität der Gedanken ist heute unbestritten und spielt in der Energie-Informationsmedizin mit eine entscheidende Rolle. Die Einbeziehung des emotional-geistigen Aspektes wird bei der Diagnose und Therapie in der Zukunft eine immer größere Rolle spielen.

**<u>Literaturhinweise:</u>**

1. Grischabär B., Šimmel Ch. B.: Segmental – Elektrogramm (SEG). 2. Ausgabe 1987 Pflaum N.: Praxis der bioelektronischen, funktionalen und Regulations - Diagnostik. (BFD) Heidelberg: Haug -Verlag, 1979, S. 1-137

2. Kojekina O. I. Die objektiven neurophysiologischen Kennwerte der Fähigkeit des Menschen zur Bildung von Informationsfeldstrukturen des Gehirns. Wissenschaftliches Klinisch-Experimentelles Zentrum für traditionelle Methoden der Diagnostik und Therapie der Agentur für Gesundheitswesen und soziale Entwicklung der Russischen Föderation. Moskau, 2007 (in Russisch)

3. Oschman James. Energiemedizin. Verlag Urban Fisher, 2006

4. Zyganow V. A. Einige Aspekte der Konzeption "Gesundheit - Erkrankung" und der Energiemedizin angesichts der Neuen Physik. Mitteilung der Physiotherapie und Bäderheilkunde 2, 2004. S. 124. Medizinische Universität, Krim (in Russisch)

5. Zyganow V. A. Global Scaling als Grundlage der Energieinformationsmedizin. Materialien des Internationalen Forums „Integrative Medizin 2008", Moskau, 2009 (in Russisch)

# Architektur

Hartmut Müller

# Bauen in der Harmonie mit dem Kosmos

Antike und mittelalterliche Extremalbauwerke sind so dimensioniert, wie es heute kein Bauphysiker besser machen könnte. Der Schlüssel zum Verständnis dieser verblüffenden Tatsache liegt in der Erkenntnis dimensionsabhängiger Ähnlichkeiten im Schwingungsverhalten der Bauwerke.

Bauwerke gehören zu den wichtigsten Zeugnissen der Geschichte. Die moderne Phase der Architektur, so beispiellos sie erscheint, ist ohne lange Vorgeschichte ebenso wenig denkbar, wie die Entwicklung von Wissenschaft und Technik.

Die primäre Funktion der Architektur ist nahezu biologischer Art: Schutz gegen Wetter, Naturkräfte und Umwelt. Mit der Ausbildung der arbeitsteiligen Gesellschaft entstehen weitere sekundäre Funktionen in steigender Zahl. Sie erfassen öffentliche Bedürfnisse der Gesellschaft bis zu ihrer repräsentativen Selbstdarstellung.

Große Bauten der historischen Epochen bilden die künstlerischen und technischen Pionierleistungen ihrer Zeit. Im Bauwesen konzentriert sich Jahrhunderte lang die Mehrzahl der technischen Berufe. Kaum in einem anderen Bereich der bildenden Künste wird die gestalterische Kreativität so unmittelbar und offensichtlich durch Naturgesetze limitiert wie in der Architektur. Zu den wichtigsten limitierenden Faktoren gehören die Schwerkraft der Erde und die physikalischen Eigenschaften des Baumaterials.

## An den Grenzen der Physik

Der limitierende Einfluss von Gravitation und Materialphysik auf die gestalterische Freiheit des Architekten wird besonders gravierend in Extremalbauten. Das ist leicht zu verstehen. Gleiches Baumaterial, gleiches Können und gleiche Ressourcen vorausgesetzt, ist der Architekt bei der Planung eines relativ kleinen Wohnhauses wesentlich freier in der Gestaltung als bei der Planung eines Extremalbaus, zum Beispiel eines Hochhauses. Unter Verwendung gleichen Baumaterials limitiert die Schwerkraft der Erde vor allem die maximal realisierbare Größe eines Bauwerkes, also seinen größten Maßstab. Kommt leichteres und strapazierfähigeres Material zum Einsatz, zum Beispiel Stahl oder Aluminium statt Stein oder Ziegel, kann der Maßstab zwar erweitert werden, allerdings stößt der Architekt alsbald an die nächste maßstäbliche Grenze, die sich aus der maximalen Belastbarkeit des neuen Materials ergibt.

Die Abfolge dieser maßstäblichen Grenzen ist naturgegeben und physikalischen Ursprungs, wie die Gravitation und die Bindungskräfte der Moleküle im Material. Moderne „Wolkenkratzer" aus Stahlbeton, Aluminium und Glas erreichen die Höhe eines Fernsehturms, obwohl ein im Bau verwendeter Stahlbeton- oder Alu miniumpfeiler der gleichen Länge niemals aufrecht stehen könnte. Dieses physikalische „Wunder“ wird in erster Linie durch gewissenhafte Berechnung der Statik ermöglicht. Die Statik ist eines der wichtigsten „Geheimnisse“ der Baukunst.

## Statik — das Sakrament der Baukunst

Grundlage statischer Kalkulation ist das Bestreben, die auf das Bauwerk einwirkenden Druck-, Zug- und Scherkräfte ins Gleichgewicht zu bringen, damit sie sich weitestgehend gegenseitig aufheben und das Bauwerk nur minimal belasten. Im Ergebnis statisch korrekter Konstruktion und Dimensionierung verlaufen wetter-, wind- und temperaturbedingte sowie belastungsabhängige rhythmische Veränderungen des Bauwerks im Rahmen minimaler Abweichungen vom statischen Gleichgewicht und sind damit kalkulierbar. Grundlage dieser Kalkulationen ist das Eigenschwingungsverhalten des Bauwerkes im statischen Kräftegleichgewicht. Ähnlich wie die Konstruktion des Zellgewebes eines Grashalms einwirkende Druck-, Zug- und Scherkräfte ausbalanciert, so dass sie bei Wind und Wetter mit flexibler Amplitude um eine Gleichgewichtslage schwingen kann, minimiert die statisch korrekte Konstruktion eines Raumfachwerkes das Schwingungsverhalten des Eifelturms.

## Alle Bauwerke schwingen

Besonders wichtig ist die Statik bei Extremalbauten, deren Maßstab die Belastbarkeit des Baumaterials ausreizt. Deshalb war die Kalkulierbarkeit des Schwingungsverhaltens großer Bauwerke nicht nur in der Vergangenheit ein wesentlicher Bestandteil überlieferter Baukunst, sondern gewinnt auch bei modernen Extremalbauten zunehmend an Priorität. Schwingungen sind wichtige Struktur bildende Faktoren im Universum in allen Maßstäben – von den Elementarteilchen bis zu den Galaxien. Eigenschwingungen der Materie besitzen kein kontinuierliches, sondern ein logarithmisch-hyperbolisch skaleninvariantes (fraktales) Frequenzspektrum. Das hat seine Ursache darin, dass Eigenschwingungen auf energetisch niedrigstmöglichem Niveau stattfinden. Eigenschwingungen sind die energetisch effizienteste Art der Bewegung und genießen daher höchste Priorität. Aus diesem Grund findet man überall in der Natur fraktale Proportionen. Dazu gehört auch die Proportion des Goldenen Schnitts. Auch die fraktale Verteilung der Materie im Universum ist eine Folge von Eigenschwingungen in kosmischen räumlichen und zeitlichen Maßstäben. In diesem Zusammenhang spricht man von globaler (kosmischer) logarithmischer Skaleninvarianz (engl. *Global Scaling*). Global Scaling ist eine der wichtigsten und gesichertsten Erkenntnisse der modernen Naturwissenschaft. Mathematisch ist das Frequenzspektrum jeder Eigenschwingung der Materie eine Teilmenge des Fundamentalen Fraktals, das der Global Scaling Kettenbruch beschreibt.

Unsere Grafik (nächste Seite) veranschaulicht das Spektrum der Eigenschwingungen der Materie von $n(0) = 30$ bis $n(0) = 48$ der Vakuum- und Materieresonanz-Wellenlängen in Meter mit $\varphi = 0$ und $\varphi = 3/2$.

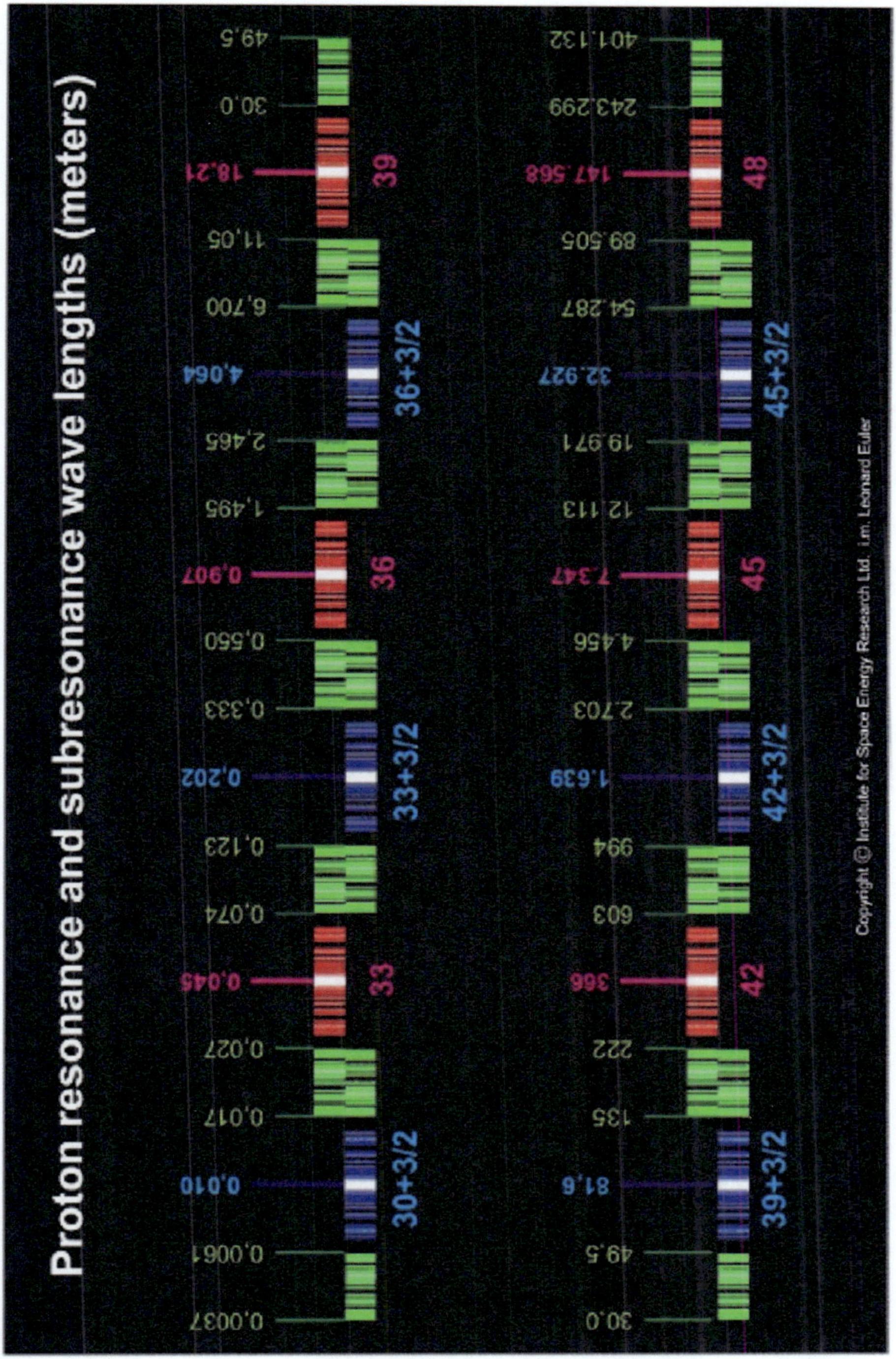
Proton resonance and subresonance wave lengths (meters)
0.0037
0.0061
0.010
30+3/2
0.017
0.027
0.045
33
0.074
0.123
0.202
33+3/2
0.333
0.550
0.907
36
1.495
2.465
4.064
36+3/2
6.700
11.05
18.21
39
30.0
49.5
30.0
49.5
81.6
39+3/2
135
222
366
42
603
994
1.639
42+3/2
2.703
4.456
7.347
45
12.113
19.971
32.927
45+3/2
54.287
89.505
147.568
48
243.299
401.132
Copyright © Institute for Space Energy Research Ltd. i.m. Leonard Euler

## Kein Extremalbau ohne Global Scaling

Nur unter der Voraussetzung eines nahezu perfekten statischen Kräftegleichgewichts und einer Dimensionierung, die der fraktalen Verteilung der Materieresonanz-Wellenlängen entspricht, schwingt ein Extremalbauwerk mit minimaler Amplitude. Daher ist zu erwarten, dass erfolgreiche Extremalbauten nach Global Scaling dimensioniert sind. Das ist in der Tat so. Egal ob die Architektur aus Ägypten, Griechenland oder Indien stammt, für Kuppelbauten werden immer wieder die gleichen Innenradien forciert, zum Beispiel 4 oder 18 m.

Um Global Scaling besser nachvollziehen zu können, ist es sinnvoll, das logarithmisch-hyperbolische Fraktal der Materieresonanz-Wellenlängen auf eine Ebene im linearen Raum zu projizieren:

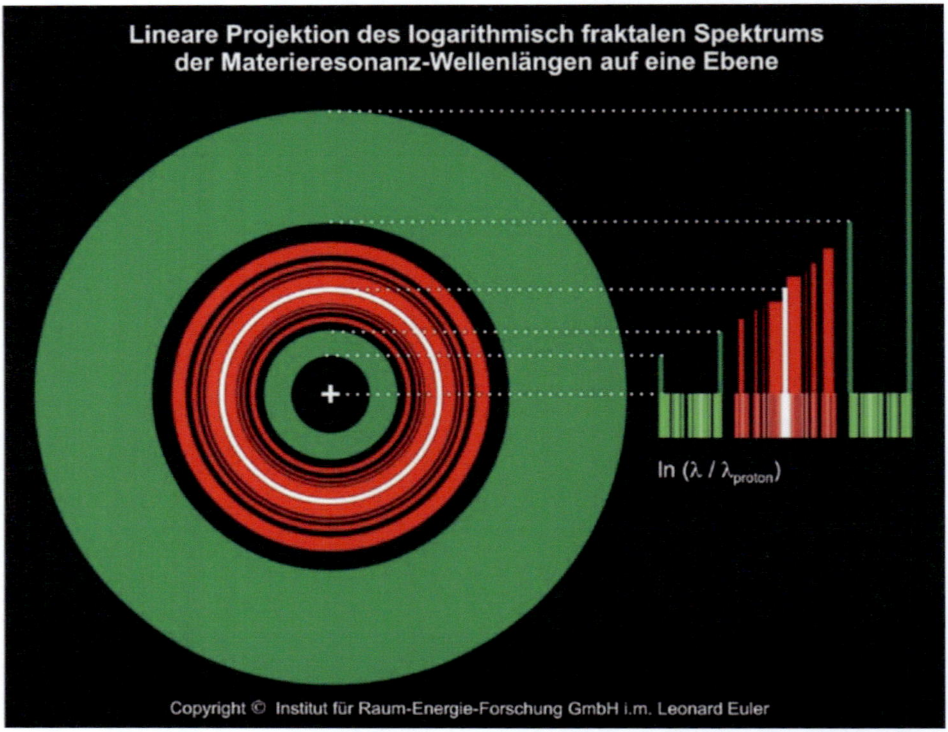


Projiziert man das logarithmisch fraktale Spektrum der Eigenschwingungen der Materie auf eine Ebene im linearen Raum, entspricht jeder Kreisradius einer Materieresonanz-Wellenlänge im Fundamentalen Fraktal.

Die nächsten Abbildungen veranschaulichen an einigen repräsentativen Beispielen, wie präzise antike und mittelalterliche Extremalbauten nach Global Scaling dimensioniert wurden, ohne dass man das Fundamentale Fraktal wirklich gekannt hätte.

Die Kuppel des Pantheons besteht aus einer Doppelschale Gussbeton. In dieser Konstruktion kommen alle Erfahrungen der römischen Großbautechnik zur Anwendung. Die Rotunde ist ein doppelschaliger Zylinder aus Ziegelmauerwerk und Natursteinen.

Acht Doppelpfeiler übernehmen die Kuppellast kurz vor der Materie-Hauptresonanz, wo die Amplitude der Eigenschwingungen der Kuppel Maximalwerte erreicht, nämlich bei einem Radius von 18,21 m (logarithmischer Resonanzwert 39). Auch die Eigenschwingungen der überkuppelten Rotunde der Grabeskirche in Jerusalem erreichen maximale Amplituden bei diesem Radius.

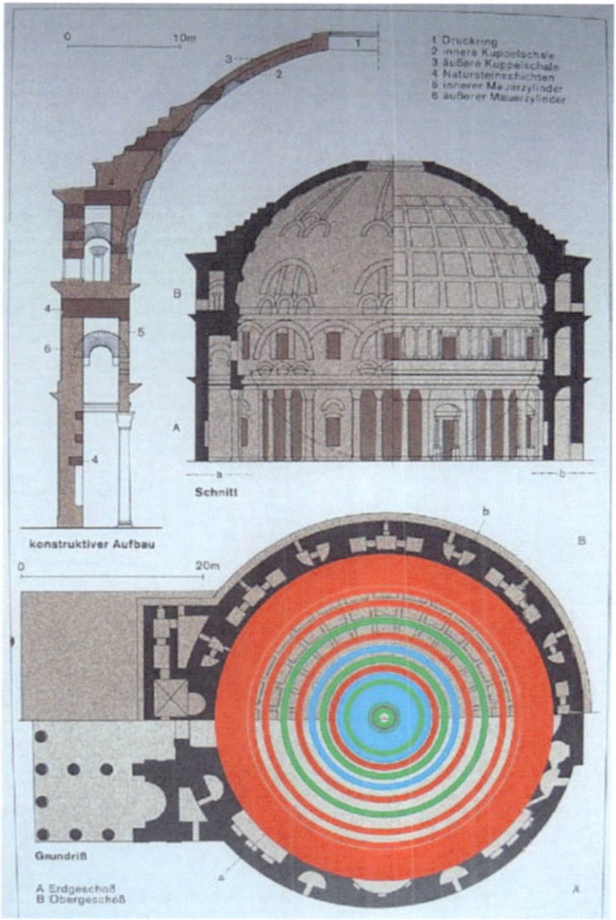

Das im 3. Jahrhundert erbaute Theater von Epidauros wird schon in der Antike wegen seiner Vollkommenheit gerühmt. Es ist perfekt nach dem Fundamentalen Fraktal dimensioniert. Erstens wird Echobildung vermieden, weil Schallwellen erst weit hinter dem Zuschauerraum Eigenresonanzwerte erreichen, zweitens können aufgrund der logarithmischen Sitzreihenüberhöhung alle Zuschauer gleich gut hören.

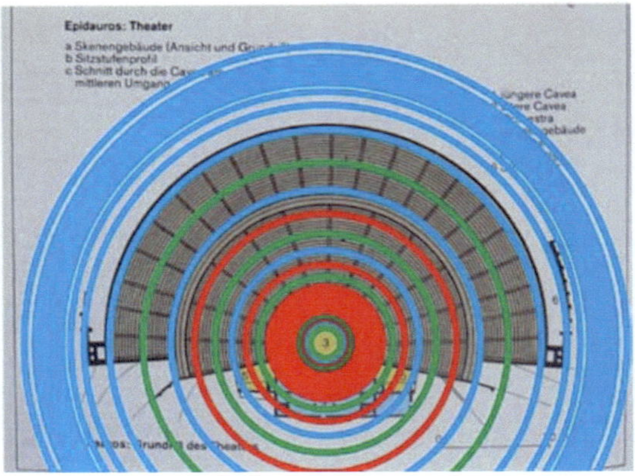

Athen: »Turm der Winde«
a Grundriß, b Ansicht
1 Wasserbehälter, 2 Wasseruhr

**Links**: Der oktagonale ‚Turm der Winde' in Athen ist ein Uhrenpavillon mit der Funktion einer Wetterstation. Jede der acht Seiten des monumentalen Wasseruhr-Turms trägt unter einem Relief eine Sonnenuhr. Die oktagonale Natursteinwand stabilisiert den etwa 12 m hohen Turm genau dort, wo die Amplitude der Eigenschwingungen des Bauwerkes Maximalwerte erreicht, bei einem Radius von 4 m (logarithmischer Resonanzwert 36+3/2).

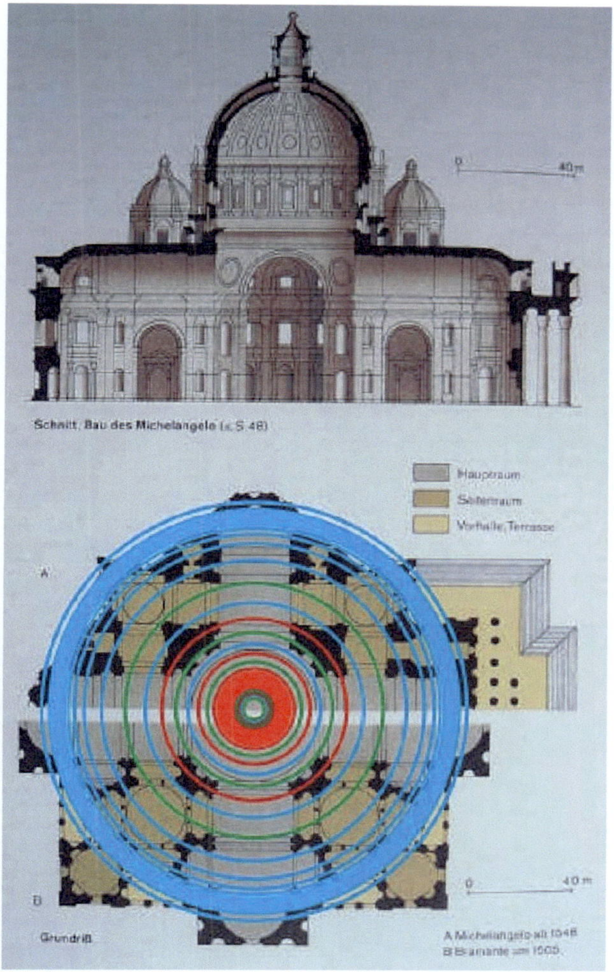


Besonders interessant ist die Geschichte des Neubaus von St. Peter in Rom, im nebenstehenden Bild dargestellt, initiiert 1503 durch Julius II. Nach dem Tod von Bramante 1514 und weiterführenden Projekten von Raffael, Peruzzi und Sangallo wird 1547 Michelangelo leitender Architekt.

Michelangelo verstärkt Pfeiler und Mauern und verkleinert den Radius der Außenmauer. Die maßstabsgetreue Grafik zeigt, dass erst Michelangelos Korrektur die Außenmauer exakt platziert, nämlich in einer Entfernung von 81,6 m vom Zentrum der Kuppel, wo die Amplituden der Eigenschwingungen des griechischen Kreuzkuppelbaus ein Maximum erreichen (logarithmischer Resonanzwert 39+3/2).

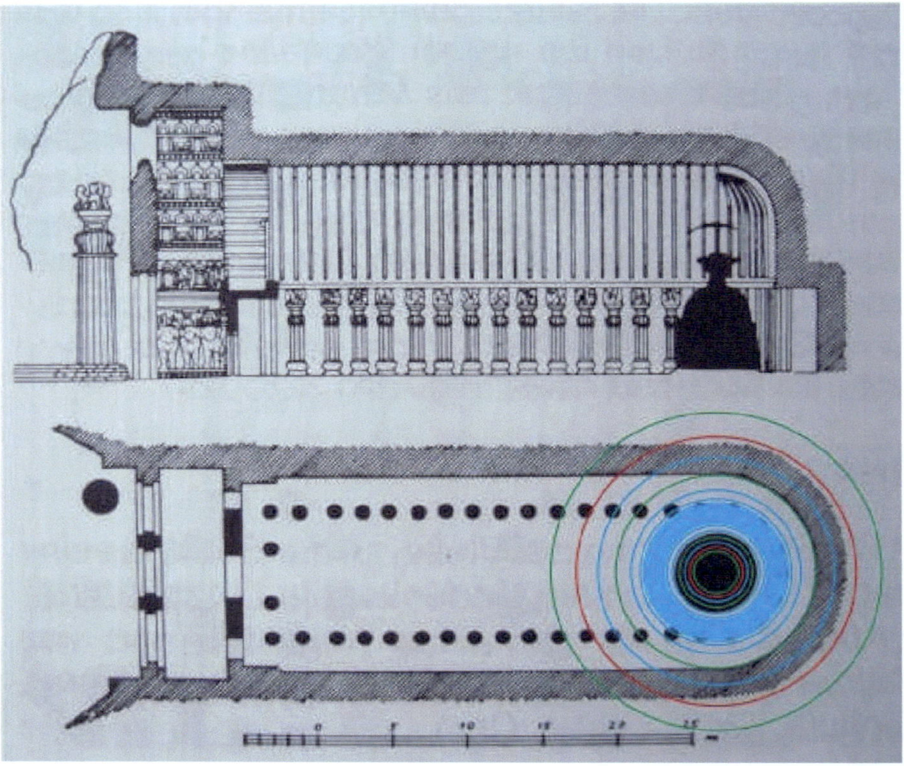

Die Tschaityhalle von Karli (Indien) ist ein in den Fels gehauener dreischiffiger Raum, der in einem Halbrund endet, in dessen Mitte ein Stupa steht. Das Gewölbe ruht auf elefantengekrönten Glockenkapitellen, die exakt im Resonanzzentrum des Raumes im Radius von 4 m platziert sind (logarithmischer Resonanzwert 36+3/2). Die Felswand beginnt genau dort, wo der nächste Materieresonanz-Bereich beginnt (Beginn des Resonanzbereiches 39), nämlich in 6,7 m Abstand vom Zentrum der Stupa (grüner Kreis).

Extremalbauwerke entstanden schon in Mesopotamien und Ägypten vor mehr als 5000 Jahren. Dazu gehören zum Beispiel die sumerischen Tempel in Uruk, die Zikkurat von Ur, der Haupttempel des Amun in Karnak und natürlich die Pyramiden von Giseh.

## Megalithbau in Ägypten und Griechenland

Geometrie und Maßverhältnisse als Grundlage der Architektur wurden in Ägypten konsequent angewandt und in Anlage und Form der Bauten oft rein zur Schau gestellt. Zahlen und Zahlenverhältnisse erhielten neben den mathematischen und bautechnischen auch theologische Qualitäten. In ihnen kommen das Ewig-Gültige und die kosmische Ordnung zum Ausdruck.

In den späteren Jahrhunderten erschien die Herrschaft der reinen geometrischen Formen nie wieder so unverhüllt. Symmetrie und Axialität bleiben aber für den Grund- und Aufriss das häufigste Ordnungsprinzip.
Die Präzision des Natursteinbaus erreichte in Ägypten höchste Vollendung. Die Bearbeitung des harten Natursteins hat eine alte Tradition aus dem Neolithikum, in dem bereits die Technik des Steinschliffs hoch entwickelt war. Die Flächigkeit der Architektur erforderte einen fast fugenlosen Großsteinbau, dessen Exaktheit nur in Griechenland 2000 Jahre später noch einmal erreicht wurde.

Die Kultur des Alten Griechenlands erreichte im Hellenismus ihre größte Ausdehnung. Über mehrere Architekten-Generationen verfolgt die Bauschule von Pergamon eine konzeptionelle Gesamtkomposition. Die Architektur der Ägäis wird auf dem Festland durch das Megaron dominiert, die monumentale Megalithbauweise.

In Rom entsteht die Basilika als kommunaler Mehrzweckbau mit repräsentativem Charakter. Sie kann Markthalle, Bankgebäude und Börse oder Gerichtssaal sein, erbaut meist direkt neben Marktplätzen – den Zentren des öffentlichen Lebens am Mittelmeer. Hohe Säle mit großen Kreuzgewölben, Seitenräume mit Tonnengewölben und Stirnseiten mit großen Fenstern entstehen in den großen Thermen im Ergebnis statischer Meisterleistung: Großzügige Durchbrechungen der Wand werden möglich dank einer Entlastung der Mauern durch Zusammenfassung und Ableitung der Druckkräfte auf wenige Punkte.

**Boom der christlichen Bautätigkeit**

Nach dem Mailänder Edikt beginnt im 4. Jahrhundert eine umfangreiche christliche Bautätigkeit. Die wichtigsten Bauten sind die großen Versammlungshallen für die Gemeinde (Ecclesia), als Basiliken errichtet, die Gedenk- (Memoria, Martyrium) und Taufkirchen (Baptisterium) hingegen sind meist Zentralbauten. Die großen Heiligtümer an den Stätten der Heilsgeschichte konzentrieren sich in besonderer Größe in Palästina. 313 – 319 entsteht als erste große christliche Versammlungshalle die Basilika am Lateranspalast in Rom. Im 5. Jahrhundert mehren sich die Versuche, basilikale Langhäuser mit zentralisierenden Choranlagen zu kombinieren. Als Summe aller technischen und künstlerischen Experimente und Erfahrungen entstehen in Konstantinopel unter Justinian die großen Kuppelbasiliken, in größten Dimensionen die Hagia Sophia, verwirklicht von den Architekten Anthemios von Tralleis und Isidoros von Milet, 532 – 537.

Vom frühen bis in das hohe Mittelalter bestimmen und finanzieren Kirche, König, Adel und Klerus die Bauprogramme. Als Demonstration der weltlichen Macht entstehen seit dem 11. Jahrhundert die großen Kaiserdome, im 12. Jahrhundert in Frankreich die gotischen Kathedralen. In den aufstrebenden Städten erreicht die dominierende Stellung des Sakralbaus durch die Vertikalisierung der Gotik ihren bautechnischen Höhepunkt.

Die Kathedrale in Reims und das Münster in Aachen werden zu Schlüsselbauwerken der Architekturgeschichte. In Aachen wird unter Karl dem Großen die Tradition des abendländischen Monumentalbaus begründet.

## Hoch, höher, am höchsten

Türme manifestieren mehr als andere Bauwerke Machtanspruch, technisches Können und den ehrgeizigen Versuch, der Schwerkraft ein Schnippchen zu schlagen. Die Gotik betreibt den Turmbau mit Begeisterung und steigert ihn bis zur Waghalsigkeit. Diese Entwicklung erreicht mit dem 105,50 m hohen Südturm der Kathedrale von Chartres 1140 – 70 die Blütezeit der Gotik. Der Südturm von St. Stephan in Wien, 1359 von Michael Knab begonnen, 1433 vollendet, ist 136,67 m hoch.
Nach Vollendung des Freiburger Turmes (116 m) setzt ein allgemeiner Wettbewerb der Städte ein. Ulrich von Ensingen baut in Esslingen, Ulm und Strassburg, dessen Münsterturm die Höhe von 162 m erreicht.

## Vom Fernsehturm zum Wolkenkratzer

Im 19. Jahrhundert beginnt die Herrschaft der Hochhäuser und der technischen Türme. Besonders umfangreich ist die Gruppe der räumlichen Gitterwerke wie Hochspannungsmasten und Sendetürme. Zur ihr gehört auch der 300 m hohe Eifelturm, der 1889 zur Weltausstellung in Paris errichtet wurde. Er übertrifft als erstes modernes Bauwerk die Türme des Mittelalters an Höhe und Leichtigkeit. Sein Bodendruck beträgt nur 4 kg / cm².

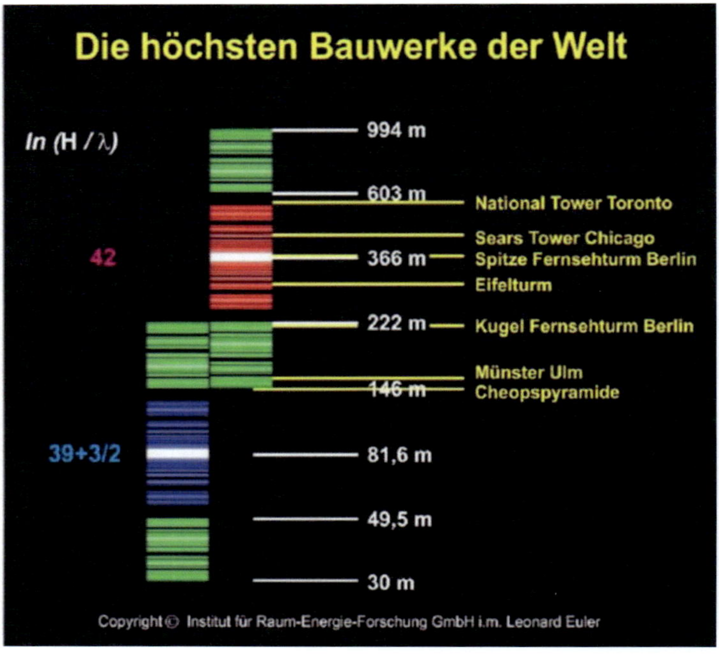


In der 2. Hälfte des 20. Jahrhunderts entsteht die ständig wachsende Gruppe der Fernsehtürme. Das Telecafe des Berliner Fernsehturms (Baujahr 1969) befindet sich in 207 m Höhe, die Antennenspitze erreicht eine Höhe von 368 m. Der Europa-Turm in Frankfurt ist 331 m hoch, der Olympiaturm in München erreicht 291 m.

Analysiert man nach Global Scaling die höchsten Bauwerke der Welt, erkennt man schnell, dass sich ihre höchsten Nutzetagen (ohne aufgebaute Antennen) in Höhen befinden, die keine Materieresonanz-Wellenlängen sind und quasi in „Lücken“ des Fundamentalen Fraktals fallen. Insbesondere trifft das für den Canadian National Tower in Toronto zu, dem höchsten freistehenden Bauwerk der Welt. Die Aussichtsplattform dieses Fernsehturms ist genauso hoch wie der Sears Tower in Chicago, mit der höchsten Nutzetage.

Die höchsten Wolkenkratzer der Welt stehen in Taiwan (Taipeh 101, 508 m, Baujahr 2003), in Malaysia (Petronas Towers, Kuala Lumpur, 452 m), in den USA (Sears Tower, 442 m) und in China (Jin Mao Building, Shanghai, 412 m, TWO International F. Centre, Hongkong, 412 m). Das Empire State Building ist 381 m hoch. Das Hochhaus mit dem höchsten Dach und der höchstgelegenen Nutzetage ist der Sears Tower in Chicago. Bis zum 11. November 2001 stand in dieser Rangliste noch das World Trade Center in New York, die 417 m und 415 m hohen Zwillingstürme, bevor sie durch einen Terroranschlag zerstört wurden.

Höchstes freistehendes Bauwerk der Welt ist der Canadian National Tower in Toronto mit 553 m, ein Fernsehturm. Die höchste Konstruktion der Welt ist der KTHI-TV-Mast in Fargo USA. Er ist 629 m hoch.

Die Architektur des Tiergesundheitszentrums in Uzwil bei St. Gallen (Fertigstellung 2004) wurde konsequent nach Global Scaling dimensioniert, insbesondere die Kuppel der Therapiehalle (Radius 13,40 m), das Healing Center (Radius 6,70 m) und die Schalltherapieanlage (Radius 4,06 m)

## Global Scaling als historische Tendenz

Die historische Tendenz, technische Systeme nach Global Scaling auszulegen, ist in vielen Branchen nachvollziehbar, insbesondere dort, wo hohe Präzision gefordert ist und Eigenschwingungen der Materie genutzt oder im Gegenteil, unterdrückt werden sollen, zum Beispiel in der Feinmechanik, Optik, Elektronik und in der Nanotechnologie, aber auch im Maschinenbau, Automobil-, Schiffs- und Flugzeugbau, in der Raumfahrttechnik und im extremalen Architekturbau.

In der Vergangenheit entstanden Dimensionierungen nach dem Fundamentalen Fraktal als Ergebnis Jahrhunderte langer nachhaltiger Entwicklung und wurden als wohlbehütetes Geheimnis der Zunft von Generation zu Generation weitervererbt.

Mit Unterstützung eines geeigneten Computerprogramms, zum Beispiel des Global Scaling Calculator, ist es heute möglich, ähnliche Aufgaben innerhalb weniger Minuten zu erledigen. Daraus ergeben sich weitreichende Perspektiven, zum Beispiel für die schnelle und präzise Planung und flexible, strapazierfähige (erdbebensichere) Auslegung moderner Extremalbauten der Hightech-Architektur, zum Beispiel von Brücken, Türmen oder großflächigen Überdachungen.

**Literaturhinweise:**

Gantmacher F. R., Krein M. G. Oszillationsmatrizen, Oszillationskerne und kleine Schwingungen mechanischer Systeme, Berlin 1960

Müller W., Vogel G. Atlas zur Baukunst, 1981

Koepf H. Baukunst in fünf Jahrtausenden, 1997

Tiergesundheitszentrum Uzwil im Internet: www.healthbalance.ch

**Katja und Ronny R. Kircheis**

# Der Klang der Räume

## Die Kraft lebendiger Räume

### Raum? Wozu ist Raum gut?

*„Raum brauchen wir für die Liebe. Wir brauchen einen Raum, der Liebe gibt und einen, der Liebe empfängt. Wir brauchen ein Hier und ein Dort. Ohne hier und dort gäbe es keinen Raum. Hier und dort bestimmen den Raum; das sind die minimalen Bedingungen, mit welchen man überhaupt Raum definieren kann."* (Mark-Wolf Niemz)

### Hassliebe – der Mensch und sein Haus

In Deutschland wurden von Januar bis Juni 2008 insgesamt 47.078 Baugenehmigungen erteilt. Darunter befinden sich Wohngebäude mit 1 oder 2 Wohnungen, wobei diese mit 41.325 Baugenehmigungen zu Buche schlagen. Das bedeutet, dass Wohngebäude mit mehr als 2 Wohnungen einen Anteil von 12,2% der insgesamt erteilten Baugenehmigungen ausmachen.

Die Gesamtbausumme beträgt dabei 11,2 Mrd. Euro. Im Durchschnitt kostete jedes neu erbaute Haus ca. 238.000 Euro. Diese Baukosten berücksichtigen weder Grundstücks- noch Baunebenkosten.
(Quellenangabe: https://www-genesis.destatis.de/genesis/online/online)

Nach unseren Erfahrungen (und einer formlosen Umfrage bei befreundeten Planungsbüros) können wir sagen, dass Bausumme und Finanzierungssumme identisch sind. Dies deckt sich auch mit Aussagen Immobilien finanzierender Banken im Eigenheimsektor.

Die statistisch erfasste Bausumme von durchschnittlich 238.000 Euro pro Wohngebäude ist eng verbunden mit dem Subsubknotenpunkt [12; 6; -3] im Fundamentalen Mengenfraktal der Global Scaling Theorie. Der Subsubknotenpunkt [12; 6; -3] belegt die physikalischen Werte von ca. 234.000 – ca. 242.500 Euro.

Für diesen Maßstab im Wohnungsbau lassen sich statistisch die durchschnittlichen Bausummen belegen. So lag beispielsweise die erfasste Bausumme im Jahre 2007 bei durchschnittlich 241.000 Euro pro Wohngebäude. Im Jahr 2000 fiel die Bausumme für Wohngebäude auch in den Wertebereich des Subsubknotens [12; 6; -3]. Damals war die Währung allerdings DM.

Beispiele für die bewusste oder unbewusste Anwendung der Global Scaling Theorie in der Praxis finden sich wie Sand am Meer. Die Datenbanken privater (Datamonitor, STN, FIZ-Technik) sowie öffentlicher Anbieter (Statistisches Bundesamt) sind voll von diesen Anwendungsbeispielen.

Wir wollen bei unserem anfangs genannten statistisch erfassten Durchschnittswert bleiben. Im Folgenden werden wir jenes Potential aufzeigen, das die Global Scaling Theorie aus diesem Messwert ableiten kann.

Der Messwert 238.000 Euro hat einen signifikanten Einfluss auf die finanziellen Abläufe und Modalitäten. Zum einen ergeben sich mögliche Schwierigkeiten bei der Bewilligung dieser Bausumme durch die Bank in Form komplizierter Verhandlungen und ausreichender Absicherung durch den Kreditnehmer. Zum anderen ergibt sich aus der Position des Messwertes im Fundamentalen Fraktal ein Überblick über mögliche Komplikationen bei der Bedienung des Kredites. Des Weiteren können auch Rückschlüsse auf die Zahlungsmodalitäten während der Bauphase gezogen werden. Es ist beispielsweise sinnvoll, die Bezahlung von Handwerkerrechnungen nach dem Baufraktal und dem Kreditfraktal zu steuern. Doch auch wenn dieser Aspekt der Global Scaling Theorie sehr spannend und interessant ist, ist er nicht Thema dieses Artikels.

**Die meisten Bauherren kaufen sich in ihrem Leben nichts Teureres als ein Haus**

„Wenn ich wieder einmal baue, dann mache ich das und das anders." Kommt Ihnen das bekannt vor? Wir schätzen ca. 70 – 80% der Bauherren werden durch verschiedene Umstände so eingeschränkt, dass sie sich zu so einer Aussage hinreißen lassen. Gründe dafür gibt es viele. An oberster Stelle steht die finanzielle Einschränkung, dicht gefolgt von der Tatsache, dass kaum ein Bauherr weiß, was er wirklich will, und etwas abgeschlagen auf Platz drei steht das „Ego" des Architekten.

Doch das allein ist noch nicht die wahre Ursache. Das größte Problem von unzufriedenen Bauherren ist die Zeit. Es ist genau die Zeit, die für die Planung des Wohnhauses in Anspruch genommen wird. Verstehen kann man das Problem vielleicht wie folgt.

Die durchschnittliche intensive Planungsdauer eines Einfamilienhauses beträgt 3-4 Wochen. In dieser Zeit werden grundlegende Entscheidungen getroffen, mit denen der Kunde nach Fertigstellung leben muss. Im Fundamentalen Zeitfraktal bewegen wir uns um den Knotenpunkt [69+3/2]. In diesem Eigenschaftsbereich entscheidet der Kunde über den Kauf eines Produktes mit einem statistischen Durchschnittswert von 238.000 Euro. Genau dasselbe Kaufverhalten liegt zugrunde, wenn ein Kunde ein neues Automobil kauft. Besuch verschiedener Autohäuser, vergleichen der unterschiedlichen Ausstattungsvarianten sowie Tests

durch Probefahrten benötigen im Durchschnitt ebenfalls 3-4 Wochen. Die Entscheidungsdauer liegt ebenso im Knotenpunkt [69+3/2] des Fundamentalen Zeitfraktals, allerdings liegt der Kaufpreis zwischen 20.000 – 30.000 Euro.
Aus diesen Erfahrungen heraus sind wir dazu übergegangen, den Planungszeitraum für Wohngebäude auf den nächst folgenden Knotenbereich [72] zu verlängern. Dabei erreichen wir, dass der Knotenbereich [69+3/2] des Fundamentalen Zeitfraktals voll erfasst wird, weil sich dort das geistige Bild des möglichen Wohnhauses beim Bauherrn prägt.

In dieser Zeit wird das entworfene Haus umgesetzt. Gespräche mit Banken über die zu finanzierende Summe nehmen erfahrungsgemäß 3-4 Wochen ein. Es wird der Konflikt zwischen Vorstellung des Bauherrn und seinen finanziellen Möglichkeiten ausgetragen. Dabei kommt es immer zu Veränderungen der Planung oder Materialauswahl, und das braucht Zeit. Aus Sicht der Global Scaling Theorie ist es wichtig, den Maßstab des zu untersuchenden Prozesses richtig einzuordnen. Eine Prozesszeit von 4 Wochen bei einem Maßstab von 238.000 Euro reicht demnach nicht aus, um ein zufriedenstellendes Projekt zu erarbeiten. Für die meisten Bauherren ist der Wohnhauskauf die teuerste Anschaffung in ihrem Leben. Warum nehmen sie sich dafür nicht auch die angemessene Zeit?

**Ruhe am Bau**

Bauablaufpläne sind das nächste Thema, mit dem der Bauherr konfrontiert wird. Dabei spielt es keine Rolle, ob es sich um ein Gebäude von 10 Mio. oder von 238.000 Euro handelt. Lediglich die Dauer der Bauablaufpläne ist unterschiedlich. Die eigentliche Aufgabe bleibt dieselbe. Bauablaufpläne erfüllen den Zweck, den Ablauf der Bauarbeiten zeitlich zu gestalten und darzustellen. Sie steuern den Zeittakt der Handwerker und bestimmen somit den Einzugstermin. Auch aus dem Wissen heraus, dass es unterschiedliche Strukturen gibt, genügt uns die Betrachtung des gemeinen Bauablaufplanes für Wohngebäude.

Im Allgemeinen richten sich Bauablaufpläne nach der uns bekannten linearen Zeitstruktur. Dabei zeigen sie uns die Quantität der Zeit; über die Qualität der Zeit lassen sie uns jedoch völlig im Dunkeln. Mit Hilfe der Global Scaling Theorie fügen wir die Qualität der Zeit den Bauablaufplänen hinzu.

Ein nach Global Scaling optimierter Bauablaufplan berücksichtigt das Zeitfraktal der Bauherren, das Zeitfraktal des Bauprozesses selbst und das Zeitfraktal des Architekten. Wir vergleichen diese Rhythmen und suchen nach Regulationsmöglichkeiten für den gesamten Bauablaufplan.

Für den Bauherrn ist ein solcher Bauablaufplan etwas völlig Neues. Er wird mit Tatsachen konfrontiert, die er so im Zusammenhang noch nicht gesehen hat. Er erkennt die Struktur seines Zeitfraktals und weiß damit umzugehen. Dann kommt es nicht mehr vor, dass er mit dem Gedanken an weiße Fliesen ins Fachgeschäft geht und mit schwarzen heraus kommt. Er lässt sich vom Verkäufer nicht irgendetwas aufschwatzen, das Wort im Munde umdrehen und sich preislich verbiegen.

Nein, er geht zufrieden aus dem Fachgeschäft heraus, mit dem, was er sich vorgestellt hat. Warum? Weil er nicht in der Lücke seines Zeitfraktals einkaufen war, und nur das ist der Grund. Obwohl wir nun bereits eine gewisse Routine haben, erstaunt es uns doch immer wieder, wie treffend und genau die Global Scaling Theorie in der Realität zuschlägt.

Die Anwendung von Global Scaling im Bauablaufplan bringt noch viele weitere Effekte. Wir arbeiten beispielsweise auch mit einer Ruhezeit für den Bau von etwa 7-9 Tagen. Erstrebenswert in dieser Zeit ist eine Pause sowohl für die Handwerksfirmen als auch für Eigenleistungen des Bauherrn. Die Ruhezeit entspricht dem großen Auftritt der Lücke im Zeitfraktal zwischen [72; -4] und [72; -5], die Ruhe vor dem Sturm. Sie läutet die Endphase der Bauzeit ein. Und damit dort alles gut funktioniert, wird in der Lücke Kraft getankt.

Pausen haben etwas Bereicherndes. Erinnern Sie sich: In der Schule, große Pause, die Schönheiten auf dem Pausenhof? Warum sollten wir ein solch bewährtes System nicht auch im Bauwesen einsetzen?

Zum Thema Zeit haben wir mittlerweile unseren eigenen Standpunkt gefunden. Wenn wir geboren werden, kommen Zeit und Raum mit in unser Leben. Es sind die Dinge, die den Rahmen bilden. Zeit brauchen wir, um Tätigkeiten und Handlungen in unserem Leben zu erledigen.

*„Wäre die Zeit etwas Absolutes, etwas in unserem Universum fest Vorgegebenes, dann dürfte es gar nicht möglich sein, die Zeit einfach eine Stunde vor oder zurück zu drehen. Offensichtlich ist die uns bekannte Zeit etwas Menschengemachtes, etwas wovon wir denken, es für unser tägliches Leben zu brauchen, das Sinnvoll ist, das uns Struktur gibt. Wir können jedoch nicht davon ausgehen, dass die uns bekannte Zeitstruktur etwas Absolutes, etwas Allgemeingültiges ist.“ (*Mark-Wolf Niemz)

*„Raum und Zeit ist nur etwas Relatives in unserem Leben.“ (*Albert Einstein)

Erst Leben in Raum und Zeit schafft die Grundlage, sich Wissen anzueignen und Liebe zu erfahren.

**Der Zoom ins Schlafzimmer**

Die Zeit ist nur ein Aspekt im Baugeschehen, und Beispiele könnten wir noch viele anführen. Interessanter ist jedoch, fundierte Messwerte aus der Architektur zu analysieren. 2004/2005 fingen wir an, die Möglichkeiten der Global Scaling Theorie in der Architektur zu erkennen. Damals haben wir statistische Häufigkeitsverteilungen im Bauwesen gesucht und gefunden.

Bei der Analyse und Optimierung nach Global Scaling verwenden wir in unserer Architektur vorrangig den physikalischen Messwert des Flächeninhaltes.

Die nachfolgenden Anzeigen sagen warum.

- Vermiete 3-Raum Wohnung 12,70 x 8,19m. Wohnzimmer 5 x 4m, Schlafzimmer 4 x 3,50m, Kinderzimmer 3,70 x 5m,...

- Vermiete 3-Raum Wohnung 104 qm. Wohnzimmer 20qm, Schlafzimmer 14 qm, Kinderzimmer 18,50 qm Kaltmiete 7,00 Euro/qm, Nebenkosten 2,00 Euro/qm

Stimmen Sie uns zu, dass der überwiegende Teil der Menschen beim Umgang mit Wohnungen, Büros, Gebäuden und Grundstücken den Flächeninhalt als Maß akzeptiert?

In Deutschland ist es üblich, sich beim Bauen an das Baugesetzbuch zu halten. Das macht auch Sinn, da die zu prüfende Baubehörde das auch so sieht. Aufgrund der im Baugesetzbuch verankerten Regelung zum Flächenabstand, benötigt man für ein bestimmtes Haus immer ein bestimmtes Minimum an Grundstück.

Ein Eigenheim wird kaum auf einer Grundstücksfläche von weniger als 320 qm gebaut. Und wer sich ein Grundstück mit mehr als 340 qm leisten kann, wird ein Einfamilienhaus einem Reihenhaus vorziehen, da man im Eigenheim seine Privatsphäre doch besser schützen kann.

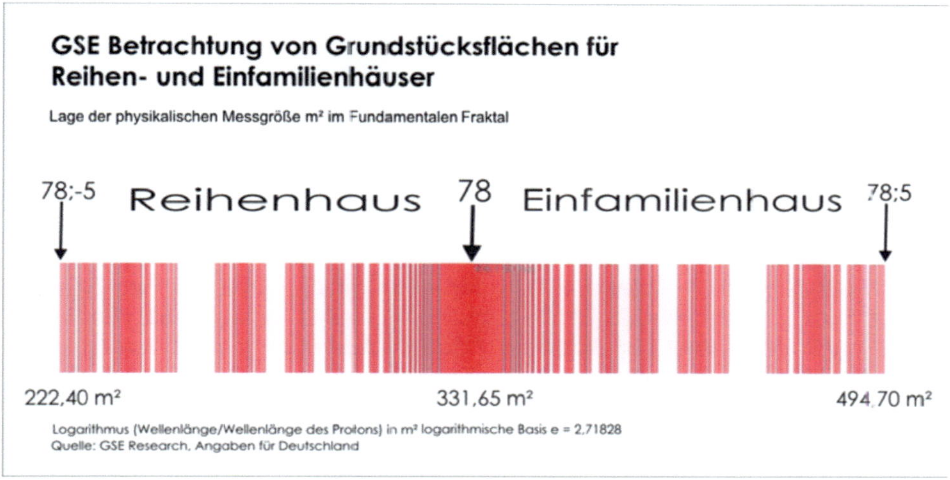


***Abb. 1:** GSE-Betrachtung von Grundstücksflächen für Reihen- und Einfamilienhäuser in Deutschland*

Durch den Knotenpunkt [78] im Fundamentalen Fraktal des Flächeninhaltes werden die Grundstücksflächen eindeutig den Reihenhäusern links vom Knoten und den Einfamilienhäusern rechts vom Knoten zugeteilt. Die Lesart der Abbildung 1 ist ganz einfach. Der überwiegende Teil von Reihenhäusern besitzt eine

Grundstücksgröße von ca. 220 qm bis 320 qm. Wo hingegen ein Großteil der Grundstücke für Eigenheime erst bei ca. 340 qm beginnt und bei ca. 500 qm endet.

Bei der Betrachtung der Grundrisse von Reihen– und Einfamilienhäusern haben wir ein ähnliches Bild. Der Grundriss eines Hauses gibt an, mit welcher Fläche das Haus auf der Erde steht. Auch hier gibt uns die Global Scaling Theorie ein eindeutiges realistisches Bild.

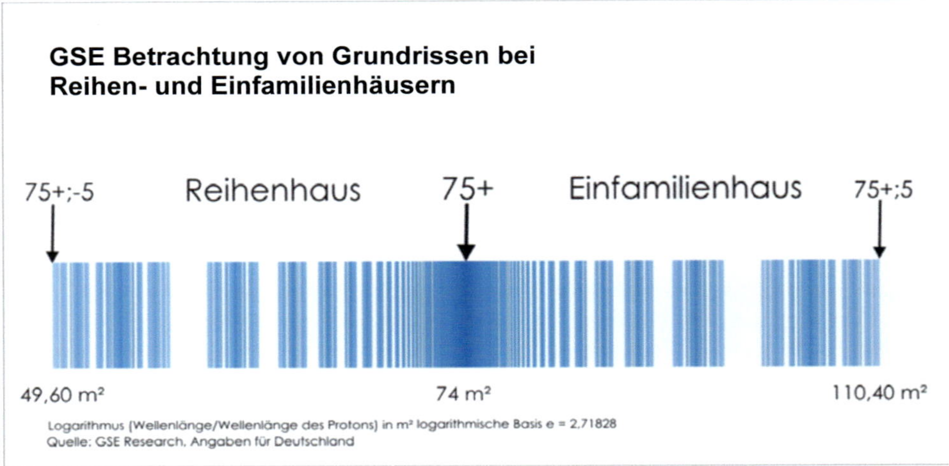


***Abb. 2:*** *GSE-Betrachtung von Grundrissen für Reihen- und Einfamilienhäuser in Deutschland*

Die deutliche Trennung von Grundrissen, die dem Reihenhaus bzw. dem Einfamilienhaus zuzuschreiben sind, liegt bei ca. 70 qm. Das erkennt jeder Laie. Und dieser Wert von 70 qm ist so signifikant, dass er Ihnen überall in dieser Branche begegnet.

Wer sich etwas wirklich Gutes tun will, der wählt für die Größe seines Schlafzimmers 5 m x 5 m, also 25 qm. Damit kommt er in eine Lücke des Fundamentalen Fraktals. Aus der Sicht des Flächeninhaltes betrachtet, hat ein solcher Raum keine Eigenschwingung. Die Beeinflussung des Schlafenden durch diesen Raum tendiert gegen Null.

Da Schlafzimmer in dieser Größe nicht die Regel sind, sollte man wenigstens versuchen, mit möglichst viel Kopf und Oberkörper im grünen Bereich des Raumfraktals zu schlafen. Die Abbildung 3 ist allgemein gültig und auf der ganzen Welt anwendbar.

Die auf den folgenden Seiten gezeigten Abbildungen machen einen Aspekt des Raumes, nämlich den des Flächeninhaltes aus. Will man nun eine triviale Aussage über die tatsächliche Eigenschwingung des Raumes treffen, sollte man wenigstens die Seitenlänge und Höhe des Raumes, sowie die Anordnung der F Fenster und Türen analysieren.

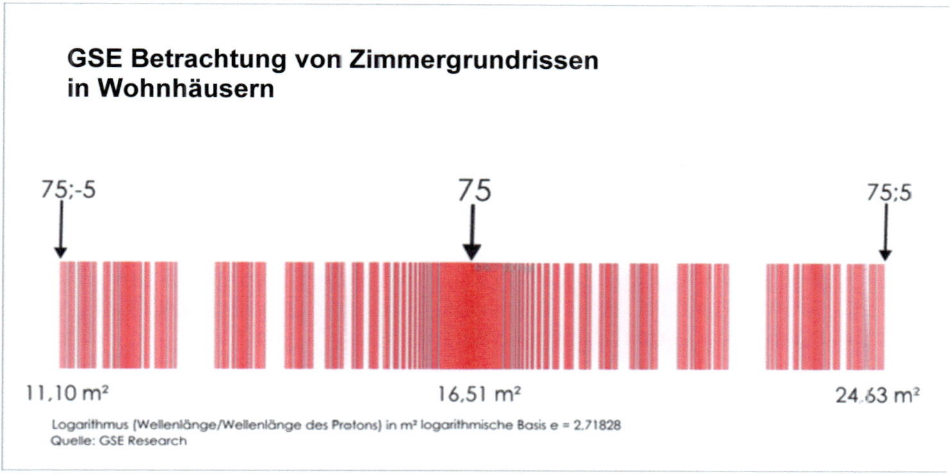


***Abb. 3:*** *GSE-Betrachtung von Zimmergrundrissen in Wohnhäusern*

Aus der hier vorgestellten Analyse von statistischen Eigenwerten nach der Global Scaling Theorie geht eindeutig hervor, dass es einen engen Zusammenhang zwischen dem Flächeninhalt des Raumes und dem Flächeninhalt des Grundstückes gibt. Beide Werte findet man im phasenverschobenen Teil des Fundamentalen Fraktals, um nur eine logarithmische Einheit oder einen Maßstab verschoben.

Einem Vater mit drei Töchtern könnte man raten, sein Bad 3,6 m x 3,3 m und 2,5 m hoch zu planen und Waschbecken und Spiegel in die Mitte des Raumes zu stellen. Ein solcher Raum hat ein hohes Maß an Eigenschwingung und ein starkes Fluktuationsverhalten. Die Verweildauer der Nutzer in einem solchen Badezimmer wird auf ein Minimum reduziert. Der Vater bekommt dadurch die Möglichkeit, sich auch einmal im Badzimmer zu rasieren.

Die Global Scaling Theorie ist das Modell einer statistischen Häufigkeitsverteilung der Materie im Universum. Natürlich gibt es auch Einfamilienhäuser, deren Grundrissfläche kleiner als 70 qm ist, und es gibt Eckgrundstücke von Reihenhäusern, die größer als 320 qm sind. Das sind jedoch Ausnahmen und nicht die Regel, und wie man weiß, bestätigen gerade die Ausnahmen die Regel. Hotelzimmer, Büroräume, Klassenzimmer, OP-Räume, Krankenhäuser, Kindergärten,... können nach der Global Scaling Theorie bereits in der Planungsphase analysiert werden. Daraus können Global Scaling Experten ein realistisches Nutzerverhalten prognostizieren. Und wie effektiv dieses Verfahren von uns umgesetzt wird, zeigen nur einige der nachfolgenden Beispiele.

**Arztpraxis in Flensburg - Innovatives Praxiskonzept**

*„Die neue Praxis soll ganz besonders werden. Es gibt kein Wartezimmer, sondern nur einen großen zentralen Behandlungsraum. Die Patienten sollen miteinander reden können, sie sollten Zusehen und Miterleben, wie andere behandelt werden."*

Dies waren die Vorgaben des Arztes. Die neuen Räumlichkeiten waren in den Grundabmessungen vorgegeben, die innere Aufteilung war bis auf wenige Prämissen frei wählbar.

Dem Wunsch nach einem zentralen Behandlungsraum folgend, wurde die gesamte Praxis exakt um den Oszillator des Grundrissfraktals herumgeplant. Neben einer sehr übersichtlichen Raumaufteilung wurde somit eine wirkungsvolle Optimierung nach Global Scaling erzielt.

Der zentrale Praxisraum ermöglicht in seiner Querausdehnung mit 4,96m die vollständige Entfaltung des Fraktals um den Knoten [36]. In der Längsausdehnung findet sich eine dreifache Punktierung der Knotenlinie [36+] durch die Platzierung der Brunnen sowie der dahinter befindlichen Wandstaffelungen und der vorhandenen tragenden Stütze.

Die extrem hohe, stark fluktuierende Energie- und Ereignisdichte entlang der Knotenlinien [36] und [36+] wird durch die gegebene Punktierung gebündelt und zur Entfaltung eigenständiger, fraktaler Strukturen angeregt. Die Anordnung dieser 3 Sekundäroszillatoren zueinander lässt eine sehr komplexe Struktur entstehen.

*Zentraler Praxisraum*

Die Kombination des primären Grundrissfraktals mit diesen 3 Sekundärfraktalen führt zu einer überwältigenden energetischen Struktur. Der gesamte zentrale Praxisraum wird hiervon erfasst. Für die angedachte Nutzung als Akupunkturraum wird durch die Überlagerung der jeweiligen Grünen Bereiche ein Zentrum mit sehr stabilen energetischen Eigenschaften geschaffen. Die starke Benutzung des zentralen Praxisraumes führt mit hoher Wahrscheinlichkeit zu einer raschen und starken Ausprägung des Fraktals und der damit verbundenen Raumqualitäten.

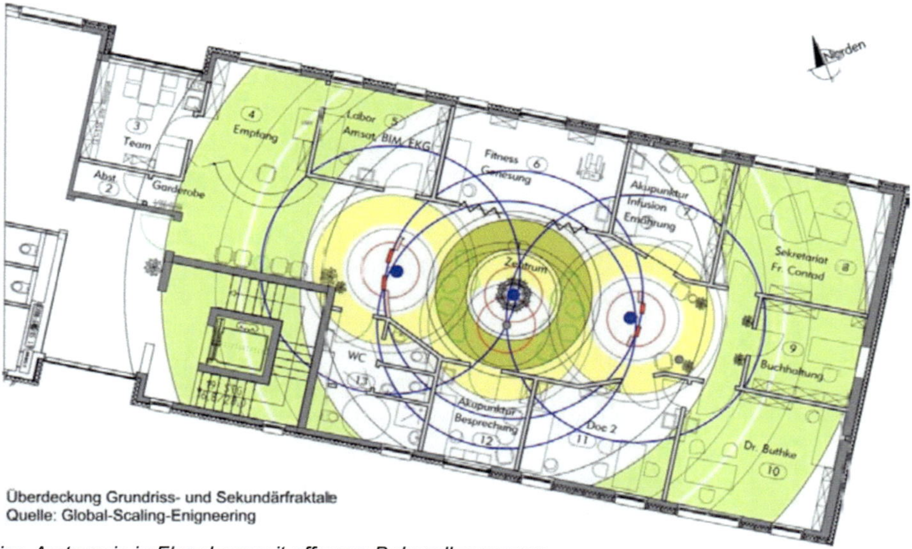


Überdeckung Grundriss- und Sekundärfraktale
Quelle: Global-Scaling-Enigneering

*Eine Arztpraxis in Flensburg mit offenem Behandlungsraum*

Die Längsausdehnung des Grundrisses ermöglicht prinzipiell die vollständige Entfaltung des Knotenbereiches [36+]. Damit verbunden stellt sich eine maximale Entfaltung des zugehörigen Grünen Bereiches ein.

Der Eingangsbereich wird vollständig vom Grünen Bereich erfasst. Die gesamte Eingangssituation wird von einer äußerst harmonischen und stabilen Schwingung geprägt, welche sich durchaus auf alle Besucher auswirken sollte. Der Empfangstresen wurde so platziert, dass sowohl das Raumfraktal als auch das Grundrissfraktal die Tätigkeiten am Empfang optimal unterstützen.

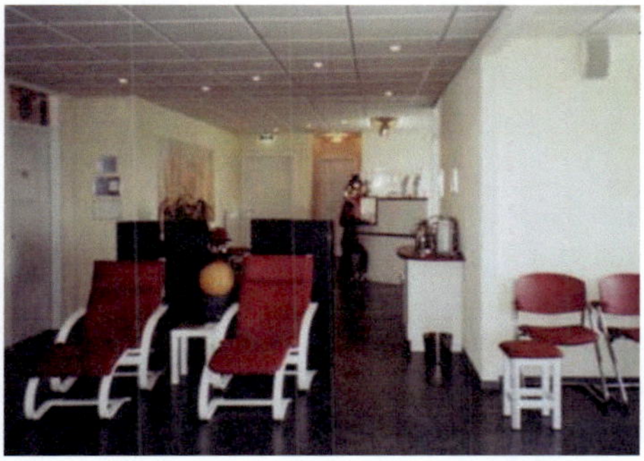

*Zentraler Praxisraum Blick Richtung Eingang*
*Behandlung im Zentrum*

Zusätzlich wurden die gesamten baulichen Abläufe nach dem Global Scaling Zeitfraktal angeordnet. Die vorliegende Untersuchung nach GSE-TimeLine ermöglicht eine Prognose bezüglich der wahrscheinlich eintretenden Ereignisdichte.

Die Präzision der Berechnung beträgt ± 1 Tag.

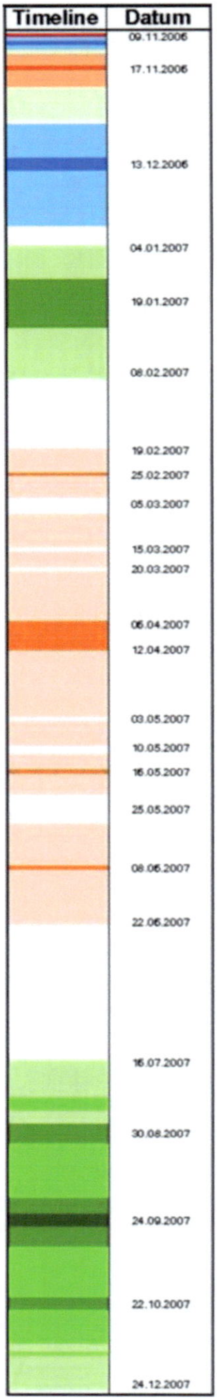


Die Entscheidung, die bestehende Arztpraxis in das neu entstehende Ärztehaus an der Waldstraße zu verlegen, hat am 09.11.2006 einen eigenständigen Schwingungsprozess in Gang gesetzt.

Mitte November 2006 als auch Mitte Dezember 2006 ist die Wahrscheinlichkeit für „große“ Entscheidungen sehr hoch. Festlegungen, welche in diesen Zeiträumen getroffen werden, haben oft tief greifende Wirkungen für das Gesamtsystem.

Von Anfang Januar 2007 bis Anfang Februar 2007 durchläuft der Prozess einen Grünen Bereich mit seinem Höhepunkt um den 19. Januar 2007. In dieser hochenergetischen und stabilen Phase können in kurzer Zeit viele unterschiedliche Aufgaben abgearbeitet werden. Die Entwicklung kann rasant verlaufen.

Von Anfang bis Mitte Februar 2007 ist mit einem energetisch niedrigen Level zu rechnen. Entscheidungen und Änderungen erfordern voraussichtlich hohe Kraftanstrengungen. Ab Mitte Februar 2007 setzt eine neue Phase der Entwicklung ein, welche bis Ende Juni 2007 anhält. Diese Phase des Prozesses dient hauptsächlich der baulichen Umsetzung der zu Jahresanfang getroffenen Grundriss- und Ausstattungswünsche.

Die dunkelrot gekennzeichneten Knoten- und Subknotenpunkte können sich durch sehr hohe Fluktuationen auf der Baustelle zeigen. In diesen Phasen sollten keine überstürzten Entscheidungen getroffen werden. Die Auswirkungen von Plan- oder Bauänderungen können sehr groß sein, allerdings auch umschlagende Tendenzen aufweisen.

Die weiß gekennzeichneten Sublücken sind mit hoher Wahrscheinlichkeit eher ruhig. Entscheidungen der Bauherren könne in diesen Phasen besser integriert werden, die Möglichkeit von unerwarteten Reaktionen ist als gering einzustufen.

Ende Juni 2007 bis Mitte Juli 2007 befindet sich der Prozess in einer energetischen Lücke. Die Eröffnung der Praxis ist für diesen Zeitraum vorgesehen. Die „Inbesitznahme“ und „Inbetriebnahme“ sollte besonders leicht fallen. Das System ist offen für Fremdeinflüsse und somit auch für den geplanten Umzug.

Die bestehenden Praxisabläufe der seit über 20 Jahren existierenden Arztpraxis befinden sich zu diesem Zeitpunkt in einem sehr stabilen „grünen“ Zustand. Das Einschwingen in den neuen Räumen sollte mit hoher Wahrscheinlichkeit reibungslos verlaufen. Die Übertragung dieses „alten“ Prozesses in die neuen Räume überlagert den am 09.11.2006 gestarteten Prozess der Planung und Umsetzung für das Gebäude.

Das 20-jährige Praxis-Fraktal ist als dominant einzustufen. Die fortführende Betrachtung des von Mitte Juli 2007 bis Ende Dezember 2007 vorherrschenden Grünen Bereiches ist somit für den Praxisbetrieb kaum von Bedeutung.

## Arztpraxis in Hamburg

Die Optimierung der Räume in ihrer Abmessung und Anordnung in der Praxis war aus Gründen der vorhandenen Anbindepunkte an die Erschließung nicht möglich. Die Praxis wird dominiert durch einen sehr breiten und langen Flur.

Das Grundrissfraktal wird durch die Lage der 4 tragenden Säulen geortet. Blendet man die Sekundärstruktur der 4 Säulen ein, wird die Stärke des Grundrissfraktals sehr deutlich. Die Stellung dieser 4 Sekundäroszillatoren zueinander lässt eine sehr komplexe Struktur entstehen.

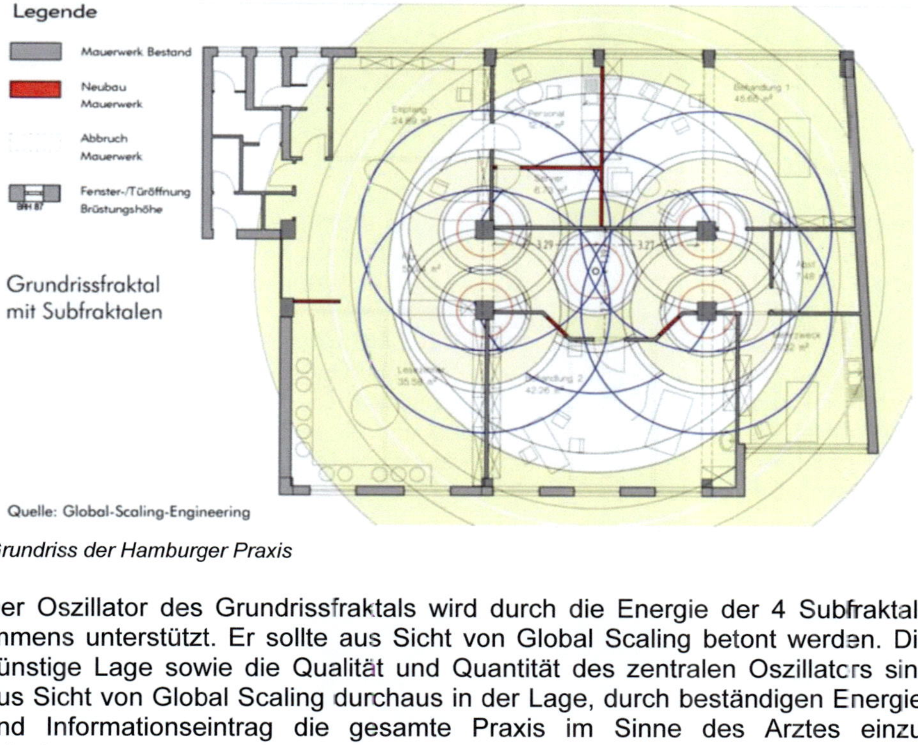


*Grundriss der Hamburger Praxis*

Der Oszillator des Grundrissfraktals wird durch die Energie der 4 Subfraktale immens unterstützt. Er sollte aus Sicht von Global Scaling betont werden. Die günstige Lage sowie die Qualität und Quantität des zentralen Oszillators sind aus Sicht von Global Scaling durchaus in der Lage, durch beständigen Energie- und Informationseintrag die gesamte Praxis im Sinne des Arztes einzuschwingen.

Erfolgt die direkte und regelmäßige Kommunikation des Arztes über diesen zentralen Oszillator, ist das Grundrissfraktal den Raumfraktalen überzuordnen. Dies wirkt sich insbesondere auf die Möblierung aus. Die Arbeitsplätze des Arztes sollten in diesem Fall immer nach dem Grundrissfraktal ausgewählt werden, das heißt, möglichst im Grünen Bereich des Grundrissfraktals platziert sein. Die Patienten hingegen haben eine wesentlich schwächere Bindung an die Praxis und sollten immer nach den Raumfraktalen platziert werden.

Die 4 Säulen sind für die gesamte Praxis von großer Bedeutung und sollten nach Möglichkeit optisch betont werden. Die Wahrnehmung durch Personal und Patient stärkt somit direkt die energetische Quantität des Grundrissfraktals.

*Behandlungs- und Lesezimmer der Hamburger Praxis*

## Gesundheitszentrum in München

In der ehemaligen Luidpoldkaserne in München eröffnete das Gesundheitszentrum im Oktober 2008 seine neuen Räume. Auf einer Fläche von 670qm entstand ein Musterbeispiel für die Global Scaling Gebäudeplanung.

Der lange Bestand des Gebäudes sowie die klare Gliederung sprechen für ein sehr stark ausgeprägtes Grundrissfraktal. Auf dieser Basis wurde das Gesundheitszentrum in mehreren Entwurfsstufen optimiert. Die Vorgaben der Betreiber waren hierbei sehr klar, da der Raumbedarf und die Abläufe eindeutig benannt werden konnten. Hauptaugenmerk wurde auf die Arbeitplätze der Betreiber und des Betriebsleiters gelegt.

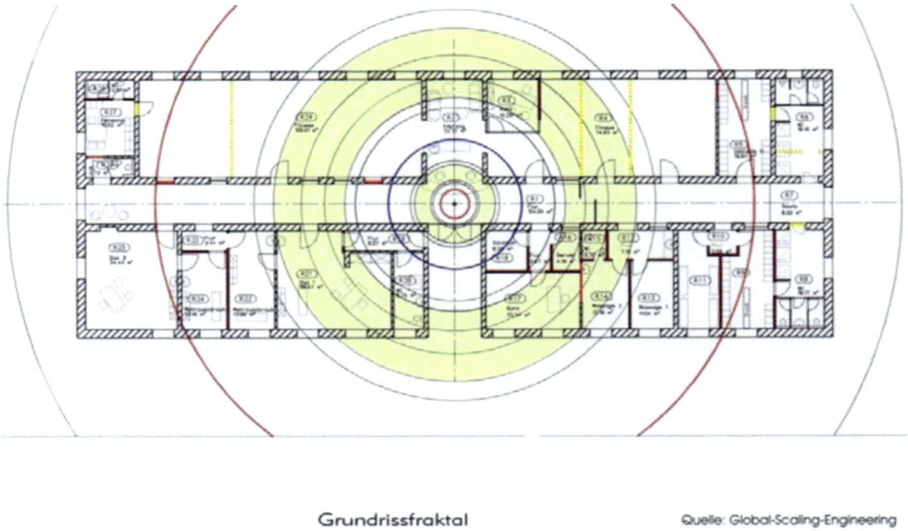


*Grundriss Gesundheitszentrum München*

Sie sollten nicht nur einen nach Global Scaling optimal platzierten Arbeitsbereich erhalten, sondern auch im Fundamentalen Fraktal miteinander verbunden sein. Eine derartige Optimierung der Arbeitsplätze nach Global Scaling bildet die Grundlage für eine ausgezeichnete Teamarbeit.

Bei der Gestaltung der Räume wurde der über 44m lange Flur zum Global Scaling Lehrpfad ausgestaltet. Von einer Künstlerin wurden die nach Global Scaling vorgegebenen Strukturen auf den Wandflächen umgesetzt. Nunmehr kann man beim Durchschreiten des Raumes auch optisch den Gang durch das Fundamentale Fraktal nachvollziehen. Innerhalb weniger Monate wurde das Projekt umgesetzt und steht dank der Bereitschaft der Betreiber auch für Besichtigungen zur Verfügung.

*Praxisraum*

*Global Scaling-Lehrpfad (noch unvollständig)*

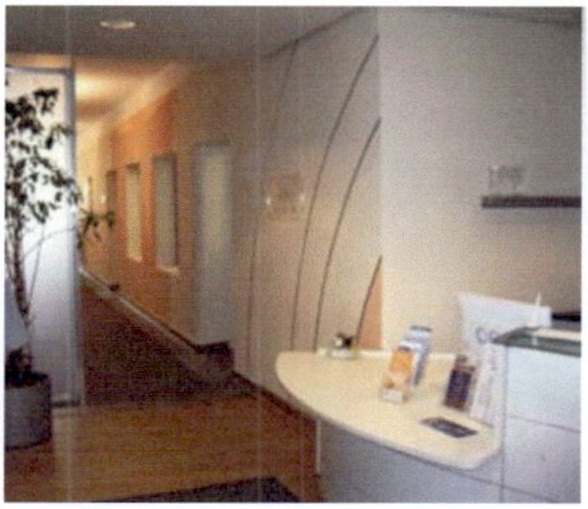

*Eingangsbereich*

*Trainingsraum*

*Praxisraum*

## Das GSE Haus

Allein über unser GSE Haus könnte man ein ganzes Buch schreiben. Neben vielen anderen Besonderheiten verfügt das GSE Haus über eine nach Global Scaling optimierte Heizung. Eigentlich haben wir gar keine Heizung, sondern eine Hüllflächentemperieranlage, nach Claus Meier. Das wiederum kann man nur verstehen, wenn man weiß, was Wärme ist und wie der Mensch Wärme empfinden kann.

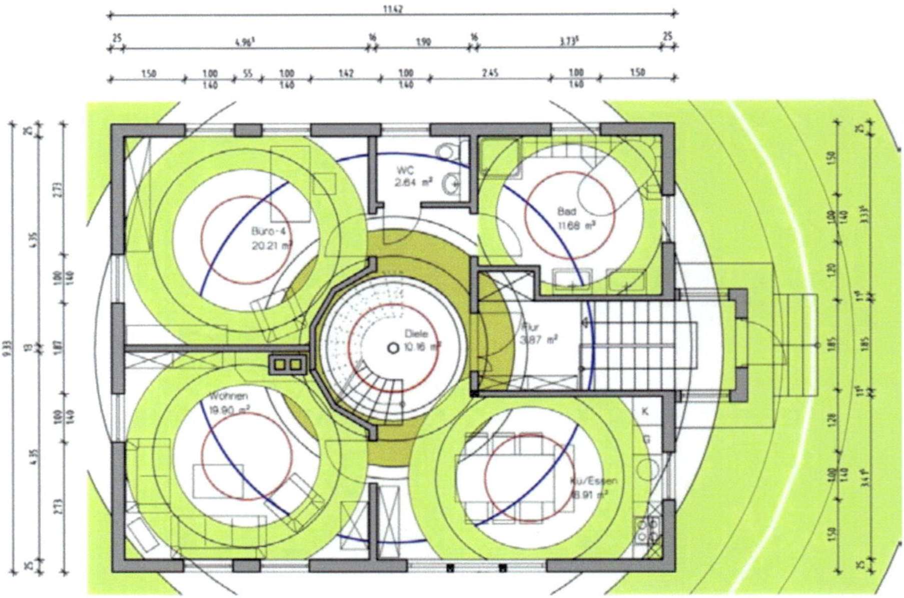


Erdgeschoss

Überdeckung
Raum- und Grundrissfraktal

Quelle: Global-Scaling-Engineering

Auf diesen Aspekt wollen wir hier nicht näher eingehen. Der interessierte Leser findet zu diesem Thema unzählige Seiten in den Tiefen des Internets.

Es sollte jedem klar sein, dass effektives und sinnvolles Heizen alles andere ist als die Erwärmung der Raumluft durch Konvektorheizkörper. Mit derselben Logik müssten Sie am ganzen Körper frieren, wenn Sie im Winterurlaub auf 2.000 m Höhe bei -10°C Lufttemperatur mit freiem Oberkörper ein Sonnenbad nehmen.

Doch tun Sie das?

Unsere Heizungsanlage ist eine Strahlungsanlage und an dieser Stelle möchten wir uns bei Konrad Fischer und seinem Mitarbeiter Herrn Göring recht herzlich für ihre Hilfe bei der Planung unserer Heizungsanlage bedanken. Ihr enormes Wissen hat stark zu unserem heutigen Verständnis über Bauphysik beigetragen.

Unsere nach Global Scaling optimierte Heizungsanlage besteht, im Groben, aus einem Holzvergaserofen (14,9 KW), einem Wärmespeicher mit 2.000 Litern, einem Wärmetauscher zur Warmwassererzeugung, einer intelligenten Steuerung aus manuellem Dreiwegemischer, einer Zeitschaltuhr für die Zirkulationspumpe und manuellen Steuerventilen an jedem Heizkreis, einem nach Global Scaling analysierten Kupferrohr mit bestimmtem Durchmesser und vier Heizkreisen, wobei keiner eine Länge von über 80 m hat.

Warum? Fragen Sie mal Ihren Heizungsinstallateur. Bei Heizkreisen mit über 80 m Länge kommt es sprunghaft zu Dichtheits- und Funktionsproblemen. Der geübte Global Scaling Fan schaut sogleich ins Fundamentale Fraktal der Länge und findet den Knotenpunkt [39+3/2] bei ca. 82 m. Dann geht ihm ein Licht auf.

*Verschiedene Hausaußenansichten des GSE Hauses*

## Klimaerwärmung mal ganz anders

Das Thema Klimaerwärmung ist seit Jahren Kassenreißer. Am Nordpol schmelzen die Eiskappen und in Afrika ist die Jahresdurchschnittstemperatur um 0,…°C gestiegen. Soweit sollten wir gar nicht schauen. Für uns gibt es die Klimaerwärmung in fast jedem deutschen Wohnzimmer, und das bereits seit Jahrzehnten.

25°C im Wohnzimmer, Mutter liegt zugedeckt auf der Couch und friert. Das hat uns dann doch nachdenklich gemacht. Wir haben uns mit der Temperatur in Wohn- und Arbeitsräumen auseinandergesetzt.

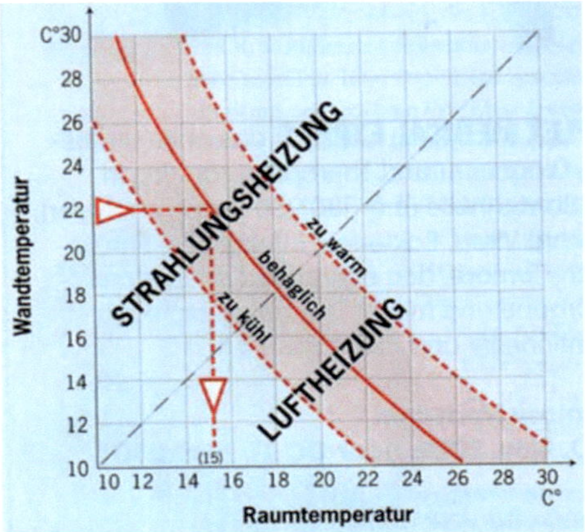


*Abb. 4: Behaglichkeitsprofil aus Wand- und Raumlufttemperatur (nach Bedford und Liese)*

Nach Aussagen von Prof. Dr.-Ing. habil. Claus Meier gibt es eine Wohlfühltemperatur. Diese liegt bei ca. 15-16°C Raumtemperatur. Wie kommt er dazu? Die Abbildung 4 zeigt ein Diagramm über die Abhängigkeit von Wand- und Raumlufttemperatur nach Bedford und Liese. Wie deutlich zu erkennen ist, teilt sich dieses Diagramm in Strahlungsheizung und Luftheizung auf.

Der rot gekennzeichnete Bereich stellt die Bandbreite des Behaglichkeitsprofils dar, das durch die rot gestrichelte Linie mit zu kühl und zu warm begrenzt wird. Die Behaglichkeitslinie zieht sich als rote Linie durch das Diagramm.

Suchen wir uns nun beispielsweise eine Raumlufttemperatur von 22°C im Diagramm, stellen wir fest, dass sich die Wandtemperatur bei 14°C bewegt. Diese Wirkungsweise ist vielen von der Konvektorheizung bekannt. Nach Claus Meier ist auch eine Wandtemperatur von beispielsweise 22°C denkbar, die dann eine Raumtemperatur von nur 15°C erforderlich macht. Zu dieser Leistung ist jedoch nur eine Strahlungsheizung in der Lage.

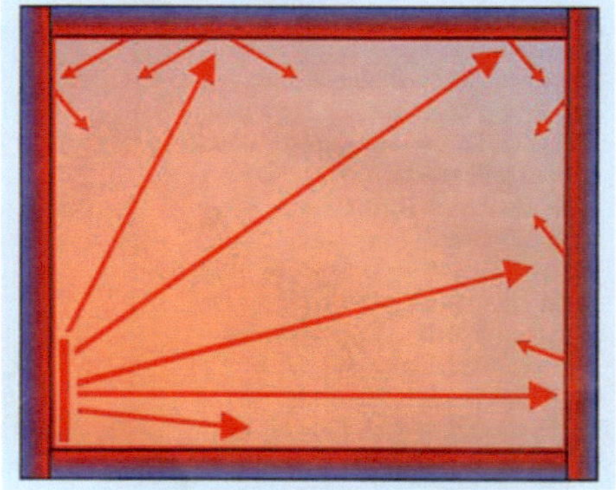

*Abb. 5: Die Wandstrahlungsheizung erwärmt mittels infraroter Strahlung gleichmäßig alle Raumflächen, die die Strahlung reflektieren. Die Raumluft bleibt kühler, Kondensat und Schimmel an den wärmeren Raumflächen sind ausgeschlossen.*

Die Erklärung dafür zeigen Abbildung 5 und Aussagen von Prof. Dr.-Ing. habil. Claus Meier: „Alle Oberflächen im Raum absorbieren und emittieren Wärme-Strahlen. Die höher temperierte Fläche gibt an die niedriger temperierte Fläche Energie durch Strahlung ab."(Quelle Abb. 4 und 5: Prof. Dr.-Ing. habil. Claus Meier, Nürnberg)

Wir haben unsere Heizungsanlage seit über einem Jahr in Funktion. Die Raumlufttemperatur liegt zwischen 18-19°C und unsere Gäste empfinden ein angenehmes, wonniges Gefühl. Es gibt auch einige unter ihnen, die sich zu Hause ein ähnliches Gefühl geschaffen haben. Sie brauchen nur die Zirkulation Ihres Konvektorheizkörpers zu unterbrechen, indem Sie mit einer Pappe den Heizkörper oben verschließen. Dann funktioniert er auch als Strahlungsheizkörper und Sie können diese Erfahrung selbst machen.

Auch aus der Sicht der Global Scaling Theorie machen die Aussagen von Prof. Meier Sinn. Im Fundamentalen Fraktal der Temperaturen finden wir beim Subknoten [-24; -6] den physikalischen Messwert von 21,4°C. Bezüglich der Raumlufttemperatur macht auch Global Scaling eine eindeutige Trennung zwischen Strahlungsheizung links vom Subknoten und Luftheizung rechts vom Subknoten.

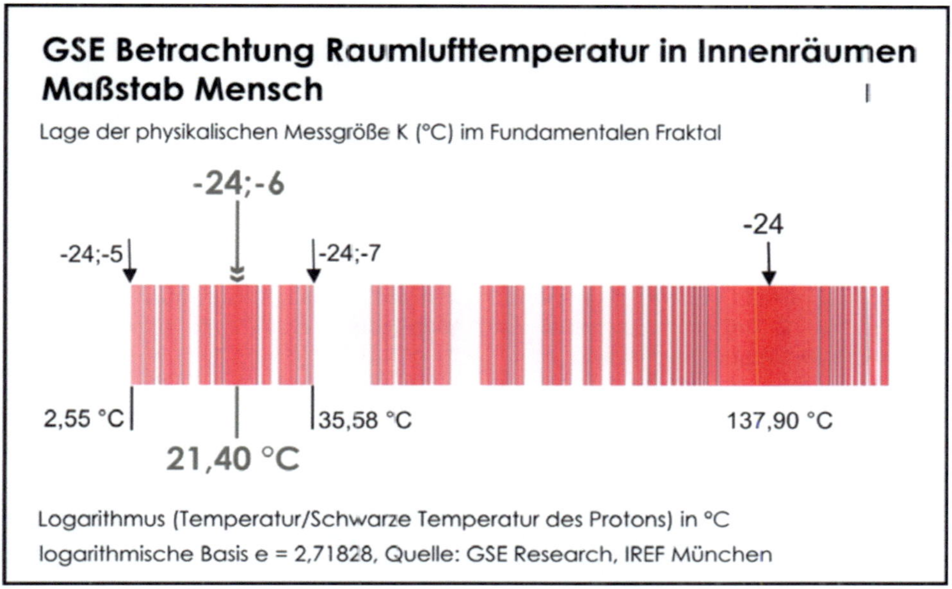


***Abb. 6:*** *GSE-Betrachtung Raumlufttemperatur in Innenräumen Maßstab Mensch*

Energetisch effizienter ist immer das System mit der niedrigeren Raumlufttemperatur. Auch die Regulation unserer Körpertemperatur ist links vom Subknoten eine andere als rechts vom Subknoten. Eine mögliche Antwort dazu gibt uns die Arbeitsstätten-Richtlinie ASR 6 Ausgabe: Mai 2001 für Raumtemperaturen. Quelle: http://www.sidiblume.de/info-rom/tr_/asr/asr6_f.htm

Dort ist folgender Auszug zu finden:

### 3. Lufttemperaturen in Arbeitsräumen

3.1 In Arbeitsräumen muss die Lufttemperatur mindestens betragen:

| Überwiegende Arbeitshaltung | Arbeitsschwere | | |
|---|---|---|---|
| | Leicht | Mittel | Schwer |
| Sitzen | +20 °C | +19 °C | - |
| Stehen und / oder gehen | +19 °C | +17 °C | +12 °C |

***Abb. 7:*** *Lufttemperaturen in Arbeits*räumen in Abhängigkeit von der Arbeitshaltung und -schwere

Die Mindestanforderungen an die Lufttemperatur liegen alle links vom Subknoten. Die Messgenauigkeit wird auf +/- 0,5°C festgelegt.

Denkbar ist es auch, dass der Mensch sein Regulationsvermögen links vom Subknoten [-24; -6], also unterhalb von 21,4°C auf „Heizen" einstellt und rechts vom Subknoten auf „Kühlen". In der Physik wird ein Kühlprozess einer definierten Menge um 2°C beispielsweise als energetisch uneffizienter dargestellt als ein Heizprozess der gleichen definierten Menge um 2°C.

Bestätigt das unsere subjektive Wahrnehmung, dass man in Räumen mit 23°C - 24°C schneller ermüdet, weil der Körper Energie fürs „Kühlen" verbraucht? In unseren Büroräumen liegt die Raumlufttemperatur zwischen 17-18°C. Die Oberflächentemperatur bewegt sich 19-21°C und unsere Strahlungsheizung vermittelt uns und unseren Gästen eine angenehme Raumwärme.

Ein weiterer wichtiger Aspekt beim Thema Strahlungsheizung ist unserer Meinung nach auch das Wärmespeichervermögen der verwendeten Baumaterialien. Eine Betonwand hat beispielsweise ein niedrigeres Wärmespeichervermögen als eine vergleichbare Ziegelwand.

Mit Hilfe der Global Scaling Theorie lassen sich noch viele physikalische Methoden finden, die wir bereits lange nutzen, die jedoch in der Realität etwas anders funktionieren. Und jeder, der ein wenig bewusster durch seine Umwelt geht, stolpert darüber. Wir fahren Auto mit angezogener Handbremse, weil wir die Warnlampe nicht sehen. Nur manchmal gibt es Menschen, die sie zu sehen glauben. Sie haben so ein Bauchgefühl, sind sich aber nicht sicher. Und genau das sind die Menschen, auf die wir warten.

Günter Georg Haese

# Das City Scaling Projekt

## Von der Mathematik einer schwingenden Stadt

### Die Problemstellung

Ich möchte Sie zu folgendem Gedankenspiel einladen: Stellen Sie sich bitte vor, dass Sie in Ihrer Stadt, beispielsweise Hannover, beliebige Standorte visualisieren und gewichten sollen, die Sie entweder gerne aufsuchen oder die Sie eher meiden würden. In Ihrem Kopf entsteht wahrscheinlich das Bild einer sehr langen, komplexen Liste mit mehreren Spalten. Im ersten Schritt wollen Sie nicht ungerecht sein und begründen ihre Vorlieben auf der einen Listenseite mit Ihrer persönlichen Lebens- und Wohnsituation. Abneigungen zu gewissen Orten auf der anderen Listenseite werden Sie höflicherweise aus einer neutralen Haltung oder aus einem begründeten Desinteresse heraus formulieren. Kein Mensch kann von Ihnen erwarten, dass Sie in einer Großstadt aus Langeweile, Neugierde oder abstrakter Solidarität jeden möglichen Ort gleichmäßig aufsuchen. Soviel Zeit haben Sie nicht. Wenn Sie aber tiefer in sich hineinhorchen, können Sie sich durchaus Lokalitäten vorstellen, die Sie freiwillig nie aufsuchen oder an welchen Sie mit Sicherheit niemals wohnen möchten. Andere Lagen im Stadtbild lassen Ihr Herz instinktiv höher schlagen und sind für Sie angenehm und positiv besetzt.

Würden alle Bewohner Hannovers gleich denken und empfinden, dann wäre es an einigen Stellen zum Wohnen besonders eng, und andere mehr oder weniger unbrauchbare Flächen wären z.B. gut für große Golfplätze oder für Friedhöhe geeignet. Das scheint aber nicht der Fall zu sein. Trotzdem gäbe es bei sehr vielen zu befragenden Menschen eine große Übereinstimmung bei der Auswahl vorteilhafter Lagen und die gleiche Einigkeit bei der Aufzählung von sogenannten Un-Orten, also Lagen, die man eher schnell durchschreiten möchte. Obwohl in einer Großstadt letztendlich überall Menschen wohnen und arbeiten, gibt es dennoch Verteilungsschwankungen. Nun wird man diese Unterschiede mit einer Fülle von topologischen, architektonischen und soziologischen Argumenten reichhaltig und plausibel begründen können. Trotz alledem gibt es offenbar so etwas wie eine urbane Muster-Imprägnierung, eine versteckte, gefühlte Stadt-Logik, die über bekannte Beschreibungsansätze hinausgeht.

Auch diese Situation ist ihnen bekannt: An einem bestimmten Ort an einer befahrenen Strasse gibt es eine Ecke, die besonders gut floriert. Menschen, Straßenbahnen, Autos, schöne Häuser, alles scheint in sich stimmig zu sein. Auf der gegenüberliegenden Seite oder ein paar hundert Meter weiter ist die Stimmung eine ganz andere, obwohl aus infrastruktureller Sicht kein großer Nachteil erkennbar ist. Ladengeschäfte ziehen sich zurück, Mieter wechseln häufiger, die Sozialisierung leidet. Der Geschäftsslogan tüchtiger Makler lautet seit eh und je: **Die Lage, die Lage und nochmals die Lage.**

Der sogenannte Mikrostandort ist entscheidend. Wie er entsteht, weiß keiner so richtig, im praktischen Leben ist das auch ziemlich egal, da man die Werteigenschaften verschiedener Standorte untereinander z.B. über ihre Marktpreise messen und vergleichen kann.

## Die Aufgabenstellung

Nach diesem Gedankenspiel könnte man nun zu der Schlussfolgerung gelangen, dass eine Stadt als ein urbanes System mehr sein muss als nur ein Konglomerat aus Einzelinteressen, politischen Vorgaben und einer Bauordnung. Im Sinne einer ganzheitlichen Betrachtung stellt sich eine Stadt geradezu wie ein lebender Organismus dar, der eine genetische Grundstruktur besitzt und der eine typische Charakteristik aufweist. Eine Stadt besitzt nahezu unendliche Detailtiefe, wobei sich jedes kleine Detail in seiner Isolation zunächst plausibel begründen lässt. Mit einem gewissen Abstand zu jedem Detail offenbart sich für den geneigten Betrachter ein neues übergeordnetes Muster, welches den Sinn der darunterliegenden Einzelteile wieder in einem größeren Zusammenhang ergänzt. Diese Muster sind aber auch wiederum Teile größerer Muster, wobei wir so zu einer fraktalen Gesamtstruktur gelangen, die wir entweder ganz nah oder auch ganz fern betrachten können – je nachdem, was wir sehen wollen. Doch schöne, philosophische Worte sind nicht die Lösung dieser Aufgabenstellung. Gesucht wird nun ein konkretes Referenzmodell, das diese Erkenntnis auf eine technisch und mathematisch nachvollziehbare Grundlage stellt.

## Der Lösungsansatz

In den 70er Jahren erforschte der russische Biologe Leonid Cislenko die Größenverteilungen aller Lebewesen dieser Erde. Getrieben wurde er von seinem Forscherinstinkt, dass sich eine Skala dieser Größenverteilungen nicht, wie man zunächst annehmen würde, irgendwie wahllos, sondern im Gegenteil sehr strukturiert darstellen müsse. Er erkannte das Prinzip, dass die Natur offenbar alles, was auf dieser Erde Rang und Namen hat, auf einer logarithmischen Größenordnungsskala anordnet. Bei einer solchen Skalierung sind auf einmal regelmäßige Bereiche häufiger und weniger häufig auftretender Populationen sehr deutlich zu erkennen. In der Mathematik nennt man so etwas logarithmische Skaleninvarianz. Auf einmal stehen Blauwal und Ameise in einem größeren Zusammenhang, mit einem linearen Zollstock in der Hand wäre man an dieser Erkenntnis weiterhin blind vorbeigelaufen. In den folgenden Jahren fanden Physiker das Phänomen der logarithmischen Skaleninvarianz auch in anderen Bereichen und Dimensionen wieder, wie z.B. bei der Ruhemassenverteilung der Elementarteilchen, bei der Verteilung von Planeten, Monden und Asteroiden und auch bei physikalischen Zufallsprozessen, wie dem radiaktiven Zerfall und dem thermischen Rauschen. Die Erkenntnis setzte sich mehr und mehr durch, dass diese Effekte offenbar einem der Natur innewohnendem Prinzip folgen müssen. Es gelang hiermit ein ganzheitlicher Beschreibungsansatz, der zeigen konnte, dass das eine mit dem anderen zusammenhängt, während man bislang glaubte, dass eben das eine mit dem anderen nichts zu tun hätte. An einer sinnvollen technischen Beschreibung dieser Naturphänomene haben in den folgenden Jahren ganze Generationen von Physikern und Mathematikern getüfftelt. In den 80er Jahren konnte der deutsche Physiker Hartmut Müller ein ganzheitliches Modell vorlegen, welches sich nun für die Übertragung der Aufgabenstellung des City Scalings hervorragend eignet.

**Das Modell und seine Überprüfung**

Modelle sind, wie der Name schon sagt, eben nur Modelle. Sie können richtig oder falsch, up-to-date oder überholt sein. Dennoch bietet das Global Scaling Modell eine optimale Beschreibungsgrundlage für unsere Aufgabenstellung. Was den praktischen Nährwert eines solchen Modellansatzes angeht, hat dieser natürlich erst dann seine Berechtigung, wenn er sich anhand der Realität überprüfen und durch Messungen belegen lässt.

Die lineare Projektion des Fundamentalen Fraktals auf eine Stadtkarte ist die Grundlage für die Global Scaling Analyse.

Die äußere Anmutung dieser Projektion ähnelt dem Bild eines fallenden Wassertropfens, der auf einer Wasseroberfläche ein entsprechendes Wellenausbreitungsmuster hinterlässt. Diese bildliche Assoziation entspricht analog übersetzt auch sehr genau den tatsächlichen, realen Verhältnissen.

Betrachtet man das Fundamentale Fraktal, unterscheidet man Stellen hoher spektraler Dichte, sogenannte Knoten, und Stellen schwächerer Intensität, die Subknoten. Ferner erkennt man verschieden große Lückenbereiche, und man sieht in der Rotationsdarstellung grüne, rote und blaue Abschnitte. Nun haben alle diese Bereiche ihre Bedeutung: Ein dicker Knoten ist z.B. Hinweis auf ein höheres statistisches Vorhandensein von Materie oder Prozessen; eine Lücke deutet auf ein statistisches Fehlen von Materie oder Prozessen hin. Anhand des Vergleichs verschiedener physikalischer Sachverhalte in unterschiedlichen Ebenen und Dimensionen wurde nachgewiesen, dass sich die prinzipiellen Eigenschaften dieser Fraktalbereiche überall recht ähnlich sind und dass sich diese Eigenschaften im Sinne einer Prognose recht gut auf neue Sachverhalte übertragen lassen. Warum sollte dieses Modell nicht auch in urbanen Strukturen funktionieren?

Menschen in einer Stadt führen mechanische Schwingungen aus. Dabei ist nicht fiebriges Zittern gemeint, sondern Schwingungen im Sinne eines ständigen Kommens und Gehens. Jeder Mensch tut am Tag annähernd dasselbe, er geht zur Arbeit, kehrt abends nach Hause, er tätigt Einkäufe immer an gleichen oder ähnlichen Orten. In seiner Wohnung zieht er auch immer wieder die gleichen Bewegungsbahnen: Vom Bad zum Wohnzimmer, dann in die Küche und von dort aus in den Keller, dann zum Einkaufen und wieder zurück vor den Fern seher und dann ins Bett. Am nächsten Morgen wieder der gleiche Rhythmus oder ein ähnlicher Rhythmus. Jeder Mensch hat ein relativ stabiles Spektrum von Bewegungsmustern, das ihn von anderen Menschen unterscheidet. Das ist nichts Schlimmes, wir sind eben alle irgendwie kleine Gewohnheitstiere.

Also hinterlässt jeder Mensch ein spezifisches Schwingungsspektrum. Wenn man alle Menschen einer Stadt zusammen betrachtet, generieren diese somit ein äußerst komplexes sich überlagerndes Gesamtspektrum. Natürlich weiß dabei der Eine nichts vom Anderen, das wäre ja noch schöner. Jedes Individuum schwingt so den ganzen Tag vor sich, betrachtet die Welt durch seine selbstbestimmte Brille und eilt durch sein Leben.

Jemand, der Kenntnis des Gesamtzusammenhanges hat, sieht das schon etwas entspannter und mit mehr Übersicht. Viele Menschen erzeugen nun untereinander signifikante Bewegungsüberschneidungen, es bilden sich in einem urbanen System Stellen höherer Attraktivität und komplementär dazu Orte geringerer Anziehung aus. Dabei müssen wir jetzt noch den zentralen Denkfehler überwinden, dass dieses Gesamtschwingungsmuster nicht das Ergebnis der Summe einer großen Anzahl scheinbar selbstbestimmter Einzelbewegungsabläufe ist, sondern dass sich nun geradezu anders herum das Ergebnis-Muster als Grundlage, gewissermaßen als Fahrspur für die Synchronizität aller Einzelbewegungen entpuppt. Wer geneigt ist, bis zu diesem Punkt zu folgen, hat jetzt das Gröbste überwunden.

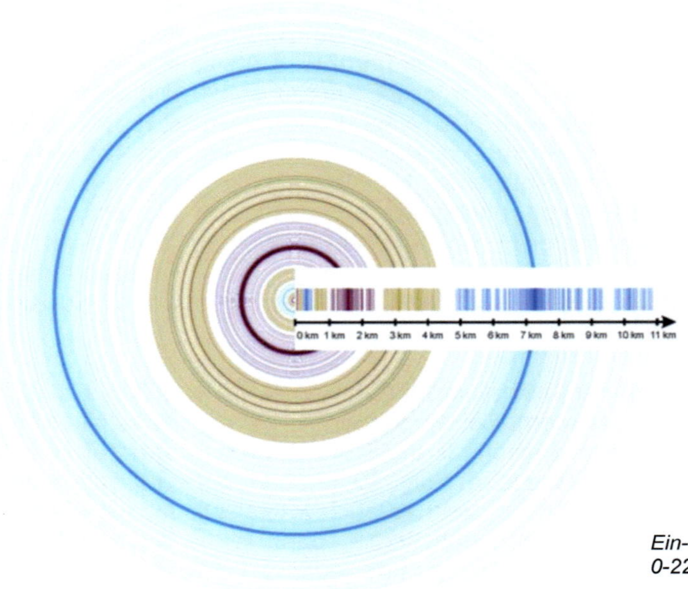


*Ein-Quellen-Fraktal von 0-22 km Durchmesser*

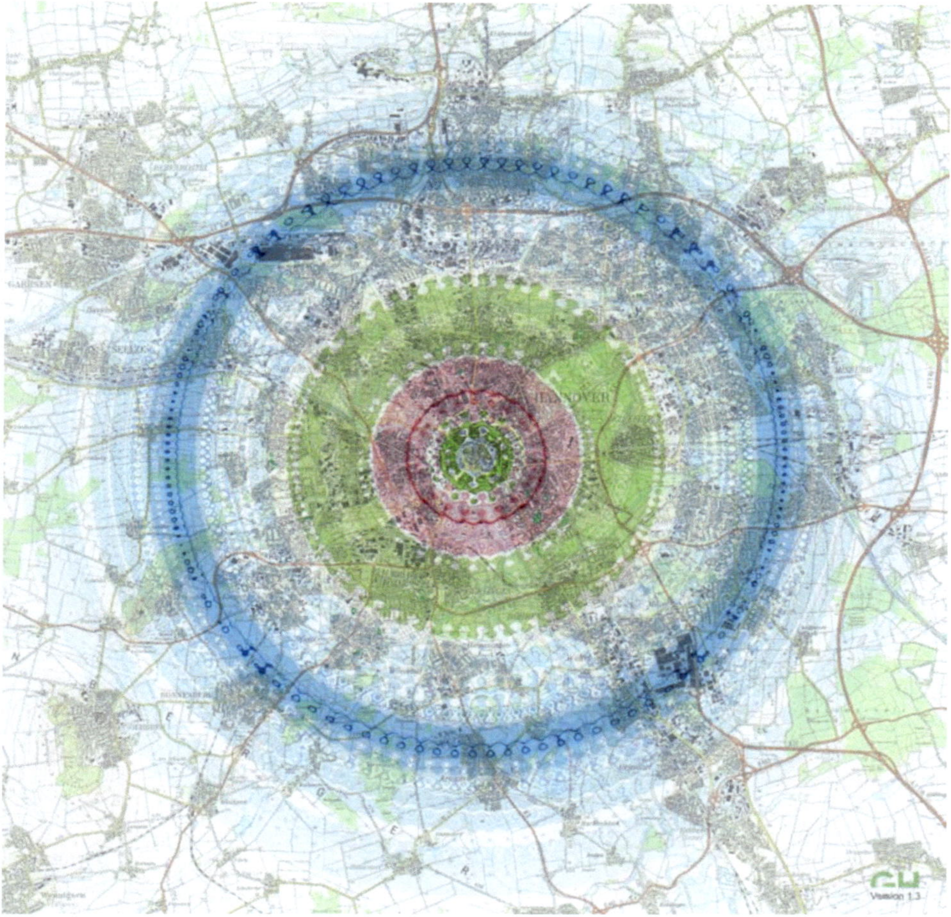

*Projektion des Ein-Quellen-Fraktals auf die Stadtkarte Hannovers*

Der Kritiker wird möglicherweise einwenden, dass sich eine Stadt im Laufe der Zeit ändert und dass Bewegungsschwingungen z.B. aus dem 17. Jahrhundert heute wohl kaum Bedeutung haben können. Bezogen auf die Modellvorstellung eines fraktalen Organismus ist diese Form der Alltagsargumentation allerdings etwas zu kurz gedacht. Sollte es diese Stadtprägung geben, war sie nicht nur von Anfang an da, sondern sie war und ist die Grundlage für jeden Wachstums-, Änderungs- oder Schrumpfungsprozess. Hannover blickt auf eine ca. 800-jährige Stadttradition zurück.

Man kann eine Stadt wie Hannover also durchaus mit einem stabilen praxiserprobten kybernetischen System vergleichen, welches in seinem langen Leben in allen Situationen durchaus selber in der Lage war, für sich die entsprechenden Erhaltungs- und Wachstumsimpulse richtig zu setzen. Organismen strukturieren sich bei Veränderungen immer so, dass es für sie vorteilhaft ist und dass der Gesamtnutzen im Vordergrund steht. Orte mit einer historisch besonders langen und intensiven Schwingungsdichte sind die Kirchen. In der ältesten und wichtigsten Kirche Hannovers, der Marktkirche, versammeln sich wahrscheinlich seit über 800 Jahren regelmäßig jeden Sonntag hunderte von Menschen zum Gebet. Einen solchen stabilen Schwingungsort im Sinne eines zentralen städtischen Energie-Meridianpunktes bezeichnen wir als einen Haupt-Attraktor. Dass dieser Ort wegen seiner geomantischen Kraftverhältnisse von unseren Urahnen nicht zufällig gewählt wurde, liegt auf der Hand.

Mit einem speziell entwickelten elektronischen Messgerät kann man die Schwingungskohärenz dieses singulären Kraftortes auch problemlos mit einer Genauigkeit von wenigen Metern messen und damit das Schwingungsfraktal für Hannover gewissermaßen kalibrieren.

In einer Stadt befinden sich selbstverständlich mehrere Kirchen, meist eine Hauptkirche, dann komplementäre Gegenkirchen in unmittelbarer Nähe und dann noch viele einzelne Stadtteilkirchen. Nach bestimmten Kriterien haben wir die örtliche Verteilung der Kirchen in Hannover genauer untersucht und sind zu dem Ergebnis gelangt, dass konkret siebzehn Kirchen für die Prägung der Stadtstruktur von Vorrang sind. Jede einzelne dieser Kirchen erzeugt auch wiederum ein Schwingungsfraktal, allerdings bezogen auf die Marktkirche, dem genetischen Haupt-Attraktor, ist diesen Neben-Attraktoren eine jeweils geringere Priorität zuzuordnen. Das finale Wirkungszusammenspiel aller Stadtteil-Attraktoren kann jetzt nur noch durch eine sehr aufwändige Computersimulation errechnet und sichtbar gemacht werden. Durch eine vektorielle Schwingungsüberlagerung gelangt man so zu einem Hannover-Fraktal, welches wie ein biometrischer Code einzigartig ist und sich bei keiner zweiten Stadt wiederholt.

Der nächste Schritt ist natürlich, dieses Modell anhand von konkreten Fakten zu überprüfen. Da ein nachvollziehbares Interesse an wohnungswirtschaftlichen Erkenntnissen vorliegt, ist es auch genau so naheliegend, die örtliche Verteilung von wohnungswirtschaftlichen Kennzahlen näher zu untersuchen. Hierzu bietet sich der Datenbestand der Wohnungsgenossenschaft Gartenheim eG naturgemäß an, da eine große Informationsmenge seit nunmehr sieben Jahren lückenlos in einer relationalen Datenbank vorliegt. Eine Aufbereitung und Auswertung von tausenden von Datensätzen ist auch in diesem Falle nur mit speziellen Statistik-Softwareprogrammen möglich.

Die Ergebnisse sprechen für sich. Entgegen der Vermutung einer willkürlichen oder auf anderen Gesetzmäßigkeiten beruhenden Verteilung verhalten sich verschiedene von einander isolierte wohnungswirtschaftliche Parameter in einem signifikanten Maße genau so wie es den Erwartungen der Theorie entsprechen würde. Die Kennzahlen folgen einem fraktalen Rhythmus, der Unterschiede von 20% bis zu 50% berechenbar werden lässt. Das heißt, ob eine Wohnungsanlage statistisch gesehen aufwendiger zu vermieten oder mehr Leerstand im Verhältnis zu anderen Wohnlagen zu erwarten ist, kann mit einer begründeten Wahrscheinlichkeit recht gut vorhergesagt werden.

Mit dem City Scaling Modell liegt eine neue Methode vor, Zusammenhänge, die sich hinter bisherigen Erkenntnissen offenbar recht gut versteckt halten, ein wenig sichtbar zu machen. Daraus ergibt sich nicht nur ein tieferes Verständnis für urbane Strukturen, sondern es lassen sich auch ganz praktische, tageshandwerkliche Aktionsschritte ableiten. Ein Stadtteil in einer Sublücke muss z.B. insgesamt etwas aufwendiger bewirtschaftet werden, eine Wohngruppe auf einem Knoten lässt naturgemäß eine etwas höhere Wohnungsfluktuation erwarten. Ein Haus im grünen Interferenzbereich stellt sich über seine Lebensdauer als relativ problemlos und unaufgeregt dar.

| Durchschnittliche Mietangebote | Durchschnittliche Mietwechsel | Durchschnittliche Forderungen |
|---|---|---|
| Nicht-Sublücken 155 % | Nicht-Sublücken 144 % | Nicht-Sublücken 157 % |
| Sublücken 100 % | Sublücken 100% | Sublücken 100% |

*Statistische Verteilung von Wohnungsangeboten in der Histogramm-Darstellung, Messzonenverteilung für wohnungswirtschaftliche Analysen*

Sicher ist City-Scaling kein monokausales Instrument, Städte zu erklären, aber mindestens eine gutes Werkzeug, ein wenig hinter die Kulissen einer Stadt zu schauen.

# Gesellschaft und Geschichte

Claus Bürger

# Protonenresonanzen bestimmen die Grenzen sportlicher Spitzenleistung

**Eine wissenschaftliche Betrachtung sportlicher Weltrekorde unter dem Blickpunkt von Global Scaling und den natürlichen Schwingungen der Protonen**

*Seit nunmehr rund 100 Jahren finden die Olympischen Spiele der Neuzeit statt. Wettkämpfe der Körper, Muskeln und auch der Köpfe. Mal hängen die Ergebnisse von der Tagesform ab, vom Rückenwind, von der Mannschaft, von der Gunst der Zuschauer. Man meint, dass die Sekunden, die Millimeter, die 100g mehr an gehobenem Gewicht, rein von der mentalen Stärke, den Muskelaktivitäten und der athletischen Koordination abhängen. Man denkt, dass Zeitpunkte von Erfolgen, vom Gewinn oder Verlust einer Medaille beliebig sein können und rein von Willen, Training und Form der Athleten und vom Zuspruch des Publikums bestimmt werden. Eine umfangreiche Recherche einer Vielzahl von Sportarten aus der Leichtathletik zeigt, dass das im Hintergrund wirkende natürliche Schwingungsfeld der Protonenresonanzen einen deutlichen Einfluss auf die Spitzenleistungen der Sportler hat. Dieses harmonische Schwingungsfeld wird im Rahmen der Global Scaling Erkenntnis beschrieben. Es ist die Ursache für Materie- und Formbildung in unserer Natur und stellt ein Spektrum von Rhythmen für natürliche wie auch technische Entwicklungsprozesse und Abläufe zur Verfügung.*

## Spektrum der Protonen-Wellenlängen

Will man Sprungweiten, Sprunghöhen oder auch Wurfweiten unter dem Gesichtspunkt von Protonenresonanzen betrachten, so gilt es, diese Messwerte über dem Spektrum der natürlichen Wellenlängen der Protonen darzustellen. Um das natürliche Spektrum der Protonen-Wellenlänge zu erzeugen, eicht man den Global Scaling Kettenbruch mit der Eigenwellenlänge des Protons ($Y = \lambda_P = 2{,}103\ldots \cdot 10^{-16}$m) und trägt diese dann über einer logarithmischen Skala an. Die Abbildung 1 auf der nächsten Seite zeigt das Wellenlängen-Spektrum der Protonen (grün-blau-rotes Band)[1] bezogen auf die logarithmische Längenachse in einem Ausschnitt von 1,49 m bis 49,5 m.

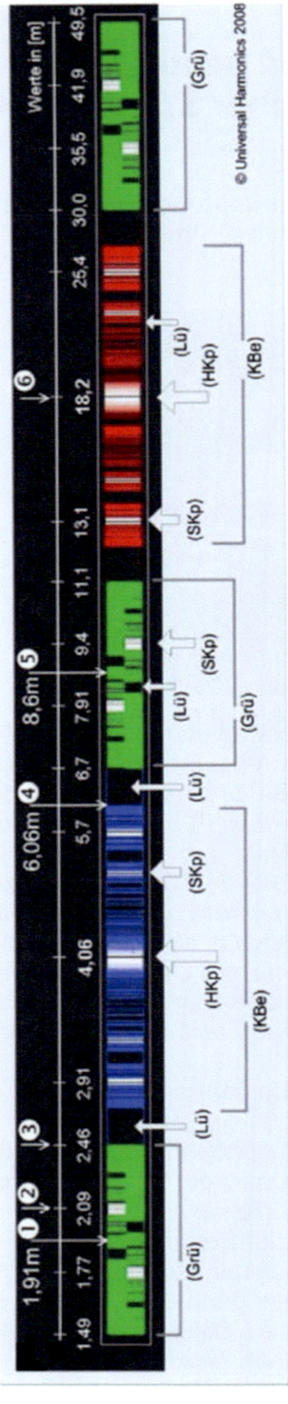


***Abb. 1:*** *Wellenlängenspektrum des Protons im Bereich von 1,49 m bis 49,5 m. Jeder senkrechte Strich stellt eine Wellenlänge dar. In den hellen Hauptknotenpunkten (HKp) ist die Wellenlängendichte sehr hoch (4,06 m, 18,2 m), in den Subknotenpunkten (SKp) etwas geringer und in den Lücken (schwarze Bereiche, Lü) besitzt das Spektrum der Protonen keine Wellenlängen. Der Wechsel zwischen Knotenpunkten und Lücken ist in den blauen und roten Knotenpunktsbereichen (KBe) sehr intensiv und steigt zum Hauptknotenpunkt hin logarithmisch-hyperbolisch an. In den grünen Bereichen ist nahezu eine kontinuierliche Dichte des Wellenlängenspektrums gegeben. Damit ändern sich die Resonanzeigenschaften innerhalb dieser Bereiche sehr sanft. Das Eigenwellenlängenspektrum ist eine fraktale Struktur, das heißt die Subknotenbereiche sind exakt so aufgebaut wie ein Hauptknotenbereich mit den grünen Randbereichen links und rechts.*

Dabei stellt jeder senkrechte Strich des Spektrums eine Protonen-Wellenlänge dar. Die einzelnen Bereiche des Spektrums haben besondere Resonanzeigenschaften, was in der unten aufgeführten Tabelle dargestellt ist.

| Lokale Besonderheiten des fundamentalen Eigenschwingungsspektrums | |
|---|---|
| **Bezeichnung** | **Resonanzeigenschaften** |
| Knoten und Subknoten | Hohe eigene Spektraldichte, turbulentes Schwingungsverhalten, hohe eigene Ereignisdichte, hohe eigene Fluktuationswahrscheinlichkeit, Materieattraktor, Phasensprung, Tendenzwechsel |
| Lücken und Sublücken | Geringe eigene Spektraldichte, geringe eigene Fluktuationswahrscheinlichkeit, hohe externe Beeinflussbarkeit |
| Grüner Bereich | Geringe Schwankungen der Spektraldichte, laminares Schwingungsverhalten |
| Ränder | Grenze der Materieakkumulation bzw. des Zerfalls. Beginn oder Ende einer Kompression oder Dekompression, Limit einer Entwicklung, Beginn oder Abbruch einer Ereigniskette |

***Tab.1:*** *Lokale Besonderheiten des Eigenschwingungs-Fraktals*

## Analyse der Sprungdisziplinen

In Abbildung 3 ist der linke grüne Bereich von 1,49 m bis 2,46 m aus Abbildung 1 in senkrechter Form noch einmal detaillierter dargestellt, um die Entwicklungsstufen der sportlichen Spitzenleistungen genauer betrachten zu können.

## 2,09-Meter Marke der Damen im Hochsprung

Die rumänische Weltklassespringerin Iolanda Balas ist zweifache Olympiasiegerin und gilt als eine der besten Hochspringerinnen aller Zeiten. Sie dominierte über ein Jahrzehnt die internationalen Hochsprungwettbewerbe.

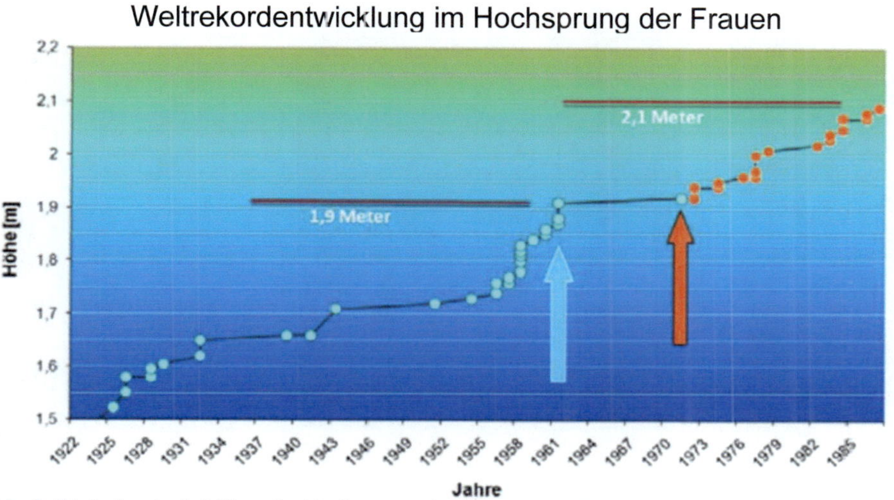


**Abb. 2:** *Weltrekordentwicklung im Hochsprung der Frauen von 1922 bis1988. die Marke von 1,9m und 2,1m stellen markante Punkte im Wellenlängen-Spektrum der Protonen dar.*

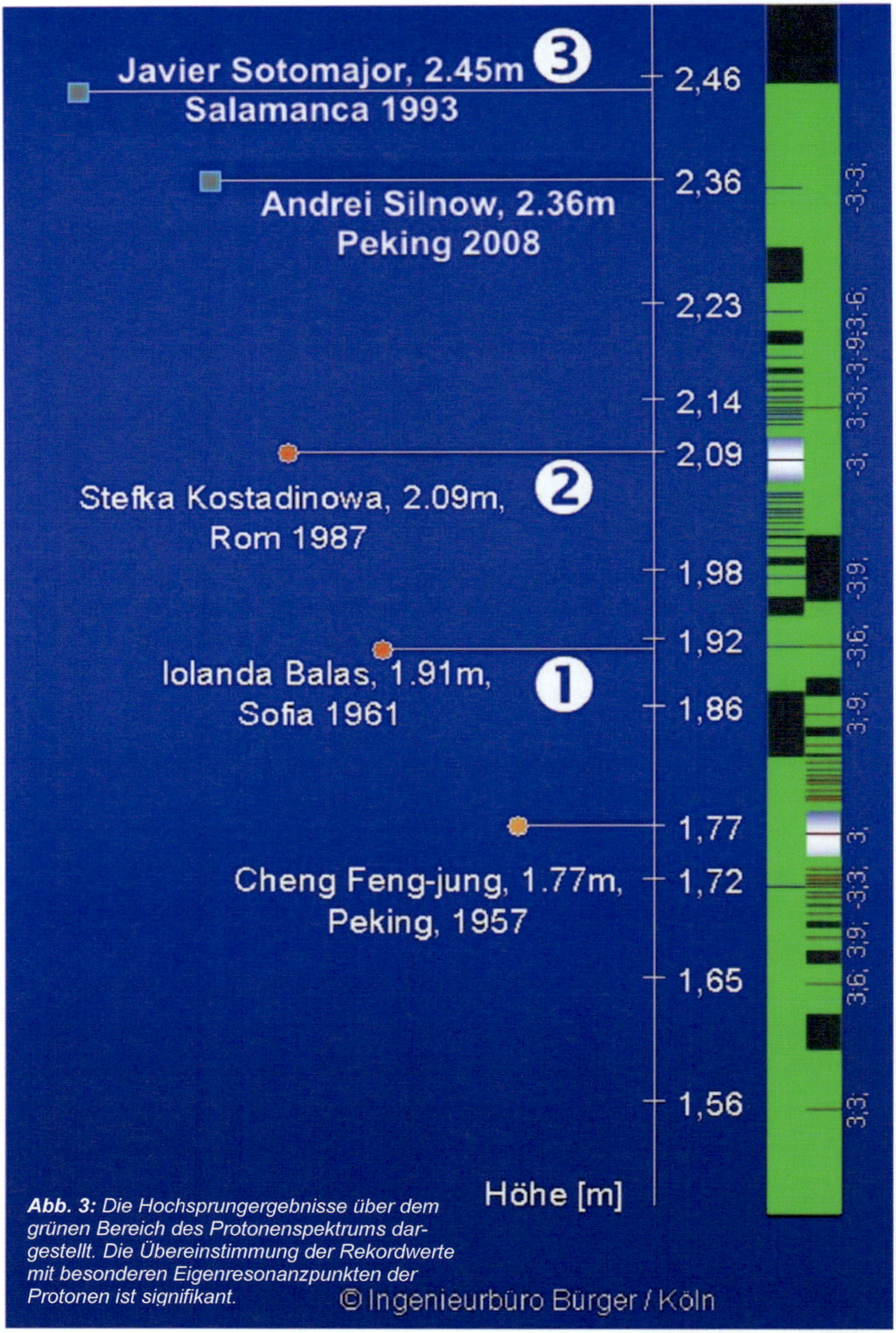


***Abb. 3:*** *Die Hochsprungergebnisse über dem grünen Bereich des Protonenspektrums dargestellt. Die Übereinstimmung der Rekordwerte mit besonderen Eigenresonanzpunkten der Protonen ist signifikant.*

Zwischen 1957 bis 1967 gewann sie 140 Wettbewerbe in Folge und verbesserte den Weltrekord insgesamt 14 Mal von 1,74 m bis 1,91 m (① in Abbildung 3) (Sofia, 1961). Als Sprungtechnik für den Weltrekord nutzte sie den sogenannten Straddle (siehe Abbildung 4).

***Abb.4:** Straddle: Hochsprungtechnik bis 1972*

Erst 10 Jahre später, 1971 wurde dieser Weltrekord durch Ilona Gusenbauer und Ulrike Meyfarth bei den olympischen Spielen 1972 mit 1,92 Metern überboten. Beide setzten die neue Technik des Fosbury-Flops (Abbildung 5) ein und lösten damit den Straddle ab. In den Folgejahren nähern sich die Damen einem Wert von 2,09 Metern (② in Abbildung 3) an, der im August 1987 von Stefka Kostadinowag in Rom gesprungen wird.

***Abb.5:** Hochsprungtechnik Fosburgy Flop: Ein Methodenwechsel im Hochsprung ab 1972.*

Unter Global Scaling Gesichtspunkten betrachtet finden wir Wert (① in Abbildung 3) nahezu exakt in der Mitte des grünen Bereichs im sogenannte Interferenzknotenpunkt[2] des Protonenspektrums [37,5;-3;-6]. Deutlich zeigen sich die Auswirkungen eines Phasensprungs innerhalb des Knotenpunkts (siehe Tabelle 1) in Form eines Methodenwechsel in der Sprungtechnik vom Straddle zum Fosbury-Flop. Wert (② in Abbildung 3) stellt einen Subknotenpunkt [37,5;-3] im grünen Bereich dar. Die Qualität dieses Subknotens unterstützt Energieumwandlung: Muskelkraft in Bewegungsenergie in potentielle Energie.

## 2,45-Meter Marke im Hochsprung der Männer

Im Hochsprung der Männer wird der Weltrekord seit 1993 von Javier Sotomayor mit 2,45 Metern (③ in Abbildung 3) gehalten, der bis heute gültig ist. Ein attraktiver Sprungwert der deutschen Hochspringer liegt bei 2,35 Meter (siehe Abbildung 6).

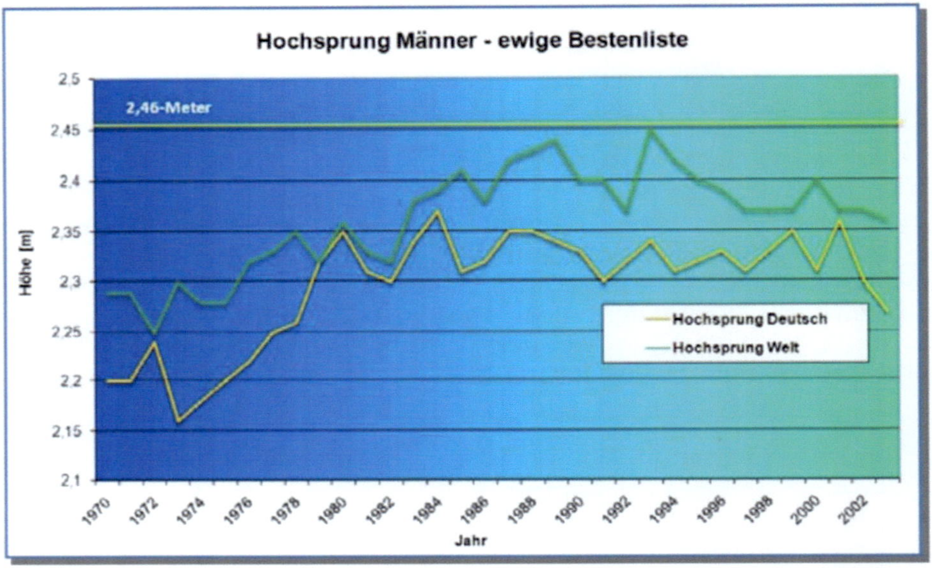


***Abb. 6:** Auswertung der Ewigen Bestenliste im Hochsprung der Männer von 1970 bis 2004. Die 2,45m□Marke wird nicht überschritten.*

Global Scaling: Wert (③ in Abbildung 3) liegt sehr nahe an der oberen Grenze des grünen Bereichs mit 2,465 Meter ([36;2]), eine Grenze der Protonenresonanz. In der Lücke oberhalb dieser Grenze besteht keine Protonenresonanz, so dass Sprungwerte nicht unterstützt werden. Aus diesem Grund liegt der Weltrekord im Hochsprung 1mm unterhalb der Protonenresonanzgrenze.

Der Olympiarekord aus Peking 2008 von Andrei Silnow liegt bei 2,36 Metern (siehe Abbildung 3), ein üblicher Sprungwert der deutschen Springer liegt bei 2,35 Metern. Diese Rekorde entsprechen dem Subknoten [37,5;-3; 3]. Die Spitzenleistungen rasten sozusagen in das fraktale Schwingungsmuster der Protonenwellenlängen ein.

## 6-Meter Marke im Stabhochsprung

Die Höhe von 6 Metern ist im Stabhochsprung[vi] ein gern gesprungener Wert, den zu überschreiten nicht einfach erscheint. Eine Analyse der Stabhochsprungwerte über einem Zeitraum von 1970 bis 2003 der ewigen deutschen Bestenliste, wie auch der Weltbesten zeigt Abbildung 7. Man erkennt, dass die Deutschen Hochspringer (rote Kurve) sich langsam an die 6 Meter-Marke herantasten – überschritten wird sie nur knapp. Die Weltklassespringer erreichen bereits 1985 die Höhe von **6 Metern**. Segeij Bubka hält mit 6,14 Metern den Weltrekord seit Juli 1994. Man kann jedoch immer wieder beobachten, dass bei Leichtathletik-Veranstaltungen die 6-Meter-Marke eine deutliche Grenze darstellt (siehe Abbildung 7).

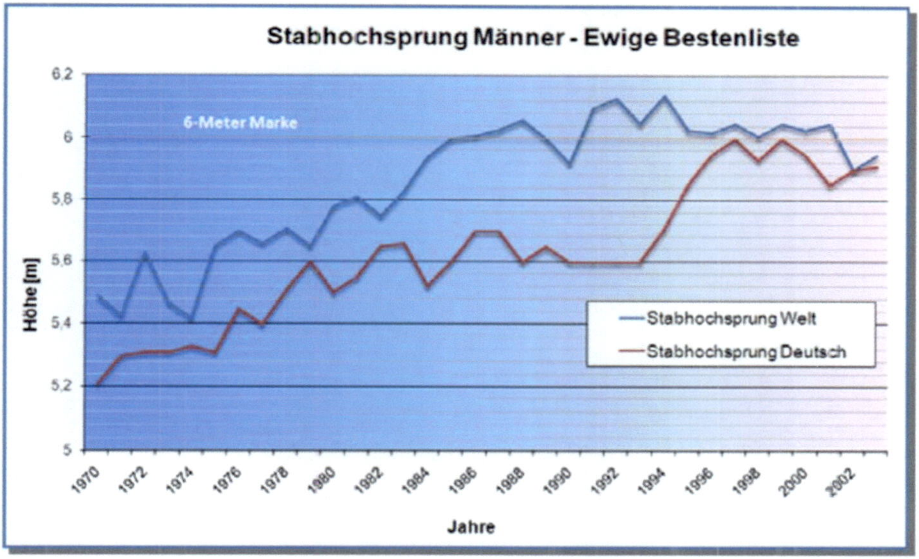


*Abb. 7: Auswertung der Ewigen Bestenliste – national, wie auch international von 1970 bis 2003. Die 6 m-Marke wirkt sehr attraktiv.*

Aus der Global Scaling Sicht betrachtet, erkennt man, dass bei 6,06 m (④ in Abbildung 3) der Resonanzknotenbereich um den Subknotenpunkt 5,7m [37,5; 6] endet. Oberhalb dieses Knotenpunkts folgt eine Resonanzlücke bis 6,7m innerhalb derer keine Resonanzunterstützung erfolgt. Dies ist eine Begründung dafür, dass der 6m-Wert eine natürliche Leistungsgrenze für Stabhochspringer darstellt.[3]

Um die Riege der Sprungdisziplinen aus allen Richtungen zu betrachten, wollen wir den Weitsprung und auch den Dreisprung nicht außer acht lassen. Wie auch bei den vorgenannten Disziplinen gibt es hier ausreichend Datenmaterial, welches für Analysen und Häufigkeitsbetrachtungen zur Verfügung steht.

## 8,57-Meter Marke Weitsprung

Wie das umseitige Häufigkeitsdiagramm der Weltbestenliste zeigt, ist die Sprungweite von 8,6 Metern (⑤ in Abbildung 3) bei den Athleten sehr attraktiv. Auch bei den olympischen Spielen in Peking im Jahre 2008 erreichte der Goldmedaillengewinner Irving Saladino einen Wert von **8,57 Metern**.
Global Scaling: Abbildung 8 zeigt, dass die Männer im Weitsprung – wie zuvor auch die Damen im Hochsprung – den Interferenzknotenpunkt bei 8,6 Metern (⑤ in Abbildung 3) bevorzugen. Dieser Wert liegt wieder in der Mitte des grünen Bereichs bei [37,5; 3; -6].

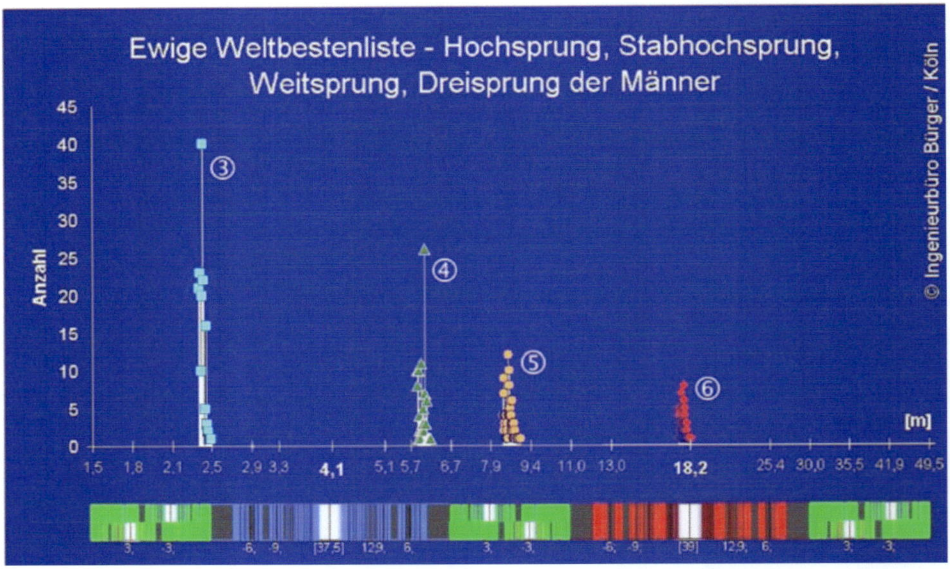


***Abb. 8:*** *Häufigkeitsverteilung der ewigen Weltbestenliste in den Disziplinen: Hochsprung, Stabhochsprung, Weitsprung und Dreisprung der Männer. Man erkennt die 2,45 m-Grenze im Hochsprung, die 6 m-Grenze im Stabhochsprung, die hohe Häufigkeit im Weitsprung bei 8,6 m und die Grenze im Dreisprung bei 18,2 m.*

## 18,29-Meter Marke im Dreisprung

Jonathan David Edwards (geb. 10.Mai 1966) ist der aktuelle Weltrekordhalter im Dreisprung. Bei der Weltmeisterschaft in Göteborg 7.August 1995 erreichte er eine Weite von **18,29 Meter** (⑥ in Abbildung 3). Aus der Global Scaling-Sicht erkennt man hier deutlich die Übereinstimmung des Weltrekords mit dem Hauptknotenpunkt [39] bei 18,21 Metern. Es geht intensiv um Energieaustausch, was dieser Hauptknotenpunkt zur Verfügung stellt.

## 1.000-Meter-Langstreckenlauf im Tempo der Protonen – Vorbild für die Technikoptimierung

Der Kenianer Noah Ngeny lief am 5.9.1999 in Rieti den Weltrekord im 1000 m-Lauf von 2 min 11,96 sek = 131,96 sek. Das entspricht einer Durchschnittsgeschwindigkeit von 27,28 km/h. An diesem Beispiel zeigt sich deutlich, wie sich ausgereizte Systeme im Protonenresonanzspektrum präsentieren. Da im Rahmen von Global Scaling für alle physikalischen Einheiten dasselbe fraktale Muster der Protonenschwingungen gilt und man nur unterschiedliche Eichmaße verwendet, kann man, wie in Abbildung 9, die entscheidenden Betriebsparameter auch über nur einem Spektrum antragen. So sind im oberen Bereich die durchschnittliche Laufgeschwindigkeit von 27,28 km/h und die Weltrekordzeit von 131,96 sek abgetragen, im unteren Bereich die Laufstrecke von 1.000 m.

Da für alle physikalischen Größen die Projektion auf das Spektrum der natürlichen Eigenschwingungen immer über die hochstabilen Referenzparameter des Protons erfolgt, findet man bei ausgereiften Systemen oft, dass sich mehrere Parameter an den Rändern des grünen Bereichs aufhalten. So auch hier: Die Strecke von 1.000 m befindet sich sehr nahe am rechten Rand des grünen Bereichs; die Rekordgeschwindigkeit (und auch die Laufzeit) befinden sich am linken Rand des grünen Bereichs. Man könnte daher einerseits folgern, dass die Streckenlänge von 1.000 m ein Maß ist, welches in unserer Natur oft vorkommt, und andererseits, dass dieser Weltrekord kaum noch zu überbieten ist, da sich die Parameter an den Grenzen der grünen Bereiche bewegen – sozusagen „ausgereizt".

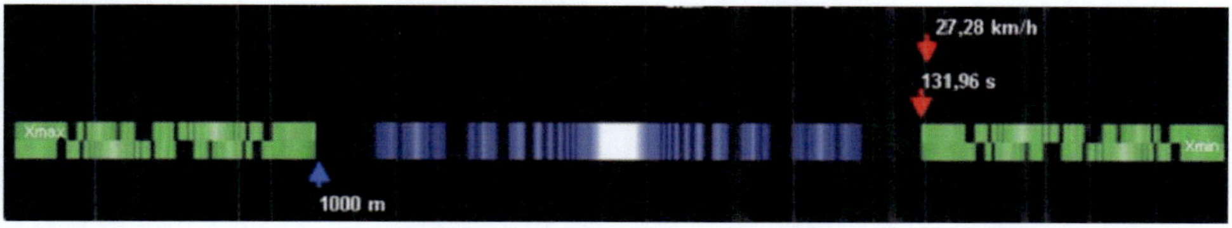


***Abb. 9:*** *Beim Weltrekord im 1.000m-Lauf zeigen sich mehrere ausgereifte Parameter an den Rändern des grünen Bereichs.*

## Zusammenfassung & Ausblick

Grenzwerte im Leistungssport werden unter dem Gesichtspunkt von natürlichen Eigenschwingungen betrachtet. Es wird aufgezeigt, dass Eigenschwingungen in der Natur kontinuierlich im Hintergrund wirken und sich in Form von selbstähnlichen Mustern und Strukturen manifestieren. Dabei wirkt der Hauptmassenträger, das Proton als stabilstes Teilchen unseres Universums, als **UR-Taktgeber** und erzeugt das fundamentale Schwingungsspektrum, welches sich in allen physikalischen Einheiten von natürlichen und ausgereiften technischen Systemen widerspiegelt. Es wirkt auf allen Ebenen, vom Kleinsten bis zum Größten, vom Mikro- bis zum Makrobereich.

Die Eigenschwingungen des Protons sind zum einen die Ursache für Materiebildung (und damit auch für Gravitation) und bilden zum anderen den Rhythmus für alle Entwicklungsprozesse in unserer Natur, wie auch in der Technik und unserem täglichen Leben.

Anhand der Rekordleistungen der weltbesten Athleten zeigt sich, dass auch diese den Eigenschwingungen der Protonen unterliegen, denn ihre Körper bestehen zu 99,9% aus Protonen. Die bisher erreichten Weltrekorde der Sportler im Hochsprung, Weitsprung, Stabhochsprung und auch im Dreisprung zeigen signifikante Übereinstimmungen mit dem Protonenspektrum der Wellenlängen.

Für die Analyse und einen nachhaltigen Bau technischer Systeme schaffen uns diese Zusammenhänge weitreichende Erkenntnisse, um im Sinne einer nachhaltigen Energieversorgung von der Natur abzuschauen, denn die Eigenschwingungen der Materie bestimmen die Randbedingungen und Vorgaben für alle technischen Systeme und Prozesse.

Generell findet man diese Übereinstimmung von Grenzwerten des Protonenspektrums und physikalischen Werten von Systemen oder Vorgängen nur dann, wenn ein **hoher Reifegrad** erreicht ist. Dann sind Energieeffizienz, Langlebigkeit, Zuverlässigkeit und Flexibilität auf einem hohen Niveau. Technik, die nicht gereift ist, oder auch Unternehmen, die mittelmäßige Ergebnisse erzielen, sind nicht auf den Rhythmus der Natur ausgerichtet. Reibungsverluste finden statt, der Rhythmus der Natur wird nicht genutzt.

Da auch die **Schwingungsperiode der Protonen** ein fraktales Muster hat, lassen sich weitere Betrachtungen zur **fraktalen Struktur der Zeit** anstellen. Dies führt dahin, zu zeigen, dass Eigenresonanzen der Lebenszeit der Athleten in einem Bezug zu dem Zeitpunkt der Weltrekordleistung stehen. In welchem Bereich des fundamentalen Spektrums der Protonen hat die Sportlerin oder der Sportler Weltrekordleistungen erbracht? Oder weiter gefasst, wie stimmen Ereignisse in der Menschheitsgeschichte mit den grundlegenden Protonenrhythmen überein? Können wir diese Bezüge herstellen, so können wir dem Zufall einmal mehr ein Schnippchen schlagen. **Die Zeit zeigt ihre Struktur**.

Solange wir mit unserem Körper im Schwingungsspektrum der Protonen weilen, sind wir diesem unterworfen. Global Scaling beschreibt die Wirkmechanismen, welche für alle Systeme gelten, die sich aus Protonen zusammensetzen. Wie verhält es sich, wenn wir mit unserem Geist in höher schwingende Ebenen vordringen. Sind wir dann immer noch den Materieresonanzen unterworfen?

**Literaturhinweise:**

[1] Blau und rot gekennzeichnete Knotenpunkte wechseln sich in einem Abstand von 1,5 logarithmischen Einheiten ab. Oft zeigt sich bei ausgereiften Systemen, dass Komplementärgrößen existieren, von denen die eine im blauen Spektrumsbereich und die andere Größe im roten Spektrumsbereich zu finden ist. So zum Beispiel: Strom & Spannung, potentielle und kinetische Energie, Auslenkung und Geschwindigkeit, ...

[2] Im Interferenzknotenpunkt haben die Knotenpunkte [3; -6] der Ausgangswelle und [-3; 6] der phasenverschobenen Welle exakt dieselbe Wellenlänge. Der Interferenzknotenpunkt liegt genau in der Mitte des grünen Bereichs. Viele natürliche Systeme nutzten die besondere Schwingungsqualität dieses Resonanzpunktes.

[3] Der Russe Sergeij Bubka bildet hier eine deutliche Ausnahme. Womöglich hat er eine Methode entwickelt, mental diese Eigenschwingungsgrenzen der Materie und damit seines Körpers zu überwinden. Inwieweit russische Trainingsmethoden auf der Basis von Wellengenetik unterstützend angewendet wurden, kann man nur vermuten.

[i] Müller, H.: „Scaling in the distributions of physical properties of stable systems as global law of evolution"; Second Soviet Biophysical Congress, vol. 2, Moscow / Pushchino, 1982

[ii] Müller, H.: „Evolution of matter and the distribution of properties of stable systems", VINITI, 3808-84, Moscow, 1984

[iii] Global Scaling – raum & zeit special 1, Ehlers-Verlag GmbH, 5. Auflage, 2004

[iv] Bürger, C.; Rausch, R.: „Pumpen im Takt von Global Scaling", Zeitschrift raum&zeit Nr. 153 (2008), S. 90-93

[v] Müller, H. „Global Scaling Kompendium", Institut für Raum-Energie-Forschung 6.Auflage, München, 2007

[vi] Sportdatensätze: Wikipedia - http://de.wikipedia.org/wiki/Stabhochsprung und International Association of Athletics Federations - http://www.iaaf.org/statistics/index.html

Hartmut Müller/Erwin Müller

# Geschwindigkeit ist keine Hexerei

## Staus auf deutschen Autobahnen – Wissenschaft ist für Tempolimit

*Sicherheit im Straßenverkehr ist nicht nur ein volkswirtschaftliches, sondern auch ein humanitäres Thema. Auch auf deutschen Autobahnen wird es früher oder später ein generelles Tempolimit geben. Wie viele Menschen bis dahin ihr Leben in vermeidbaren Verkehrsunfällen verlieren, hängt nicht nur davon ab, wann ein Tempolimit kommt. Wichtig ist auch, dass eine wissenschaftlich fundierte, nachhaltige Entscheidung getroffen wird.*

Deutschlands Autobahnnetz ist eines der längsten und dichtesten der Welt mit der höchsten Menge an Kreuzungen und Auf- und Ausfahrten. Gleichzeitig gibt es nur noch in Deutschland Autobahnen ohne Tempolimit (außer dem Northern Territory, Australien). Diese Mischung ist nicht nur weltweit präzedenzlos, sondern auch explosiv. Sie fordert die chronische Staubildung geradezu heraus. Störungen des Verkehrsflusses können neben unvermeidbaren Ursachen wie zum Beispiel einem Unfall, einer Baustelle oder einem liegengebliebenen Fahrzeug, auch völlig andere Hintergründe haben, die Gegenstand wissenschaftlicher Forschung sind. Immer öfter entsteht auf deutschen Autobahnen folgende Situation: Nach mehreren Kilometern Stop-and-go- fährt der Verkehr plötzlich wieder mit autobahntypischen Geschwindigkeiten, ohne dass für die Störung ein Grund erkennbar ist. Worin liegt die Ursache dieses Phänomens?

### Wie Raser Stau verursachen

Bei hoher Verkehrsdichte reicht schon das starke Bremsen eines einzelnen Fahrzeuges aus, um mehrere Kilometer dahinter einen Stau zu erzeugen. Der Mechanismus ist leicht nachvollziehbar. Ein Fahrzeug bremst stark. Die unmittelbar dahinter befindlichen Fahrzeuge müssen ebenfalls bremsen. Dieser Bremsimpuls wird nun auf eine Vielzahl von nachfolgenden Fahrzeugen übertragen. Mit jedem weiteren ausgebremsten Fahrzeug wird die Geschwindigkeit weiter gedrosselt bis dann, mitunter mehrere Kilometer hinter der eigentlichen Ursprungsstelle des ersten Bremsimpulses, der Verkehr zum Erliegen kommt. Seinen Lauf nimmt der Stau aus dem Nichts meist auf der Überholspur, denn dorthin zieht es den größten Teil der deutschen Autofahrer. Immer öfter werden Raser zu Staumachern, wenn sie zum Beispiel mit Tempo 180 einem anderen Fahrzeug auf die Stoßstange rücken, das gerade einen Laster überholt. Der Raser bremst, dessen Hintermann steigt ebenfalls aufs Pedal, nur etwas stärker. So schaukelt sich ein kräftiger Pedaltritt zu einem massenhaften Bremsmanöver hoch, bei dem die Abstände zwischen den Stoßstangen immer kürzer werden.

Wissenschaftler erforschen das Phänomen Stau in physikalischen Experimenten und mithilfe mathematischer Modelle. Dabei vergleichen sie Autos mit physikalischen Teilchen.

Qualitativ kommen alle Modelle zum selben Schluss: Je geringer die Geschwindigkeitsdifferenz der Fahrzeuge, desto geringer ist auch die Staugefahr.

### Stauwellen auf der Autobahn

Interessanterweise steht im Stau die Blechlawine nicht, sondern bewegt sich rückwärts – sie wird länger. Staus wachsen durchschnittlich mit 15 Kilometern pro Stunde. Ganz schlimm sind Engstellen, also Baustellen, Unfallstellen und vor allem Auffahrten. Das ständige Stop-and-go ist wie eine Atmung: Es ist ein periodisches Phänomen. Die Autobahn „atmet" Autos ein und aus. Über große Entfernungen betrachtet verhält sich der scheinbar kontinuierliche Fahrzeugfluss auf einer Autobahn wie eine Welle: Auf einen Abschnitt mit geringer Fahrzeugdichte folgt ein Abschnitt mit relativ hoher Fahrzeugdichte, dann wieder ein Abschnitt mit geringer Fahrzeugdichte und so weiter. Überschreitet die Fahrzeugdichte an irgendeinem Abschnitt dieses Flusses einen kritischen Grenzwert, wird eine Stauwelle ausgelöst, die sich entgegen der Fahrtrichtung, also nach hinten, ausbreitet. Die Geschwindigkeit der sich nach hinten ausbreitenden Stauwelle entspricht ungefähr dem durchschnittlichen Geschwindigkeitsverlust der bremsenden Fahrzeuge. Das bedeutet, Ursache eines Staus ist in jedem Fall zu geringer Abstand zum vorausfahrenden Verkehrsteilnehmer, also zu dichtes Auffahren. Unter normalen Bedingungen (keine Verengung der Fahrbahn) entsteht aber zu dichtes Auffahren fast ausschließlich durch überhöhte Geschwindigkeit.

### Warum Tempolimit und welches?

Zu hohe Geschwindigkeit, zu dichtes Auffahren und rücksichtsloses Drängeln sind die statistischen Hauptursachen für Unfälle auf deutschen Autobahnen. Allein im vergangenen Jahr wurden, laut Statistischen Bundesamtes, auf deutschen Autobahnen 21.458 Menschen bei Unfällen verletzt oder getötet. Deshalb fordern nicht nur Politiker, sondern auch im Bereich der Verkehrsforschung tätige Wissenschaftler die Einführung eines Tempolimits auf deutschen Autobahnen. Auch der Bund für Umwelt und Naturschutz Deutschland verweist darauf, dass *„ein Tempolimit zugleich zu einer Klima und Lärmentlastung und zum Abbau von Staus"* führen würde. Gleichzeitig könnte sich die Autoindustrie endlich auf die Entwicklung von Fahrzeugen mit geringem Verbrauch konzentrieren, wenn es ein generelles Tempolimit gäbe. Nun entsteht allerdings die Frage, welches Tempolimit würde denn auf deutschen Autobahnen das Stau- und Unfallrisiko minimieren? Auf Autobahnen in Belgien, Bulgarien, Finnland, Griechenland, Luxemburg, Portugal, Rumänien, Spanien, Ungarn, den Niederlanden und der Schweiz gilt Tempolimit 120 km/h. In Dänemark, Schweden und Russland 110 km/h, in Frankreich, Italien, Kroatien, Österreich, in Tschechien und der Slowakei 130 km/h. Viele deutsche Autofahrer wissen aus eigener Erfahrung, wie störungsfrei das Fahren auf ausländischen Autobahnen ist. Welches Tempolimit wäre auf deutschen Autobahnen optimal – das österreichische (130 km/h), das schweizerische (120 km/ h) oder gar das dänische (110 km/h)? Verkehrsforscher des Deutschen Zentrums für Luft und Raumfahrt (DLR) haben gemeinsam mit Partnern aus Industrie und Forschung ein Verfahren entwickelt, das Bilder der Verkehrssituation vom Flugzeug aus erfasst und in Echtzeit am Boden verfügbar macht. So kann man einschätzen, wie sich der Verkehr in den nächsten Stunden entwickeln wird. Diese Beobachtungen erlauben es jedoch nicht, die Entstehung von Mengenstaus auf Autobahnen zu verhindern beziehungsweise zuverlässige Aussagen hinsichtlich eines generellen Tempolimits zu treffen.

**Je geringer die Geschwindigkeitsdifferenz der Fahrzeuge, desto geringer ist auch die Staugefahr.**

## Global Scaling und die Physik des Staus

Statistisch gesehen pendelt die Geschwindigkeit bei hoher Verkehrsdichte auf Autobahnen um den Wert von etwa 80 km/h. Deshalb wird bei Staugefahr auf Autobahnen diese Geschwindigkeitsbegrenzung gesetzt. Die Einführung eines solchen Tempolimits auf deutschen Autobahnen wäre sicher ein interessantes Thema für das politische Kabarett. Aus mathematischer Sicht enthält der Fahrzeugstrom auf einer Autobahn chaotische Komponenten ähnlich wie sie in strömenden Gasen oder Flüssigkeiten auftreten, wenn der gleichmäßige (laminare) Fluss gestört wird. Dabei ist das Entstehen von Turbulenzen durchaus vorhersehbar und kann berechnet werden.
Die Grundlage für solche Berechnungen sind Erkenntnisse aus den Fachbereichen Wellen- und Schwingungstheorie sowie Chaosforschung. Eine der gesichertsten Erkenntnisse aus diesen Fachbereichen ist Global Scaling. Dabei geht es um eine Gesetzmäßigkeit, die allen bekannten natürlichen und technischen Prozessen eigen ist. Sie beschreibt den Wechsel von fluktuationsarmen und fluktuationsreichen Wertebereichen im Prozessverlauf. Das klingt ziemlich kompliziert, ist aber schnell erklärt. In Strömungsprozessen, zum Beispiel, gibt es Geschwindigkeitsbereiche, in denen die Wahrscheinlichkeit groß ist, dass der laminare Verlauf turbulent wird. Ursache für die Entstehung solcher Turbulenzen sind nicht Hindernisse, die in den Strom gelegt werden, sondern ein Mechanismus der Rückkopplung der Strömung mit sich selbst, eine Eigenresonanz.

Abbildung 1 auf der folgenden Seite zeigt einen Ausschnitt des Spektrums der Eigenresonanz-Geschwindigkeiten. Das Spektrum ist logarithmisch-hyperbolisch fraktal und skaleninvariant, würde der Mathematiker sagen. In diesem Zusammenhang spricht man in der Physik von Scaling.

## Staugefahr ist auch eine Frage der Geschwindigkeit

Jede weiße Linie im Spektrum markiert einen Geschwindigkeitswert, bei dem die Eigenresonanz- und damit auch die Fluktuationswahrscheinlichkeit eines Strömungsprozesses statistisch signifikant wird. Abbildung 1 zeigt den Spektralbereich, der für Geschwindigkeiten des Straßenverkehrs typisch ist. Besonders auffällig sind die Bereiche in der Nähe von 16 km/h, 74 km/h und 330 km/h (rot markiert). Dort erreicht die Eigenresonanzwahrscheinlichkeit von Strömungspro zessen jeweils ein lokales Maximum. Das bedeutet auch, dass der Geschwindigkeitsbereich in der Nähe von 74 km/h aufgrund seiner Eigenresonanzfähigkeit für viele Prozesse eine Attraktorwirkung hat. Überlässt man also einen Strömungsprozess, dessen Geschwindigkeit sich im Bereich von 50 bis 110 km/h bewegen kann, sich selbst, dann neigt er statistisch dazu, seine Geschwindigkeit im Bereich um 74 km/h zu fixieren. Schuld daran ist die hohe Turbulenzdichte, die in diesem Bereich herrscht. Eben aus diesem Grund pendelt sich die Geschwindigkeit bei hoher Verkehrsdichte auf Autobahnen auf den Wert von etwa 80 km/h ein. Fixiert man nun zusätzlich bei Staugefahr durch 80 km/h – Beschilderung die Geschwindigkeit auf diesen stark fluktuierenden Bereich, ist allerdings kaum damit zu rechnen, dass sich der Stau schneller auflöst. Staus wachsen durchschnittlich mit einer Geschwindigkeit von 15 km/h. Das ist die typische Stop-and-go-Geschwindigkeit, die sich nach Global Scaling erwartungsgemäß im Turbulenzbereich um 16 km/h einpendelt.

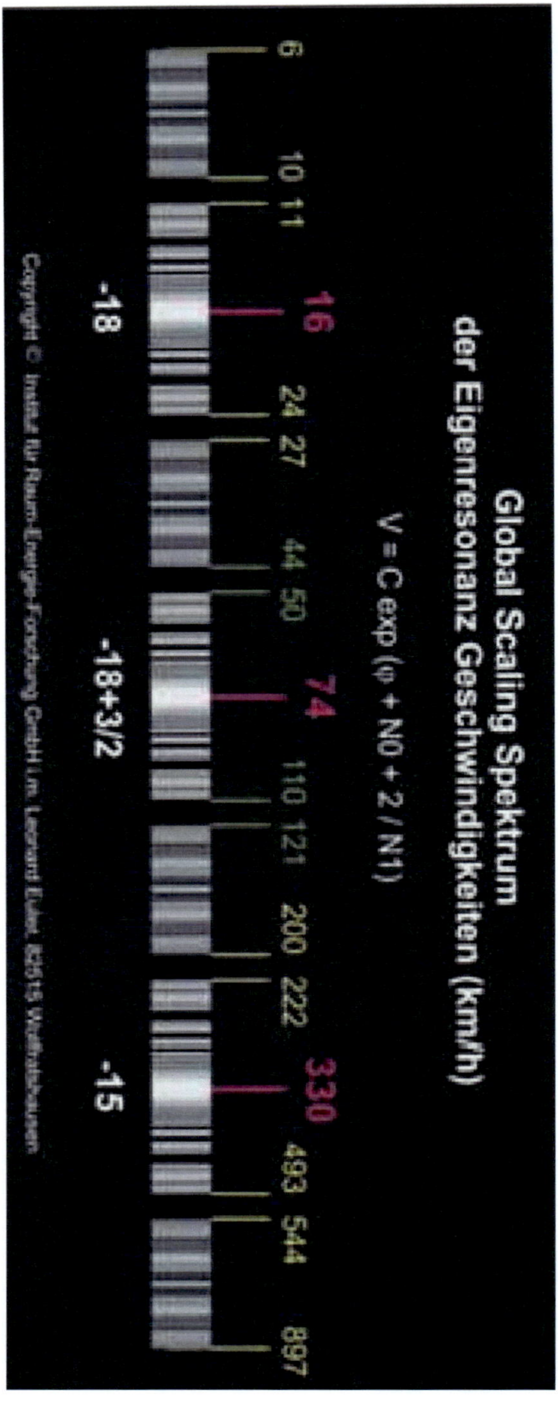


**Abb. 1** *veranschaulicht einen Abschnitt des Global Scaling Spektrums der Eigenresonanz-Geschwindigkeiten V physikalischer Prozesse. N0 und N1 sind ganze Zahlen, φ =0, 3/2 ist der Phasenwinkel, C ist die Lichtgeschwindigkeit im Vakuum.*

## Richtiges Tempolimit reduziert Staugefahr

Wie aus Abbildung 1 ersichtlich, gibt es jedoch auch Geschwindigkeitsbereiche, in denen die Wahrscheinlichkeit der Entstehung von Turbulenzen infolge von Eigenresonanzeffekten minimal ist, zum Beispiel bei Geschwindigkeiten zwischen 44 und 50 km/h sowie zwischen 110 und 121 km/h. Bei erwartungsgemäß hoher Verkehrsdichte sind daher die klassischen Tempolimits 120 km/h (auf Autobahnen) und 50 km/h (in Ortschaften) unbedingt zu empfehlen. Allerdings hängt die praktische Wirksamkeit eines Tempolimits sehr stark von der Mentalität der Autofahrer ab. Auf deutschen Autobahnen kommen Berufsfahrer der mobilen Oberklasse bisweilen auch schon mal in den risikovollen Genuss laminarer Strömungsverhältnisse bei Geschwindigkeiten zwischen 200 und 222 km/h. Wichtig für den Straßenverkehr ist auch der laminare Bereich zwischen 24 und 27 km/h. Das bedeutet aber auch, dass die klassische Geschwindigkeitsbegrenzung 30 km/h in der Nähe von Schulen zu hoch platziert ist. Außerdem wird sie fast immer um 5 km/h überschritten, weil viele Fahrer mit der Toleranz einer Laserpistolen- Geschwindigkeitsmessung rechnen. Übrigens, die mitunter völlig verschiedenen Eigenschaften, die Strömungsprozesse in Abhängigkeit von ihrer Geschwindigkeit offenbaren, sind in der Praxis zum Teil gut bekannt. So beträgt die Landegeschwindigkeit vieler Flugzeugtypen 115 km/h. Die Höchstgeschwindigkeit getunter Automobile mit Zulassung für den öffentlichen Verkehr wird aus Sicherheitsgründen elektronisch auf 330 km/h begrenzt und schwere Reifen für Geländewagen werden maximal bis zu Geschwindigkeiten von 210 km/h freigegeben.

In Anbetracht der ständig steigenden Verkehrsdichte ist die Wahrscheinlichkeit sehr gering, dass sich der Zustand einer fehlenden generellen Geschwindigkeitsbegrenzung auf deutschen Autobahnen unbegrenzt aufrechterhalten lässt. Die Gesetze der Natur sprechen dagegen. Deshalb wäre es sehr empfehlenswert, ein sinnvolles generelles Tempolimit so schnell wie möglich durchzusetzen, um so viele Menschen wie möglich vor dem sinnlosen Unfalltod zu bewahren.

**Matthias Pauqué**

# Global Scaling Analyse der kalendaren Zeitrechnung

Eines der fundamentalen Elemente unserer Verständigung und Beziehungen unter uns Menschen ist die Zeitrechnung. Durch alle gesellschaftlichen Schichten hindurch besteht der Konsens, dass wir das Jahr 2009 schreiben. Wenn wir uns verabreden, Termine festlegen oder Verträge unterzeichnen, verwenden wir selbstverständlich und ohne große Überlegung die Wochentage, Monate und Jahreszahlen.

Im Jahre 1582 fand die letzte Reform unserer Kalenderrechnung statt. Der Reformer hieß Papst Gregor XIII und deshalb sprechen wir heute vom Gregorianischen Kalender. Diese Reform korrigierte jedoch nur einen Verzug mit den Jahreszeiten, der wesentliche Aufbau blieb unverändert. Die Struktur unseres Kalenders wurde von Julius Cäsar festgelegt und reicht rund 2.000 Jahre in die Vergangenheit. Er reformierte den Kalender ca. 46 v.Chr.

Blicken wir die letzten Jahrhunderte zurück, so hat der Gregorianische Kalender eine steile Karriere hingelegt. Vor allem seit dem 18. Jahrhundert kamen viele neue Länder hinzu, die, trotz ihrer mitunter eigenen Zeitrechnung, den Gregorianischen Kalender als Standard übernahmen. Der zunehmende Handel und die damit wachsende Abhängigkeit von den heranwachsenden Industrienationen zwang sie nicht selten dazu. Sogar ein Land wie China, mit einer Jahrtausende alten Kultur und eigener Zeitrechnung, entschied sich 1912 für die Einführung des Gregorianischen Kalenders.

Gerade über den internationalen Handel erleben wir heute unseren Kalender als vereinendes Zeitmuster, als Instrument der Synchronisierung. Wie fundamental und mächtig der globale Schwingungsprozess unserer Zeitrechnung sein muss, erkennen wir auch an der großen Anzahl seiner Anwender. Diesen Schwingungsprozess zu analysieren, ist eine spannende Aufgabe. Birgt sie doch die Möglichkeit, historische Ereignisse in einem neuen Licht zu betrachten und neue Zusammenhänge erkennen zu können.

Global Scaling ist ein universelles Instrument der Prozessanalyse und ermöglicht fraktale Spektralanalysen beliebiger Prozesse. Die Analyse der Zeitrechnung und der Geschichte mit Hilfe von Global Scaling kann dazu beitragen, zu einem tieferen Verständnis von historischen Entwicklungen zu gelangen. Ein tieferes Verständnis der Ereignisketten würde auch zu einem besseren kollektiven Selbstverständnis und damit auch zu einem besseren individuellen Selbstverständnis führen. Die Bedeutung dessen kann man ermessen, wenn man sich vor Augen führt, dass das Heute doch das Ergebnis der Vergangenheit ist. Vielleicht gelingt es uns damit mehr und mehr, aus der Vergangenheit zu lernen und im Heute die richtigen Entscheidungen zu treffen, zum Wohle aller Menschen.

Eine wichtige Frage der Global Scaling Prozessanalyse ist es, welchen Startzeitpunkt man verwendet. Die Definition des Startzeitpunktes ist ein wichtiger Bestandteil der Selektion des zu analysierenden Prozesses. Nun ist das Schöne an der Analyse des kalendaren Schwingungsprozesses, das dieser eben davon lebt, dass täglich sein Alter niedergeschrieben wird, das aktuelle Datum. Der Konsens von Milliarden von Menschen, dass wir heute das Jahr 2009 mit genauem Monat und Tag schreiben, ist ein Indiz dafür, dass der zu untersuchende Schwingungsprozess auch genau so alt ist. Denn selbst unbewusste und bewusste Manipulationen der Zeitrechnung müssten selbst Funktionen dieses Schwingungsprozesses sein. Während also das auslösende Ereignis der heutigen Kalenderrechnung – man spricht heute dabei von „Christi Geburt" – im Dunkeln liegt, liefert uns die tägliche Notierung des Datums dessen genauen Zeitpunkt in der Vergangenheit. Was sich im Jahr 0 wirklich ereignete, vermag heute keiner mehr zu beantworten. Durch den Kalender wird uns dieses Ereignis sozusagen „auf dem Silbertablett serviert". Dies ist zumindest die grundlegende Annahme und These des Autors bei der Analyse unserer kalendarischen Geschichte.

So liefert uns der Gregorianische Kalender trotz seiner nicht gerade benutzerfreundlichen Struktur, ein relativ präzises chronologisches Werk, das mit Hilfe von Global Scaling analysiert werden kann.

Die momentane Lage im Fundamentalen Zeitfraktal eines historischen Prozesses, der vor etwa 2009 Jahren startete, verdeutlichen die folgenden Jahreszahlen:

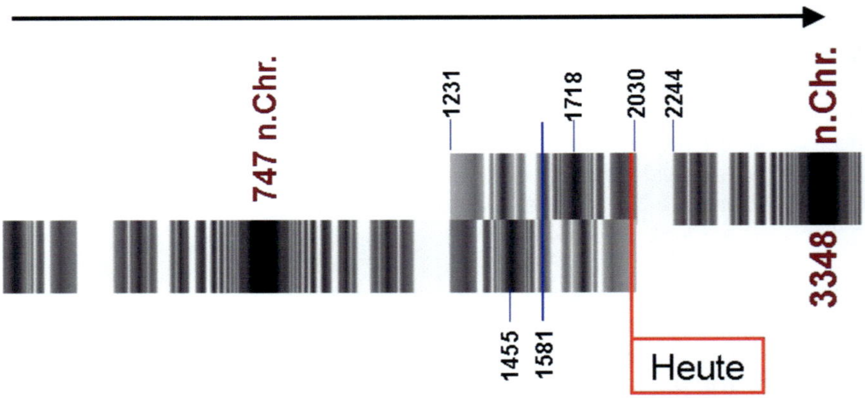


***Abb. 1:** Orientierung im Fundamentalen Fraktal der kalendarischen Zeitrechnung*

Demnach befinden wir uns heute relativ zum Startzeitpunkt zu Beginn des Jahres 0 am äußersten rechten Rand des sogenannten Grünen Bereichs, der 1231 n.Chr. begonnen hat und 2030 endet. Nach 2030 befindet sich der Schwingungsprozess der globalen Zeitrechnung in einer großen Lücke bis 2244.

## Einige Ereignisse in der Geschichte

Werfen wir nun einen Blick auf ausgewählte Ereignisse in unserer Geschichte und betrachten deren Lage im Fundamentalen Fraktal der kalendarischen Zeitrechnung. Dabei liegt den angegebenen Daten eine Genauigkeit von +/- 1 Tag zu Grunde. Die Beschreibung der Ereignisse soll nur einen kleinen Einblick geben. Es geht zunächst vor allem um deren Positionsbestimmung. Zur ausführlichen Klärung der Zusammenhänge sind weitere umfangreiche Recherchen notwendig.

**Die letzte Reform unseres Kalenders 1582 durch Papst Gregor XIII.**

Die Untersuchung dieses Ereignisses liefert die erste kleine Sensation. Dieser Eingriff in den Ablauf des Kalenders muss zwangsweise als Eingriff in den Schwingungsprozess selbst eine Übereinstimmung mit dem Fundamentalen Fraktal liefern, wenn die oben genannte Annahme zur Analyse richtig ist.

Im Jahr 1582 n.Chr. führte Papst Gregor XIII. eine Korrektur der Schaltjahrregelung durch, weil sich folgender Fehler bemerkbar machte: Das Frühjahrsäquinoktium fiel zehn Tage hinter das tatsächliche solare Ereignis, weil die wirkliche durchschnittliche Jahreslänge 365,2422 und nicht 365,25 Tage beträgt. Erkannt hat man diesen Fehler, als die spanischen Eroberer auf die Maya-Zeitrechnung stießen, die dieser Genauigkeit Rechnung trug.[1] Des Weiteren beinhaltete die Reform einen Sprung von zehn Tagen. Als man am 04.10.1582 zu Bett ging, erwachte man am 15.10.1582.

Bemerkenswert ist die Lage der Reform im Bereich und in unmittelbarer Nähe des gemeinsamen Subknotens [78+3/2; +3, - 6] = [81; -3, +6]. Die Überschneidung beider Hauptknoten in diesem Subknoten ist einzigartig und bringt damit die besondere Bedeutung von Ereignissen in diesem Zeitraum zum Ausdruck. Die sich überlagernden Subknotenbereiche ergeben die Zeiträume von 1551 bis 1602 und 1560 bis 1612 und haben den gemeinsamen, bedeutsamen Knoten um Juni 1581.

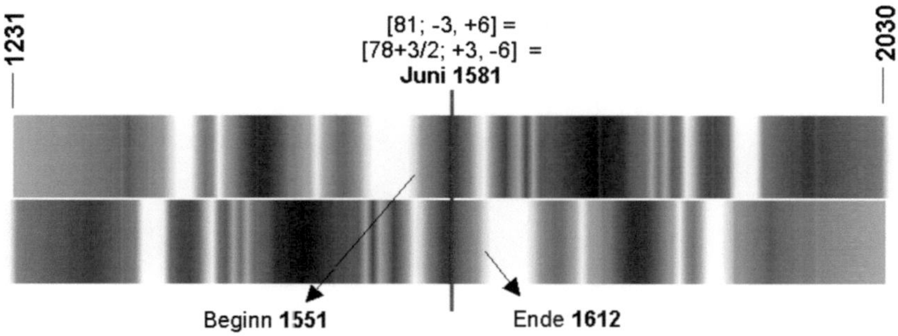


***Abb. 2:** Die Gregorianische Kalenderreform 1582*

Die Reform finden wir nun verblüffend genau in dem Subknoten [81; -3, +6, +39, -3], welcher vom 04.10.1582 (gregorianisch 14.10.1582) über den Knoten am 16.10.1582 bis zum 20.10.1582 reicht.

## Der Dreißigjährige Krieg

Dreißigjähriger Krieg ist die Sammelbezeichnung für mehrere Kriege um die Vorherrschaft in Europa von 1618 bis 1648. Es wird unterschieden zwischen dem Böhmisch-Pfälzischen Krieg von 1618-1623, dem Niedersächsisch-Dänischen Krieg von 1625-1629, dem Schwedischen Krieg von 1630-1635 und dem Schwedisch-Französischen Krieg von 1635-1648. Die Verschärfung der konfessionellen Gegensätze seit dem Augsburger Religionsfrieden 1555 führte 1608/09 zu einer Verhärtung der Fronten zwischen den Reichsständen (1608 protestantische Union, 1609 katholische Liga) sowie zwischen ihnen und dem Kaiser. Auslösend wirkte die Verletzung des Majestätsbriefs Rudolfs II. für Böhmen durch Ferdinand II., sie führte im "Prager Fenstersturz" 1618 zur offenen Empörung der Stände und zur Wahl des Kurfürsten Friedrich V. von der Pfalz zum protestantischen Gegenkönig. Da die böhmischen Stände Unterstützung bei Siebenbürgen, Savoyen, der Union und einem Teil der österreichischen Landstände fanden, wandte sich Ferdinand an die Liga und Spanien.[2)]

Der Knotenbereich [81; -3, +9] reicht von 1617 bis 1639 und gibt erstaunlich gut den Zeitraum des Krieges wieder. Der Knotenpunkt 1629 lässt eine Wende in diesen Konflikten vermuten und "...Mit dem Restitutionsedikt am 06.03.1629 schien sich endgültig eine Kräfteverschiebung zu Gunsten des Katholizismus anzubahnen..." Beunruhigt durch die kaiserliche Machtstellung an der Ostsee, griff Gustav II. Adolf von Schweden in den Krieg ein (Landung in Pommern, 4. 7. 1630)".[3)]

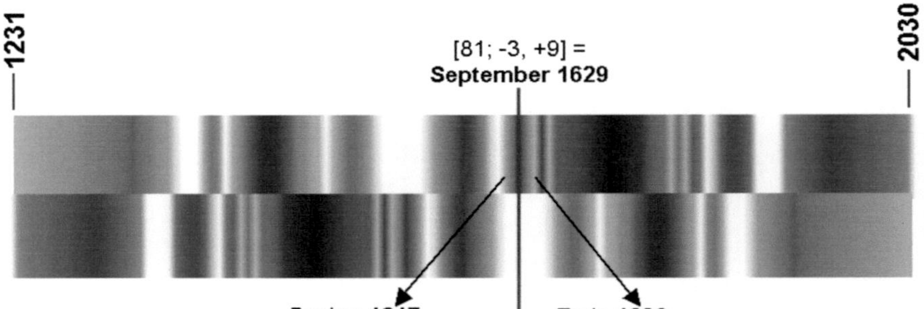


***Abb. 3**: Der Dreißigjährige Krieg 1618 bis 1648*

Interessant dabei ist, dass das phasenverschobene Fraktal von 1612 bis 1662 in einer Lücke ist. Dieser Konflikt hat also mit der Qualität des zukünftigen Ereignisses des Knotens [81] zu tun. Des Weiteren weist der Subknoten n2 = +9 erstens aufgrund seiner Lage auf dem Niveau n2 und zweitens durch seine Teilbarkeit durch 9 auf ein Ereignis sehr hoher Priorität hin.

## Der Siebenjährige Krieg

Im Siebenjährigen Krieg von 1756 bis 1763 kämpften alle europäischen Großmächte dieser Zeit mit nachhaltiger weltpolitischer Auswirkung. Österreich verbündete sich mit Russland und Frankreich um das von Preußen eroberte Schlesien zurückzugewinnen. Friedrich, unterstützt von Großbritannien-Hannover, kommt ihnen mit einem Präventivkrieg zuvor und kann Teilerfolge erzielen. Zudem kommt ein britisch-französischer Kolonialkonflikt hinzu. Bis 1760 nimmt Friedrichs Lage jedoch immer aussichtslosere Züge an. Von 1760 bis 1762 ist er nur auf Verteidigung beschränkt. Trotzdem eroberte er fast ganz Schlesien zurück. Der Krieg wurde in Mitteleuropa, Nordamerika, Indien, der Karibik sowie auf den Weltmeeren ausgefochten.[4)]

Der Subknoten [81; -3, -18] gibt den Zeitraum vom 29.03.1758 bis 30.09.1762 wieder und damit das zeitliche Zentrum des Krieges. Im Mai 1760 wird mit dem Knoten des Zeitraums wieder eine Trendwende angezeigt. Am 08.09.1760 kapitulieren die Franzosen in Montreal und die Briten entscheiden den Kolonialkrieg in Nordamerika/Kanada für sich.[5)]

Der Subknoten n2= -18 ist durch 9 teilbar und deutet zusätzlich auf eine hohe Priorität hin. Außerdem wird er exakt vom Knoten [78+3/2; +3, -3] überlagert, also eine Stelle mit besonderer Bedeutung im Grünen Bereich. Bemerkenswert ist auch hier, dass der letztgenannte Knotenbereich und damit das Ereignis erst 2030 seine Wirkung verliert.

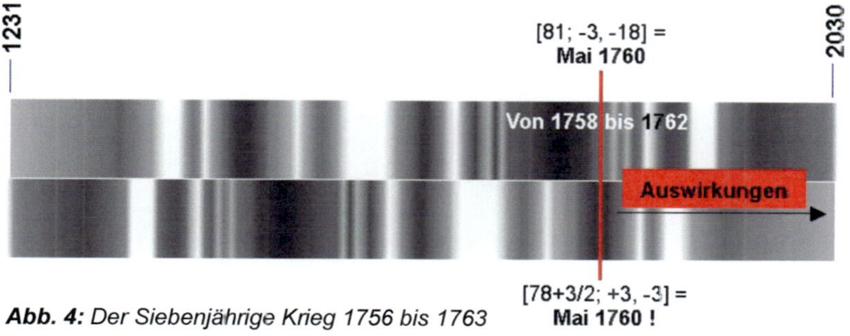


***Abb. 4:*** *Der Siebenjährige Krieg 1756 bis 1763*

## Der Erste Weltkrieg

Interessant ist zunächst die übergeordnete Betrachtung des Knotenbereichs [78+3/2; +3, -3, +3], welcher von 1854 bis 2030 reicht. Als Auftakt und Randfluktuation dieses Bereichs im Jahre 1854 erklären England und Frankreich gemeinsam Russland den Krieg. 1898 beginnen Bündnisverhandlungen zwischen England und dem Deutschen Reich, die nach dem Knoten von 1899, nämlich 1901 endgültig scheitern.[6)] Ist das die zu erwartende Trendwende in der europäischen Politik?

Aus dieser Perspektive erscheint der Erste Weltkrieg als Folge dieser Ereignisse. Er begann im Juli 1914 durch die Kriegserklärung Österreichs an Serbien und dauerte bis 1918. Das Deutsche Reich, an der Seite der Donaumonarchie Österreich-Ungarn, stand der Entente Cordiale von Großbritannien und Frankreich, sowie dem Bündnis Russlands mit England von 1907 gegenüber.[7)]

Der Zeitraum des Ersten Weltkrieges wird erstaunlich präzise vom Subknoten [78+3/2; +3, -3, +3, -9] des phasenverschobenen Fraktals wiedergegeben, dessen Ränder von September 1914 .über den Knoten im Juli 1916 bis Dezember 1918 reichen. Auch hier bildet Juli 1916 eine Trendwende ab. Als ergänzender Aspekt kommt hinzu, dass sich das Fraktal des Hauptknotens [81] bis Juni 1917 in einer Lücke befindet. Die Qualität des zurückliegenden Hauptknotens von 747 n.Chr. gibt also den Ton an. Auch die Auswirkungen der Ereignisse im Besonderen um 1899, von denen auch eine der Erste Weltkrieg ist, bleiben bis 2030 in Kraft.

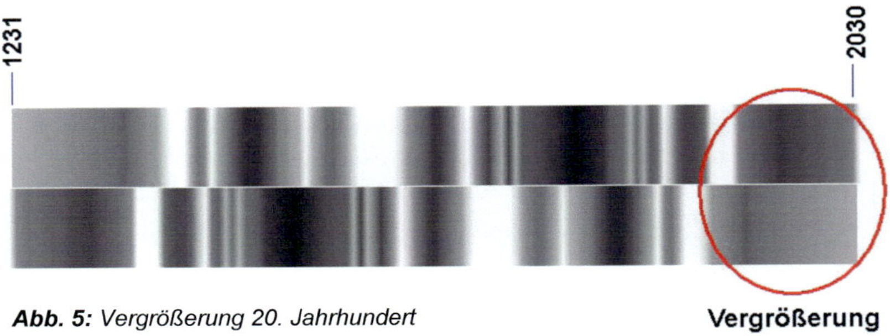


***Abb. 5:*** *Vergrößerung 20. Jahrhundert*

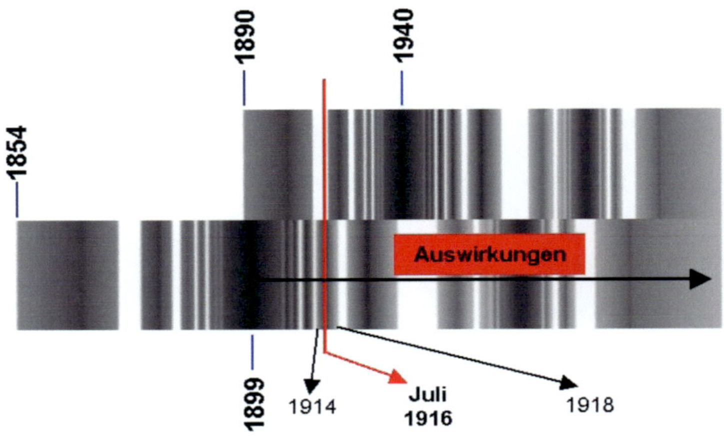


***Abb. 6:*** *Der Erste Weltkrieg 1914 bis 1918*

## Der Zweite Weltkrieg

Während der Zweite Weltkrieg oft als Folge des Ersten Weltkrieges bezeichnet wird, eröffnet die Global Scaling Analyse hier eine neue Perspektive. Energetisch ist er dem Hauptknoten [81] und damit dem bevorstehenden Ereignis im Jahre 3348 zuzuordnen, da sich das phasenverschobene Fraktal des Hauptknotens [78+3/2] des Jahres 747 von 1933 bis 1944 in einer Lücke befindet. Zudem erkennt man in diesem Ereignis eine wesentlich höhere Priorität als im Ereignis des Ersten Weltkrieges. Sehr exakt wird mit Juni 1940 die Trendwende des Krieges wiedergegeben. Bis dorthin verlaufen die deutschen Offensiven erfolgreich. Im Mai 1940 kapituliert Paris. Danach beginnen sich nach und nach die Misserfolge zu häufen. Wieder ist klar zu erkennen, dass die Auswirkungen dieses Ereignisses erst 2030 ihre Wirkung verlieren werden. Der Dow Jones Industrial Average Index verzeichnet im Mai 1940 einen sprunghaften Kursrutsch von 25%, und findet im Juni seinen Boden.

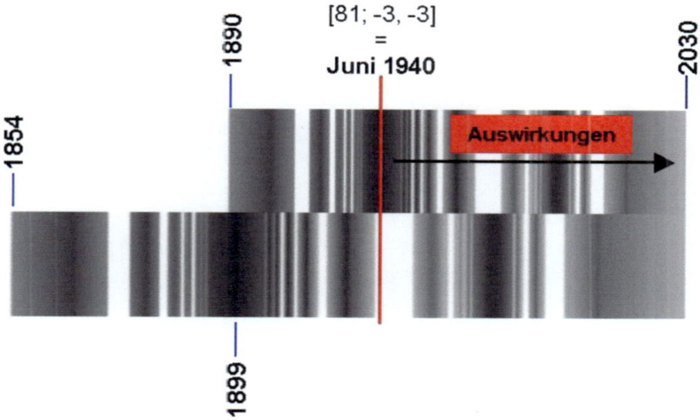


***Abb. 7:*** *Der Zweite Weltkrieg 1939 bis 1945*

## Reifestadium bis 2030

Höchst interessant ist unsere momentane historische Position im Fundamentalen Fraktal der kalendarischen Zeitrechnung. Wir befinden uns am extremen rechten Rand des Grünen Bereichs und repräsentieren damit ein hohes, komplexes Reifestadium der vorangegangenen Entwicklungen der letzten 2.000 Jahre. Insofern bewegen wir uns auf ein präzedenzloses Ereignis in unserer Geschichte zu, dessen Entfaltung bereits in vollem Gange ist, der Rand des Zeitfraktals im Jahre 2030.

Die zunehmende Komplexität unserer Entwicklung wird unter anderem sichtbar durch drastische Zunahme der Geschwindigkeit im Informationsaustausch, begleitet von einem hohen Reifegrad vieler technischer Systeme, die diese beschleunigenden Entwicklungen erst ermöglichen und unterstützen. Die Industrie nationen geben in Sachen Politik und Wirtschaft eine Art globalen Standard vor, die sog. „Globalisierung“ steht als Synonym für die Ausweitung ihrer Wirtschaftssysteme zum Weltwirtschaftssystem, für die Ausbreitung ihres Kulturgutes. Das Reifestadium des aktuellen Grünen Bereichs besteht also in der Ausbreitung gewisser Dogmen unserer Kultur über den ganzen Planeten. So ist die Zusammenlegung der europäischen Währung zum Euro nur ein Beispiel der Vereinheitlichung für mögliche Entwicklungen, die wir bis 2030 erwarten können.

Im Grunde erleben wir in allen Bereichen eine weltweite Vereinheitlichung durch die Ausbreitung der abendländischen, christlich geprägten Kultur als globalen Standard. So ist zu erwarten, dass sich auch in Sachen Politik globale Machtzentren herausbilden werden. Erzeugen wir Machtzentren, die auf das Wohle aller Völker auf dem Planeten ausgerichtet sind, so wird dies eine sehr segensreiche Beschleunigung auf dem Weg zum weltweiten Frieden und Reichtum sein. Geht es jedoch wie in der Vergangenheit nur um Machtansprüche und Überlegenheit der einen Gruppierung über eine andere, könnten verheerende Prozesse die Folge sein.

Unsere 2000-jährige Geschichte ist übersät von Kriegen, Unterdrückung und Ausbeutung. Ein Reifestadium dieser Entwicklung könnte einen Krieg globalen Ausmaßes mit für uns nie da gewesener Zerstörung bedeuten. Denkbar wäre das im Zusammenhang mit der Bildung der oben angesprochenen Machtzentren, falls hier große gegensätzliche Machtinteressen aufeinanderprallen. Überwinden wir als Menschheit also nicht unsere Gegensätze, sind solche Prozesse beinahe zwingend. Wir sind also wie nie zuvor in unserer Geschichte aufgefordert, kollektiv unsere Einheit, unseren gemeinsamen Ursprung zu entdecken, egal welcher Glaubensgemeinschaft oder Gesellschaftsgruppierung wir angehören. Die Zeit bis 2030 könnte man auch als die Zeit der unausweichlichen Konsequenzen betrachten. Besonders deutlich wird dies an der Eigenschaft des Randes des Grünen Bereichs, an dem viele, unterschiedlich lange Subknoten gleichzeitig 2030 enden. Dies bedeutet, dass Ereignisse aus der fernen Vergangenheit seit 1455 zusammen mit jüngeren gleichzeitig zum Ende kommen. Gelingt es uns hingegen, uns zu einer globalen Erdengemeinschaft zu vereinen, kann uns bis 2030 ein Entwicklungsschub gelingen, wie er ebenfalls noch nicht in unserer Geschichte vorkam. Ab 2030 können dann tiefgreifende Veränderungen des Vorhandenen, die sich jetzt schon ankündigen, ihre volle Entfaltung erleben.

Die christliche Zeitrechnung kommt in eine große Lücke. Andere Weltreligionen, die sich nicht in einer Lücke befinden, werden an Einfluss gewinnen. So könnte beispielsweise die Bedeutung des Buddhismus stark zunehmen: Er liegt im Kompressionsbereich des Knotens [81] mit extrem hoher Priorität, d.h. es hat sich ein Trend herausgebildet in Verbindung mit zunehmender Ereignishäufigkeit rund um den Buddhismus.

Das Wort „Globalisierung“ beschreibt hervorragend unser momentanes Reifestadium, die Ausbreitung unseres Standards, unseres Gesellschaftsdogmas über den ganzen Planeten. Die Qualität dieses Dogmas bestimmt den nächsten Schritt nach der Vollendung dieses Reifestadiums, der z.B. so aussehen könnte – die von Kriegen übersäte Geschichte spricht allerdings nicht gerade dafür –, dass, wenn es die Menschen des Planeten in Frieden zu vereinen vermag, sich das Bewusstsein der Gesellschaft für die nächst höhere Ebene interplanetarer, interstellarer Gemeinschaften öffnet.

Wir sind die Geschichte, dieses Dogma. Können wir daraus lernen? Können wir uns, nach zweitausend Jahren Krieg besinnen und unsere gesellschaftlichen, religiösen Gegensätze überwinden? Können wir unsere Gemeinsamkeit verwirklichen?

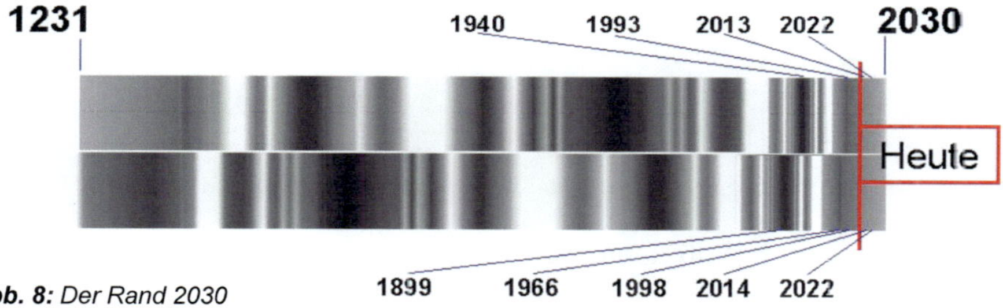


***Abb. 8:*** *Der Rand 2030*

**Blick über den Tellerrand der christlichen Zeitrechnung**

Wie eingangs erwähnt, ist die Frage nach dem Startzeitpunkt von essentieller Bedeutung. Der Startzeitpunkt wird mit der Geburt Jesus' von Nazareth in Verbindung gebracht. Wir schreiben das Jahr 2009 nach Jesus Christus. Damit entsteht die Frage, wer Jesus Christus war. Aus welchem Kulturkreis kam er? Jesus war Jude. Er ging zwar in seinen Lehren und seinem Wirken weit über die Grenzen des Judentums hinaus, aber es ist der Kulturkreis, aus dem er hervorging. Das Judentum führt seine eigene Zeitrechnung und schrieb zur Zeit Jesus' Geburt das Jahr 3761. Im Fundamentalen Zeitfraktal der jüdischen Zeitrechnung liegt dieser Zeitpunkt im Knoten [81; +18]! Der Knoten 81 ist von enorm hoher Priorität, weil er durch 9 und $9^2$ teilbar ist. Er bringt eine enorme Trendwende mit sich, die bis in das Jahr 9101 der jüdischen Zeitrechnung wirkt. Dass Jesus nach dieser Trendwende geboren wurde, bedeutet, dass er ein wesentlicher Teil dieser großen Trendwende, vielleicht sogar der wesentliche Repräsentant des neuen Trends ist. Der Subknoten 18 ist aufgrund seiner Teilbarkeit durch 9 ebenfalls von höherer Priorität als andere Subknoten. Auch in diesem Subknoten tritt Jesus nach dem Trendwechsel im Jahr 3742 in Erscheinung. Hinzu kommt die außerordentliche Nähe zum Hauptknoten 81. Mit der Lage von Jesus' Leben und Wirken in dieser markanten Position der jüdischen Zeitrechnung und der Tatsache, dass der für die jüdisch-religiöse Kultur zu revolutionäre Jesus nicht in die jüdische Religion integriert werden konnte, ist es verständlich, dass er zum Auslöser eines neuen mächtigen Schwingungsprozesses wurde – die christliche Zeitrechnung. So könnte man unter anderem in dem Konflikt der jüdischen Kultur mit Jesus auch die Ursache für das nicht immer konfliktfreie Nebeneinander von Juden- und Christentum sehen.

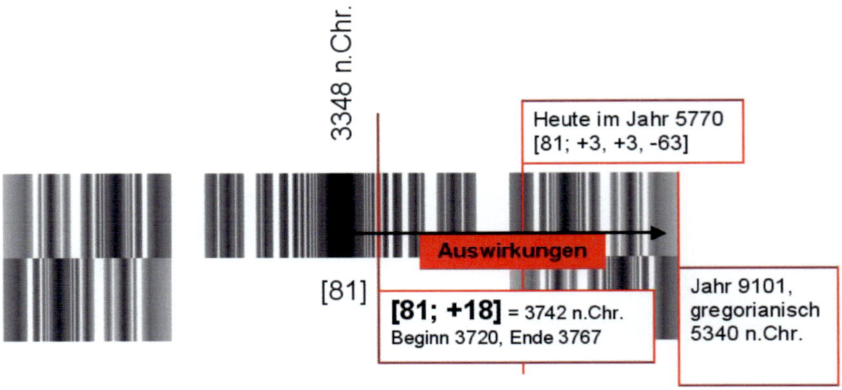


***Abb. 9:*** *Jesus im Fundamentalen Zeitfraktal der jüdischen Zeitrechnung*

## Zusammenfassung und Schlussfolgerungen

Die Analyse historischer Prozesse mit Global Scaling ermöglicht neue, bislang unsichtbare Zusammenhänge geschichtlicher Ereignisse zu erkennen. Wir können sogar die Dauer ihrer Auswirkungen abschätzen und über die Kenntnis ihrer Position im Fundamentalen Fraktal der kalendarischen Zeitrechnung, die Bedeutung für den weiteren Verlauf der Geschichte ermitteln.

Die Geschichte unserer Gesellschaft ist auch eine Geschichte der Kriege und Eroberungen. Die Christianisierung selbst war meistens ein gewaltsamer, oktroyierender Akt unter völliger Missachtung der Kerngedanken des christlichen Glaubens.

Der Blick auf unsere Vergangenheit mit Global Scaling lässt den Schluss zu, dass das auslösende Ereignis für diesen Schwingungsprozess ebenfalls einen gewaltsamen Charakter gehabt haben könnte. Des Weiteren hat wahrscheinlich eine entsprechend große Kraft hinter diesem auslösenden Ereignis gestanden, so dass sich dieser Schwingungsprozess global ausbreiten konnte. Die globale Verbreitung des Kalenders ist dabei ein grundlegendes, tragendes Element dieses Prozesses.

Die Verwendung eines Kalenders kann man verstehen als das resonante Einkoppeln in das Informationsfeld ihn verwendenden Kultur, was automatisch zur Teilnahme am Schicksal eines vereinigenden Schwingungsprozesses führt. Gut vergleichen könnte man dies mit dem Singen eines Liedes, dessen Qualität und Inhalt auch vom Sänger Besitz ergreift und ihn beeinflusst.

Die Zeitrechnung einer Kultur äußert sich in der Verwendung eines Kalenders. Die Struktur und der Aufbau des Kalenders gibt Auskunft über das Verständnis einer Gesellschaft, einer Kultur von Zeit und damit auch Aufschluss über ihr Selbstverständnis.

Ein Kalender ist ein aussagekräftiger Repräsentant für den globalen Schwingungsprozess gesellschaftlicher Entwicklung. Die Qualität des Kalenders spiegelt auch Eigenschaften dieses Schwingungsprozesses wider. Eine Kalenderrechnung scheint eine Art mentales Gleis zu sein, dass Entwicklung nur in bestimmten Rahmen zulässt. Allem Anschein nach gibt es eine Beziehung zwischen Kalender und Gesellschaft, sie beeinflussen und bedingen sich gegenseitig. So gesehen könnte eine gut durchdachte Kalenderreform eine wirksame Methode zur positiven Einflussnahme auf die Entwicklung unserer Gesellschaft darstellen.

**Literaturhinweise:**


[1)] Time & the Technosphere, Jos. Argüelles, 2002, Bear&Company Verlag, ISBN 1-79181-99-1, S. 205

[2)] Bertelsmann Universal Lexikon, Band 4 - Dreißigjähriger Krieg

[3)] Meyers Online-Lexikon – Dreißigjähriger Krieg

[4)] Bertelsmann Universal Lexikon, 1992, Band 16; Meyers Online-Lexikon; Wikipedia

[5)] Bertelsmann Universal Lexikon, 1992, Band 16, Meyers Online-Lexikon

[6)] Bertelsmann Universal Lexikon, 1992, Band 20, Weltchronik

[7)] Bertelsmann Universal Lexikon, 1992, Band 20, Weltchronik; Meyers Online-Lexikon

# Global Scaling Forschung

Die Erforschung makroskopischer Fluktuationen in physikalischen Zufallsprozessen ist ein gemeinsames Projekt der GSRI mit dem Institut für Theoretische und Experimentelle Biophysik der Russischen Akademie der Wissenschaften, Pushchino Scientific Center. Über einen Zeitraum von mehr als 40 Jahren wurden an der Lomonosov Universität Moskau und am Pushchino Scientific Center der Russischen Akademie der Wissenschaften unter Leitung des Biophysikers Simon E. Shnoll physikalische Zufallsprozesse nach einem speziellen Verfahren statistisch ausgewertet. Im Ergebnis konnte eine der fundamentalsten Erkenntnisse der modernen Naturwissenschaft gewonnen werden. Professor Simon E. Shnoll und seine Kollegen gelang die Entdeckung eines völlig neuen physikalischen Phänomens: Die Stochastik physikalischer Zufallsprozesse, z.B. radioaktiver Zerfallsprozesse, ist abhängig vom astronomischen Zeitpunkt und vom astronomischen Ortsvektor der Messung. Professor Shnoll leitet das Labor für Physikalische Biochemie am Institut für Theoretische und Experimentelle Biophysik der Russischen Akademie der Wissenschaften in Pushchino. Seinem Team gelang der Nachweis, dass statistische Häufigkeitsverteilungen (Histogramme) gleichzeitig ablaufender Zufallsprozesse ähnliche, prozessunabhängige Feinstrukturen haben.

Siehe auch: Shnoll S. E., Kolombet V. A., Pozharski E. V., Zenchenko T. A., Zvereva I. M., Konradov A. A. Realization of discrete states during fluctuations in macroscopic processes // Physics-Uspekhi, V. 41 (10), pp. 1025 – 1035 (1998).

Ein besonderes Anliegen der Global Scaling Research Institute GmbH ist die interdisziplinäre wissenschaftliche Kommunikation. In Anerkennung dieses Engagements wurde die GSRI am 30. November 2002 zum ständigen Mitglied der Internationalen Interakademischen Vereinigung in Moskau gewählt.

Die Internationalen Interakademischen Vereinigung wurde 1996 auf Initiative der Russischen Akademie der Naturwissenschaften in Moskau gegründet. Heute koordiniert sie die Zusammenarbeit und den Erfahrungsaustausch zwischen 188 staatlichen, gesellschaftlichen und privaten Forschungseinrichtungen und Lehranstalten in aller Welt. „Das ist ein wichtiger Meilenstein in unseren Bemühungen um ganzheitliche Wissenschaft und interdisziplinäre Kommunikation", erklärte Hartmut Müller, der Leiter der Global Scaling Research Institute GmbH, aus diesem Anlass. „Als Mitglied der Internationalen Interakademischen Vereinigung stehen unserem Institut logistische und technische Möglichkeiten zur Verfügung, die wir nutzen werden, um unsere Forschungen und Entwicklungen zu beschleunigen."

---

**Michael Köhlmann**

# Kosmische Zyklen des Maya-Kalenders

*Waren die Maya im Besitz eines vorzeitlichen Wissens über globale kosmische Zusammenhänge? Eines ist sicher: Bereits vor 2.000 Jahren verwendeten sie ein Kalender- und Zahlensystem, das neuesten Erkenntnissen aus der physikalischen Grundlagenforschung entspricht.*

Die Einteilung eines Jahres in 12 Monate mit einer jeweils unterschiedlichen Anzahl von Tagen ist für uns vollkommen selbstverständlich. Schließlich leben wir mit dem Gregorianischen Kalender seit über 400 Jahren. Der Mayaforscher José Argüelles plädiert in seinem Buch „Time & The Technosphere - The Law of Time in Human Affairs“[1] für die Einführung eines neuen Kalenders, der auf 13 Monaten mit jeweils 28 Tagen (Mondzyklus) basiert. Er bezeichnet unseren derzeitigen Kalender als künstlich und somit nicht an natürliche, kosmische Zyklen angepasst. Seiner Überzeugung nach sollte das ursprünglich in der Maya-Kultur verwendete Kalendersystem wieder Anwendung finden, damit die Menschheit sich in ihrer weiteren Entwicklung wieder mit den kosmischen zeitlichen Abläufen synchronisieren kann.

## Die Maya-Zivilisation

Die Maya hinterließen uns ein kulturelles Erbe, das eine faszinierende Wirkung gleichsam auf Natur- und Geisteswissenschaftler ausübt. Die Maya entwickelten aus einer tiefgründigen Verbundenheit mit dem kosmischen Geschehen, das sich in einem komplizierten religiösen System ausdrückte, erstaunliche Leistungen, insbesondere auf astronomischem und mathematischem Gebiet. Sie führten ein komplexes Zahlensystem ein, das in erster Linie der Berechnung von kosmischen und irdischen Zeitzyklen diente. Der Zeitaspekt scheint deshalb ein dominierender Faktor der Maya-Kultur gewesen zu sein. Erst in jüngster Zeit gelingt es zunehmend, das gesamte Schriftsystem zu entschlüsseln und somit einen übergeordneten Blickwinkel zu erreichen. Aber bis zum heutigen Tag ist es noch nicht gelungen, ein vollständiges und widerspruchsfreies Verständnis für die Maya zu entwickeln.

## Siedlungsgebiete

Die Maya lebten in einem Gebiet, das Teile der heutigen Staaten von Mexiko, Guatemala, El Salvador, Honduras und Belize umfasste. Die Ausdehnung betrug ca. 400.000 $km^2$. Das Gebiet gliederte sich in drei kulturell und geographisch unterschiedliche Zonen (Abb. 1).

**Abb. 1:** *Karte des Maya-Gebietes mit den drei geographisch-kulturellen Gebieten und den wichtigsten Fundstätten*[3]

Die südliche Zone, hauptsächlich im heutigen Guatemala, besteht aus Hochebenen mit zahlreichen Vulkanen und reichem Mineralvorkommen wie Jade, Serpentin, Zinnober und Hämatit. Täler mit mildem Klima und regelmäßigen Niederschlägen begünstigten den Ackerbau. Die kulturelle Bedeutung dieses Gebietes ist für die Frühgeschichte (Präklassik) der Maya wichtig, aber nicht ganz eindeutig, da Einflüsse aus Zentralmexiko vorherrschten. Die mittlere, zentrale Zone bildete das Herzstück der Maya-Zivilisation. Tiefebenen mit tropischem Regenwald und wasserreichen Flüssen kennzeichnen das Gebiet, das kulturell die Blütezeit, die klassische Periode der Maya repräsentiert. Die nördliche Zone bildet die Halbinsel Yucatán, eine regenarme Kalksteinplattform mit niedrigem Buschwald. Es war die Zone der postklassischen Periode.

### Die kulturellen Perioden

Die Maya-Kultur umfasste den Zeitraum von ca. 2600 v.Chr. – 1500 n.Chr. Dieser wird in drei Perioden mit weiteren Untergliederungen eingeteilt (Abb. 2). Die **Präklassik**, auch formative Periode genannt, bildet den Abschnitt von den Ursprüngen der Maya bis zur Entwicklung der eigentlichen Hochkultur. Nomadenstämme begannen im Maya-Gebiet um 2500 – 1800 v.Chr. sesshaft zu werden und erste, nicht zusammenhängende Siedlungen entstanden. Es wurden Ackerbau betrieben, erste Werkzeuge entwickelt und keramische Gegenstände geschaffen. Bis vor 1000 v.Chr. ist ein starker Einfluss der olmekischen Kultur spürbar. Die Olmeken waren wahrscheinlich die erste Hochkultur Mexikos. Diese verschwand jedoch um 400 v.Chr. plötzlich und weitgehend ungeklärt. Zu diesem Zeitpunkt setzte bei den Maya ein starkes Bevölkerungswachstum ein, das die Gründung neuer Städte zur Folge hatte.

| | | | |
|---|---|---|---|
| **Präklassik** | | 2600 v.Chr. – 250 n.Chr. | Formative Periode |
| | Frühe Präklassik | 2600 – 900 v.Chr. | Ackerbau, Töpferei, erster Handel |
| | Mittlere Präklassik | 900 – 400 v.Chr. | Vollständige Besiedelung, überregionaler Handel |
| | Späte Präklassik | 400 v.Chr. – 250 n.Chr. | Bevölkerungswachstum, neue Städte, Hieroglyphenschrift |
| | Protoklassik | 100 – 250 n.Chr. | Tempel, Zeremonialzentren, Stelen |
| **Klassik** | | 250 – 900 n.Chr. | Hochkultur |
| | Frühklassik | 250 – 600 n.Chr. | Kultureller, politischer und wirtschaftlicher Einfluss von Teotihuacan, Blütezeit |
| | Spätklassik | 600 – 800 n.Chr. | Stagnation, dann erneut Blütezeit, größte Städte und Tempel |
| | Endklassik | 800 – 900 n.Chr. | Verlassen der Städte, Rückgang von Inschriften und Stelen |
| **Postklassik** | | 900 – 1542 n.Chr. | Niedergang, Fremdeinflüsse |
| | Frühe Postklassik | 900 – 1200 n.Chr. | Eindringen der Itzá, Städtebünde |
| | Späte Postklassik | 1200 – 1542 n.Chr. | Herrschaft von Mayapán |
| | Kolonialzeit | Ab 1542 n.Chr. | Spanische Eroberung |

***Abb. 2:*** *Die Epochen der Maya-Kultur*

Ab ca. 100 v.Chr. entwickelte sich die eigentliche Kultur. Man findet ab diesem Zeitraum erste Hieroglyphenschriften und Stelen, die Träger der Schriftzeichen (Abb. 3).

Die **klassische** Periode von ca. 250 – 900 v.Chr. war zunächst von einem starken Einfluss aus Teotihuacan, der bedeutendsten Stadt von Zentralmexiko geprägt. Wahrscheinlich diente Kaminaljuyú, im Süden des Maya-Gebietes, als wichtiger Stützpunkt und Handelsplatz. Mit dem Niedergang von Teotihuacan um 400 n.Chr. aufgrund eines Brandes, kam es zu einer Krise in vielen Maya-Städten.

***Abb. 3:*** *Stele B aus Copán. Sie wurde von 18--Kaninchen, dem 13. Herrscher in Copán, 731 n. Chr. errichtet und ist 3,73 m hoch.*[3]

Die Bautätigkeit ging zurück und es wurden keine Stelen mehr errichtet. Nach einer Stabilisierungsphase folgte ab ca. 600 n.Chr. die spätklassische Epoche, die eine erneute Blütezeit bedeutete. Städte wie Tikal, Copán, Palenque und Yaxchilán wuchsen wieder stark und die Bautätigkeit erreichte ihren größten Höhepunkt. Ab ca. 800 n.Chr. kam es zu einem abrupten Abbruch der Bautätigkeit, dessen Ursachen bis heute nicht geklärt sind. Die großen Städte wurden weitgehend verlassen.

Die **postklassische** Periode von ca. 900 – 1500 n.Chr. ist durch starke Fremdeinflüsse gekennzeichnet. Aus Mexiko drangen die Itzá (oder auch Putun genannt) in die nördliche Region ein und gründeten das Zentrum Chichén Itzá. In dieser Epoche fanden viele kriegerische Auseinandersetzungen statt. Chichén Itzá wurde wieder verlassen und die Nachbarstadt Mayapán gewann die Oberhand. Kurz vor der spanischen Eroberung ging auch diese Ära zu Ende. 1461 wurde Mayapán geplündert und zerstört. 1511 landeten die ersten Spanier in Yucatán. Die Gründung der ersten spanischen Stadt Mérida im Jahre 1542 stellt das Ende der Maya-Epoche dar. In blutigen Schlachten wurde in kurzer Zeit ganz Yucatán von den Spaniern erobert.

## Gesellschaftsschichten

Die mayanische Gesellschaft war zweigeteilt. Die Unterschicht bildete das breite Volk, das aus Bauern, Arbeitern und Sklaven bestand. Die Oberschicht wurde durch den Adel repräsentiert, an dessen Spitze der *ahau*, der höchste Herrscher einer Region stand. Zum Adel zählten ferner politische und religiöse Funktionäre, Wahrsager, Architekten und Künstler. Die Oberschicht bewohnte die größten Zentren wie Palenque (Abb. 4), Tikal, Copán, Yaxchilán, Uxmál, u.a.

***Abb. 4:*** *Der Tempel von Palenque*[3]

Im Zentrum dieser Städte befanden sich die monumentalen Tempelgebäude, die von den königlichen Familien bewohnt wurden. Um dieses Zentrum war der restliche Adel angesiedelt. Das Volk bewohnte die Peripherie der Städte.

## Die Kosmologie der Maya

Das Weltbild der Maya war geprägt von dem Bewusstsein einer kosmischen Energie, aus der alles entstand und die alles durchdringt. Alles war belebt. Die kosmologischen Vorstellungen waren sehr kompliziert und die Interpretationen der existierenden Überlieferungen sind nicht einheitlich und widerspruchsfrei. Der Kosmos wurde in drei Bereiche eingeteilt: Der Himmel, bestehend aus 13 Ebenen, die Erde mit 7 Schichten und die Unterwelt mit 9 Ebenen. Die Himmelsrichtungen hatten ebenfalls eine wichtige Bedeutung.

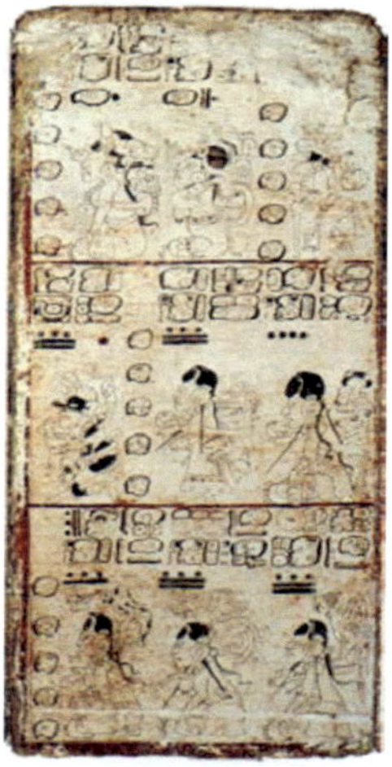

***Abb. 5:*** *Folio 16 aus dem Dresdner Codex („Almanache der Mondgöttin"[4])*

Es bestand eine Zuordnung mit Farben und Gestirnen:
**Osten:** Sonne, Tag, rot
**Westen:** Dunkelheit, schwarz
**Süden:** Venus, gelb
**Norden:** Mond, weiß.

Im Zentrum der vier Himmelrichtungen befand sich der Weltenbaum „Wakah Chan" (grün). Er reichte mit seiner Spitze in die höchsten Ebenen des Himmels und mit seinen Wurzeln in die Unterwelt. In dem nach der spanischen Eroberung entstandenen Werk *Popul Vuh* wird der Schöpfungsmythos der Maya beschrieben. Die Maya gingen davon aus, dass die gegenwärtige Welt mehrmals erschaffen und wieder zerstört wurde. Es gibt dazu jedoch keine Zeitangaben.

## Die vier Codices

Erst nach der spanischen Eroberung wurde die Maya-Kultur der westlichen Welt bekannt. Aus vielen Mosaikbausteinen wurde das jetzige Wissen zusammengesetzt und ist bis heute nicht abgeschlossen. Erschwerend kommt hinzu, dass viele Dokumente und Kultstätten von den Spaniern vernichtet wurden. Einen wesentlichen Fundus stellen die sog. Codices dar, die auf teilweise unbekannten Wegen nach Europa gelangt sind. Es sind dies die drei Codices, die nach ihrem Aufbewahrungsort benannt wurden: der Dresdner, der Pariser und der Madrider Codex. Es existiert noch ein vierter Codex Grolier, dessen Authentizität aber nicht völlig bewiesen ist. Die Seiten der Codices waren wie ein Leporello-Album gefaltet und bestanden aus der Rinde einer bestimmten Feigenart (dem Ficus cotinifoli). Die Rinde wurde mit Stärke gemischt und flach geklopft. Das Rindenpapier wurde mit einer dünnen Schicht aus Kalk überzogen. Diese Bücher enthielten Weissagungen, Ursprungsmythen und religiöse Ideen der Maya. Zusammen mit dem Popol Vuh und den Chilam-Balam-Büchern bilden diese Werke die Grundlage zur Erforschung der Mayakultur. Die vier Codices stammen alle aus der nachklassischen Periode. Sie wurden zwar wenige Jahrhunderte vor Ankunft der Europäer erstellt, sind aber wahrscheinlich von älteren Quellen kopiert worden. Die erhaltenen Codices der Mayas dienten anscheinend vor allem den Priestern für Vorher- und Weissagungen, da sie unter anderem Tabellen enthielten, die die richtige Zeit festlegten. Die Codices enthielten außerdem auch Pflanzkalender und astronomische Angaben. Der bekannteste und wohl auch am besten erforschte Codex ist der Dresdner Codex (Codex Dresdensis[4]). Zur Entschlüsselung des Dresdner Codex lieferte Ernst Wilhelm Förstemann, Bibliothekar der Königlichen Öffentlichen Bibliothek zu Dresden im Königreich Sachsen Ende des 19. Jahrhunderts die entscheidenden Beiträge. Er identifizierte das Zahlensystem und Kalendersystem der Maya, außerdem die in dem Codex enthaltenen Venustafeln und Eklipsen (Mondtafeln zur Warnung vor Mondfinsternissen).

## Das Zahlensystem der Maya

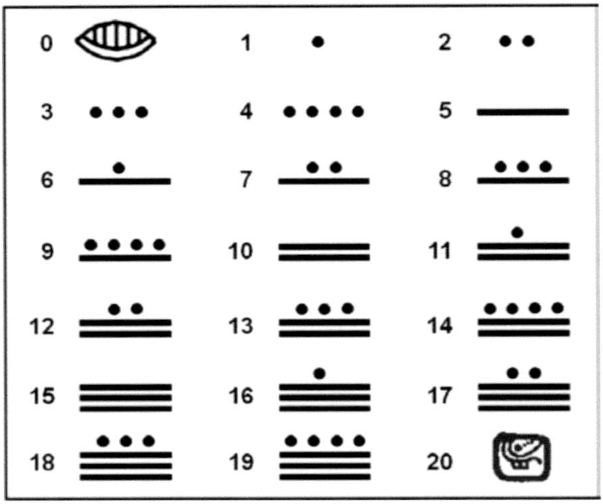


***Abb. 6:** Zahlensystem der Maya*

Zur Darstellung von Zahlen verwendeten die Maya ein Zahlensystem, das im Gegensatz zu unserem Dezimalsystem auf der Zahl 20 (Vigesimalsystem) basierte. Die Zahlen 1-19 wurden durch Kombinationen aus Punkten und Strichen gekennzeichnet (Abb. 6). Die Punktdarstellung ging von 1-4, ab 5 Punkten wurden diese durch einen horizontalen Strich ersetzt. Die Anzahl der Striche war auf drei begrenzt. Die Maya kannten auch die „0", sie wurde durch ein eigenes Symbol gekennzeichnet. Für die Zahl 20 existierte auch ein Symbol, welches zur Darstellung der Periode von 20 Tagen (Uinal) oder auch der Vollendung einer Periode diente. Insgesamt benötigte das Maya-Zahlensystem lediglich 3 Symbole: Punkt, Strich und Null-Symbol. Eine Vigesimalzahl kann natürlich in jedes andere Zahlensystem umgerechnet werden, so würde z.B. die Vigesimalzahl 12.8.17 (der Punkt als Trennzeichen der Stellen) der Dezimalzahl $12 \times 20^2 + 8 \times 20^1 + 17 \times 20^0 = 4.977$ entsprechen. Der Grund für die Verwendung dieses Systems ist nicht völlig bekannt. Schiele und Freidel[12] meinen, dass die Maya für das Zählen nicht nur die Finger, sondern auch die Zehen benutzten. Ein Vorteil des Vigesimalsystems gegenüber einem System mit kleinerer Basis besteht aber auch darin, dass die Darstellung von großen Zahlen weniger Stellen beansprucht. Dies könnte nützlich gewesen sein bei der Abbildung von langen Zeitintervallen gemessen in Tagen, wie es die Maya auf den Stelen und Tafeln praktizierten.

## Der Maya-Kalender

Das Zahlensystem bildete die Grundlage für das Kalendersystem. Dieses besteht aus mehreren Kalendern bzw. Zyklen, die ineinander greifen. Den wichtigsten und grundlegendsten Zyklus stellt eine Periode von 260 Tagen dar, die als Tzolkin bezeichnet wird. Der ursprüngliche Namen dieses Zyklus ist nicht bekannt. Bei den Azteken, die diese Periode auch verwendeten, heißt sie *Tonalpohualli*. Thompson[15] nannte den Zyklus „Heiliger Almanach". Er besteht aus einem 20- und 13-Tage-Zyklus. Die Tage des 20-tägigen Zyklus wurden durch Glyphen darstellt und hatten jeweils eigene Namen (Abb. 7).

| Nr. | Name | Nr. | Name | Nr. | Name | Nr. | Name |
|---|---|---|---|---|---|---|---|
| 1 | Imix | 6 | Cimi | 11 | Chuen | 16 | Cib |
| 2 | Ik | 7 | Manik | 12 | Eb | 17 | Caban |
| 3 | Akbal | 8 | Lamat | 13 | Ben | 18 | Eznab |
| 4 | Kan | 9 | Muluc | 14 | Ix | 19 | Cauac |
| 5 | Chicchan | 10 | Oc | 15 | Men | 20 | Ahau |

***Abb. 7:*** *Namen des 20-tägigen Zyklus im Tzolkin (13 x 20 Tage)*

Die Stellung eines Tages im 13-Tage-Zyklus wurde durch die Nummer innerhalb des Zyklus angegeben. Ein Tag wurde durch die Nummer im 13-Tage-Zyklus, gefolgt von der Tagesbezeichnung im 20-Tage-Zyklus gekennzeichnet. Beide Zyklen wurden parallel weitergezählt, so dass der dem Tag 1 Imix folgende Tag 2 Ik hieß. Auf 13 Ben folgte als neuer 13-Tage-Zyklus 1 Ix. Auf diese Weise entstand der 13 x 20 = 260-Tage-Zyklus.

### Mehrere Kalenderzyklen

Neben dem Tzolkin wurde auch der so genannte Haab verwendet. Der Haab hatte im Gegensatz zum Tzolkin eine Periode von 365 Tagen, die in 18 „Monate" zu jeweils 20 Tagen aufgeteilt war und 5 Zusatztage enthielt. Diese trugen die Bezeichnung "Uayeb" und wurden als Unheil bringend angesehen. Abb. 8 zeigt Namen und Reihenfolge der 18 Monate und der fünf Zusatztage.

| Nr. | Name | Nr. | Name | Nr. | Name | Nr. | Name |
|---|---|---|---|---|---|---|---|
| 1 | Pop | 6 | Xul | 11 | Zac | 16 | Pax |
| 2 | Uo | 7 | Yaxkin | 12 | Ceh | 17 | Kayab |
| 3 | Zip | 8 | Mol | 13 | Mac | 18 | Cumku |
| 4 | Zotz | 9 | Chen | 14 | Kankin | *19* | *Uayeb* |
| 5 | Tzec | 10 | Yax | 15 | Muan | | |

***Abb. 8:*** *Namen und Reihenfolge der 18 Monate und der fünf Zusatztage des Haab*

Tzolkin- und Haab-Kalender waren ineinander verwoben. Das kleinste gemeinsame Vielfache von 260 und 365 beträgt 18.980. Dadurch entsteht ein neuer Zyklus von 18.980 Tagen bzw. 52 Jahren, der als „Kalenderrunde" bezeichnet wird und ebenfalls große Bedeutung in der Maya-Kultur hatte, da man annahm, dass sich die Geschichte in bestimmten Perioden wiederholte und man so aufgrund vergangener Ereignisse in zurückliegenden Perioden auf zukünftige Ereignisse schließen konnte. Zur Beschreibung größerer Zeiträume gab es weitere Zyklen, die bis über 60 Millionen Jahre reichten. Die Perioden bauten auf dem Faktor 20 auf. Die einzige Ausnahme ist das Tun = 18 Uinal, das offenbar eine Annäherung an das solare Jahr darstellte (Abb. 9).

| Einheit | | Tage | Jahre |
|---|---|---|---|
| Kin | | 1 | |
| Uinal | = 20 Kin | 20 | |
| Tun | = 18 Uinal | 360 | |
| Katun | = 20 Tun | 7.200 | 19,7 |
| Baktun | = 20 Katun | 144.000 | 394,3 |
| Pictun | = 20 Baktun | 2.880.000 | 7.885,0 |
| Calabtun | = 20 Pictun | 57.600.000 | 157.700,2 |
| Kinchiltun | = 20 Calabtun | 1.152.000.000 | 3.154.004,1 |
| Alautun | = 20 Kinchiltun | 23.040.000.000 | 63.080.082,1 |

***Abb. 9:** Zeitperioden des mayanischen Kalendersystems*

Wichtige Datumsangaben wurden von den Maya auf Stelen festgehalten. Beginnend mit einer Einführungsglyphe werden die Angaben von links oben nach rechts unten in absteigender Stellenwertigkeit gelesen. Dabei gilt für die Stellen die Zuordnung: Baktun.Katun.Tun.Uinal.Kin (Long Count). Ergänzt wurde das Datum durch den entsprechenden Tag des Tzolkin-Haab-Zyklus. Ein mögliches Long Count Datum wäre somit 5 Baktun 11 Katun 12 Tun 9 Uinal 1 Kin, in Kurzschreibweise 5.11.12.9.1.

Die Long Count Angaben beziehen sich auf die Anzahl der Tage, die seit Beginn der Periode vergangen sind. Somit entspricht also 5.11.12.9.1 einem Zeitraum von 5 x 144.000 + 11 x 7200 + 12 x 360 + 9 x 20 + 1 = 803.701 Tagen. Man vertritt heute die Auffassung, dass sich die Periode, auf die sich die Stelenangaben beziehen, 13 Baktun Zyklen (beginnend mit dem Nulldatum 13.0.0.0.0 4 Ahau 8 Cumku, Abb. 10) umfasst, da 13 bei den Maya mit dem Beginn einer neuen Periode verbunden war. Ein Zeitraum von 13 Baktun = 13 x 144.000 = 1.872.000 Tage umfasst somit ca. 5.125 Jahre.

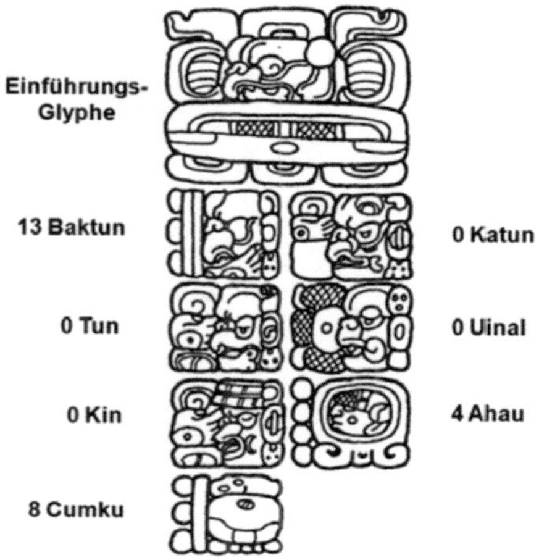


***Abb. 10:*** *Das Nulldatum 13.0.0.0.0 4 Ahau 8 Cumku auf der Stehle C in Quiriguá*

## Schwer einzuordnende Zeitrechnung

Die meisten gefundenen Stelen tragen Datumsangaben zwischen 8.0.0.0.0 und 9.0.0.0.0. Sie werden der klassischen Mayaperiode zugeordnet. Die Maya haben uns leider keine eindeutigen Angaben für einen Bezugspunkt zum Anfang der 13-Baktun Periode hinterlassen. Dies stellt auch eines der größten Probleme des Maya-Kalenders dar: Die Korrelation mit dem Gregorianischen Kalender. Erst damit kann eine Aussage über absolute Zeitangaben gemacht werden. Es gibt heute mehrere Vorschläge für eine Zeitkorrelation. Die wohl am weitesten akzeptierte Variante ist die Goodman-Martinez-Thompson (GMT) Korrelation. Diese definiert den Anfang des aktuellen 13-Baktun-Zeitraumes auf den 11. August 3114 v.Chr. Damit ergibt sich für das Ende dieses Zyklus das vielfach diskutierte Datum des 21. Dezember 2012. Diese Korrelation ist keineswegs unumstritten.[16] Eine optimale Korrelation sollte möglichst alle Maya-Datumsangaben widerspruchsfrei mit Angaben in den Codices, astronomischen Angaben, Venus- und Mondtafeln etc. in Einklang bringen.

Dies ist bis heute nicht gelungen, wie eine Vielzahl unterschiedlicher Korrelationen belegt. So schwanken die Jahresangaben für das Ende der derzeitigen 13-Baktun Periode von 1734 bis 2532. Geht man von der Richtigkeit der GMT-Korrelation aus, da sie auch, wie Argüelles[2] (Abb. 11) darlegt, eine sehr gute Übereinstimmung mit dem geschichtlichen Ablauf der vergangenen 5000 Jahre zeigt, so bedeutet das nicht, dass der Maya-Kalender im Jahre 2012 endet, wie es oft behauptet wird. Vielmehr endet lediglich ein wichtiger Zyklus und ein neuer beginnt. In Anbetracht der gegenwärtigen chaotischen und im Umbruch befindlichen Weltsituation wäre es durchaus denkbar, dass wir in Kürze einen gewissen Kulminationspunkt erreichen und ein neuer Zyklus mit anderen Qualitäten bevorsteht.

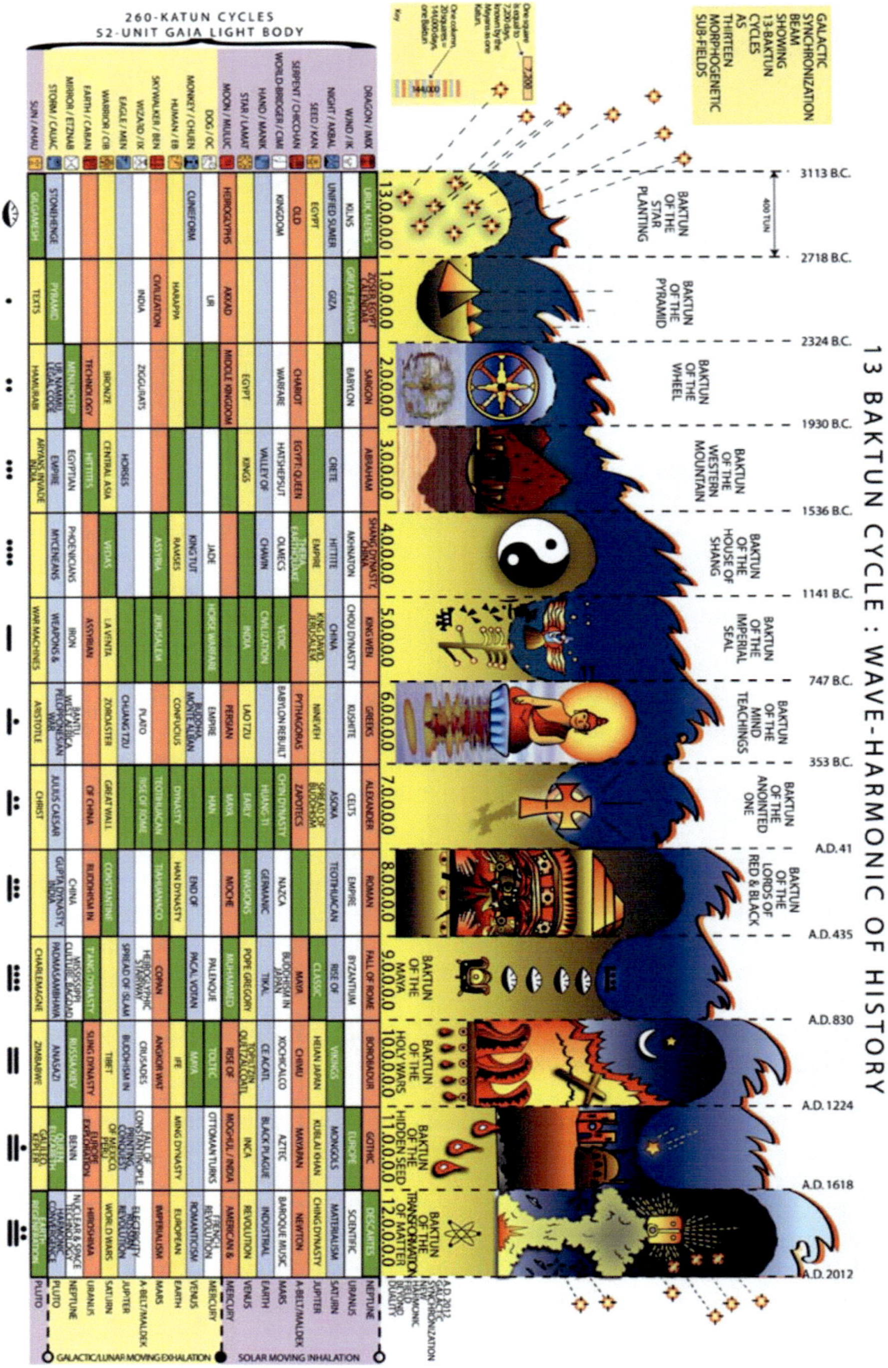


**Abb. 11:** *13-Baktun-Zyklus der gegenwärtigen Epoche*[2]

## Kosmische Rhythmen

Der Zeitraum von 1.872.000 Tagen (= 13 Baktun) hat jedoch noch eine andere wichtige Bedeutung, da 5 dieser Zyklen eine Spanne von 25.626 Jahren umfassen. Dies ist weitgehend identisch mit dem Platonischen Jahr, welches durch die Präzession der Erdachse beschrieben wird. Die Erdachse beschreibt in diesem Zeitraum eine Kreiselbewegung um ihre Drehachse. Angaben für das Platonische Jahr schwanken aufgrund der endlichen Messgenauigkeit zwischen ca. 25.600 – 26.000 Jahren[7].

Die Zeit- und Kalenderberechnungen der Maya, insbesondere der Tzolkin-Zyklus, der den mesoamerikanischen Raum geprägt hat, stellen sicherlich eine besondere Form dar, die so in anderen Weltkalendersystemen nicht zu finden sind. So basieren die meisten bekannten Kalender primär auf den Sonne-Mond-Zyklen (Abb. 12).

| | | |
|---|---|---|
| Ägyptischer Kalender | Sonnenkalender | 12 Monate zu 30 Tagen + 5 Resttage |
| Jüdischer Kalender | Sonne-Mondkalender | 12 Monate zu 29 bzw. 30 Tagen + Schaltmonat |
| Römischer Kalender | Mondkalender | 12 Monate zu 28, 29 oder 31 Tagen |
| Persischer Kalender | Sonnenkalender | 12 Monate zu 29, 30 oder 31 Tagen |
| Gregorianischer Kalender | Sonnenkalender | 12 Monate zu 28, 29, 30 oder 31 Tagen |

***Abb. 12:** Beispiele für Kalender verschiedener Kulturen*

Neben den bisher betrachteten Perioden gab es noch andere wichtige Zyklen. So kannten die Maya den genauen Zyklus der unteren Venus-Konjunktion, d.h. den Zeitraum von 584 Tagen, nach dem Venus und Erde wieder in einer Linie vor der Sonne stehen. Die Mondphasen (synodischer Monat, 29,5 Tage) wurden abwechselnd zu 29 und 30 Tagen angegeben, da die Maya keine Brüche verwendeten. Erwähnt wird auch ein 819-Tage-Zyklus, der sich aus der Multiplikation der heiligen Zahlen 7, 9 und 13 ergibt.

## Die „Magische Zahl“

Der Dresdner Codex enthält auf Tafel 24 die so genannte Initialserie, die aus 3 Zahlenangaben besteht: 6.2.0 (= 2.200), 9.9.16.0.0 (=1.366.560) und 9.9.9.16.0 (=1.364.360). Diese wird als Long-Count-Bezug für den Beginn der Venustafel interpretiert. Sie stellt aber auch eine Zeitspanne dar, denn es vergehen zwischen 6.2.0 vor Baktun 13 und 9.9.9.16.0 eben genau 9.9.16.0.0 (= 1.366.560) Tage. Diese Tagesanzahl entspricht genau 2.340 Venustafeljahren zu je 584 Tagen oder 72 Perioden zu je 18.980 Tagen (52 Jahre-Zyklus). Darüber hinaus scheint dieses Zeitmaß aber auch eine Konstante für astronomische Berechnungen der Maya gewesen zu sein.[17]

Die Zahl 1.366.560 wird auch als „Magische Zahl" oder Maya-Superzahl[6] bezeichnet. Sie enthält tatsächlich die wichtigsten Zahlen bzw. Perioden, wie die Faktorenzerlegung zeigt: 1.366.560 = $2^5 \times 3^2 \times 5 \times 13 \times 73 = 2^5 \times 3^2 \times 13 \times 365 = 2^2 \times 3^2 \times 5 \times 13 \times 584 = 3^2 \times 5 \times 52 \times 584 = 2^3 \times 3^2 \times 73 \times 260 = 3^2 \times 584 \times 260 = 2^3 \times 3^2 \times 18.980$.

Gilbert und Cotterell[6] haben anhand dieser Zahl einen Zusammenhang mit der Sonnenaktivität aufgezeigt. Basierend auf einem Zyklus des polaren Sonnenmagnetfeldes von 37 Tagen und einem Zyklus des äquatorialen Sonnenmagnetfeldes von 26 Tagen entwickelten sie eine Berechnungsmethode, die sie Rotations-Differentiation nannten. Zusammen mit dem 11-Jahres-Zyklus der Sonnenaktivität konnten damit der 260-Tage-Zyklus, der 52-Jahre-Zyklus und die Zahl 1.366.560 in Einklang gebracht werden. Sie zeigten auch, dass die Superzahl errechnet werden kann, wenn man den Tzolkin-Zyklus in das mayanische Ziffernsystem aufnimmt und anstelle des Faktors 20 die 9 („die neun Herren der Nacht") verwendet: 9 x Baktun + 9 x Katun + 9 x Tun + 9 x Tzolkin + 9 x Uinal = 9 x 144.000 + 9 x 7.200 + 9 x 360 + 9 x 260 + 9 x 20 = 1.366.560.

**Melodie der Schöpfung**

Nach unserem heutigen Verständnis waren die Maya in ihrer gesamten Kosmologie stets bestrebt, das irdische Geschehnis in Einklang mit natürlichen, kosmischen Zyklen zu bringen. Es liegt deshalb nahe, in diesen Perioden nach einer zeitlichen logarithmischen Skaleninvarianz zu suchen, die im Rahmen der Global Scaling Theorie für natürliche Rhythmen charakteristisch ist. Hartmut Müller[10] entdeckte 1982 die globale logarithmische Skaleninvarianz der Eigenschwingungen der Materie und vermutete als Ursache eine globale stehende Vakuumkompressionswelle. Die synchronen Eigenschwingungen des physikalischen Vakuums werden heute als „Melodie der Schöpfung" bezeichnet[19]. Es handelt sich dabei um eine prinzipiell neue physikalische Erkenntnis, die belegt, dass im energetischen Grundzustand alle Materie synchron schwingt.

Die globale Vakuumkompressionswelle komprimiert und dekomprimiert die Zeit und verursacht aufgrund ihrer Eigenschaft als stehende Welle die globale Synchronizität im Kosmos. Zeitzyklen, die mit Resonanzknoten bzw. -subknoten der Vakuumkompressionswelle korrespondieren, befinden sich im Einklang mit natürlichen, kosmischen Zyklen. Der Abstand der Resonanzknoten auf der globalen Welle beträgt 3 Einheiten des natürlichen Logarithmus, d.h. sie unterscheiden sich durch den Faktor $e^3 = 20{,}0855$. Das Vigesimalsystem der Maya beruht auf dem Faktor 20.

Bekanntlich erfolgt die Berechnung der Resonanzknoten der globalen stehenden Welle durch eine Kettenbruchentwicklung. Jeder Rhythmus wird auf ein quantenphysikalisches Eichmaß bezogen – die Schwingungsperiode des Protons – und vom Quotienten wird der natürliche Logarithmus gebildet. Der Global Scaling-Kettenbruch enthält ein freies Glied $n_0$, das den Resonanzknoten auf der obersten Ebene beschreibt, und weitere Glieder $n_1...n_L$, welche die Lage der Subknoten innerhalb der fraktalen Knotenbereiche festlegen.

**Korrespondenz zwischen Maya-Zeitzyklen und Protonenresonanz**

Die Global Scaling Analyse der wichtigsten Zeitzyklen der Maya (Abb. 13) zeigt, dass alle Zeiträume mit Protonenresonanzen oder -subresonanzen korrespondieren.

| Einheit | Umechnung | Länge in | | GS Kettenbruch | | | |
|---|---|---|---|---|---|---|---|
| | | Tage | Jahre | n0 | n1 | n2 | n3 |
| Kin | | 1 | | 66 | +3 | -3 | +3 |
| Uinal | = 20 Kin | 20 | | 69 | +3 | -3 | +3 |
| Tun | = 18 Uinal | 360 | | 72 | +3 | -3 | +15 |
| Katun | = 20 Tun | 7.200 | 19,71 | 75 | +3 | -3 | +21 |
| Baktun | = 20 Katun | 144.000 | 394,25 | 78 | +3 | -3 | +45 |
| Pictun | = 20 Baktun | 2.880.000 | 7.885,01 | 81 | +3 | -3 | ∞ |
| Calabtun | = 20 Pictun | 57.600.000 | 157.700,21 | 84 | +3 | -3 | -33 |
| Kinchiltun | = 20 Calabtun | 1.152.000.000 | 3.154.004,11 | 87 | +3 | -3 | -18 |
| Alautun | = 20 Kinchiltun | 23.040.000.000 | 63.080.082,14 | 90 | +3 | -3 | -12 |
| 13 Tage | | 13 | | 69 | +3 | +3 | +24 |
| Tzolkin | = 13x20 | 260 | | 72 | +3 | +3 | -45 |
| Haab | | 365 | 1,00 | 72 | +3 | -3 | +8 |
| Venus | = 8x73 | 584 | 1,60 | 75 | -14 | | |
| 819 Tage | =7x9x13 | 819 | 2,24 | 75 | +11 | | |
| Tzolkin /Haab | | 18.980 | 51,96 | 78 | +6 | ∞ | |
| 13 Baktun | | 1.872.000 | 5.125,26 | 81 | +5 | | |
| Platonisches Jahr | = 5x13 Baktun | 9.360.000 | 25.626,28 | 84 | -3 | +3 | -3 |
| Superzahl | | 1.366.560 | 3.741,44 | 81 | +18 | ∞ | |

***Abb. 13:*** *Global Scaling-Analyse der wichtigsten Zeitzyklen der Maya*

Man kann erkennen, dass die Subknoten $n_1...n_3$ in der Regel einen Wert von +3 oder -3 aufweisen, der die breiten Randbereiche eines Knotens kennzeichnet.

Die Randbereiche werden von etablierten natürlichen Systemen bevorzugt, weil hier die ereignisreichen Fluktuationen des Knotens minimal sind. Der Tzolkin/Haab-Zyklus, die 819-Tage-Periode und der Venus-Zyklus besitzen relativ zu anderen Zyklen eine logarithmische Phasenverschiebung von 3/2.

Die Einheiten Kin – Alautun besitzen bezüglich der Kettenbruchglieder $n_0$, $n_1$, $n_2$ eine völlig identische Struktur. Auf der logarithmischen Skala haben sie einen Abstand von jeweils 3 Einheiten. Der Faktor 18, der in der Einheit Tun (= 18 Uinal) auftritt, beeinträchtigt diese Ordnung nicht. Er hat nur Auswirkung auf die Kettenbruchglieder > $n_2$. Ohne diesen „Faktorenbruch" würde allerdings die Einheit Baktun auch nicht eine Länge von 144.000 Tagen haben, eine Zahl, die uns primär aus der Offenbarung des Johannes (Offenbarung 7, „die Zahl derer, die versiegelt wurden") bekannt ist. Die Maya-Superzahl trifft den Knotenpunkt [81; 18] mit einer Genauigkeit, wie man es normalerweise nur bei Elementarteilchen, etwa dem Elektron, antrifft.

## Genetischer Code

Somit zeigt sich, dass die zunächst etwas exotischen Maya-Zeitzyklen von 13 und 20 Tagen und insbesondere der 260-Tage-Zyklus durchaus in Einklang mit natürlichen globalen Zyklen sind. Der Tzolkin-Zyklus birgt aber offenbar noch wietere Geheimnisse. José Argüelles hat den Tzolkin in seinen Büchern eingehend analysiert.[1,2] Er stellt den Tzolkin als harmonikales Modul (Abb. 14) mit inneren Strukturen dar, u.a. dem 13–28-Zyklus (Abb. 15)

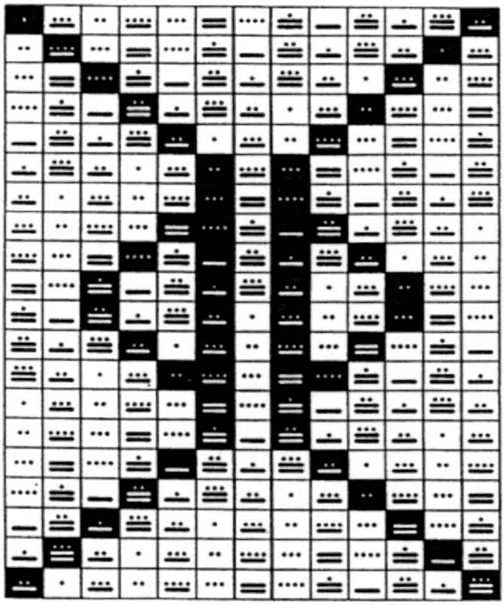

**Abb. 14:** *Tzolkin als harmonikales Modul* [2]

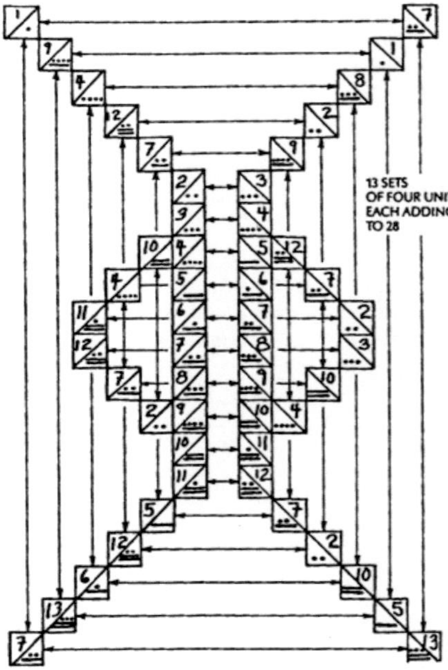


**Abb. 15:** *13-28 Kombination des Tzolkin*[2]

Er weist auch auf einen Zusammenhang mit dem genetischen Code hin. Die 64 Basissequenzen des genetischen Codes können in einem 8 x 8 Quadrat angeordnet werden, indem jeder Basissequenz eine Zahl von 1 bis 64 zugeordnet wird. Werden die Felder nun so angeordnet, wie es Benjamin Franklin in seinem magischen Quadrat[5] angibt, ergeben die Quersummen der Zeilen, Spalten und Diagonalen (und noch einer großen Anzahl weiterer geometrischer Kombinationen in dem Quadrat) immer die Summe von 260 bzw. die Anzahl der Tage des Tzolkin-Zyklus. (Abb. 16).

| | | | | | | | | Zeilensumme |
|---|---|---|---|---|---|---|---|---|
| 14 | 3 | 62 | 51 | 46 | 35 | 30 | 19 | **260** |
| 52 | 61 | 4 | 13 | 20 | 29 | 36 | 45 | **260** |
| 11 | 6 | 59 | 54 | 43 | 38 | 27 | 22 | **260** |
| 53 | 60 | 5 | 12 | 21 | 28 | 37 | 44 | **260** |
| 55 | 58 | 7 | 10 | 23 | 26 | 39 | 42 | **260** |
| 9 | 8 | 57 | 56 | 41 | 40 | 25 | 24 | **260** |
| 50 | 63 | 2 | 15 | 18 | 31 | 34 | 47 | **260** |
| 16 | 1 | 64 | 49 | 48 | 33 | 32 | 17 | **260** |
| | | | | | | | | |
| **260** | **260** | **260** | **260** | **260** | **260** | **260** | **260** | **Spaltensumme** |

***Abb. 16:*** *Benjamin Franklins magisches Quadrat*

Im Rahmen der Global Scaling Theorie besteht ein direkter Zusammenhang zwischen dem genetischen Code, dem Aufbau des Periodensystems der chemischen Elemente, der Systematik der Elementarteilchen und den Eigenschwingungen des physikalischen Vakuums. Der genetische Code steht aber wiederum in Beziehung zu der alten chinesischen Weisheitslehre, dem I Ging.[14] Dieses fundamentale Werk mit einer fast 3000 jährigen Tradition enthält 8 Symbole (bildlich dargestellt als Himmel, Erde, Donner, Wasser, Berg, Wind, Feuer, See) in Form von Trigrammen, die ihrerseits auf den Polaritäten Yin und Yang beruhen. Durch Kombination der 8 Trigramme entstehen die 8 x 8 = 64 Hexagramme des I Ging (Abb. 17). Nach Argüelles korrespondieren nun diese 64 Hexagramme mit der zentralen Matrix des Tzolkin Moduls.

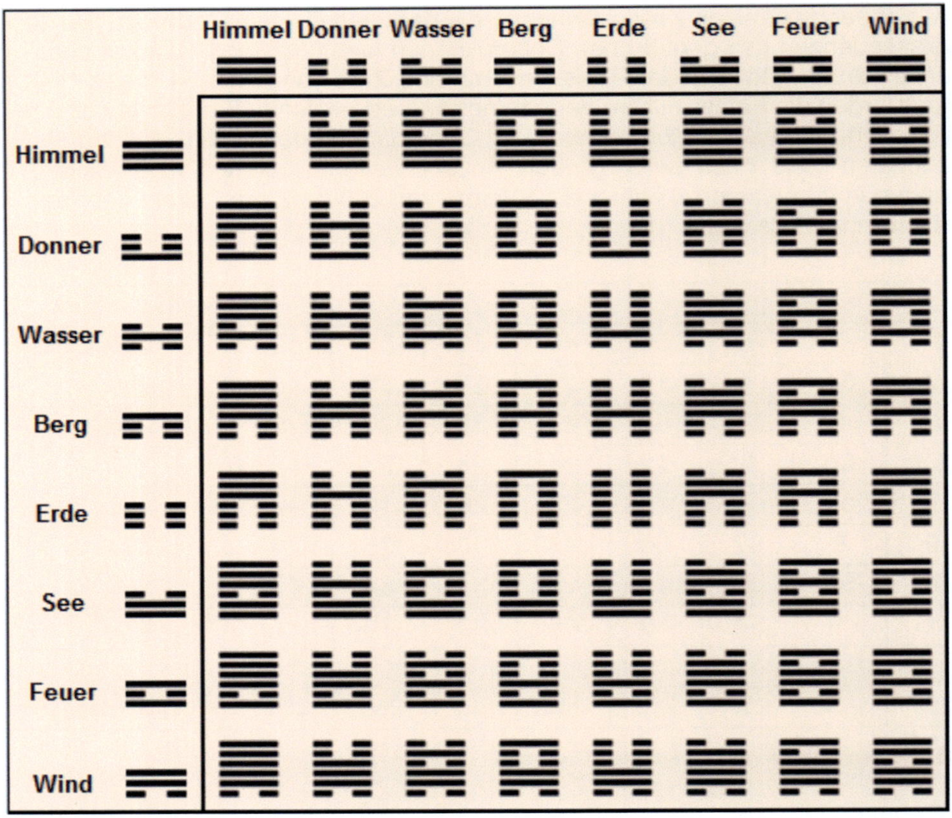


***Abb. 17:*** *Die 64 Hexagramme des I Ging*

## Kosmologische Ordnung

Es existiert offenbar eine innere Ordnung, welche die Zeitzyklen der Maya, die globale stehende Vakuumkompressionswelle, den genetischen Code und das I Ging miteinander verbindet. Möglicherweise stellt aber die globale stehende Welle selbst das eigentliche verbindende Element dar, denn sie determiniert alle Größenverhältnisse im Universum. Das Universum besitzt auf der logarithmischen Geraden der Größen eine Ausdehnung von 162 logarithmischen Einheiten ($162 = 2 \times 3^2 \times 3^2$, 2 und $3^2$ sind Faktoren der Maya-Superzahl). Genau in der Mitte (81) befindet sich die DNA, der genetische Code (Abb. 18).

Die globale stehende Welle synchronisiert aber auch alle zeitlichen Abläufe im Universum, da auf einer stehenden Welle per se alles synchron verläuft, d.h. das Universum schwingt synchron. Argüelles[1] hält das 13:20 Verhältnis des Tzolkin für einen universalen Faktor der zeitlichen Synchronisierung: "Derived from the mathematics of the ancient Maya, this ratio (13:20) is a universal constant of time that organizes all of the universe as a radial sequence of synchronous moments reflecting different evolutionary phases simultaneously.

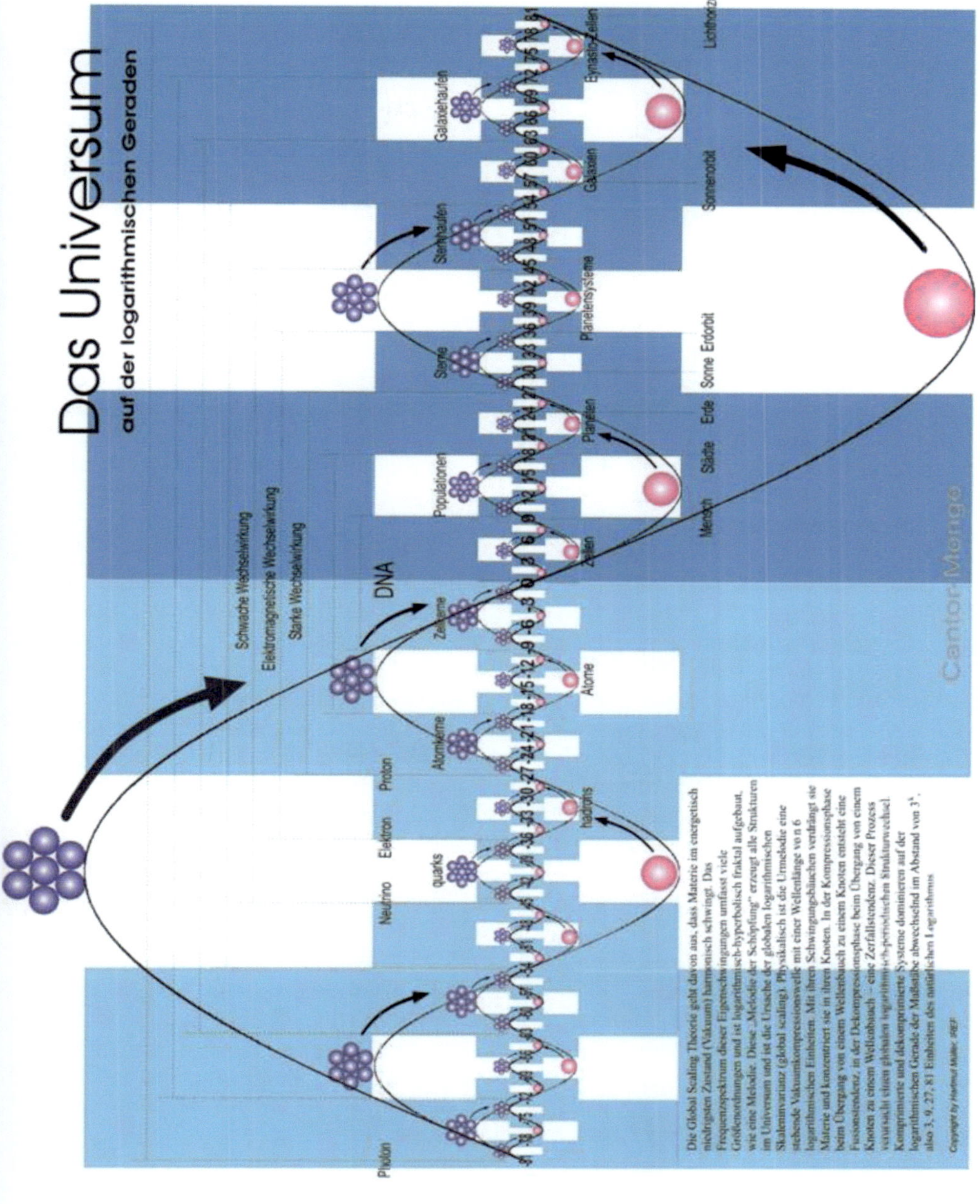


**Abb. 18:** *Die Eigenschwingungen des physikalischen Vakuums erzeugen einen logarithmisch regelmäßigen Wechsel komprimierter (z. B. Atomkern, Stern) und dekomprimierter Strukturen (z. B. Atom, Sonnensystem) im Universum. Das sichtbare Universum (der Lichthorizont) erfasst Maßstäbe, die sich um 162 Einheiten des Logarithmus zur Basis e = 2,71828… unterscheiden.*[10]

Because everything perceived is an aspect of instantaneous universal synchronization; time is also a medium of instantaneous information transmission throughout the universe." Argüelles nimmt in diesem Zusammenhang auch Bezug auf den russischen Astrophysiker N. A. Kozyrev,[9] dem der Nachweis gelang, dass Signale von Sternen und Galaxien nicht nur in Form von Licht mit der bekannten endlichen Ausbreitungsgeschwindigkeit, sondern auch verzögerungsfrei übertragen werden.[9,10] Die globale Synchronizität konnte auch eindrucksvoll in den zahlreichen Experimenten des russischen Biophysikers S. E. Shnoll[18] nachgewiesen werden.

Nach der Global Scaling Theorie verläuft die Zeit nicht linear, sondern wird in logarithmisch-hyperbolisch regelmäßigen Intervallen komprimiert und expandiert. Die Ereignisdichte steigt und fällt somit in regelmäßigen logarithmischen Zeitabständen. Die Ereignisdichte wird dabei durch die Dichte der aufeinander folgenden Resonanzknoten der stehenden Zeitwelle bestimmt. Wichtige Ereignisse können also nur zu bestimmten Zeitpunkten auftreten, die mit solchen Knoten korrespondieren. Möglicherweise kannten die Maya diese Zusammenhänge, denn ihr Zeitverständnis war geprägt von Zyklen, die im Einklang stehen mit der globalen Zeitwelle. Mit Hilfe dieser Zyklen versuchten sie wichtige Ereignisse vorauszubestimmen.

Die Struktur der globalen stehenden Zeitwelle, die letztlich auf der logarithmischen Zahlengerade beruht, weist neben dem quantitativen Aspekt auch qualitative Eigenschaften auf. So konnten etwa die qualitativen Eigenschaften des Lichtspektrums in perfekter Weise auf die Struktur des fraktalen Feinspektrums der globalen Welle zurückgeführt werden[10]. Möglicherweise wussten die Maya darüber sehr viel mehr als heute bekannt ist. Sie kannten offenbar einen qualitativen Aspekt der Zeit, der uns noch verborgen ist. Man könnte annehmen, dass sie in den Zyklen „Schwingungsqualitäten" sahen, die ihr gesamtes kulturelles und religiöses Leben prägten. Möglicherweise haben sie ihr Ende auch vorausgesehen bzw. vorausberechnet. Anhand der geometrischen Maße der Pyramiden konnte bereits gezeigt werden, dass das Wissen um Global Scaling schon in frühen Zeiten bekannt war.[10] Der Maya-Kalender ist dafür ein weiteres Indiz.

Die Herkunft dieses überaus beeindruckenden Kalendersystems, das selbst über Zeiträume von 10.000 Jahren astronomisch präzise bleibt, ist bis heute nicht geklärt. Es wird künftigen Forschungen vorbehalten sein, dies zu verifizieren. Gelingen kann das nur in einer interdisziplinären Forschung, die frei ist von alten Dogmen und sich ohne Vorurteile einem neuen Bewusstsein öffnet, das nicht mehr an das lineare Denken gebunden ist.

**Literaturhinweise:**


[1]: Argüelles, José, "Time & The Technosphere - The Law of Time in Human Affairs", Bear & Company, Rochester, Vermont, 2002, ISBN 1-879181-99-1

[2]: Argüelles, José, "The Mayan Factor – Path Beyond Technology", Bear & Company, Rochester, Vermont, 1987, ISBN 0-939680-38-6

[3]: Baumann, Antje, „Die Geschichte der Indianer Nord-, Mittel- und Südamerikas", www.indianer-welt.de

[4]: Codex Dresdensis, Sächsische Landesbibliothek – Staats- und Universitätsbibliothek Dresden, www.tu-dresden.de/slub/proj/maya/maya.html

[5]: Franklin, Benjamin, „Franklin Squares", www.geocities.com/~harveyh/franklin.htm

[6]: Gilbert, Adrian & Cotterell, Maurice, „Die Prophezeiungen der Maya", Verlagsgruppe Weltbild GmbH, Augsburg, 2002, ISBN 3-8289-3418-8

[7]: Heinrich, Walther, „Das Platonische Jahr und die Zeit", INTI-Verlag, Trier, 1999, ISBN 3-924060-06-1, www.geocities.com/CapeCanaveral/Hangar/8449/platjahr.htm

[8]: Hernández, A. Arellano & Falcón, M. Ayala & de la Fuente, B. & de la Garza, M. & Vera, B. Olmedo & Cicero, L. Staines, „Maya - Die klassische Periode", Hirmer Verlag, 1998, ISBN 3-7774-7690-0

[9]: Kozyrev, N.A., „Possibility of Experimental Study of Properties of Time", Pulkovo, 1967

[10]: Müller, Hartmut, „Global Scaling – Special 1", 2007, Ehlers Verlag

[11]: Riese, Berthold, „Die Maya", Verlag C.H. Beck oHG, München, 2002, ISBN 3-406-46264-2

[12]: Schele, Linda & Freidel, David, „Die unbekannte Welt der Maya", Weltbild Verlag GmbH, Augsburg, 1994, ISBN 3-89350-737-X

[13]: Schneider, Jens, „Kalendersysteme", www.kalendersysteme.de/deutsch/index.html

[14]: Schönberger, Martin, „Weltformel I Ging und genetischer Code", Windpferd Verlagsgesellschaft mbH, Aitrang, 2000, ISBN 3-89385- 345-6

[15]: Thompson, J. Eric S., „Die Maya – Aufstieg und Untergang einer Indianerkultur", Magnus Verlag, Essen, 1975

[16]: Vollemaere, Antoon Leon, Dr., "America Antiqua III", http://users.skynet.be/fa039055/

[17]: Wolf, Carl Alfred, „Die Große Finsternis-Venus-Periode in der Dresdner Maya-Handschrift", www.wolf-nuernberg.de/maya/GFVP.htm

[18]: Shnoll, S. E. et al.: „Realization of discrete states during fluctuations in macroscopic processes", Physics Uspekhi, 41 (10), 1998, www.ufn.ru

[19]: P. de Bernardis et al.: "A Flat Universe from HighResolution Maps of the Cosmic Microwave Background Radiation", Nature, 2000, v 404, p 955, http://citeseerx.ist.psu.edu/viewdoc/summary?doi=10.1.1.37.58

**Robert Mayr**

# Herkunft der Gittersysteme

## Global Scaling Analyse globaler Gitterstrukturen

### Das Rutenphänomen

Seit Jahrzehnten wogt der Kampf für und wider die Wünschelrute. Gibt es einen Einfluss geopathogener Zonen auf die Gesundheit und das Befinden der Menschen? Was hat es mit Wasseradern, Reizzonen und globalen Gitternetzen, die allesamt mit der mysteriösen Wünschelrute detektiert werden können, auf sich? Gibt es physikalische Nachweismethoden und wenn ja, was steckt dahinter? Welcher ist der Wirkmechanismus der all die Effekte und Krankheiten verursachen soll?

Diese und andere Fragen beschäftigen mich schon seit vielen Jahren. Viel ist auch darüber in mannigfaltiger Literatur geschrieben worden. Durch die Beschäftigung mit Global Scaling ergeben sich neue Ansätze für eine mögliche Erklärung dieses weltweiten Phänomens. Hier wird der Versuch einer Deutung im Hinblick auf die Analysemöglichkeiten mit Global Scaling unternommen.

### Die Wünschelrute

Jeder kennt wohl die Werkzeuge, die von Rutengängern häufig eingesetzt werden. Ob Wünschelrute, Pendel oder Tensor, all diese Instrumente haben für einen Außenstehenden ein mehr oder weniger sonderbares Aussehen.

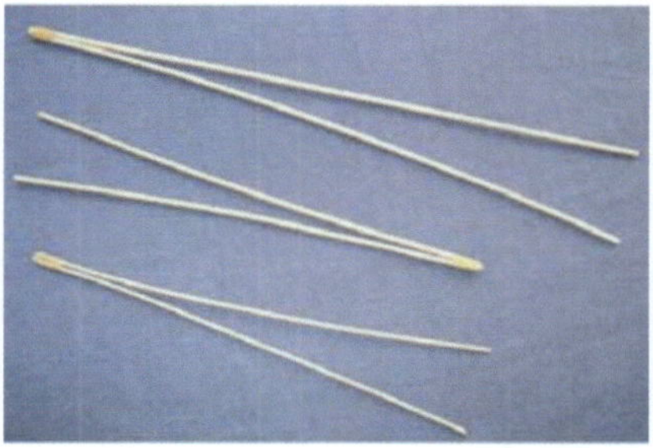

*V-Rute*

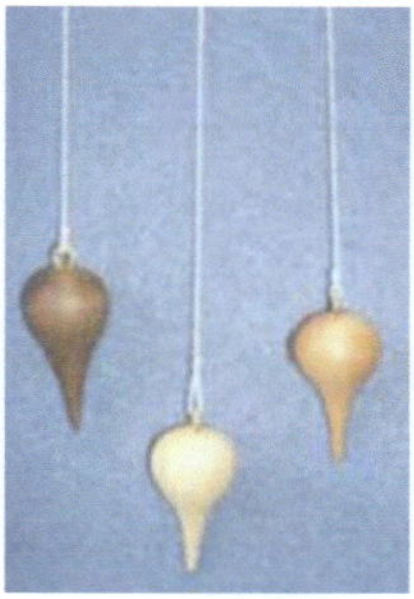

*Pendel*

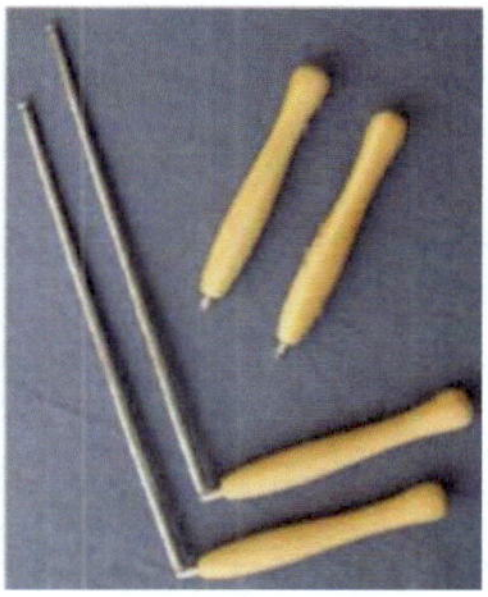

*Winkelrute*

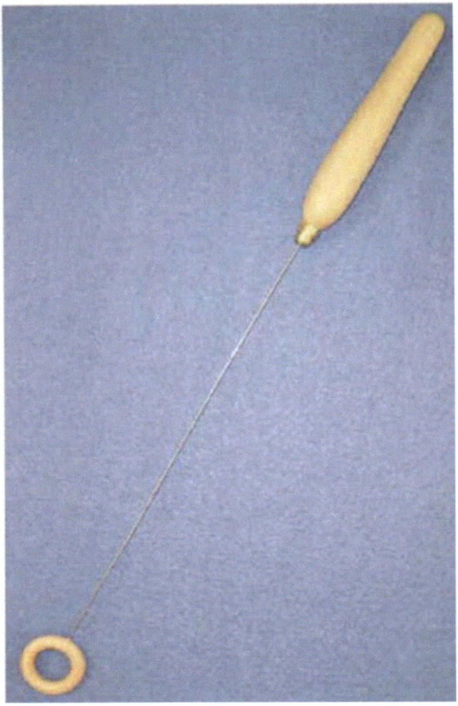

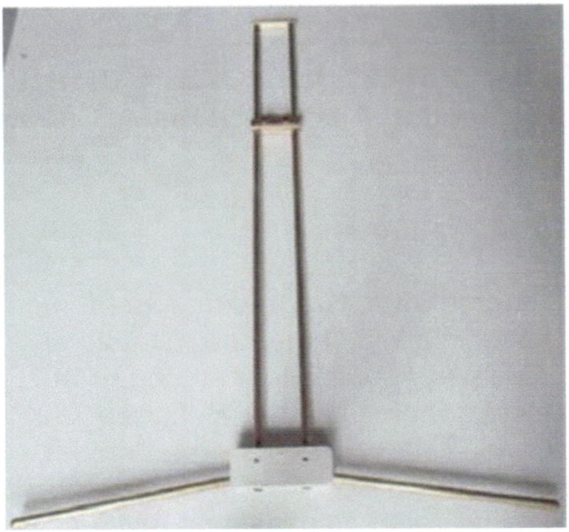

*Tensor (links) und Luft-Lecher-Leitung (oben)*

In der Literatur findet man Theorien, die behaupten, dass das Aussehen, die Form, die Bauart und die Herstellung der Rute entscheidend für den Erfolg sind. Dies kommt einem so vor, wie die Geschichten aus Märchen, die von einem besonderen Gegenstand wie beispielsweise einem Schwert, berichten, das von besonderen Wesen, Zwergen, Feen oder was auch immer mit magischen Kräften und geheimen Elixieren hergestellt wurde und deshalb bestimmte Eigenschaften aufweist.

Egal welche persönliche Meinung man hierzu hat, scheint es doch so zu sein, dass eine Vielzahl der Rutengänger offensichtlich empfindlich auf bestimmte Dinge reagiert. Klassisches Beispiel hierfür stellt die „Wasserader“, wie sie im Volksmund genannt wird, dar.

Der Rutengänger wird gerufen, weil sich eine Unbefindlichkeit, Schlafstörungen oder gar Krankheit manifestiert hat und die Schulmedizin keine oder nur unzureichende Antwort hierauf parat hat. Oftmals wird auch von einem Heilpraktiker der Besuch eines Rutengängers oder Baubiologen empfohlen. In Ausnahmefällen auch von Schulmedizinern.

**Physikalische Beweise für das Rutenphänomen**

Seit ca. 20 Jahren beschäftige ich mich mit dem physikalischen Nachweis der Störzonen (Erdstrahlen, Reizzonen und Wasseradern wie sie volkstümlich bezeichnet werden). Schon vor 70 Jahren fing man an, über gestörten Standorten im Gegensatz zu neutralen Stellen physikalische Parameter zu messen. Es wurde die elektrische und magnetische Feldstärke, die Infrarot-, UKW-, und

Gammastrahlung sowie Änderungen der elektrischen Leitfähigkeit des Bodens und der Luft gemessen.

Ähnlich wie mit der Rute, waren die gewonnen Resultate mehr oder weniger aufschlussreich und nicht immer reproduzierbar. Was an einem Standort wunderbar gelang, war anschließend an einem anderen Platz bzw. zu einem anderen Zeitpunkt nicht mehr zu verifizieren.

Nach wie vor entziehen sich aber die sog. „Erdstrahlen“ dem physikalischen Nachweis. Obwohl in diesem Zusammenhang vielfach von Erfolgen mit Magnetometermessungen berichtet wurde. Dr. Ernst Hartmann (nach ihm wurden die Hartmann-Linien bzw. das Hartmann-Gitter benannt) berichtete mehrfach in seinem Buch „Krankheit als Standortproblem“ von Messungen der magnetischen Feldstärke auf „Krebspunkten“. Messungen mit einer Hallsonde ergaben dabei Abweichungen von 20 µT bei einer Sondenbewegung von ca. 0,5 m/s in Nord-Süd-Richtung. Magnetometermessungen mit standardisierten Vorrichtungen (automatisch bewegte Sensoren) an anderen Orten konnten diese Ergebnisse aber nicht verifizieren. Messungen mit „Picotesla-Magnetometern“, wie sie auch in der Archäologie eingesetzt werden, zeigen ebenfalls keinerlei Hinweise auf verborgene Linien oder gar Gitterstrukturen.

Aus meiner eigenen, über 15-jährigen Erfahrung heraus hat sich die Messung der Radioaktivität auf geologischen Reizzonen als die am besten reproduzierbare Methode herauskristallisiert. Mit empfindlichen Szintillationszählern gelingt der Nachweis von geologischen Störungen wie unterirdischen Wasserwirksamkeiten (so bezeichne ich die „Wasserader“), Verwerfungen, Klüften und Hohlräumen. Der Arzt Dr. Peter Rothdach berichtet im Buch „Standort als Risikofaktor“ ebenfalls von Messungen der Radioaktivität auf Störzonen. Nach sehr gründlicher Überlegung und unter Einbeziehung seines Fachwissens als Arzt kommt er zu dem Schluss, dass es sich um Neutronenstrahlung handelt. Dr. Wolfgang Ludwig erklärt ebenfalls (raum&zeit 118/2002) sehr eindrucksvoll die Zusammenhänge zwischen radioaktiver Strahlung und geologischen Störzonen.

## Erdstrahlen

Wenn man sich mit der Thematik näher beschäftigt, wird man sehr bald mit Reizstreifen, Gittersystemen und dergleichen konfrontiert. Diese sind – abgesehen von ihren Kreuzungen – physikalisch nicht messbar, weil es sich nach Dr. Ludwig um biologische Phänomene handelt. Als erstes wurde der Arzt Dr. Ernst Hartmann auf Liniensysteme aufmerksam. Anfang der 50er Jahre beschrieb er ein energetisches Gittersystem auf der Erdoberfläche. Ausführliche Experimente dazu sind in den Büchern „Krankheit als Standortproblem“ zu finden. Hartmann sprach vom Globalnetzgitter, heute ist es besser bekannt unter dem Namen Hartmanngitter und wird in der Radiästhesie, der Baubiologie, der Geobiologie und auch teilweise in der Architektur benutzt. Die so genannten Reizstreifen bzw. –zonen von ca. 20 cm - 30 cm Breite verlaufen in der magnetischen Nord-

Süd Richtung in etwa 2m Abstand und in der Ost West Richtung mit etwa 2,5m Abstand. Andere Literaturstellen berichten von Maschenweiten im Bereich von 1,8m - 2,8m.

Ein weiteres Gitternetz, früher auch Diagonalgitter genannt, wurde zwischen 1945 und 1951 von Siegfried Wittmann erstmalig beschrieben. Die eigentlich bekannt gewordene Veröffentlichung stammte 1952 von Dr. Manfred Curry, der den Namen Wittmann allerdings nicht erwähnte. Daher wird es heutzutage meistens einfach Currygitter oder auch Currynetz genannt. Es verläuft von NO nach SW und von NW nach SO. Das Rastermaß beträgt dabei etwa 3m x 3m. Recherchen in der Literatur bringen auch Werte von 2,6m bis 3,6m zutage. Die Streifenbreite wird teilweise bis zu 60cm angegeben. Der wesentliche Unterschied zum stabileren Hartmanngitter ist, dass sich bei schlechter Wetterlage die Reizstreifen verbreitern und an (bis zu dreifacher) Intensität zunehmen.

Anton Benker entdeckte 1953, dass sich die ganze Erdoberfläche und der darüber liegende Raum in würfelförmige Felder im Abstand von 10m aufgliedern. Man findet aber auch Werte von 8m bis 12m. Das Benker-Kubensystem wird, in der Regel, als übergeordnetes System zum Hartmann-Gitter gesehen. (siehe dazu auch „Strahlenkunde mit dem Benker-Kuben-System“ von Anton Benker).

**„Neues Gitternetz“**

In letzter Zeit wird über ein „neues“ Gitternetz berichtet, das mit einer Maschenweite von 50cm und einer Streifenbreite von 8 - 15cm in Erscheinung tritt. Die Himmelsausrichtung ist Nord-Süd und es fügt sich in das Globalgitternetz ein. Es passt also in das Globalgitternetz 4-mal in Nord-Süd-Richtung und 5-mal in Ost-West-Richtung. Neu an dieser Erscheinung ist die Beobachtung einer zeitlichen Komponente. Es ist nicht immer da, sondern es „erscheint“ periodisch. Auch wird von Pulsationen der Intensität mit einer Periodendauer von 8 bis 12 Sekunden berichtet.

Nachfolgend sind die beschriebenen Gittersysteme grafisch dargestellt, damit man sich ein besseres Bild von den zuvor genannten machen kann.

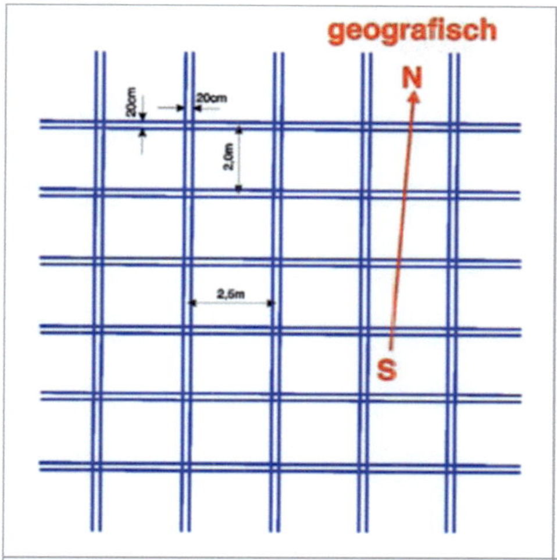


*Globalgitternetz bzw. Hartmanngitter*

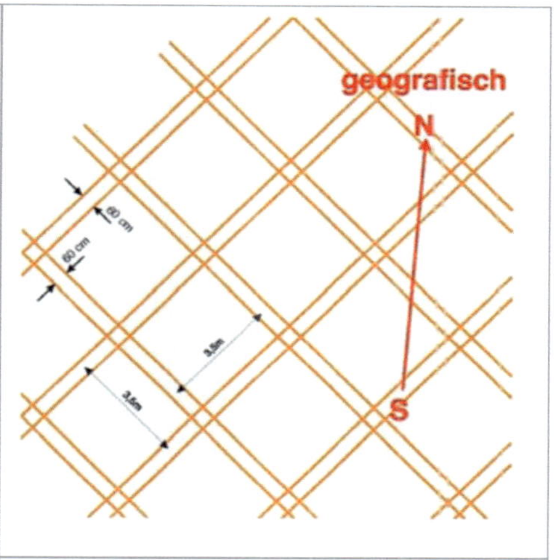


*Diagonalgitter bzw. Currygitter*

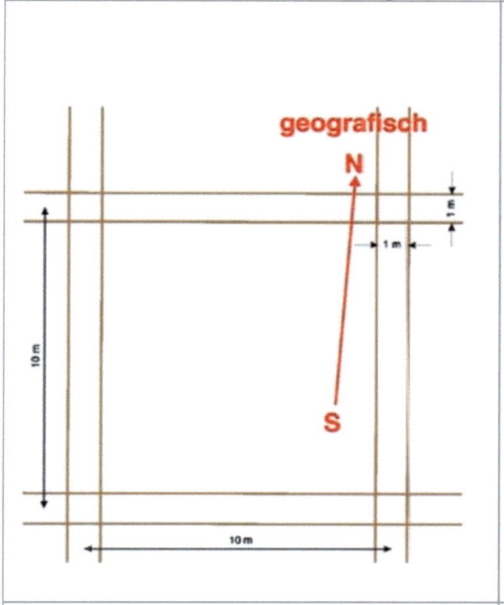


*Benker-Kuben-System*

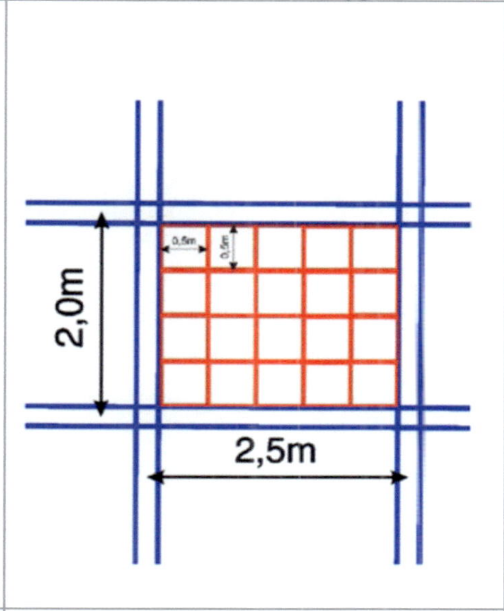


*„Neues"-Gittersystem*

Mit der Nennung dieser vier Systeme will ich es hier vorerst bewenden lassen. Es wird zwar hie und da noch von anderen Systemen berichtet, aber die genannten stellen meines Erachtens die bekanntesten dar.

Nachfolgende Tabelle stellt die gefundenen Werte in der Übersicht dar. Es handelt sich dabei um die Schwankungsbreite der von mir gefundenen Literaturwerte. Sicherlich werden die Extremwerte nicht so häufig gefunden, aber um einer „Betriebsblindheit“ vorzubeugen, ist eine Berücksichtigung aller Daten geboten.

| BEZEICHNUNG | HIMMELSAUS-RICHTUNG | MASCHENWEITE | STREIFENBREITE |
|---|---|---|---|
| Hartmann | Nord-Süd | ca. 2m | 20cm – 30cm |
| | Ost-West | ca. 1,8 – 2,8m | |
| Curry | 45° diagonal (NO-SW und NW-SO) | ca. 2,6m – 4m | ca. 1cm – 60cm |
| Benker | Nord-Süd | ca. 8m – 12m | ca. 80cm – 100cm |
| „Neues“ Gitter-system | Nord-Süd | ca. 0,5m | 8cm – 15cm |

**Herkunft der Gittersysteme**

Es stellt sich nun die Frage, woher kommen alle diese Gittersysteme? Zumal diese Liniensysteme vornehmlich in Mitteleuropa weite Verbreitung gefunden haben. Schaut man aber nach England, so stellt man fest, dass hier die „alten“ Rutengänger traditionell keine Gittersysteme wohl aber mäanderförmige bzw. Schlangenmuster kennen.

Dies legt die Vermutung nahe, dass vorgeprägte Denkmuster in der Radiästhesie eine große Rolle spielen. Die Denkmuster entsprechen dem geradlinigen Denken des Mitteleuropäers.

Und wenn Denkmuster einen Rutengeher beeinflussen, dann liegt doch auch die Vermutung nahe, dass auch das gesamte Rutenphänomen auf Einbildung und Suggestion beruht.

Dass dem nicht zwingend so ist, zeigt z. B. das Ergebnis einer Münchner Forschergruppe aus 14 Wissenschaftlern unter der Leitung der Professoren König und Betz aus dem Jahr 1989, die aufgrund vieler Tests mit 500 Rutengängern zur Aussage kamen, dass der Rutengänger ortsabhängige reproduzierbare Reaktionen aufweist, die nicht durch normale Sinnenreize erklärbar sind. Damit wurde die Existenz des Rutenphänomens nachgewiesen.

*Durch Zufallsgenerator erzeugtes Muster. Es steht für eine Umgebung undifferenzierter Energien. Ein Rutengänger, der versucht, alle vorhandenen Reaktionspunkte zu lokalisieren, würde dieses Muster entdecken*

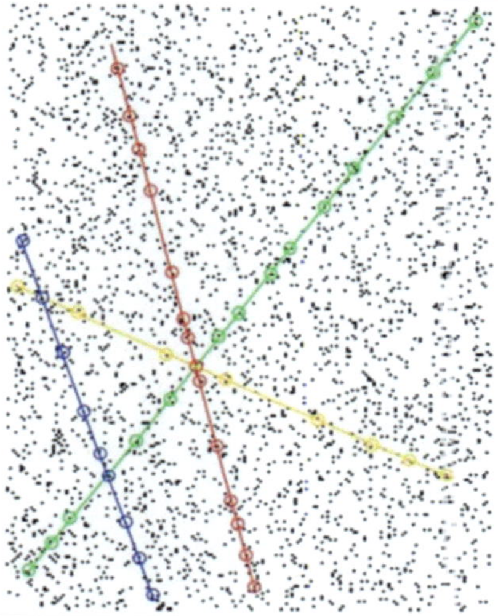

*Ein Rutengänger, der sich durch mentale Filterung auf geradlinige Systeme konzentriert, wird die eingekreisten Reaktionspunkte herausfiltern und zu obenstehendem System zusammensetzen*

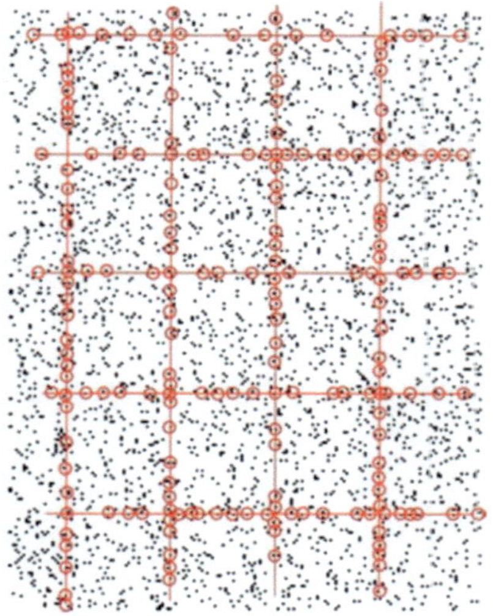

Sucht der Rutengänger nach gitternetzartigen Strukturen wird ähnliches passieren. Alle weiteren möglichen Reaktionen, die dem gesuchten System widersprechen werden unterdrückt.

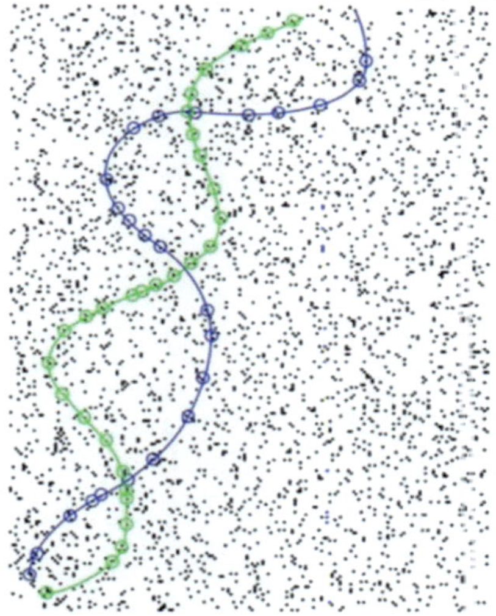

*Rutengänger mit anderen Vorprägungen (z. B. aus dem angelsächsischen Raum) neigen häufig zu geschwungenen Systemen. Auch hier besteht die Neigung, „Unerwünschtes" zu ignorieren*

Einen großen Beitrag zu Erkenntnissen und Reproduzierbarkeit der Radiästhesie hat auch Herr Willem Busscher geleistet. Seine Experimente mit abstimmbaren Ruten (Luft-Lecher-Leitungen) zeigen, dass sich die Wellenlänge eines gegebenen Objektes mit einer Genauigkeit von ±0,5mm bestimmen lässt. Durch ausgefeilte Experimente beispielsweise mit dem „Fünfrutentest" hat Busscher erstaunliche Ergebnisse bei Doppelblindversuchen erzielt:

Fünf Luft-Lecher-Leitungen sind auf unterschiedliche Wellenlängen eingestellt, eine davon ist exakt, die anderen sind jeweils um plus/minus 1 und 2mm verstimmt. (http://ww.wifür.de/html/luft-lecher-leitung.html) Äußerlich sind die Ruten nicht unterscheidbar, da die kleine Verstimmung nicht ohne Messgerät erkennbar ist.

Der Proband nimmt der Reihe nach (aber verdeckt) einzeln jede dieser Ruten und probiert, ob sie auf die Resonanzbedingung eingestellt ist. Dieser Versuch wird mehrmals wiederholt. Wenn bei jedem Versuch die Zufallswahrscheinlichkeit $^1/_5$ ist, dann hat man schon nach 5 Versuchsreihen eine Zufallswahrscheinlichkeit von $^1/_5 \bullet {}^1/_5 \bullet {}^1/_5 \bullet {}^1/_5 \bullet {}^1/_5$, also etwa 1/3000.

In einem anderen Experiment hat Busscher gezeigt, dass es jedoch einen entscheidenden Unterschied zwischen einer elektromagnetischen Anregung und einer beispielsweise durch einen geobiologischen Reizstreifen („Wüst-Wellen") verursachten gibt (Ost-West-Streifen des Hartmanngitters) /Busscher, 1985, S. 1479/.

Mit einer raffinierten Anordnung aus zwei per Relais periodisch geschalteten Ruten (Sender und Empfänger) hat Busscher die Ausbreitungsgeschwindigkeit der Wellen eines Gitterstreifens bestimmt (in Anlehnung an die Fizeau-Methode zur Bestimmung der Lichtgeschwindigkeit) /Busscher, 1985, S. 1478/.

$$v = \lambda \bullet f$$

Seine Messungen ergeben Ausbreitungsgeschwindigkeiten von etwa 10m/s und eine Abhängigkeit von der Wellenlänge. Deshalb seine Schlussfolgerung: „Die Wellen, die von Reizstreifen ausgestrahlt (oder absorbiert) und von Mensch und Rute festgestellt werden, sind **KEINE Hochfrequenz-Wellen**!"

**Beobachtungen**

Im Buch „Wünschelrute oder das Mysterium der weissagenden Hand" berichtet Christopher Bird vom Amerikaner Dr. Zaboj Harvalik, der das Phänomen Hartmanngitter in den USA als erster aufgriff. Nachdem er mit europäischen Rutengängern darüber gesprochen hatte, gewann er den Eindruck, dass die Bedeutung der magnetischen Ausrichtung des Hartmanngitters noch nicht erkannt worden war. Er bestimmte die Maschenweite an verschiedenen Orten. Die Kantenlängen in Ost-West-Richtung reichten von 1,7m in London bis 1,2m in Island.

Harvalik konnte nachweisen, dass die Gitterlänge auch vom Einfallswinkel des Magnetfeldes abhängt. So ergab z. B. ein Einfallswinkel von 85° eine Gitterlänge von nur 0,4m. Bei 30° dagegen eine von 4,1m. Während die Kantenlänge in Nord-Süd-Richtung stets bei ca. 2m konstant war.

Eine weitere Beobachtung, die Harvalik machte, war während eines Transatlantik-Fluges. Als das Flugzeug zwischen Grönland und Island mit über 950km/h in östlicher Richtung flog, konnte Harvalik immer noch mit der Wünschelrute die Seitenlänge des Globalgitters auf 1,2m bestimmen. Seine Interpretation dieser Beobachtung führte zu der Vermutung, dass das Flugzeug ein eigenes Gitternetz besaß. Er vermutete, dass das Globalgitternetz eine neurophysiologische Reaktion des Menschen auf bestimmte Parameter des erdmagnetischen Feldes darstellt. Die Resultate weiterer Versuche unter künstlich erzeugten Magnetfeldern untermauerten seine Vermutung. Das Globalgitternetz ist offenbar kein terrestrisches Phänomen, sondern womöglich eine neurophysiologische Manifestation der Reaktion des Menschen auf den Einfallswinkel des erdmagnetischen Feldes.

Die räumliche Deckungsgleichheit (Kreuzungspunkte) von Gittern zu interpretieren, die unabhängig von mehreren Personen mit der Wünschelrute festgestellt wurden, bereitet hier noch besondere Schwierigkeiten und ist nicht eindeutig geklärt.

Was oder durch was werden also die Gittersysteme erzeugt? Tragen wir zusammen und halten fest, was sie offenbar nicht sind:

- Gittersysteme sind nicht terrestrischen Ursprungs, sonst würde man im fliegenden Flugzeug das Gittersystem nicht auch nachweisen können.
- Gittersysteme sind nicht magnetischen Ursprungs, sonst wäre die Archäologie schon längst bei ihren Messungen mit „Picotesla-Magnetometern“ auf Strukturen gestoßen. Obwohl magnetische Felder offenbar eine Rolle spielen.
- Die Wellen bzw. Schwingungen von Gittersystemen sind nicht elektromagnetischer Natur – also **KEINE Hoch- oder Niederfrequenz**.
- Es sind auch keine hochfrequenten stehenden Wellen, die vom Kosmos und von der Sonne eingestrahlt und durch das Erdmagnetfeld gebündelt und polarisiert werden.

## Global Scaling

Hier besteht nun mein Ansatzpunkt, mit den bekannten Daten eine Analyse nach Global Scaling zu unternehmen. Hierzu ist es jedoch notwendig, den Leser mit dieser Methode vertraut zu machen.

Scaling bedeutet logarithmische Skaleninvarianz. Die Ähnlichkeiten zwischen dem Aufbau eines Atoms, dem Sonnensystem und der Galaxie sind wohl jedem bekannt. Die Größenverhältnisse sind „skaleninvariant“. Weniger bekannt hingegen dürfte die Tatsache sein, dass die Natur und damit unsere Welt logarithmisch aufgebaut ist. Die statistischen Normalverteilungen beispielsweise folgen nicht der linearen Gauß-Verteilung sondern der Lognormalverteilung. Beispiele hierfür sind: Durchmesser von Bäumen, Körpergröße des Menschen, Windgeschwindigkeiten, Verteilung der Galaxien, um nur einige zu nennen. Auch unsere Sinne sind logarithmisch „geeicht“, unser Seh- und Hörvermögen, Tast- und Geruchssinn und die Entfernungsschätzungen.

Aus dieser Tatsache heraus müssen wir unsere Welt logarithmisch anschauen, um hinter Geheimnisse zu kommen.

Scaling ist eine grundlegende Eigenschaft fraktaler Strukturen und Prozesse. Die Global Scaling Theorie erklärt, warum Strukturen und Prozesse der Natur fraktal sind und worin die Ursache der logarithmischen Skaleninvarianz besteht.

Fraktale sind in den späten 70er Jahren der Öffentlichkeit durch die computergenerierten Grafiken, die als „Apfelmännchen“ die Runde machten, bekannt geworden.

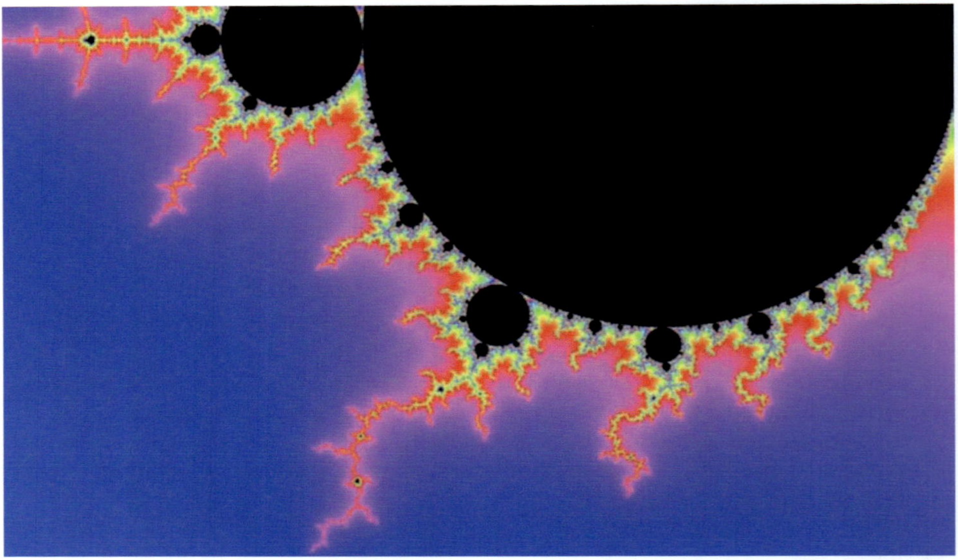

*„Apfelmännchen“, Fraktale (=selbstähnlich) Computergrafik*

Das Naturphänomen Global Scaling finden wir überall in der Natur; in der Physik, Biologie, Neurophysiologie und sogar in der Mathematik. Technische Systeme, die nach Global Scaling optimiert werden, erreichen naturnahe Effizienz.

## Global Scaling Analyse

Protonenresonanzen determinieren das Schwingungsverhalten materieller Konstruktionen, weil Materie zu über 99 Prozent ihrer Masse aus Nukleonen (Protonen und Neutronen) besteht. Deshalb ist es naheliegend als ersten Ansatzpunkt die Meterangaben der Gitternetze nach Global Scaling zu analysieren. Dazu wird als Referenzwert die Wellenlänge λ (=Lambda) des Protons $\lambda_p$ = 2,103089...$10^{-16}$m verwendet:

$$\ln \frac{\lambda_{Messwert}}{\lambda_{proton}}$$

Zunächst aber sind die Überlegungen darüber anzustellen, ob etwas wie schwingt. Die Schwingungen sind mit hoher Wahrscheinlichkeit Eigenschwingungen, also keine mit Gewalt erzeugten Schwingungen. Die Maschenweiten stellen ebenfalls mit hoher Wahrscheinlichkeit Schwingungsknoten dar. Der Abstand zwischen benachbarten Reizstreifen beträgt also eine halbe Wellenlänge = λ/2! Deshalb muss man die vorhandenen, gefundenen Werte mit 2 multiplizieren, damit man die Wellenlänge erhält.

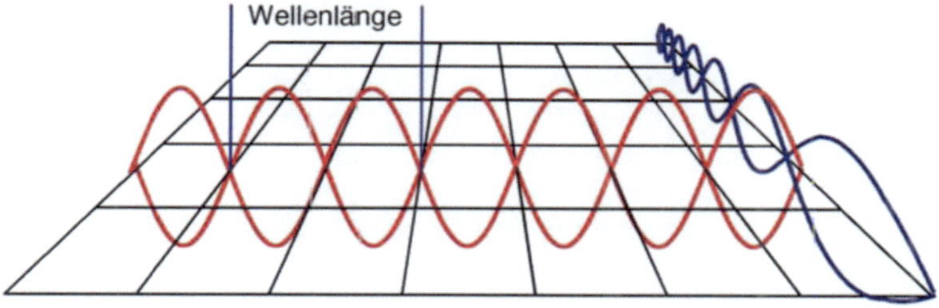


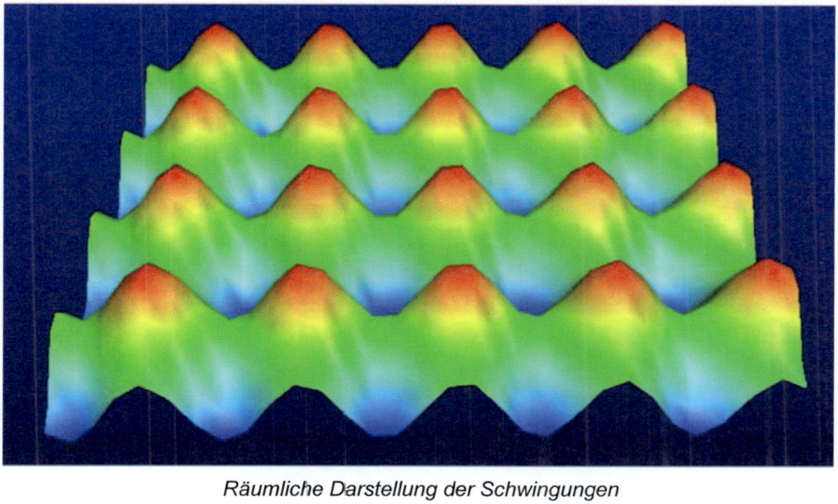

*Räumliche Darstellung der Schwingungen*

Trägt man nun die gefundenen Werte in das Fundamentale Fraktal ein, so ergibt sich nachstehendes Bild. Die Wellenlängen (in m) sind oberhalb des Spektrums eingetragen. Die Logarithmen stehen am unteren Rand des Spektrums.

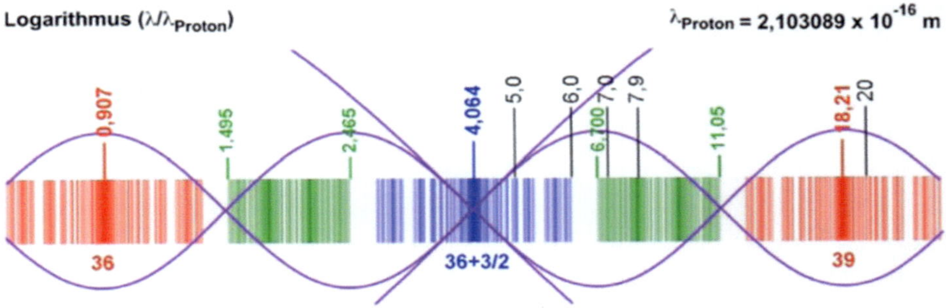


*Maße von Gitternetzstrukturen im Spektrum der Materieresonanz-Wellenlängen (Meter)*

**Hartmanngitter**

Sofort fällt der turbulente, blaue Bereich bei 4m ins Auge. Die Maschenweite des Hartmanngitters von 2m (Wellenlänge ≈ 4m) liegt exakt in einem Hauptknoten des Protonenresonanzspektrums. Wie Eingangs schon erwähnt, ist aus der Erfahrung bekannt, dass der Abstand in Nord-Süd-Richtung des Hartmanngitters nahezu bei ca. 2m konstant ist. Aus Experimenten ist ebenfalls bekannt, dass Änderungen dieser Maschenweite kaum beobachtet wurden.

Diese Eigenschaften, decken sich mit den Eigenschaften von Messwerten, die in Knotennähe liegen, wie z. B.:

- geringe Beeinflussbarkeit/geringe Sensibilität (= 2m bleiben stabil, konstant)
- hohe Eigenresonanz- und Schwingungsfähigkeit (der Schwingungsknoten bei 4m ergibt sich fast von selbst; zum Schwingen genügt eine minimale Energiezufuhr)
- turbulenter Bereich (keine Konstanz für Prozesse, Lebewesen sollten diesen Bereich meiden)
- hohe Fluktuationswahrscheinlichkeit (es ändert sich ständig etwas, ein Organismus kann sich nicht auf diese Situation einstellen)
- Attraktor, zieht Ereignisse an (Rutenreaktionen werden wahrscheinlich, latente Prozesse werden angestoßen)
- hohe Wahrscheinlichkeit des Tendenzwechsels

um nur einige Eigenschaften zu nennen.

Ich habe bei meinen Recherchen leider keine belastbaren Daten über Gesundheitsprobleme bzw. -symptome und Gittersysteme gefunden. Lediglich allgemeine Aussagen, wie z. B.:

- die geopathische Belastung eines Patienten kann zur Therapieresistenz besonders in der Homöopathie führen.
- Störungen im biologischen Organismus verursacht.
- die Reizstreifen beeinflussen das Wohlbefinden, besonders die Schlaftiefe negativ.
- Wenn die Menschen ständig dem Einfluss der Störzonen ausgesetzt sind, wird ihre Widerstandskraft geschwächt.
- Meist treten zuerst Schlafstörungen auf, Müdigkeit und „Abgeschlagenheit" am Morgen, mit der Zeit auch regelrechte Erkrankungen.

Sicherlich lassen sich leicht weitere Entsprechungen der vorangestellten Prozesseigenschaften mit den eben gemachten Aussagen zur Gesundheit finden.

Widmen wir uns nun dem zweiten Maß des Hartmanngitters. In Ost-West-Richtung haben wir ca. 2,5m (im Mittel in unseren Breitengraden). Allerdings wissen wir, dass je nach Breitengrad auch Werte von 1,8m und kleiner, sowie auch Werte größer 2,8m existieren können.

Der Logarithmus des Wertes von 5m liegt rechts vom Hauptknoten $36+^3/_2$, in der Global Scaling Schreibweise so dargestellt: [37,5; +9, +3, +9]. Diese Darstellung gibt dem Global Scaling Kenner Hinweise auf die Qualitäten eines Messwertes, deren Erklärung den Rahmen dieser Analyse bei weitem sprengen würde.

Der Wert 5m liegt also in einem Subknoten, der dieselben Eigenschaften hat wie der Hauptknoten davor, allerdings mit verminderter Amplitude. Vielleicht ist dies der Grund, wieso gerade in unseren Breitengraden diese Reizstreifen eine so hohe Relevanz haben. Bewegen sich im Verlaufe eines Prozesses prozessrelevante reproduzierbare Messwerte durch das Fundamentale Fraktal, so ändert sich der Charakter des Prozesses mit hoher Wahrscheinlichkeit.

Messwerte links und rechts vom Hauptknoten befinden sich in der Kompression (links) bzw. Dekompression (rechts) und deshalb sind die zu erwartenden Prozesseigenschaften nicht mehr ganz so stark.

**Currynetz**

Das Diagonalgitter wird als quadratisches System mit ca. 3m bis 3,5m Maschenweite beschrieben. Daraus ergibt sich eine Wellenlänge von 6m bis 7m. Betrachtet man die Lage im Fundamentalen Fraktal, so kommen die Maßzahl 6m am rechten Rand des Hauptknotens $36+^3/_2$[37,5; +6, -3, +3, -9] zum liegen. Ränder stellen ebenfalls Attraktoren dar.

Die 7m (3,5m Maschenweite) liegen im grünen Bereich, in einem Subknoten [39; -3, +3, -3, +3, +3, -3, +3, -3] und die 8m (4m Maschenweite) ebenfalls [39; -3, +3, +3, +3, -3, +3]. Grüne Bereiche haben einen sehr komplexen Prozessverlauf. Auch diese Subknoten haben ähnliche Eigenschaften, wie schon beim Hartmanngitter aufgeführt, allerdings ist die Amplitude (=Stärke) vermindert.

**Benkersystem**

Das Benker-Kubensystem wird in der Regel, als übergeordnetes System zum Hartmann-Gitter gesehen. Das Hartmanngitter passt in das 10m Gitter hinein, 5x von Nord nach Süd und 4x von West nach Ost.

Der Logarithmus des Wertes von 20m liegt rechts vom Hauptknoten 39 [39; 21, +9]. Nachdem die Schwankungsbreite des Maschenabstandes von 8m bis 12m geht und die Streifenbreite dieses Gitters mit 80cm bis 100cm angegeben wird, besteht eine hohe Wahrscheinlichkeit, dass die wahre Wellenlänge bei ca. 18,2m liegt, die einer Maschenweite von ca. 9,1m entspricht. Auch hier gelten selbstverständlich dieselben Prozesseigenschaften wie schon beim Hartmanngitter ausgeführt.

**„Neues" Gitter**

Das neu gefundene Gittersystem mit 50cm Maschenweite führt zu der Wellenlänge 1m. Im fundamentalen Fraktal sticht sofort der Hauptknoten 36 mit 0,9m ins Auge. Dieser Wert ist, wie beim Hartmanngitter auch, sehr stabil. Die sich daraus ergebende Maschenweite von 45cm passt mit der Streifenbreite von 8cm bis 15cm auch sehr gut zusammen. Trotzdem gibt es auch in der Nähe von 1m ebenfalls viele qualitativ interessante Subknoten, wie z. B. [36; 21, -3, +3, -3].

**Eigenschwingungen der Materie erzeugen Gittersysteme**

Wie Eingangs erwähnt, erzeugen Eigenschwingungen der Materie logarithmisch fraktale Spektren der Frequenzen, Wellenlängen, Amplituden und ein logarithmisch fraktales Netz von Schwingungsknoten im Raum.

Es ist nicht verwunderlich, dass wir Menschen (und auch Tiere und Pflanzen) auf diese Schwingungen reagieren. Bestimmt doch derselbe Mechanismus – die Eigenschwingung der Materie – die Körpergrößen der Lebewesen, also auch von uns!

Überlagern sich mehrere Wellen, so kommt es zur Ausbildung einer Wellengruppe, die in der Regel zwei verschiedene Geschwindigkeiten besitzt: Phasengeschwindigkeit und Gruppengeschwindigkeit. Die Formel

$$v = \lambda \bullet f$$

ist die mathematische Beschreibung der Phasengeschwindigkeit. In Materie ist die Phasengeschwindigkeit abhängig von der Wellenlänge. Die von Wüst und Busscher festgestellte Geschwindigkeit der Wellen von ca. 10m/s ist die Phasengeschwindigkeit einer Wellenüberlagerung. Den Effekt kennt man vom Autofahren. Man fährt selbst mit z. B. 120km/h auf der Autobahn. Ein zweites Fahrzeug überholt nun mit 130km/h. Wir nehmen aber nur die Differenz, also 130km/h - 120km/h = 10km/h als Geschwindigkeit wahr. Die nachfolgende Abbildung zeigt den Sachverhalt. Im rechten Teil der Grafik sind zwei überlagerte Schwingungen mit unterschiedlichen Frequenzen dargestellt. Jede Schwingung schneidet zu einem anderen Zeitpunkt die Null-Linie der Zeitachse. Dies wird Phase oder Phasenlage genannt. Diese Phase hat eine eigene Geschwindigkeit – die Phasengeschwindigkeit.

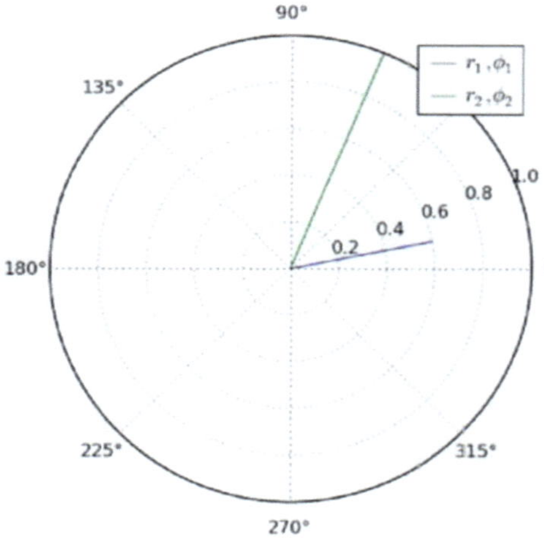


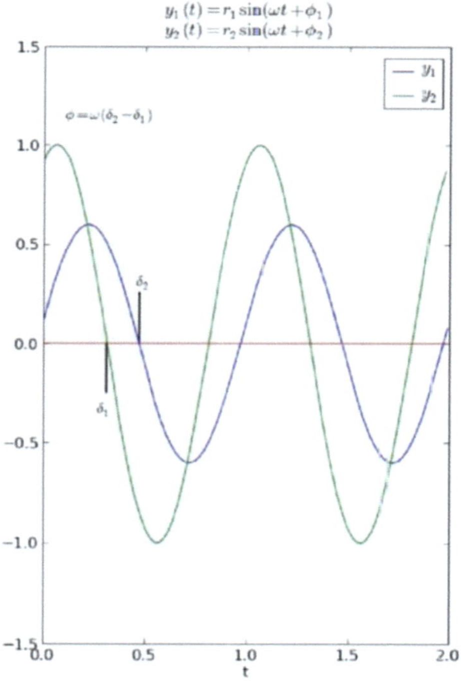


Die von Rutengängern gefundenen Gittersysteme sind eine **Folge** von **Schwingungsprozessen** in kosmischen, räumlichen und zeitlichen Maßstäben ausgehend von der **Materie**. Es handelt sich um **Gravitationswellen**. Den Kreuzungspunkten der Gittersysteme wird traditionell eine krankmachende Wirkung zugeschrieben. Dies ist auch nicht verwunderlich, stellen doch die Kreuzungspunkte überlagerte Schwingungsknoten dar (z. B. Schwingung Nord-Süd und Ost-West).

## Alles nur Einbildung – Denkmuster?

Wie eingangs erwähnt, gibt es noch einen weiteren Aspekt für die Gittersysteme – nämlich den Aspekt der Denkmuster. Was wäre, wenn wir uns das alles nur einbilden? Die Vermutung liegt nahe, da ja längst nicht alle Menschen die Erfahrung mit der Wünschelrute haben. Welcher Denkvorgang liegt zugrunde? Versuchen wir, uns an einfachen Dingen zu orientieren. Was sagen uns die Maßzahlen? Was wäre, wenn wir Menschen uns einfach nur an Zahlen orientieren würden? Seit unseren Kindheitstagen werden wir mit Längenmaßen konfrontiert. Das fängt damit an, dass das neugeborene Kind schon vermessen wird. Geburtsgewicht und Körpergröße werden dokumentiert und während der ganzen Kindheit beobachtet und registriert. Erlernen wir einen Beruf, so bestimmen auch dort Maße und Maßzahlen unser Denken und Handeln – je nach Beruf mehr oder weniger.

Wie schon gezeigt, ist jede Zahl ein Schwingungsattraktor. Zahlen schwingen! Schauen wir uns einmal das Spektrum der uns interessierenden Maßzahlen im Fundamentalen Fraktal an.

*Maße von Gitternetzstrukturen im Spektrum der Zahlenresonanz-Wellenlängen*

Betrachtet man die Grafik, so fallen sofort links die Zahl 1 und rechts die Zahl 20 auf. Die Zahl 20 hatten wir schon beim Benkersystem.

## Benkersystem

Bei der vorherigen Betrachtungsweise sind wir zum Schluss gekommen, dass vermutlich 18,2m die „wahre“ Wellenlänge (Maschenweite 9m) ist. Zur Orientierung ist die Zahl 18,2 (Kettenbruchdarstellung [3; -21, +3]) ebenfalls vermerkt. Mit der bereits erwähnten Streuung der Streifenbreite von 0,8m bis 1m (mal 2 wegen der Wellenlänge, also 1,6m bis 2m) haben wir eine gute Übereinstimmung gefunden. Die Zahl 20 ist ein sehr starker Attraktor und hat eine viel stärkere Anziehung als die Zahl 18.

Das Benkersystem wird häufig mit einer Maschenweite von 10m angegeben. Die Zahl 10 [3; -3, +15] liegt sehr nahe einem Knoten (exakt 10,3) im grünen Bereich. Die Zahl 10 und ihre „Umgebung“ ist ebenfalls ein starker Attraktor. Zur Orientierung ist die Zahl 9 (Kettenbruchdarstellung [3; -3, +3, +3, -3, +3, +3]) vermerkt. Zehn ist zudem die Hälfte von zwanzig. Mit hoher Wahrscheinlichkeit liegt hier die Ursache für die Maße des Benkersystems.

## Hartmanngitter

Wenden wir uns nun dem Hartmanngitter zu. Wir finden sofort die Zahl 2 [0; +3, -18, +3] in einem Knoten im grünen Bereich. Die Maschenweite des Hartmanngitters in Nord-Süd-Richtung beträgt ziemlich konstant 2m! Hier haben wir einen weiteren Attraktor für das Hartmanngitter gefunden. Auch die variablen Maßzahlen in Ost-West-Richtung von 1,8 bis 2,7 finden wir im grünen Bereich. Die häufig genannten 2,3m [0; +3, -3, -6] liegen ebenfalls in einem Knoten und sind ein starker Attraktor. Dies ist vermutlich eine Ursache dafür, dass die Maschenweite beim Hartmanngitter in Ost-West-Richtung häufig mit 2,3m (± 0,2m bis 0,3m Streifenbreite) angegeben wird.

## Curry-Gitter

Zum Schluss betrachten wir noch das Curry-Gitter. Die Maschenweiten von 2,6m bis 4m finden wir links vom Hauptknoten im blauen Bereich. Auffallend ist die große Streubreite der Maßangaben für das Curry-Gitter. Die Zahl 2,6 liegt sehr dicht an der Zahl 2,7, die den rechten Rand des grünen Bereiches markiert. Die Zahl 3 ist der Beginn des blauen Bereiches. Ränder sind ebenfalls Attraktoren. Die Zahlen 3,2 [1,5; -6, +27], 3,6 [1,5; -9, -18] und 4,0 [1,5; -18, +12] liegen in Subknoten und sind auch Attraktoren. Wir finden also viele verschiedene Attraktoren. Vermutlich liegt hier ein Grund dafür, dass die Maßangaben beim Curry-Gitter solchen Schwankungen unterliegen.

## „Neues" Gittersystem

Die Maschenweite von ca. 0,5m liegt bei einem Subknoten im grünen Bereich. Auch hier ist es so, dass in der Nähe von 0,5 mehrere attraktive Bereiche zum liegen kommen. Die Qualität von 0,5 ist vergleichbar mit der Qualität von 2 (Hartmanngitter), nur mit umgekehrtem Vorzeichen.

## Fazit

Die Untersuchungen der Gittersysteme nach Global Scaling zeigt neue und überraschende Erkenntnisse. Entgegen der bisherigen Vorstellungen, wonach die Herkunft der Gittersysteme elektrischen, magnetischen oder elektromagnetischen Ursprungs sind, zeigen die vorliegenden Analysen in eine ganz andere Richtung.

Ausgehend vom Aufbau der Materie und des Universums kommt man unweigerlich zu dem Schluss, dass die Gittersysteme die Folge der globalen stehenden Gravitationswelle sind. Protonenresonanzen determinieren alle Prozesse im Universum. Die stehende Gravitationswelle teilt den Raum in Schwingungsknoten und Schwingungsbäuche ein. Der Rutengänger reagiert auf die Schwingungsknoten der stehenden Gravitationswelle.

Aber auch die Zahlen gehorchen der stehenden Gravitationswelle. So ist es nicht verwunderlich, dass wir Menschen ebenfalls auf diese Schwingungen reagieren. Bestehen doch auch wir aus derselben Materie wie das Universum, und letztendlich sind das Protonen!

Weiterhin lassen sich aus den gemachten Analysen folgende Aussagen bezüglich der Gittersysteme treffen:

1) Die Herkunft des Hartmanngitters ist fest in der Materieresonanz fundiert. Die Maschenweite von 2m wird sowohl von der Materieresonanz, als auch durch die Vakuumresonanz unterstützt. Hier liegt vermutlich der Grund, warum das Hartmanngitter im Prinzip von jedem Rutengänger gefunden werden kann. Auf der anderen Seite liegt hier mit hoher Wahrscheinlichkeit auch die Ursache für seine biologische Relevanz.

2) Das Curry-Gitter scheint seine Ursache vornehmlich im Spektrum der Vakuumresonanzen (in den Zahlen) zu haben. Rutengänger finden das Curry-Gitter mit relativ großer Unsicherheit was die Maschenweite und Streifenbreite angeht. Kein Wunder, kommen doch fast alle gefundenen Werte von 2,6m bis 4m im Spektrum der Vakuumresonanz vor. Auf welche Werte soll man da reagieren? Alle diese Werte stellen Attraktoren dar. Demzufolge ist die biologische Relevanz des Curry-Gitters verglichen mit dem Hartmanngitter ziemlich sicher wesentlich geringer.

3) Das Benkersystem hat seine Fundamente sowohl in der Materie- als auch in der Vakuumresonanz. Ein Hinweis darauf sind die doch recht großen Unsicherheiten bei der Angabe der Streifenbreite. Vermutlich haben es die Rutengänger schwer, zwischen der Materieresonanz und der Vakuumresonanz eindeutig zu unterscheiden. Die Materieresonanz gibt die Wellenlänge 18m vor, die Vakuumresonanz hingegen stellt den starken Attraktor 20m dagegen. Die halbe Wellenlänge (=Maschenweite) hat aber sowohl bei 9m als auch bei 10m einen attraktiven Bereich. Der Rutengänger wechselt ständig zwischen den Systemen hin und her und deshalb kommt es zu den großen Unsicherheiten. Die biologische Relevanz beim Benkersystem ist durchaus gegeben und mit hoher Wahrscheinlichkeit höher als beim Curry-Gitter.

Die in diesem Beitrag dargestellten Zusammenhänge bilden erst die Spitze des Eisberges. Sie sollen einen ersten Einblick und Ausblick auf neue Möglichkeiten und andere Sichtweisen in das Rutenphänomen geben. In diesem Zusammenhang sind sicherlich noch weitergehende Analysen möglich und denkbar. Ich werde an diesem Thema weiterarbeiten und zu gegebener Zeit weitere Erkenntnisse veröffentlichen.

## Literaturhinweise:


Global Scaling, raum&zeit special1. Ehlers Verlag GmbH, Wolfratshausen, 2007

Schneider, Reinhard. „Leitfaden und Lehrkurs der Rute- und Pendelkunst Einführung in die Radiaesthesie" Teil 2. Wertheim: Oktogen-Verlag Wertheim, Dezember 1989

Holst, Ulrich. „Rutengehen — Altes Wissen neu entdecken". München: W. Ludwig Buchverlag, 2001. ISBN 3-7787-3946-8

Lüdeling, Hartmut. „Handbuch der Radiaesthesie". Nienburg: Erfahrungswissenschaftlicher Verlag Eike Hensch, 1998, ISBN 3-927407-09-7

Bird, Christopher „Wünschelrute oder das Mysterium der weissagenden Hand". München: Moos & Partner Verlag, 1987. ISBN 3-89164-018-8

König, H. L. & Betz, H.-D. „Erdstrahlen? Der Wünschelruten-Report", München/Donauwörth: Ludwig Auer GmbH, 1989. ISBN 3-923819-05-6

Kalteiß, Ewald. „Beiträge zur Radiaesthesie" Heft 1. Nienburg: Verlag Eike Hensch, 1997. ISBN 3-927407-05-4

Kalteiß, Ewald & Hensch, Eike. „Grundlagen und Arbeitstechniken der Radiaesthesie" Heft 2. Nienburg: Verlag Eike Hensch, 1998. ISBN 3-927407-18-6

Kalteiß, Ewald & Hensch, Eike. „Grundlagen und Arbeitstechniken der Radiaesthesie" Heft 2 — überarbeitete Auflage. Nienburg: Verlag Eike Hensch, 2003, ISBN 3-927407-27-5

Benschkowski, Andrea. „Radiaesthetische Erscheinungen in der Baubiologie und ihre Messtechnische Erfassung" Heft 4. Nienburg: Verlag Eike Hensch, 1997. ISBN 3-927407-08-9

Dipl.-Ing. Busscher, W.. „Überprüfbare-physikalische-Radiästhesie". 2006.

Dr. med. Keßler, Rudolf & Kopschina, Andreas. „Ortsabhängige und technische Strahlung als Ursache für chronische therapieresistente Krankheiten". Vellmar West: Berufsverband der Geopathologen e. V., 1990 - 1992.

Worsch, Emil. „Erdstrahlen - und deren Einfluss auf die Gesundheit des Menschen". Graz: V. F. Sammler (im Leopold Stocker Verlag), 2001. ISBN 3-85365-132-1

Leitgeb, Norbert. „Strahlen, Wellen, Felder". Stuttgart/München: Georg Thieme Verlag / Deutscher Taschenbuch Verlag, September 1990. ISBN 3-13-750601-8 / ISBN 3-423-11265-4

Hoch P.A., Ernst, P.. „Strahlenfühligkeit". St. Pölten: Niederösterreichisches Pressehaus Druck- und Verlagsgesellschaft mbH, 2000. ISBN 3-85214-752-2

Kopschina, Andreas. „Erdstrahlen". Düsseldorf; Wien: ECON-Taschenbuch-Verlag, 1991. ISBN 3-612-20283-9

Merz, Blanche. „Orte der Kraft". Chardonne/Schweiz: Institut de Recherches en Geobiologie, ISBN 2-8257-0111-4

Endrös, Robert. „Die Strahlung der Erde und ihre Wirkung auf das Leben". Tuningen: Günter Albert Ulmer Verlag, 1998. ISBN 3-924191-67-0

Hartmann, Ernst. „Krankheit als Standortproblem" Band 1. Heidelberg: Karl F. Haug Verlag, 1986. ISBN 3-7760-0653-6

Hartmann, Ernst. „Krankheit als Standortproblem" Band 2. Heidelberg: Karl F. Haug Verlag, 1986. ISBN 3-7760-0911-X ISBN (Gesamtwerk) 3-7760-0943-8

Dr. phil. Dr. med. Wüst, Joseph. „Physikalische und chemische Untersuchungen mit einem Rutengänger als Indikator“. Sonderheft des Forschungskreises für Geobiologie e. V. im Selbstverlag, 1979

Internationaler Arbeitskreis für Geobiologie e. V.. „Standort als Risikofaktor“. St. Goar: Reichl Verlag, 1994. ISBN 3-87667-221-X

Ohlheiser, Robert. „Krank durch Erdstrahlen/Wasseradern, Elektrosmog und der falschen Bettstelle?“. Steimel-Weroth: Verlag und Firma Robert Ohlheiser. ISBN 3-9802140-0-1

Bachler, Käthe. „Erfahrungen einer Rutengängerin“. München: Droemersche Verlagsanstalt Th. Knaur Nachf., 1994. ISBN 3-426-86048-1

Campbell, Jorge Rickards. „Las Radiaciones - Reto y Realidades“. Mexico: la ciencia/8 para todos. ISBN 968-16-2395-9 (1 Band) ISBN 968-16-5268-1 (2 Band)

Bassler, Guidio S. „Lugares Altamente Energeticos“. Argentina/Buenos Aires: Editorial Kier S. A., 1998. ISBN 950-17-1707-0

König, Herbert L. „Unsichtbare Umwelt“. München: Eigenverlag Herbert L. König, 1986. ISBN 3-923819-04-8

# Bewusstsein und Philosophie

Hartmut Müller/Erwin Müller

# Informationsspeicher des Universums

Das Licht der Sterne und Galaxien informiert uns ausschließlich über die kosmische Vergangenheit. Protonenresonanzen hingegen ermöglichen den Zugriff auf Informationen aus unterschiedlichen Regionen des Universums zum gegenwärtigen Zeitpunkt.

Werden wir je zu anderen Sternen fliegen? Die moderne Naturwissenschaft ist fest davon überzeugt, dass dies nie gelingen wird. Gründe für dieses Überzeugung gibt es viele: Das Limit der Lichtgeschwindigkeit, die Jahrzehnte oder Jahrhunderte währende Isolation im Raumschiff, die damit verbundenen Probleme der Luft- und Wasserregeneration und der autonomen Versorgung, die schädliche Einwirkung kosmischer Strahlung, der permanente Meteoritenbeschuss, usw.

Indes bereist die Crew des Raumschiffs „Enterprise“ die Galaxis mit sechsfacher Lichtgeschwindigkeit. Science Fiction, keine Frage. Allerdings war die Reise zum Mond für Jules Vernes Zeitgenossen auch Science Fiction. Gut, wir können nicht zu anderen Sternen reisen. Vielleicht ist es auch besser so, dass wir noch nicht imstande sind, andere Welten zu besuchen. Die Geschichte unserer Zivilisation zeigt nur zu deutlich, dass solche Besuche viel Elend und Zerstörung bringen können.

Aber vielleicht können wir mit anderen Welten kommunizieren? Heute wissen wir, dass fehlende Kommunikation die Hauptursache kultureller Konflikte ist. Kriege werden nicht durch kulturelle Unterschiede ausgelöst, sondern durch Unwissenheit und Desinformation. Vorbehaltlose Kommunikation ist nachweislich die beste Voraussetzung für ein friedliches Miteinander, egal ob in der Natur, der Gesellschaft oder der Familie.

Deshalb spielt Kommunikation auch eine Schlüsselrolle in der Entstehung von Leben und von Intelligenz. Permanente Kommunikation ist eine wichtige Voraussetzung für eine nachhaltige Entwicklung im gesamten Universum.

Warum kommuniziert dann niemand mit uns? Die Suche nach einer Botschaft von intelligenten Lebewesen aus einer anderen Welt im Rahmen des SETI-Projektes blieb bislang erfolglos. Die Suche nach außerirdischen Signalen könnte vollends vergeblich sein, wie jetzt ein Forscherteam zu bedenken gibt: Eine außerirdische Botschaft durch Signalübertragung per elektromagnetischer Strahlung wäre für uns nicht vom thermischen Rauschen eines Sterns zu unterscheiden.

In der Tat, das Universum ist gigantisch groß, und wären 300.000 Kilometer pro Sekunde tatsächlich das absolute Limit für die Geschwindigkeit der Kommunikation, könnten ferne Welten nicht wirklich miteinander kommunizieren. Auch Galaxien und metagalaktische Strukturen könnten nie entstehen. Es muss also ein Verfahren der Kommunikation geben, das vielleicht mit Informationsübertragung im herkömmlichen Sinne gar nichts zu tun hat und das deshalb auch nicht an das Limit der Lichtgeschwindigkeit gebunden ist. Dieses Verfahren gibt es wirklich: Es ist die Kommunikation über Schwingungsprozesse.

## Schwingung – die clevere Art der Kommunikation

Schwingungsprozesse besitzen eine ganze Reihe hervorragender Eigenschaften. Im Unterschied zu Wellenprozessen breiten sie sich nicht im Raum aus und sind auch deshalb nicht an das Limit der Lichtgeschwindigkeit gebunden, sondern erfassen ein Medium als Ganzes, sind also nonlokal. Dabei schwingen alle Teilchen des Mediums synchron, unabhängig vom Ort, in dem sie sich aufhalten. Die Ausdehnung (Größe) des Mediums ist dabei belanglos. Egal, ob es sich um den Luftwirbel in einer Orgelpfeife oder um den Sternenwirbel der Milchstraße handelt.

Die Präzision der Synchronizität, mit der die Teilchen eines Mediums schwingen, ist allein von der Frequenz der Schwingung abhängig. Wenn $f$ die Frequenz einer Eigenschwingung des Mediums ist, schwingen alle Teilchen des Mediums bis auf $\Delta t = 1/f$ genau synchron. Je höher die Frequenz einer Schwingung, desto höher ist auch die Güte der Synchronizität. Schwingung ist zudem die energetisch effizienteste Art der Bewegung. Deshalb schwingt alle Materie in allen Maßstäben – von den Elementarteilchen bis zu den Sternen und Galaxien.

Ganz außerordentliche Eigenschaften besitzen Eigenschwingungen. Dabei schwingt das Medium nicht unter Zwang, sondern auf energetisch niedrigstmöglichem Niveau, ganz ohne Stress. Materie ist immer bestrebt, in den Eigenschwingungsmodus zu gelangen, um sich energetisch möglichst effizient zu bewegen und Ressourcen zu sparen.

Eigenschwingungen sind besonders verlustarm. Das Energieerhaltungsgesetz wird sehr präzise erfüllt. Infolgedessen treten spezielle mathematische Zusammenhänge in Kraft. Zum Beispiel besitzen Oberschwingungen eine höhere Frequenz und eine entsprechend kleinere Amplitude. Zudem sind im Eigenschwingungsmodus nicht alle Frequenzen erlaubt, sondern nur ganzzahlige Vielfache der Grundfrequenz, die wiederum von der Elastizität des Mediums und seiner räumlichen Ausdehnung abhängt. Im Ergebnis besitzen Eigenschwingungen ein logarithmisch skaleninvariantes, fraktales Frequenzspektrum, das ähnlich aufgebaut ist wie das Spektrum der musikalischen Intervalle. Diese Eigenschaft bezeichnet man als *Scaling*.

Schwingungsprozesse sind die bedeutendsten strukturbildenden Faktoren im Universum. Schwingungsbäuche verdrängen Materie so, dass sie sich in Schwingungsknoten akkumulieren. Auf diese Weise sind Galaxien und unser Sonnensystem entstanden, auf diese Weise entstehen Moleküle und Kristalle, Zellen und Organismen. Infolge von Eigenschwingungsprozessen ist alle Materie logarithmisch skaleninvariant, fraktal aufgebaut – von den Atomen bis zu den Galaxien. Scaling ist ein globales Phänomen.

Schwingungsprozesse sind die physikalische Grundlage globaler Kommunikationsprozesse. Dr. Viktor Pancheliuga und weitere Physiker vom Pushchino Scientific Center der Russischen Akademie der Wissenschaften konnten in kernphysikalischen Experimenten nachweisen, dass Protonen weltweit synchron schwingen. Materie besteht zu 99 Prozent ihrer Masse aus Nukleonen. Das sind Protonen und Protonenresonanzen. Synchrone Eigenschwingungen der Protonen sind deshalb eine wichtige Voraussetzung für globale Kommunikation. Noch bevor sie den radioaktiven Atomkern verlassen, wissen die Protonen wohin sie fliegen werden — sei es in Richtung Sonne, Jupiter oder des Zentrums der Milchstraße. Dabei muss man sich vorstellen, wie klein der Atomkern in Wirklichkeit ist – etwa ein Hundertmilliardstel eines Millimeters. Bereits in diesen Größenordnungen ist also der Raum fraktal. Mehr noch, bereits auf dieser subatomaren Ebene existiert offensichtlich ein adäquates Abbild der fraktalen Materieverteilung in kosmischen Maßstäben. Subatomare Prozesse erfüllen vermutlich die Funktion eines kosmischen genetischen Informationsspeichers.

**Bewusstsein als kosmisches Phänomen**

Am Princeton Engineering Anomalies Research Laboratory unter Leitung von Prof. Robert G. Jahn gelang der Nachweis, dass Menschen sowohl Ereignisse als auch Objekte über große Entfernungen wahrnehmen und Zufallsprozesse mental beeinflussen können. Gleichfalls konnten Anomalien in quantenphysikalischen Zufallsprozessen beobachtet werden, die mit dem geistigen Zustand von Menschengruppen korrelieren. Diese Beobachtungen lassen vermuten, dass alle Menschen geistige Informationen auf quantenphysikalischer Ebene teilen. Dr. Alexander V. Trofimov, Direktor des Institutes für Kosmische Anthropoökologie der Russischen Akademie der Medizinischen Wissenschaften in Novosibirsk, vermutet, dass Protonen kosmischer Herkunft phylogenetische Prozesse steuern und einen bedeutenden Einfluss auf die Evolution irdischen Lebens ausüben. Sibirische Wissenschaftler um Vlail P. Kaznacheev erforschen das Phänomen der vorausschauenden Wahrnehmung galaktischer Regulationsprozesse in Populationen und die Fähigkeit des Menschen zur Kommunikation über Entfernungen.

Prof. Vladimir Zagriadski, Leiter der Entwicklung medizinischer Systeme für die russischen Raumfahrtprogramme *Buran*, *Salut und Sojus*, kann belegen, dass biologische Organismen in ständigem Austausch mit einem morphogenetischen kosmischen Hintergrundfeld stehen, das sie versorgt.

Das Team des Biologen und Physikers Prof. Simon E. Shnoll am Institut für Theoretische und Experimentelle Biophysik entdeckte statistische Gemeinsamkeiten in biologischen, sozialen und geistigen Prozessen, die eine kosmische quantenphysikalische Ursache haben.

Die Quantenrevolution zu Beginn des 20. Jahrhunderts zwang die Physik, den Beobachter zu respektieren. Die Physik des 21. Jahrhunderts gelangt zu der Erkenntnis, dass Intelligenz eine grundlegende Eigenschaft aller Materie ist. Physikalische Prozesse können mental manipuliert werden, selbst über große Entfernungen. Die Physik entdeckt den Geist als Genotyp der Materie. Auf diese Weise macht die Naturwissenschaft das Bewusstsein zum Mittelpunkt des Universums.

Im Verlauf ihrer Entwicklung verbannte die objektivierende Naturwissenschaft das Zentrum des Universums in immer unerreichbarere Regionen – von der Erde zur Sonne, aus dem Sonnensystem in den Kern der Galaxis, aus der Milchstraße zum Milliarden Lichtjahre fernen „Großen Attraktor“. Nach dem gleichen Verfahren wurde auch das Bewusstsein aus der Kosmologie verbannt.

Das Universum ist kein relativistischer Luftballon und auch keine quantenphysikalische Seifenblase. Das Zentrum des Universums befindet sich weder im Kern irgendeiner Galaxie noch in der Gegend des „Großen Attraktors“. Es ist nicht da draußen, sondern drinnen, in der Materie, im Atom. Und zwar in jedem Atom. Es geht nicht um den Ort, es geht um Maßstäbe.

### Wo ist das Bewusstsein lokalisiert? Im Gehirn, im Neuron, in der DNS oder bereits im Atom?

Bewusstsein ist nicht lokalisierbar, ähnlich wie die Orts- und Zeitkoordinaten eines Teilchens, dessen energetischen Status man kennt. Bewusstsein ist kein lokales, sondern ein globales, kosmisches Phänomen. Der Mensch produziert nicht nur Technik, sondern auch Natur. Wir bauen nicht nur Flugzeuge und Schiffe, sondern erschaffen auch neue Teilchen und Universen. Das haben wir nur noch nicht richtig begriffen. Auch sind wir uns der daraus erwachsenden Verantwortung nicht bewusst. Wir sind im Begriff, uns zu einer der einflussreichsten geistigen Komponenten des Universums zu entwickeln.

### Der quantenphysikalische Informationsspeicher des Universums

Was ist eigentlich Information? Eine existentielle Eigenschaft von Information ist die Reproduzierbarkeit. Nicht reproduzierbare Nachrichten können nicht empfangen werden, denn der Empfang selbst ist eine Reproduktion. Nicht reproduzierbare Nachrichten können auch nicht gesendet werden, denn das Senden setzt eine Energiewandlung voraus, wobei die Information erhalten bleiben muss. Nicht reproduzierbare Nachrichten können deshalb auch nicht gespeichert werden.

Grundlage der Reproduktion ist die Wiederholbarkeit, also letztendlich Schwingungsprozesse. Sie sind die physikalische Existenzgrundlage für Informationen. Je höher die Frequenz eines Schwingungsprozesses, desto mehr Information pro Zeiteinheit kann gesendet, empfangen, gespeichert und verarbeitet werden. Höhere Frequenz bedeutet aber kleinere Amplituden, also kleinere Maßstäbe. Moderne Speichermedien hoher Kapazität werden deshalb auch immer kleiner. In der Konsequenz sind subatomare Prozesse die besten Speichermedien.

Wir dürfen deshalb davon ausgehen, dass im Universum auf subatomarer Ebene gigantische Informationsmengen gespeichert und verarbeitet werden. Mehr noch, es ist naheliegend, dass subatomare Schwingungsprozesse die Rolle eines globalen Informationsträgers spielen.

Das Spektrum der Protonenresonanzen ist Gegenstand der Global Scaling Theorie. Deshalb erweisen sich Global Scaling Methoden der Datenanalyse als effiziente Werkzeuge, die einen Zugriff auf den subatomaren Informationsspeicher des Universums ermöglichen.

Basierend auf diesen Erkenntnissen wurden jetzt am Global Scaling Research Institute, München, in Zusammenarbeit mit Wissenschaftlern des Pushchino Scientific Center, Moskau, und der Global Scaling Applications LLC, Santa Fe, New Mexico, Global Scaling Verfahren der Protonenresonanz-Datenanalyse entwickelt, die es ermöglichen, Informationen subatomarer Herkunft sinnvoll zu interpretieren.

Das Verfahren beruht nicht nur auf der Nutzung radioaktiver Zerfallsprozesse als Quelle für Protonenresonanzdaten, sondern nutzt weitaus schnellere thermische Rauschprozesse, wie sie in elektronischen Halbleiterbauelementen stattfinden. Diese Verfahren kommen in Global Scaling Information Access Modulen (GSIAM) zur Anwendung. Die Hardware eines GSIAM besteht aus 8 bis 64 elektronischen Hochfrequenz-Rauschsensoren, deren analoge Signale simultan digitalisiert und statistisch aufbereitet werden. Die Software des GSIAM analysiert den Datenstrom nach Global Scaling, selektiert Protonenresonanzen und interpretiert sie im Rahmen einer Korrelationsmatrix.

Theoretisch enthält das Spektrum der Protonenresonanzen Informationen zu 99 Prozent aller Prozesse, die im Universum stattfinden oder stattgefunden haben, eben weil Materie zu 99 Prozent von Protonen formiert wird. Allerdings ist nur ein Bruchteil dieser Information technisch zugänglich. Die Hardware eines GSIAM kann nur ein begrenztes Frequenzband aus dem Spektrum der Protonenresonanzen selektieren.

Protonenresonanzen liefern ein Abbild der kosmischen Gegenwart. Das Licht der Sterne und Galaxien informiert uns ausschließlich über die kosmische Vergangenheit. Aufgrund seiner endlichen Geschwindigkeit ist es Jahrzehnte, Jahrhunderte bis Jahrmillionen unterwegs, bevor es den Spiegel eines irdischen

Teleskopes erreicht. Protonenresonanzen hingegen ermöglichen den Zugriff auf Informationen aus unterschiedlichen Regionen des Universums zum gegenwärtigen Zeitpunkt. Dies eröffnet völlig neue Perspektiven für die Erforschung des Weltraumes. Die Möglichkeit, Informationen von Objekten außerhalb unseres Sonnensystems oder sogar weit außerhalb unserer Galaxie praktisch ohne Zeitverzögerung zu erhalten, ist einzigartig.

Michael Köhlmann

# Physikalische Basis mentaler Heilungsprozesse

*Die Physik des 21. Jahrhunderts nähert sich der alten Frage nach dem Geist-Materie-Dualismus mit verblüffenden Lösungsansätzen. Eigenschwingungsprozesse auf subatomarer Ebene stellen möglicherweise die Verbindung zwischen zwei Bereichen dar, die keine Gegensätze sind. Dies eröffnet ein neues Verständnis für Gesundheit und natürliche, selbstbewusst gesteuerte Heilungsprozesse.*

Im antiken Griechenland wurde die Gesundheit eines Menschen als Resultat des Gleichgewichts der vier Körpersäfte (Blut, Schleim, gelbe und schwarze Galle) betrachtet. Entsprechend galt das Ungleichgewicht der Körpersäfte als Ursache für Krankheit. Die Festlegung auf genau vier Kardinalsäfte basiert auf der Elementlehre (Feuer, Erde, Wasser, Luft) der vorsokratischen Naturphilosophie. Der Arzt verstand sich als Helfer, der den natürlichen Heilungsprozess unterstützt. Dahinter stand die Vorstellung, dass die Natur primär selbst heilt. Von dem griechischen Arzt Hippokrates (Abb. 1) wird berichtet, dass er eine Bezahlung nur nach erfolgreicher Heilung angenommen habe.

In unserer Zeit wurde der natürliche Heilungsaspekt dem Glauben an die schier unbegrenzten Möglichkeiten der chemischen Behandlung und der Verwendung der HiTech Medizin geopfert. Wir sind nicht mehr in der Lage, auf die uns von der Natur gegebene Fähigkeit zu vertrauen, Heilungsprozesse selbst aktiv zu unterstützen und erfolgreich umzusetzen. Dies hat uns in eine Abhängigkeit von der sich immer weiter spezialisierten Medizin gebracht, die zunehmend ihren finanziellen Tribut fordert. Unser Gesundheitswesen ist nicht mehr finanzierbar. Die Zumutbarkeitsgrenze für die Bürger ist überschritten und Gesundheit wird zum Privileg einer begüterten Gesellschaftsschicht.

**Abb. 1:** *Hippokrates von Kós (ca. 460-375 v. Chr.), Begründer der klassischen medizinischen Wissenschaft*

Als Gegenströmung haben sich in den letzten Jahren deshalb vermehrt alternative Heilmethoden etabliert, die sich zum einen natürlicher überlieferter Heilsubstanzen, aber auch energetisch geistiger Methoden bedienen. Letztere setzen ein Weltbild voraus, das unseren etablierten Vorstellungen diametral entgegensteht. Wir stellen uns heute Materie als etwas Primäres, im Urknall Entstandenes vor. Geistige oder mentale Prozesse sind, soweit überhaupt erfassbar, nach konventionellen Vorstellungen ein daraus entstandenes, sekundäres Korrelat, das den materiellen Gesetzen subsumiert wird.

Natürlich gibt es den Bereich der psychosomatischen Medizin und Psychotherapie, der Auswirkungen von geistigen Prozessen auf die Gesundheit untersucht. Trotz aller Erkenntnisse sind die Menschen in den industriellen Ländern aber noch weit von einem echten Bewusstsein für die Möglichkeiten geistiger Heilmethoden entfernt.

Vielfältig belegt, aber wissenschaftlich nicht erklärbar, ist das Phänomen der Spontanremission[4, 5]. Dabei handelt es sich z. B. um die plötzliche Rückbildung von Geschwüren ohne erkennbare (Behandlungs-)Ursache. Berichte und Beispiele für geistige Heilungserfolge gibt es neben den biblischen Wunderheilungen in großer Zahl (Kamp[6], Kuby[7, 8], Abb. 2). Ihre wissenschaftliche Anerkennung steht aus, insbesondere aufgrund nicht vorhandener Reproduktion unter Laborbedingungen. Ein erfolgreicher Nachweis würde dem gegenwärtigen Paradigma widersprechen.

***Abb. 2:*** *Bruno Gröning (1906 – 1959) wurde bekannt durch seine Lehre vom „Heilstrom". Er gilt als einer der bekanntesten und erfolgreichsten alternativen Heiler in jüngster Vergangenheit[6].*

## Interaktionistischer Dualismus

Eine vorurteilsfreie Wissenschaft sollte sich dem offensichtlich existierenden Phänomen der mentalen Heilung stellen. Dazu könnte man zunächst von der Annahme ausgehen, dass es sich bei mentaler Heilung, d. h. bei Heilmethoden ohne Anwendung von Medikamenten, um einen Prozess handelt, der die natürlichen Selbstheilungskräfte aktiviert und verstärkt. Es gibt deutliche Hinweise, dass Heiler und Schamanen von Naturvölkern mit ganz unterschiedlichen Ritualen und Prozeduren genau dies bewirken[7]. Eine mögliche geistig initiierte Selbstheilung wirft jedoch die uralte Problematik der Dualität von Geist und Körper bzw. Materie auf. Man kann bis in die Antike und auf Plato und dessen Ideenlehre zurückgehen, in der die materielle und immaterielle Welt in rein dualistischer Sicht dargestellt wird, oder ins Mittelalter auf René Descartes verweisen, der in der Unterscheidung zwischen „res cogitans" und „res extensa" eine ausgedehnte materielle bzw. eine nicht-räumliche, geistige Substanz sah -

und man wird feststellen, dass die Diskussion bis in unsere Gegenwart unvermindert anhält. Vor zwei Jahrzehnten haben Popper und Eccles[13] einen wissenschaftlich herausfordernden Ansatz präsentiert, der den selbstbewussten Geist als eigene Entität sieht, die als wahrnehmende, integrierende und steuernde Instanz über dem Gehirn steht. Als Schnittstelle (Liaison-Gehirn) wird ein Bereich der Großhirnrinde postuliert, der Pyramidenzellen enthält, welche bis zu 10.000 Synapsen zu benachbarten Zellen besitzen (Abb. 3).

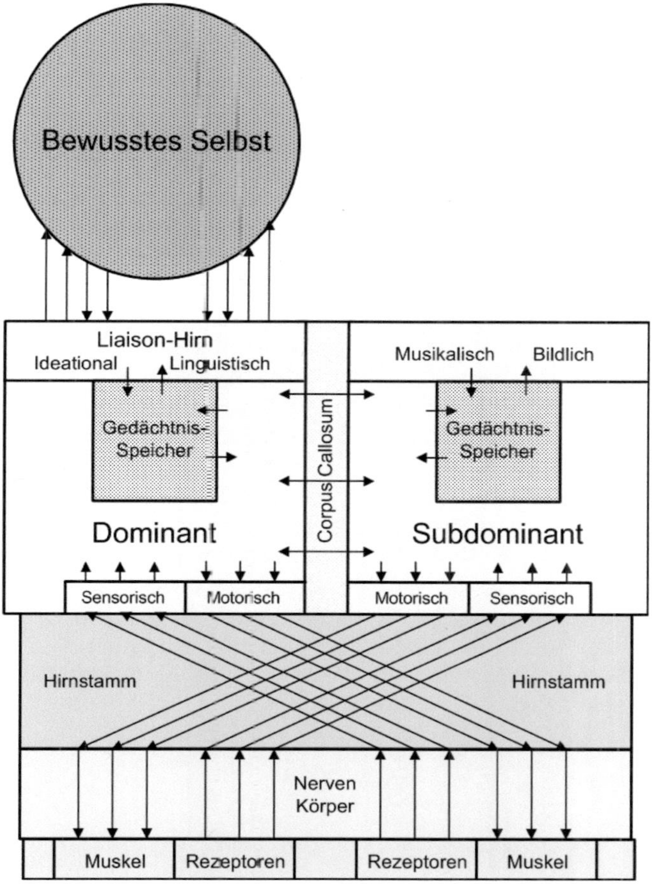


***Abb. 3:** Kommunikation von Geist (bewusstes Selbst) und Gehirn nach Popper und Eccles [13]. Die Interaktion erfolgt im Liaison-Hirn.*

Diese Vorstellung ist hilfreich für die Interpretation mehrerer neurologischer Forschungsergebnisse, z. B. bei der zeitlichen Vordatierung neuronaler Aktivitäten und Empfindungen[13]. Die eigentlichen Mechanismen der Interaktion zwischen Geist und Gehirn werden jedoch nicht erklärt.

In der gegenwärtigen Hirnforschung erfolgt eine Trennung in Geist und Materie praktisch nicht mehr. Man glaubt, dass alle Leistungen des Gehirns, einschließlich aller mentalen, d. h. geistigen Prozesse auf neuronalen Grundlagen beruhen und somit physikalischen und chemischen Gesetzen gehorchen. Dies führt in Konsequenz zu der Erkenntnis, dass unsere Willensfreiheit in vielen Fällen nicht das ist, was wir uns darunter vorstellen, denn wenn neuronale Prozesse im Gehirn alles dominieren, entscheiden sie, zumindest zu einem nicht vernachlässigbarem Anteil, auch über unseren Willen und unsere Urteilsfähigkeit (Singer[16]).

## Statistische Prozesse

Interessanterweise ist es die Physik, in der in den letzten Jahren neue Erkenntnisse gewonnen wurden, die das Thema Geist und Materie unter einem neuen Licht erscheinen lassen. Seit über 20 Jahren werden an der Princeton University psychophysikalische Versuche (Global Consciousness Project[15], GCP) durchgeführt, die in vielen Fällen mit statistischer Signifikanz einen möglichen Einfluss von mentaler Aktivität auf die Materie belegen. In den Versuchen verwendet man Rauschsignale, d. h. natürliche Zufallsprozesse, die im Computer in digitalisierte Zahlenfolgen von „0" und „1" umgewandelt werden. Gibt man einer Versuchsperson die Aufgabe, sich darauf zu konzentrieren, die Zahlenfolge zu beeinflussen, z. B. eine erhöhte Anzahl von Einsen zu produzieren, gelingt dies den meisten Menschen ohne spezielles Training oder Begabung.

Die Experimente wurden ausgeweitet, indem weltweit über 60 Messstationen errichtet wurden, die den möglichen Einfluss von globalen Ereignissen (Unglücksfälle wie Erdbeben, Flutkatastrophen, Flugzeugabstürze, Ereignisse in der Weltpolitik, regelmäßige Events wie Silvester / Jahreswechsel, aber auch weltweite Meditationen oder religiöse Konvents) auf statistische Zufallsprozesse untersuchen sollen. Auch hier zeigen sich, in den Kategorien unterschiedlich ausgeprägt, in Summe aber hochsignifikante Abweichungen vom erwarteten statistischen Mittelwert (Abb. 4).

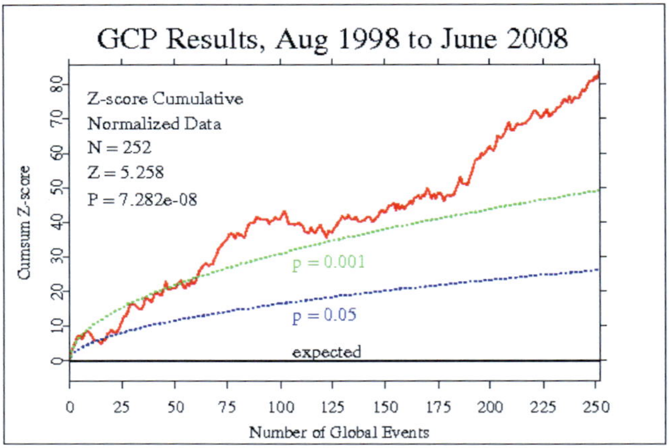


***Abb. 4:*** *Kumulierte Ergebnisse de Global Consciousness Project[15] vo 1998 - 2008. Ausgewertet wurden 25 Versuche, in denen der Einfluss vo globalen Ereignissen auf physikalisch Rauschprozesse untersucht wurde. Da Ergebnis ist in Summe hochsignifika ($p=7{,}282 \cdot 10^{-8}$).*

Die Ergebnisse dieser Experimente zeigen zumindest, dass man den mentalen Faktor in der physikalischen Realität nicht vernachlässigen kann oder anders ausgedrückt: Eine objektive Realität existiert nicht, sie ist in jedem Fall eine idealisierte Vereinfachung. Das ist zwar schon seit einigen Jahrzehnten aus der Unschärferelation der Quantenphysik bekannt, wurde aber vorher noch nie in derart anschaulicher Art unter Beweis gestellt.

Die Interpretation der GCP-Daten, auch deren statistische Auswertung, wird kontrovers diskutiert. Sicherlich sind noch viele Kontrollexperimente erforderlich. Insbesondere ist zu verifizieren, ob auch signifikante Abweichungen vom statistischen Mittel vorhanden sind, wenn keine erkennbaren globalen Ereignisse vorliegen. Möglicherweise spiegelt sich, zumindest zum Teil, die Erwartungshaltung der Experimentatoren in den Ergebnissen. Das Entscheidende ist jedoch, dass eine wie auch immer geartete Wechselwirkung von mentalen Prozessen und Materie vorliegt, diese Anomalie mit der klassischen Physik nicht erklärt werden kann und gemäß der Wahrscheinlichkeitstheorie auch gar nicht vorhanden sein dürfte.

Bei einem statistischen Rauschprozess, wie er im GCP-Experiment verwendet wird, handelt es sich um das Abbild von Schwingungsprozessen auf molekularer bzw. atomarer Ebene. Atomare Prozesse sind gekennzeichnet durch sehr hohe Frequenzen. Mentale Prozesse stehen dazu offenbar in Resonanz.

## Eigenschwingungsprozesse

Materie schwingt auf energetisch niedrigstem Level harmonisch. Dies beruht auf den Eigenschwingungen des Protons, dem stabilsten Elementarteilchen im Universum. Die Materie besteht zu über 99% aus Protonen (bzw. Neutronen), deshalb sind die Eigenschwingungen des Protons in allen Prozessen im Universum vorhanden (globale Protonenresonanz). Das Spektrum dieser Eigenschwingungen ist logarithmisch, hyperbolisch, fraktal und skaleninvariant aufgebaut. Diesen Zusammenhang beschreibt die Global Scaling Theorie (Müller[9]). Sie ermöglicht es, dieses Spektrum zu berechnen und damit alle Schwingungsprozesse in der Natur zu erfassen.

Das Spektrum der Eigenschwingungen der Materie auf energetisch niedrigstem Niveau sind die Eigenschwingungen des physikalischen Vakuums. Materie schwingt immer. Auch auf dem energetischen Niveau, auf dem Materie noch nicht kondensiert ist oder gerade kondensiert, sind harmonische Schwingungen vorhanden. Man befindet sich dort an der Grenze zwischen Materie und „Nicht-Materie“ oder eben an der Grenze zwischen Materie und Geist bzw. Bewusstsein.

Materie und Geist sind aufgrund dieser neuen Erkenntnisse aus der physikalischen Grundlagenforschung keine Gegensätze, die einen Dualismus bedingen, sondern nur zwei Seiten einer Medaille. Der quantitative Aspekt von Geist und Bewusstsein wird durch die Eigenschwingungen des physikalischen

Vakuums beschrieben. Eigenschwingungen sind gekennzeichnet durch energetische Effizienz. Geist könnte somit auch als die energetisch effizienteste Form der Materie bezeichnet werden (Müller[10]).

Durch das Spektrum der Eigenschwingungen der Materie (Protonenresonanzen) entsteht ein Hintergrundfeld, das alle Prozesse im Universum synchronisiert. Synchrone harmonische Komponenten wurden von der Forschungsgruppe um S.E. Shnoll[17] in jahrzehntelanger Arbeit in statistischen Prozessen, wie z. B. radioaktiven Zerfallsprozessen, nachgewiesen. Auch Rauschprozesse sind statistische Prozesse. Protonenresonanzen sind auch in Rauschprozessen enthalten. Sie sind wahrscheinlich die wesentlichsten Informationsträger in der Natur.

Protonen können in Resonanz mit anderen Protonen schwingen unabhängig von der Distanz zwischen ihnen. So wurde Protonenresonanz zur Grundlage quantenphysikalischer Verfahren der Datensicherheit (ProtoSafe). Basierend auf diesen Erkenntnissen wurden am Global Scaling Research Institute GmbH, München, in Zusammenarbeit mit Wissenschaftlern des Pushchino Scientific Center, Moskau, Global Scaling Verfahren der Rauschprozess-Datenanalyse entwickelt, die es ermöglichen, Informationen subatomarer Herkunft sinnvoll zu interpretieren. Diese Verfahren kommen in Global Scaling Information Access Modulen (GSIAM) zur Anwendung. Die Hardware eines GSIAM besteht aus 8 bis 64 Hochfrequenz-Rauschsensoren, deren analoge Signale simultan digitalisiert und statistisch aufbereitet werden. Die Software des GSIAM analysiert den Datenstrom nach Global Scaling, selektiert Protonenresonanzen und interpretiert sie im Rahmen einer Korrelationsmatrix (siehe Granig, Müller, Genesis-Symposium). Auch in der Radionik verwendet man bei technischen Umsetzungen[12] inzwischen ganz gezielt Rauschprozesse als Bindeglied zu mentalen Prozessen.

**Strukturbildung**

Eigenschwingungsprozesse haben eine weitere bemerkenswerte Eigenschaft: Sie sind die Ursache für die Bildung von fraktalen Strukturen. Homogene, d. h. vollständig lückenlose Materie gibt es im Universum an keinem Ort. Das Wasserstoffatom als Basiszelle der Materie ist nicht kompakt, sondern lückenhaft. Es besteht zu über 99% aus Vakuum. Fraktale Strukturen, die zudem eine logarithmisch skaleninvariante Verteilung aufweisen, findet man im Universum in allen Maßstäben (Global Scaling[9]). Logarithmische Skaleninvarianz ist eine notwendige Voraussetzung für die Entstehung von Fraktalen. Fraktale Strukturen sind die Folge von Eigenschwingungsprozessen der Materie. Eigenschwingungen stellen die Basis für die Entstehung von Strukturen dar. Strukturbildung kann als ordnendes Prinzip aus dem Chaos verstanden werden. Das Maß für die Ordnung in statistischen, chaotischen Systemen ist die Entropie. Allein durch entropische Kräfte, eine Folge der logarithmischen Skaleninvarianz, ist Strukturbildung möglich. Dies wurde von v. Grünberg und Bechinger[1] nachgewiesen. Sie streuten in eine wässrige Lösung mit winzigen Styroporkügelchen weitere, noch kleinere Kügelchen, worauf sich die großen Kugeln zusammenballten und die kleinen wieder maximale Bewegungsfreiheit gewannen. Thermodynamisch gesehen wurde das System durch Einstreuen der kleinen Kugeln geöffnet. Information (hier über einen Massenimport) gelangte in das System und Entropie wurde exportiert. Die verringerte Entropie (weniger Chaos) ermögliche Strukturbildung. Das Gesamtsystem, nun näherungsweise als geschlossen betrachtet, erhöht seine Entropie wieder, was sich in der chaotischen, turbulenten Bewegung der kleinen Kugeln ausdrückt (2. Hauptsatz der Thermodynamik).

## Selbstorganisation

Für Strukturen, die scheinbar aus dem Nichts entstehen, gibt es in der Natur viele Beispiele. Selbstorganisation ist ein Ordnungsprinzip, basierend auf entropischen Kräften. Voraussetzung ist dabei, dass sich das System fernab vom thermischen Gleichgewicht in einem Energie- und Entropieaustausch mit der Umgebung befindet. Man spricht in diesem Zusammenhang auch von dissipativen Strukturen[14].

Ein einfaches, aber sehr anschauliches Beispiel für die Selbstorganisation im physikalischen Bereich ist das Bénard-Experiment[3]. Dabei wird eine Flüssigkeit in einem Behälter am Boden erhitzt und die Wärme nach oben abgeführt. Die Wärmekonvektion ist bei niedrigen Temperaturen zunächst homogen. Ab einer bestimmten Temperatur entstehen separate Bereiche, in denen die Flüssigkeit zu rollieren beginnt (Konvektionszellen). Die Symmetrie wird gebrochen und es entstehen Strukturen, die solange existieren, wie der Wärmestrom aufrechterhalten bleibt. Die Konvektionszellen weisen ein Eigenschwingungsverhalten auf.

Dadurch wird die Energie effizienter transportiert als durch gewöhnliche homogene Wärmekonvektion. Ein weiteres oft zitiertes Beispiel aus dem chemischen Bereich ist die Belousov-Zhabotinsky-Reaktion[2]. Sie gehört zu den chemischen Oszillatoren. Bei der Oxidation von Zitronensäure mit schwefelsaurer Bromatlösung und Cer-Ionen als Katalysator kann man einen periodisch auftretenden Wechsel der Farbe der Lösung beobachten (Abb. 5).

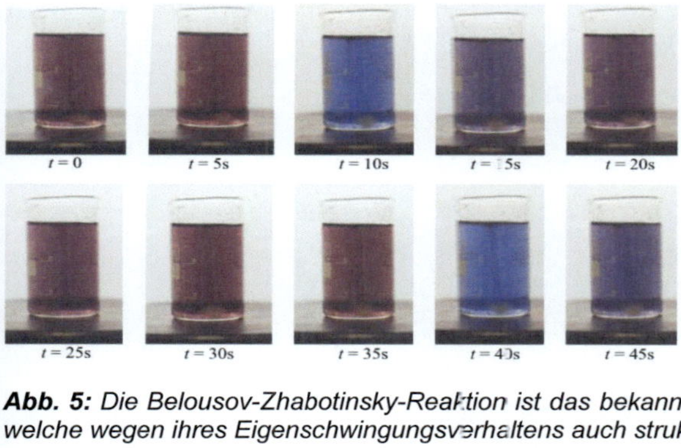


***Abb. 5:*** *Die Belousov-Zhabotinsky-Reaktion ist das bekannteste Beispiel für chemische Oszillatoren, welche wegen ihres Eigenschwingungsverhaltens auch strukturbildende Eigenschaften aufweisen.*

Diese in den 50er Jahren des letzten Jahrhunderts von B. P. Belousov eher zufällig gefundene Reaktion wurde von A. Zhabotinsky im Auftrag von S. E. Shnoll (s.o.) eingehend untersucht. Wird das Experiment in einer Petrischale durchgeführt, bilden sich kreisförmige Wellen, d. h. Strukturen aus. Auch hier handelt es sich um Eigenschwingungsprozesse. Versuche am Potsdamer Max-Planck Institut zeigen, dass oszillierende Reaktionen wie die Belousov-Zhabotinsky-Reaktion auch in Mehrphasen-Systemen und darüber hinaus sogar in Selbstorganisationsprozessen von Nanopartikeln ablaufen können[18].

Für biologische Systeme stellen Selbstorganisationsprozesse möglicherweise die wichtigste Voraussetzung für ihre Existenz dar. Biologische Systeme befinden sich immer fernab vom thermischen Gleichgewicht. Strukturen, die nicht im thermodynamischen Gleichgewicht sind, benötigen Energie, um die Ordnung aufrecht erhalten zu können (Energieumwandlung in Wärme, Entropieexport). Stoffwechselfunktionen sorgen im menschlichen Körper für einen ständigen Energie- und Entropieaustausch mit der Umgebung. Zellen und Zellverbände werden ständig erneuert und bedienen sich dabei Selbstorganisationsprozessen. Ist das Gleichgewicht im Körper durch innere oder äußere Einflüsse (z. B. mangelnder Energieimport oder reduzierter Entropieexport) gestört, besteht von Haus aus die Tendenz zur Korrektur, d. h. zur Selbstheilung. Es liegt deshalb nahe, den Heilungsprozess im menschlichen Körper auch als einen Selbstorganisationsprozess zu betrachten (Abb. 6).

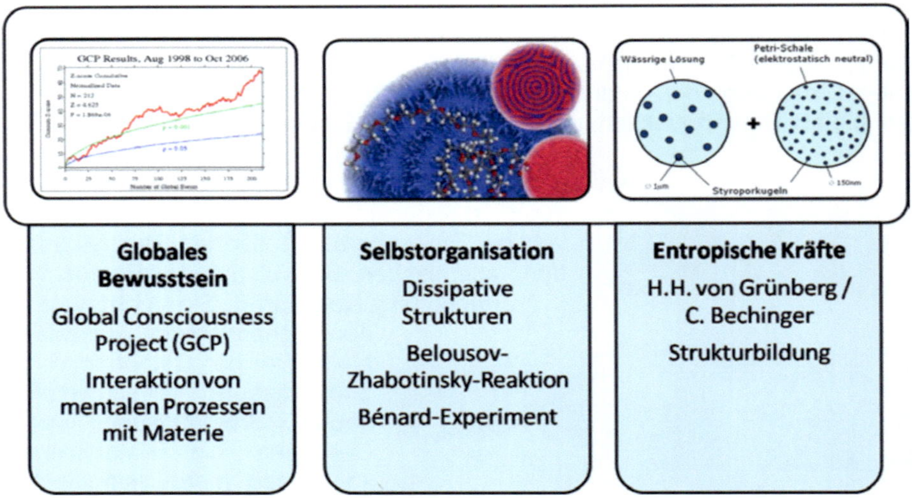


***Abb. 6***: *Komponenten in Zusammenhang mit mentalen Heilungsprozessen.*

## Mentale Heilungsprozesse

Seit langem ist bekannt, dass die innere, mentale Einstellung eines Patienten den Krankheitsverlauf beeinflussen kann. Diese Erfahrungstatsache ist bis heute aufgrund der weitgehend unbekannten Geist-Materie Interaktionsmechanismen wissenschaftlich schwer zu untermauern. Möglicherweise bieten die Forschungsergebnisse des Global Consciousness Projekts in Verbindung mit den Erkenntnissen aus der Global Scaling Theorie und den Selbstorganisationsprozessen den Schlüssel für ein besseres Verständnis.

Wenn Gedankenmuster (mit einer bestimmten Wahrscheinlichkeit) Einfluss auf Rauschprozesse, also atomare und subatomare Schwingungsprozesse in einem Siliziumkristall, haben können, sollte sich dieser Einfluss auch in Zellprozessen bemerkbar machen, denn auch Zellen sind zu über 99 Prozent ihrer Masse aus Protonen aufgebaut. Wie aber erfolgt die eigentliche Interaktion? Man muss davon ausgehen, dass mentale Prozesse Informationen über das synchron schwingende globale Hintergrundfeld (Protonenresonanzen) übertragen. Information ist mit der Entropie, dem Maß für Chaos bzw. Ordnung, über die Wahrscheinlichkeitsverteilung der Energiezustände eines Systems verknüpft. Man spricht in diesem Zusammenhang auch von Informationsentropie. Information bewirkt eine Entropieabnahme. Wird deshalb (mentale) Information auf die Zellebene übertragen, sinkt dort die Entropie. Dem Zellsystem bietet sich dadurch die Möglichkeit zur Restrukturierung. Eine anschließende Entropieerhöhung, bedingt durch Energiezufuhr und Stoffwechselprozesse, löst die neuen Strukturen keineswegs auf, da sich das biologische System immer fernab vom thermischen Gleichgewicht befindet.

Entropische Kräfte als Katalysator für selbstorganisierende Prozesse könnten somit durchaus ein wichtiger Baustein für Heilungsprozesse sein. Basis dafür sind die Eigenschwingungsprozesse der Materie, die auf subatomarer Ebene (Protonenresonanz) verlinkt sind und ein informationstragendes Feld bilden (Abb. 7).

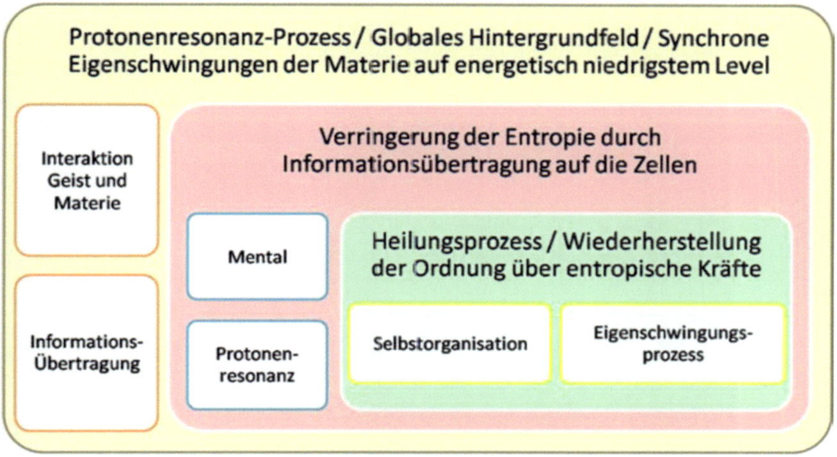


***Abb. 7:*** *Modell eines mentalen Heilungsprozesses auf Basis von Protonenresonanz und entropischen Kräften.*

Wenn die Geist-Materie Interaktion auf Protonenresonanz beruht, spielt mit großer Wahrscheinlichkeit auch der Zeitpunkt der Interaktion eine Rolle. Jedes System in der Natur, auch der menschliche Organismus, unterliegt einem logarithmisch fraktalen Zeitablauf, welcher geprägt ist von Phasen, in denen das System hoher Eigendynamik unterliegt und Phasen, in denen die innere Dynamik ausgeglichener, dafür aber die Sensibilität deutlich erhöht ist (Müller[11]). Möglicherweise sind die Phasen mit minimaler Eigendynamik und hoher Sensibilität genau die Zeitabschnitte, in denen der menschliche Körper für die mentale Stimulanz von Selbstheilungsimpulsen die besten Voraussetzungen mitbringt. Die anschließenden Phasen erhöhter innerer Dynamik würden dann zur Umsetzung des Selbstheilungsprozesses aktiv beitragen. Hier eröffnet sich ein weites Feld, welches heute nur ansatzweise erforscht ist.

Existiert der skizzierte Mechanismus in dieser Weise, wirkt er sicherlich auch in entgegen gesetzter Richtung. Mentale Prozesse (Gedanken) können deshalb auch krankheitsverursachend wirken oder dem natürlichen Heilungsprozess zumindest abträglich sein. Auch das ist eine bekannte Erfahrungstatsache. Man sollte deshalb über seine Gedanken gut nachdenken und sich ihrer potentiellen Wirkung immer bewusst sein.

**Literaturhinweise:**


[1]: Bechinger, C. & v. Grünberg, H.H. & Leiderer, P. „Entropische Kräfte", Physikalische Blätter, 1999, 55, Nr. 12, S. 53-56.

[2]: Belousov-Zhabotinsky-Reaktion, http://de.wikipedia.org/wiki/Belousov-Zhabotinsky-Reaktion

[3]: Bénard-Experiment, http://de.wikipedia.org/wiki/B%C3%A9nard-Experiment

[4]: Heim, Manfred E. & Schwarz, Reinhold, „Spontanremissionen in der Onkologie", Schattauer, F.K. Verlag, Stuttgart, 1998, ISBN 3-7945-1813-6

[5]: Hoc, Siegfried, „Spontanremissionen: Ein reales, aber seltenes Phänomen", www.aerzteblatt.de/v4/archiv/artikel.asp?id=49164

[6]: Kamp, Matthias, „Bruno Gröning, Revolution in der Medizin", Häusler-Verlag, 1998, ISBN 3-9276-8520-8, www.bruno-groening.org

[7]: Kuby, Clemens, „Der Schritt in die nächste Dimension", Kösel-Verlag, 2003, ISBN 3-4663-4469-7

[8]: Kuby, Clemens, „Heilung - das Wunder in uns. Selbstheilungsprozesse entdecken", Kösel-Verlag, 2003, ISBN 3-4663-4485-9, www.shp-akademie.eu

[9]: Müller, Hartmut, „Global Scaling – Special 1", Ehlers Verlag, 2005, www.ehlersverlag.de

[10]: Müller, Hartmut, „Sind Elektronen intelligent? Die Consciousness-Revolution des 21. Jahrhunderts", raum&zeit, 2004, 131

[11]: Müller, Hartmut, „Das Geheimnis der kosmischen Rhythmen", raum&zeit, 2005, 138

[12]: m-tec AG, www.m-tec.ag

[13]: Popper, Karl R. & Eccles, John C, „Das Ich und sein Gehirn", Piper Verlag, München, 1982, ISBN 3-492-02447-5

[14]: Prigogine, Ilya, "Die Gesetze des Chaos", Campus Verlag, 1995, ISBN 3-593-35327-X

[15]: Princeton University, "Global Consciousness Project", http://noosphere.princeton.edu

[16]: Singer, Wolf, www.mpih-frankfurt.mpg.de/global/Np/Staff/singer_d.htm

[17]: S.E. Shnoll et al., Regular variation of the fine structure of statistical distributions as a consequence of cosmophysical agents, Physics Uspekhi, 2000, 43 (2), 205-209

[18]: Wang, Tongxin & Xu, An-Wu & Cölfen, Helmut, „Formation of self-organized, dynamic structure patterns of barium carbonate crystals in polymer controlled crystallization", Angewandte Chemie (Online-Edition), 2006, www.mpg.de/bilderBerichteDokumente/dokumentation/pressemitteilungen/2006/pressemitteilung20060627/index.html

Anzeige

# Global Scaling Software / Calculator

Das Global Scaling Software Team unter der Leitung von Erwin Müller verfolgte ein ehrgeiziges Ziel – einen Global Scaling Rechner zu entwickeln, der scheinbar unvereinbare Eigenschaften kombiniert: universelle Anwendbarkeit und extreme Kompaktheit. Wie gut dieses Ziel umgesetzt werden konnte, davon können sich nun alle Global Scaling Absolventen und Interessenten selbst überzeugen. Der Global Scaling Rechner enthält insgesamt 48 Eichmaße aus allen Bereichen der Naturwissenschaft und Technik. Weitere Features:

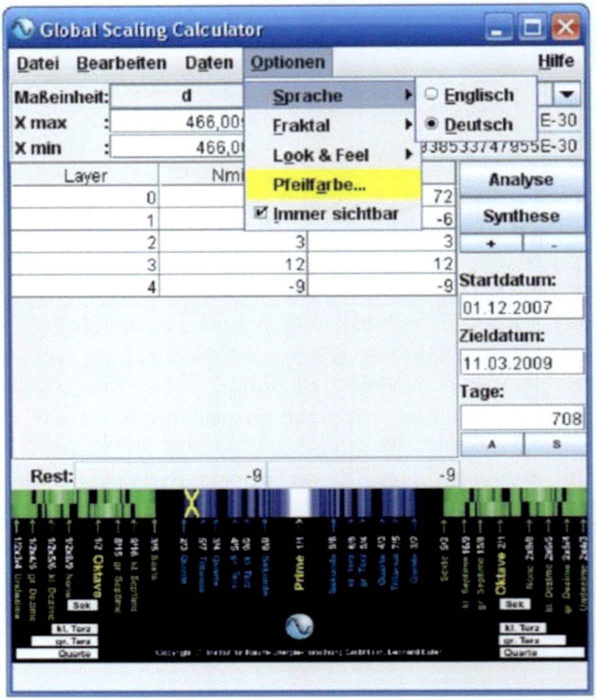


- Grafische Darstellung der Platzierung des Analyseergebnisses im Fundamentalen Fraktal
- Automatische Ermittlung der Phasenverschiebung
- Automatische Kalenderfunktion: Berechnung der Anzahl von Tagen zwischen Start- und Zieldatum und Analyse nach Global Scaling
- Analyse und Platzierung von Frequenzen im Fundamentalen Fraktal der musikalischen Intervalle
- Speichern und Export von Daten
- Stapelverarbeitung großer Datenmengen
- Hilfedatei zu allen Features inklusive Toolstips
- Einführung in die Global Scaling Theorie von Hartmut Müller

Global Scaling® Research Institute GmbH in memoriam Leonhard Euler

Global Scaling Research Institute GmbH
Lipowskystraße 8, D-81373 München
Tel. (089) 8908-1510 - Fax (089) 8908–3687
E-Mail: info@globalscaling.de

www.globalscaling.de

Andreas Beutel

# Das Wesen des Universums ist die Zahl
## Zur Einheit von Heiliger Geometrie und Global Scaling

Heilige Geometrie ist die Bezeichnung einer alten Wissenschaft, die im Laufe der Zeit viele Philosophen beschäftigt hat. Viele große Baumeister haben diese Geometrie studiert und in Ihren Bauwerken angewandt. Die Heilige Geometrie bietet eine Bildsprache, um die Grundgesetze des Universums zu verstehen. Mit ihr findet eine sehr präzise Beschreibung des Aufbaus des Universums statt. Da die Heilige Geometrie sehr stark auf der Bilder- und Symbolebene arbeitet, bietet sie einen leichten Zugang zum Verständnis des Aufbaus des Universums.

Vergleichen wir Aussagen des modernen Global Scaling Paradigmas mit jenen der Heiligen Geometrie, so finden sich sehr schnell viele Parallelen. Es zeigt sich, dass die Global Scaling Theorie Erkenntnisse der heiligen Geometrie bestätigt, präzisiert und erweitert. Wir finden beispielsweise in beiden Bereichen Aussagen zur Selbstähnlichkeit des Universums (Wie im Grossen, so im Kleinen), zur Schwingungsnatur (Die Welt ist Klang) und zu einer kosmischen Hintergrundwelle, die Scalingphänomene im Universum erst ermöglicht (Platons Welt der Ideen).

In diesem Artikel werden die Grundprinzipien der Heiligen Geometrie erläutert. Danach werden einzelne Zeichnungen und Beispiele vorgestellt, die typische Aussagen und Anwendungen der Geometrie darstellen. Diese Beispiele werden dann aus der heutigen Sicht des Global Scaling Paradigmas betrachtet.

**Zum Begriff der Heiligen Geometrie.**

Vielen Lesern wird der Begriff „Heilige Geometrie“ vielleicht erst einmal unbekannt sein. Während es den Begriff im englischen Sprachraum als Sacred Geometry schon länger gibt, etablierte sich der Begriff erst in den letzten 10 Jahren im deutschen Sprachraum durch die Arbeit von Drunvalo Melchizedek. Spürt man der Sprache nach, kann man sich für die Heilige Geometrie folgende Bedeutung erarbeiten. Das Wort heilig bedeutet einerseits Glück, andererseits auch ganz, gesund und unversehrt. Die Bedeutung des Wortes Geometrie ist schon etwas eher bekannt. *Geo* lässt sich auf den griechischen Namen Gaia für den Planeten Erde zurückführen. Metrie steht für die Wissenschaft des Messens. Also bedeutet Geometrie sinngemäß Feldmesskunst oder das Messen der Erde. Beides zusammengenommen, bezeichnet die Heilige Geometrie eine ganzheitliche Wissenschaft, die nicht den Weg der Trennung der einzelnen Wissensgebiete geht, sondern versucht, eine allumfassende Beschreibung der Welt oder in der ersten Näherung der Erde zu geben.

Und damit sind wir schon mitten im Thema. Global Scaling bezeichnet ja eine All-umfassende Skaleninvarianz oder ein kosmisches Universalgesetz, das in der Lage ist, Prozesse und Strukturen in allen Maßstäben (Skalen) mit einem einheitlichen Gesetz zu beschreiben. Was liegt also näher, als nachzuforschen, ob sich die beiden Wissenschaften, die vom Wort her so ähnlich sind, auch inhaltlich ergänzen.

Welchen Einfluss die Geometrie auf die Geschichte der Wissenschaften hat, ist erkennbar, wenn man sich mit der Frage beschäftigt, wer an geometrischen Problemen gearbeitet oder dazu Schriften verfasst hat. Der vielleicht bekannteste Satz der Geometrie ist der Satz des Pythagoras. In einem rechtwinkligen Dreieck gleicht sich die Summe der Kathetenquadrate mit dem Quadrat der Hypotenuse. Bekannter ist die mathematische Formulierung dieses Satzes: $a^2 + b^2 = c^2$. Obwohl der Satz in verschiedenen Regionen und alten Schriften auftaucht, wird er im europäischen Sprachraum dem Mathematiker und Gelehrten Pythagoras zugeschrieben.

Pythagoras war einer der ersten griechischen Mathematiker. Begründet wird sein umfangreiches Wissen damit, dass er viele Studienreisen unternahm, die ihn wahrscheinlich bis nach Ägypten und Babylonien führten. In Ägypten soll er 22 Jahre in verschiedenen Mysterienschulen studiert haben und so einen wichtigen Kulturimpuls mit nach Europa gebracht haben. Aus diesem Grund wird er manchmal als der Weisheitslehrer des Abendlandes bezeichnet. Obwohl der Satz des Pythagoras für viele bekannt ist, dürfte weniger bekannt sein, welche Impulse der griechische Mathematiker noch mit nach Europa gebracht hat.

In antiken Quellen findet sich der Hinweis, dass Pythagoras als erster den Begriff der „Philosophie" geprägt hat. Die meisten Denker zu seiner Zeit nannten sich Weise ( griechisch = *sophoi* ). Pythagoras war der Meinung, dass Gott alleine der Titel des Weisen zusteht. Deswegen nannte er sich Philosoph – einen Freund der Weisheit. Damit war auch sein beständiges Streben nach Weisheit charakterisiert, das immer wieder in alten Schriften dargestellt wird. Auch ein anderes Wort geht auf ihn zurück. Mit „Kosmos" bezeichnete Pythagoras das harmonische Weltganze als Gegenstück zum Chaos. Er prägte die Lehre, dass das Weltall harmonisch aufgebaut ist. Eine seiner bekannteren Überlieferungen sagt, dass er in der Lage gewesen sein soll, den Klang der Himmelssphären zu hören – die sogenannte Sphärenharmonie. Aber auch in anderer Richtung war Pythagoras prägend, als er sagte, dass es ein Frevel sei, Fleisch zu essen. Pythagoras verbot den Fleischkonsum mit dem Argument der Seelenwanderung, da die Seele eines guten Freundes ja in einem Tier stecken könnte.

Einen Satz aus der pythagoreischen Lehre wollen wir hier näher betrachten:

***Das Wesen des Universums ist die Zahl.***

Pythagoras und seine Schüler, die Pythagoräer, gingen davon aus, dass alles im Universum nach mathematischen Prinzipien geordnet ist. Die Grundträger dieser Prinzipien sind die Ziffern. Jede für sich stellt eine eigene Energie dar.

Diese zeigen sich durch bestimmte mathematische Eigenschaften, aber auch durch einfache geometrische Prinzipien. Wir wollen hier die einzelnen Zahlen als Wegweiser verwenden, um uns der interessanten Analogie von Global Scaling und Heiliger Geometrie aus verschiedenen Richtungen zu nähern.

**Monade-Einheit**

Die antike griechische Geometrie kannte drei Probleme, die es zu lösen galt. Die Dreiteilung des Winkels bedeutete, einen vorgegebenen Winkel in drei gleiche Teile zu teilen. Die Kubatur des Würfels verlangte, das Volumen eines vorgegebenen Würfels durch eine einfache Konstruktion zu verdoppeln und die Quadratur des Kreises suchte nach einem flächen- oder umfangsgleichen Quadrat zu einem vorgegebenen Kreis. Für all diese Konstruktionen gab es aber eine Vorgabe, was das Werkzeug des Geometers betrifft. Die Konstruktion durfte nur mit Zirkel und Lineal ausgeführt werden.

Lineal heißt hier ein Werkzeug, welches zum Ziehen gerader Linien dient, aber keine Maßeinteilung besitzt. Alle Konstruktionen werden zusätzlich auf einem weißen Papier ohne Maßeinteilung vollbracht. Dies alles unter der Annahme, dass das Universum eine Konstruktion ist, die sich aus sich selbst heraus entwickelt hat und in die kein Maß von Außen eingebracht wurde. Betrachtet man die Möglichkeiten, die die beiden Werkzeuge bieten, erkennt man, dass der Zirkel nur Kreise zeichnen kann und das Lineal nur für den Gegenpol tauglich ist und gerade Linien ermöglicht.

Eine einfache Betrachtung der Natur enthüllt, dass es zwei grundsätzliche Prinzipien zu geben scheint. Das eine Prinzip ist das männliche, dessen Energien sich immer gerichtet und zielorientiert nach außen gehend bewegen. Der Partner dazu ist die weibliche Qualität. Als Gegenpol zum Männlichen nutzt sie die geschwungene Bewegung, die sich nie auf geraden Pfaden bewegt. Die Sonne wird dabei als kosmischer Repräsentant für das männliche Prinzip angesehen. Sie dient als direkter Lieferant des Lichtes und befruchtet alles Leben auf der Erde mit ihrer Energie. Der Partner, der die weibliche Energie auf dem Planeten Erde bewegt, ist der Mond. Man sollte sich hier nicht von den vertauschten Geschlechtern der beiden Himmelskörper irritieren lassen. Die deutsche Sprache ist in diesem Fall eine der wenigen, in der diese Vertauschung aufgetreten ist. Es gibt auch im Götterhimmel keine weibliche Göttin der Sonne. Der Mond ist direkt verbunden mit den Kräften des Wassers, wie jeder erleben kann, der schon einmal am Meer geweilt hat. Mit Wasser und Mond sind auch die Gefühle verbunden. Wenn wir sagen, jemand sei launisch, leitet sich das Wort von „Luna" ab, der Göttin des Mondes. Hier wiederum ist es schwer, einen männlichen Gott des Mondes zu finden.

In den okkulten Wissenschaften kennt man viele verschiedene Systeme zur Beschreibung der Welt. Was den meisten aber gemein ist, ist das Vorhandensein eines Weltanfangs oder Mittelpunktes. Je nach System wird er mit Nabel oder Mittelpunkt der Welt beschrieben.

Das Zeichnen in der Heiligen Geometrie dient immer der Erforschung der Hintergründe und Anfänge der Schöpfung. Jeder, der vor einem Blatt Papier sitzt, um zu zeichnen, oder einen Brief zu schreiben, wird in dem Moment zum Schöpfer. Wenn er das erste Mal einen Stift ansetzt, legt er willkürlich einen Mittelpunkt fest. Der Stift selber oder auch der geschlossene Zirkel stellen hier den Energieimpuls oder die Weltenachse dar, die in eine neue Welt eindringt und dort zu erschaffen beginnt.

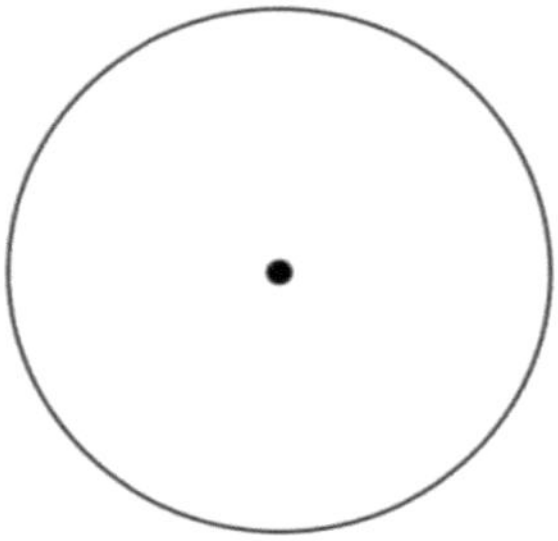

***Abb. 1:** Der erste Kreis*

Wenn der Zirkel geöffnet wird und der erste Kreis entsteht, wird sofort in der Ebene durch den Kreis eine Trennung zwischen innen und außen vollzogen. Das Bild aber mit dem Punkt in der Mitte und dem Kreis herum, entspricht der einfachsten Form des Mandalas als Meditationsbild. Es repräsentiert in idealer Weise die Einheit. Auch unsere Sprache kennt diese Eigenschaften der Zahl Eins. Sie führt uns einige ihrer einzigartigen Wörter sehr schön lebendig vor. Alles beginnt aus der Einheit. Es ist einleuchtend, dass das eindeutige Wesen der Zahl 1 zu einer schnellen Einsicht führt. Alles beginnt mit der Eins.

## Zweifel

Wörter, die die Zahl zwei enthalten, hinterlassen meistens einen zwiespältigen Eindruck. Sei es der Zwist, die Zwietracht oder der Zweifel, alle lassen uns in einem zwielichtigen Zwiespalt zurück. Aber die Zweisamkeit überwindet den Zwist und kann so zu etwas Neuem führen, der stabilen Drei, die im nächsten Kapitel behandelt wird. Nach diesem kleinen Wortspiel zur Verdeutlichung der Energien der Zahl Zwei, die unsere Sprache kennt, folgt ein kleiner Exkurs in die geometrische Seite der Zahl Zwei. Der Kreis mit seinem Zentrum bildet das perfekte Mandala. Die Spitze unseres Zirkels, in gewisser Weise unser Bewusstseinszentrum aus dem heraus der Kreis emanierte, befindet sich noch in der Mitte.

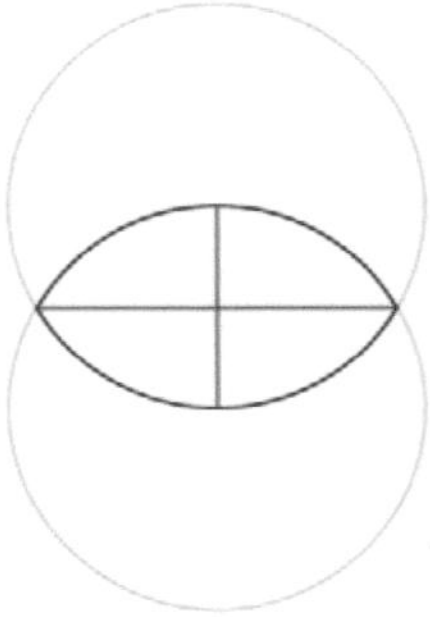

***Abb. 2:** Fischblase*

Was passiert aber, wenn der Zirkel in die Kreiskurve sticht und einen weiteren Kreis zeichnet? Es entsteht ein neues Bild zweier sich überlappender Kreise. Die Überlappung der beiden Kreise sieht mandelförmig aus. Als Fischblase, wie die Schnittmenge genannt wird, hat sie vielfältige kulturelle Bedeutungen. Einige Autoren assoziieren diese Zeichnung mit dem ersten Tag der Schöpfung. Nach dem biblischen Schöpfungsmythos wurde am ersten Tag das Licht erschaffen. Auf den ersten Blick ist diese Analogie nicht erkennbar. Nimmt man jedoch das Lineal zu Hilfe und verbindet die Schnittpunkte der beiden Kreise und deren Mittelpunkte miteinander, ergibt sich ein Achsenkreuz mit dem Verhältnis: $1:\sqrt{3}$

Geht man davon aus, dass Licht in seiner Wellennatur aus einer elektrischen und einer magnetischen Komponente besteht, kann man in dieser Zeichnung sehen, wie beide Wellen senkrecht aufeinander stehen. Eine grundlegende Lehre aus der Geometrie, mit der schon viele Künstler in der Vergangenheit experimentiert haben, zeigt, dass in jedem geometrischen Grundmuster immer der Samen für ein zweites Gleiches liegt. Beispielsweise befindet sich in einem Fünfeck ein kleineres in dessen Mitte. Das anfängliche Muster selbst ist aber auch Samen für ein weiteres, größeres Muster. So weisen in unserem Beispiel die Seiten des ursprünglichen Fünfeckes auf die Eckpunkte eines größeren hin. Heute sagen wir dazu, dass ein Muster selbstähnlich oder fraktal ist. Gleichzeitig ergeben die einzelnen Muster untereinander eine logarithmische Skaleninvarianz, die der Rahmen einer eigenen Arbeit sein könnte. Für das Beispiel der Fischblase ist es so, dass in der Fischblase eine zweite steht, die um das zuvor genannte Verhältnis $1 : \sqrt{3}$ kleiner ist und dazu um 90° gedreht ist. Auch darin befindet sich wieder eine kleinere Fischblase, wiederum um 90° gedreht.

Da das Universum fraktal skaleninvariant strukturiert ist, ergibt sich, dass im Großen und im Kleinen ähnliche Abbilder zu finden sind. Jedes natürliche Objekt oder Lebewesen sollte so ein Abbild des ganzen Universums sein. Mit diesem Analogiegesetz ist es uns möglich, mehr über die Natur des Lichtes zu erfahren, auch ohne teure Teilchenbeschleuniger oder ausgeklügelte Messvorrichtungen zu entwickeln. Die Natur hatte genug Zeit, sich auf die Schwingungen des Lichtes einzulassen und ihre Formen entsprechend anzupassen. Auf dem links abgebildeten Foto kann man sehen, wie sich ein Ahorn der fraktalen Geometrie des Universums anpasst und dem Licht in sich drehenden Fischblasen entgegen wächst. Natürlich kann man auch den Menschen als Wesen betrachten, welches sich nach den Grundgesetzen des Universums entwickelt hat und dementsprechend genauso aufgebaut ist. Wir haben auch Lichtempfänger in uns, die der Geometrie des Lichtes folgen.

***Abb. 3:*** *Ahorn in der Geometrie des Lichtes*

## Triangulation

Der Ausgleich aus dem inneren Zwiespalt führt zur Dreiheit. Auch diese Zahl hat ihre eigene Qualität, die sie einzigartig macht. Die Drei gleicht die Spannung der beiden Pole aus und führt zu einem stabilen Zustand. Man findet ihn in der Sprache wieder, wenn wir sagen, dass ein Dreibein nie kippelt. Auch das Wort von der Dreieinigkeit verdeutlicht, wie alle drei Teile miteinander verbunden sind.

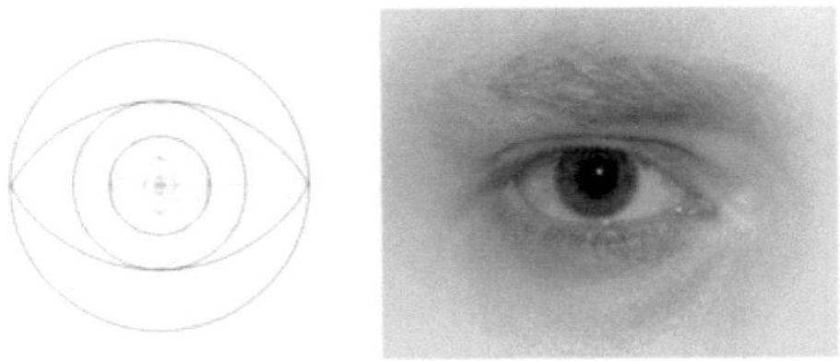

***Abb. 4**: Geometrie des Lichtes und des Auges*

***Abb. 5:** Das Sierpinski*-Dreieck

Überall im Bauwesen und Ingenieurbau macht man sich die stabile Eigenschaft der Zahl Drei zunutze. Das kubische Gitter eines Baustellenkranes wäre sofort dem Zerfall geweiht, würde nicht jede quadratische Seite einer Würfelzelle mit einer Querstrebe abgespannt und so in zwei Dreiecke geteilt. Eines der einfachsten Wege, eine fraktale Struktur zu erstellen, ist das Sierpinski-Dreieck, welches von dem Polnischen Mathematiker Wacław Sierpinski bereits 1915 beschrieben wurde. Wir erkennen erneut, wie in allen Maßstäben die gleiche selbstähnliche Struktur zu finden ist.

In seinem Artikel zur Einführung der Global Scaling Theorie beschreibt Hartmut Müller eine kosmische stehende Welle, die eine logarithmische Materieverteilung im Universum zur Folge hat. Die stehende Hintergrundwelle besteht aus ineinander geschachtelten Schwingungen, die sich in einem Dreierrhythmus wiederholen. Fast könnte man vermuten, dass sich Hartmut Müller und Athanasius Kircher (1602–1680) über die Zeiten hinweg ausgetauscht haben. In seinem Buch „Musurgia Universalis“, welches Athanasius Kircher 1650 veröffentlichte, erläutert er seine Ansicht über die Struktur der Musik. Er zeigt den Bau verschiedener Musikinstrumente, beschäftigt sich mit dem Vogelgesang und vielem mehr. In einer Darstellung zeigt er den Aufbau des Universums aus geschachtelten Dreiheiten, die er als Kette von drei Kreisen darstellt.

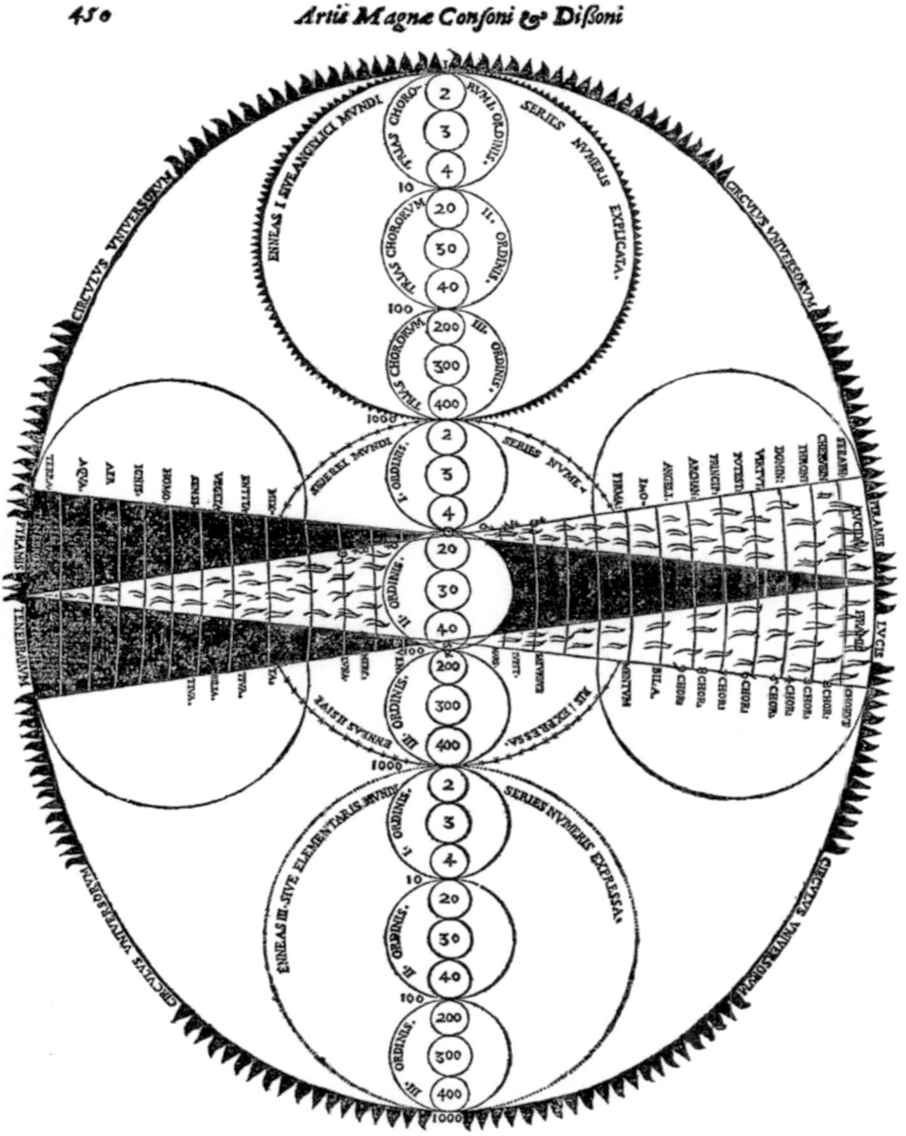


***Abb. 6:** Athanasius Kircher (1602 - 1680) "Musurgia Universalis"*

Interessant ist hier auch, dass Kircher die einzelnen Kreise mit Zahlen belegt, aber von Ebene zu Ebene einen logarithmischen Skalensprung von 10 Einheiten vollführt: 2,3, 4 -> 20,30,40 -> 200,300,400.

## Quadratur des Kreises

Wenn die Drei eine in sich abgeschlossene Einheit ist, was kann dann noch folgen? Ein Quantensprung.

In vielen Zahlensystemen folgt nach der Drei ein Wechsel der Qualität. Mit bis zu drei Kugeln lässt sich in der Ebene noch ein stabiler Zustand finden. Nehmen wir jedoch vier Kugeln, bilden diese ein instabiles Quadrat. Dieses lässt sich zwar zu einer Raute zusammenschieben, aber auch dort gibt es keine Möglichkeit, dass alle Kugeln den gleichen Abstand zueinander haben. Erst der Griff in den Raum macht es möglich. Wenn die vierte Kugel in die Kuhle der stabilen drei Kugeln gelegt wird, entsteht die erste räumliche Form – die Vier strebt aus der Ebene in den Raum hinein.

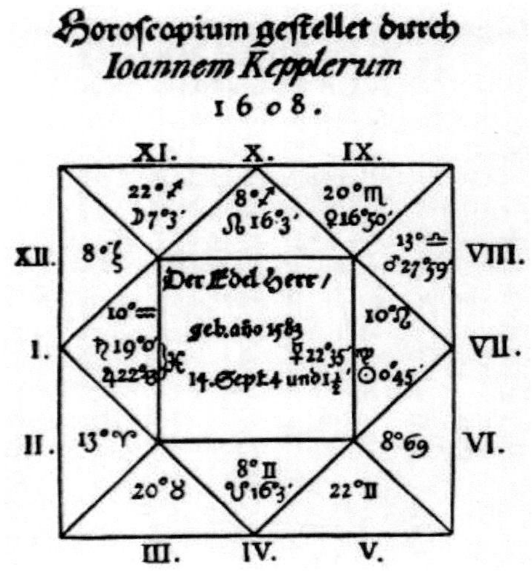


***Abb. 7:*** *Wallensteins Horoskop erstellt von Johannes Kepler*

Und doch ist die Vierheit eine der meistverwendeten geometrischen Figuren. Mit ihren vier Richtungen repräsentiert sie die Himmelsrichtungen, die Phasen des Mondlaufes oder die Jahreszeiten. Je nachdem, auf welcher Ebene der geschachtelten Zeit man sich befindet. Als Kennzeichen des Laufes der Zeit wurde die Vierheit in früheren Darstellungen von Horoskopen oft verwendet, wie hier in Keplers Horoskop für Wallenstein.

Die bekannteste Zeichnung der Heiligen Geometrie überhaupt verknüpft den Menschen mit der Geometrie des Quadrates. In Leonardos Proportionsfigur wird der Mensch in einem Quadrat stehend dargestellt. Dabei entspricht die Spannweite der Arme in etwa dem Maß der Körperhöhe.

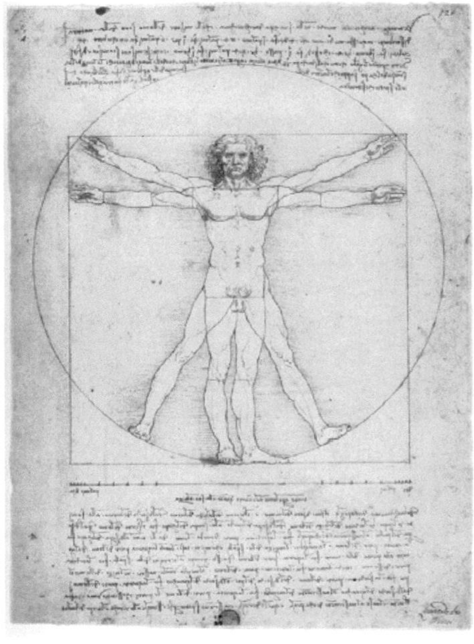

***Abb. 8:*** *Leonardo da Vinci "Mann in den vitruvianischen Proportionen"*

Die wohl frappierendste Erscheinung der Skaleninvarianz zeigt sich jedoch in dem nächsten Bild. Diese Zeichnung taucht in so vielen verschiedenen Quellen auf, dass nicht mehr klar ist, wer diesen Bezug als erster entdeckt hat.

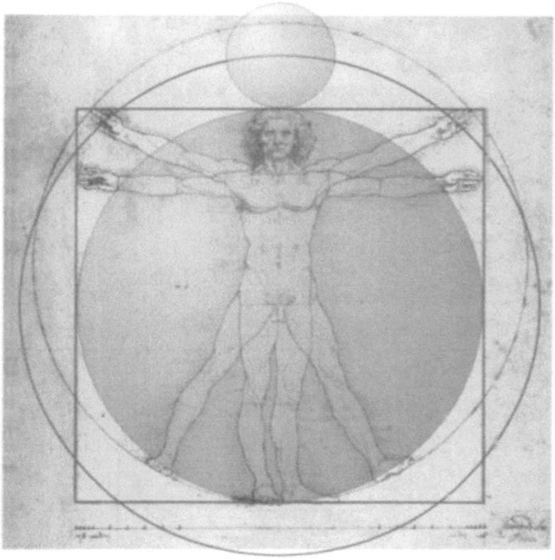

*Abb. 9: Quadrat und Kreis sind umfangsgleich*

Wir hatten oben die Quadratur des Kreises als eines der drei klassischen Probleme der griechischen Mathematik geschildert. Wenn ein Kreis gegeben ist, soll daraus ein Quadrat mit den beiden Werkzeugen der Geometrie konstruiert werden, welches die gleiche Fläche hat. Eine ebenfalls unlösbare Aufgabe ist es, aus dem gegebenen Kreis ein Quadrat mit dem gleichen Umfang zu konstruieren. Dieser Kreis hat ein etwas anderes Maß als der flächengleiche. Der Kreis, den Leonardo zeichnete, entspricht weder der Umfangs- noch der Flächengleichheit.

In Leonards Zeichnung wird nun zusätzlich zu seinem Kreis ein zum vorhandenen Quadrat umfangsgleicher Kreis eingezeichnet. In das Quadrat wird eine große Kugel gesetzt. Eine zweite Kugel sitzt oben auf dem Quadrat. Ihr Durchmesser entspricht der Differenz des Kreisdurchmessers zur Länge einer Quadratseite. Da der große Kreis mittig zum Quadrat angeordnet ist, geht die Kreislinie also durch den Mittelpunkt der aufgesetzten Kugel. Auch wenn man es nicht vermutet, hat dieses Maß einen Bezug zum Menschen, was an folgender Erläuterung deutlich wird.

Jeder Mensch hat ein bestimmtes Maß, zu dem er seinen Arm nach oben recken kann. Dieser höchste Punkt entspricht der Summe aus den Durchmessern der großen und kleinen Kugel. Das heißt, die Umfangsgleichheit von Kreis und Quadrat ist in den Proportionen des Menschen eingebaut. Aber das ist nicht alles. Das Verhältnis des Durchmessers der großen Kugel zur kleinen Kugel entspricht dem Verhältnis des Durchmessers der Erde zu dem des Mondes. Der Planet auf dem wir wohnen, schlägt sich in den menschlichen Proportionen nieder.

**Pentagon**

Die Quintessenz, das fünfte Seiende, nannten die Pythagoräer das wichtigste, das fünfte Element. Nach ihrer Ansicht ist es das ursprünglichste aller Elemente aus dem die anderen vier, Feuer, Erde, Wasser und Luft, erst entstanden sind. Gleichzeitig war es das Element, welches die tote Materie erst zu einer lebendigen macht, nämlich dann, wenn sie von der Lebensenergie, dem Äther, durchströmt wird.

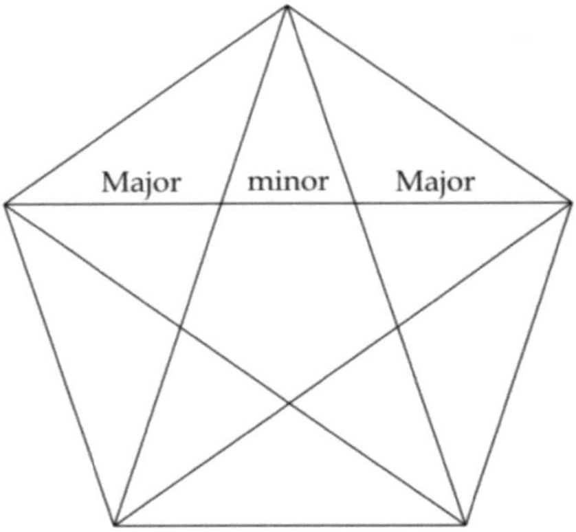

***Abb. 10:*** *Pentagramm und Goldener Schnitt*

Konstruiert man ein Fünfeck mit einer der Geometrie nach einfachen und schönen Konstruktion, findet man in seinem Inneren mehrere Lehren. Der äußere Rahmen wird Pentagon (Fünfseit) genannt. Verbindet man jede zweite Ecke miteinander, entsteht ein Pentagramm – das Fünfzeichen oder der Fünfstern genannt. Auch hier sehen wir, dass die Selbstähnlichkeit eine grundlegende Eigenschaft der geometrischen Figuren ist. In der Mitte befindet sich ein kleineres Fünfeck, das relativ zum großen auf dem Kopf steht. Untersucht man die Seitenverhältnisse im Pentagramm, findet man den Goldenen Schnitt in stetiger Teilung. Beim goldenen Schnitt wird eine Strecke so geteilt, dass die so entstehende lange Strecke (der Major) und die kurze Strecke (der Minor) folgendes Verhältnis zueinander haben:

$$\frac{langeStrecke}{kurzeStrecke} = \frac{Gesamtlänge}{langeStrecke} = \Phi = 1{,}6180339...$$

Dieses Verhältnis wird mit der irrationalen Zahl Phi ($\Phi$) angegeben. Ein wichtiges mathematisches Hilfsmittel zum Verständnis des Fundamentalen Fraktals ist der Global Scaling Kettenbruch. Während sich die Zahl Phi nicht durch einen einfachen Bruch der Form $\frac{Zähler}{Nenner}$ ausdrücken lässt, ist dies durch einen einfachen Kettenbruch möglich - den einfachsten Kettenbruch überhaupt:

$$\Phi = 1 + \cfrac{1}{1 + \cfrac{1}{1 + \cfrac{1}{1 + \cfrac{1}{1 + \cfrac{1}{1 + ...}}}}} = 1{,}6180339...$$

Es ist zwar das fünfte Element, das die anderen vier erschafft, aber es entsteht aus der Einheit heraus. Schon deshalb taucht der Goldene Schnitt in allen lebenden Formen auf. Bei der Vier hatten wir die Quadratur des Menschen mit dem Kreis von Erde und Mond verbunden. Aber auch der Goldene Schnitt begleitet uns täglich in unserem Körper wieder. Unsere Nabelposition ist im Goldenen Schnitt der Körpergröße bestimmt. Auch hier finden wir ein kosmisches Maß wieder, wenn wir annehmen, die Größe unseres Körpers entspräche der Entfernung Erde – Sonne. Sinnbildlich stehen wir mit beiden Beinen auf der Erde, unser höchster Punkt auf der Oberseite des Kopfes entspricht dem Mittelpunkt der Sonne. Nun werden wir diese Strecke im Goldenen Schnitt teilen. Diesmal benötigen wir kein Werkzeug dazu, denn der Mensch ist Maßstab genug. Der Nabel markiert den Punkt der harmonischen Teilung. An seiner Stelle finden wir im Sonnensystem den am schnellsten laufenden Planeten, der uns bei der Siebenzahl noch ausführlich begegnen wird. Es ist der innerste Planet – der Merkur.

Noch ein kosmisches Bild zur Quintessenz der ganzen Fünferei. Nach dem Innersten folgt noch ein Planet der zwischen Merkur und Erde seine Bahn zieht. Es ist die Venus. Wenn die Venus sich auf ihrer Bahn um die Sonne bewegt, ist sie schneller als die Erde, da ihr Bahnradius kleiner ist. Betrachtet man nun die Bahnen der beiden Planeten von oben und zeichnet zwischen ihnen alle vier Tage eine Linie, ergibt sich, wie Hartmut Warm gezeigt hat, nach fast acht Jahren das nebenstehende Bild.

***Abb. 11:*** *Bewegungsmuster von Venus und Erde im Verlauf von 7,99 Jahren*

## Sechspaß

Wir haben begonnen mit einem einfachen Kreis. Daraus entwickelte sich der erste Tag mit zwei Kreisen und der Fischblase, der geometrischen Form, die das Licht beschreibt. Wenn wir aber auf dem ersten Kreis weiterwandern und jeweils am Schnittpunkt eines neuen Kreises mit dem Ursprungskreis einstechen und einen weiteren Kreis zeichnen, entsteht ein kleines geometrisches Wunder. Das Maß schließt sich. Es passen genau sechs Kreise um einen inneren mit gleicher Größe. In der Sprache der Geometrie ist dies das Muster der Schöpfung, da es genau den mytho-

***Abb. 12:*** *Genisismuster*

logischen sechs Tagen der Schöpfung entspricht. In der Zahlenlehre der Pythagoräer war die Sechs eine vollkommene Zahl. Jede Zahl, die nicht Primzahl ist, besitzt eine bestimmte Anzahl von Teilern. Ist die Summe dieser Teiler genauso groß wie die Zahl selber, so ist diese Zahl „vollkommen“. Die Teiler der Zahl 6 sind 1, 2 und 3. Deren Summe wiederum ist 6. Also ist sie eine vollkommene Zahl. Doch die Pythagoräer gingen noch weiter. Wenn die Teilersumme einer Zahl kleiner war als sie selbst, nannte man die Zahl „mangelhaft“ (z.B. 4), wenn sie größer war als die Zahl, ist sie „übervoll“ (z.B. 12). Ergänzen sich eine mangelhafte und eine vollkommene Zahl so, dass die Teilersumme jeweils die andere Zahl ergibt, nannte man diese Zahlen „befreundet“. Das kleinste befreundete Zahlenpaar finden wir mit 220 und 284 erst recht spät relativ zum Anfang der Zahlenmenge.

Noch eine andere Eigenschaft macht die Sechszahl aus. Während die Fünfzahl sich der Fläche komplett verweigert und es unmöglich ist, eine Fläche nur mit Fünfecken zu decken, schafft das Sechseck diese Aufgabe spielend. Schon bei der einfachen Bienenwabe findet sich dieses Prinzip wieder. Da das Sechseck die Fläche aber komplett bedeckt, ohne eine Lücke zu lassen, wird ihr manchmal die Eigenschaft zugeschrieben, den Menschen in der Materie festzubinden. Wohl deshalb finden wir sechseckige Strukturen vorzugsweise in der Welt der Materie und dort besonders bei den Kristallen. Diejenigen, die am ehesten etwas über die Göttliche oder Heilige Geometrie wussten, waren die Baumeister großer Kirchen und Kathedralen. Ihre Aufgabe war es, Bauwerke zu schaffen, die den Menschen mit dem Göttlichen verbinden. Also haben sie die Göttliche Geometrie und die des Menschen studiert, um sie in Einklang zu bringen.

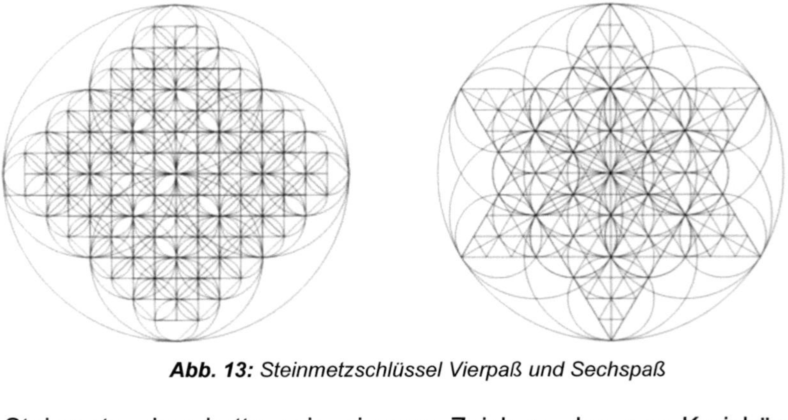

***Abb. 13:*** *Steinmetzschlüssel Vierpaß und Sechspaß*

Jeder Steinmetz aber hatte sein eigenes Zeichen, das aus Kreisbögen und Linien bestand. Alle diese Zeichen hatten jedoch einen von zwei Schlüsseln als Grundlage: Den Vierpaß oder den Sechspaß. Gleichzeitig waren diese Schlüssel auch Grundlage für die Konstruktion von großen Gebäuden und deren Maßwerken. Bei genauer Betrachtung ist jedoch auch hier, wie könnte es anders sein, die fraktale Geometrie zugrunde gelegt.

## Die Sieben Raben

Schon der Titel dieses Absatzes weist auf die Besonderheiten der Zahl Sieben hin. Es ist eine mystische Zahl. Der Konstruktion mit Zirkel und Lineal verweigert sie sich komplett. Sie ist die erste Zahl nach der Sechs, welche uns in der Materie festhalten wollte, und öffnet wohl damit einen Weg in die tieferen Seinsebenen. Viele Märchen erzählen von der Sieben, unsere Woche folgt diesem Rhythmus aber es gilt auch der siebte Tag als der Tag der Ruhe und Einkehr.

Im Zusammenhang mit dem Goldenen Schnitt sind wir dem Planeten Merkur begegnet. Seinen Namen trug auch ein Gelehrter, auf dessen Spuren viele Forscher in der Geschichte gewandelt sind. Die Rede ist von Toth, dem ägyptischen Gott der Weisheit. Er war es, der dem Menschen die Schrift brachte. Er war es der Legende nach, der die Pyramiden baute und die hermetischen Gesetze begründete. Neben seinem Namen Toth war er in Griechenland unter dem Namen Hermes Trismegistos bekannt. Als solcher galt er als Götterbote, der die Menschen mit dem Göttlichen verband. Heerscharen von Mystikern studierten seine Schriften. Die hermetischen Gesetze jedoch lesen sich wie eine Vorformulierung der Grundaussagen der Global Scaling Theorie. Im Laufe der Geschichte gab es verschiedene Quellen und Texte zur Hermetik. Das vielleicht bekannteste und prägnanteste Werk, das *Kybalion*, teilt die hermetischen Gesetze in sieben Regeln und soll deshalb hier angeführt werden:

### 1. Das Prinzip der Geistigkeit

Alles ist Geist. Der Geist herrscht über die Materie. Die Welt als Materie zu sehen, ist Illusion. Hinter der Materie steht die geistige Schöpferkraft – die Liebe.

In der Global Scaling Theorie werden Protonen als Uroszillatoren interpretiert, deren Schwingungen in alle Ebenen des Universums wirken. Im Universum auf subatomarer Ebene werden gigantische Informationsmengen gespeichert und verarbeitet. Es ist naheliegend, dass subatomare Schwingungsprozesse die Rolle eines globalen Informationsträgers spielen. Die Global Scaling Theorie betrachtet Geist als Genotyp der Materie (vgl. Aussagen dazu von Dr. H. Müller am 2. Genesis-Symposium 2008).

### 2. Das Prinzip der Entsprechung und Analogie

| | |
|---|---|
| Wie oben, so unten. | Wie unten, so oben. |
| Wie innen, so außen. | Wie außen, so innen. |
| Wie im Großen, so im Kleinen. | Wie im Kleinen, so im Großen. |

Wenn wir uns die bisher vorgestellten Zeichnungen im Kontext der Global Scaling Theorie ansehen, ist dies die vielleicht offenbarste Widerspiegelung des fraktalen Aufbaus des Universums. In allen Maßstäben wiederholen sich dieselben Strukturprinzipien. Im Gegensatz zum heutigen Weg der Physik gelten für alle Maßstäbe die gleichen Gesetze.

### 3. Das Prinzip der Schwingung

Alles schwingt. Nichts ruht, alles bewegt sich, alles schwingt. Die Farbempfindungen unterscheiden sich für uns durch ihre unterschiedliche Schwingung. Die Töne durch ihre unterschiedliche Frequenz.

Dieser Satz könnte so 1:1 aus der Global Scaling Theorie stammen. Alles schwingt. Das Global Scaling Paradigma beschreibt, wie diese Schwingungen als Eigenschwingungen auftreten, welche Muster sie generieren und wo wir sie in materiellen Strukturen wiederfinden.

### 4. Das Prinzip der Polarität

Alles ist zweifach. Jedes Ding hat zwei Seiten. Gegensätze sind ihrer Natur nach identisch, nur im Grad verschieden. Auch hier finden wir wieder eine fundamentale Übereinstimmung mit den Aussagen der Global Scaling Theorie. Die grundlegende Polarität unserer Welt ist die zwischen Materie und Vakuum. Wenn das eine überwiegt, zieht sich das andere zurück. Beide generieren ein eigenständiges Fraktal, das um 1,5 logarithmische Einheiten phasenverschoben ist und so entweder auf die Materie wirkt oder auf geistige Prozesse.

### 5. Das Prinzip des Rhythmus

Alles atmet. Alles steigt und fällt. Alles hat seine Gezeiten. Das Leben hat einen Rhythmus, der Tod einen Takt.

Während das dritte Prinzip nur beschreibt, dass alles Schwingung ist, wird hier präzisiert, was die Eigenschaften dieser Schwingung sind. Man könnte es auch als Beschreibung der sich ändernden Qualitäten der Zeit ansehen, dass alles in Zyklen arbeitet und sich ständig miteinander verwebt. Wenn ein Prozess aber einmal seine Variationen und Wandlungstendenzen verloren hat, verliert er seine Lebendigkeit und steht kurz davor zusammenzubrechen.

### 6. Das Prinzip von Ursache und Wirkung

Alles geschieht gesetzmäßig. Nichts passiert durch Zufall. Jede Tat sendet eine Energie aus, die mit gleicher Kraft zu ihrem Ausgangspunkt zurück kehrt. Manche nennen es Karma oder das Gesetz der Resonanz.

Jede Aktion, jedes Ereignis hinterlässt eine Wirkung in Raum und Zeit. Damit wirkt es in alle Richtungen gleichzeitig auf die Materie, die nach Global Scaling auf subatomarer Ebene synchron schwingt. Somit wirkt jedes Ereignis in alle Ebenen des Universums hinein.

## 7. Das Prinzip des Geschlechts

Geschlecht ist in allem. Alles hat eine männliche und eine weibliche Seite. Geschlecht zeigt sich auf allen Ebenen.

Auch hier finden wir noch einmal eine Präzisierung eines vorherigen Prinzips, des vierten von der Polarität. Dort wurden nur die Polaritäten beschrieben, hier finden wir eine genauere Unterscheidung der beiden Qualitäten, die oben angeführt worden sind. Innerhalb der Materie besteht die Masse eines Atoms zu über 99,9% aus Nukleonen. Von der Sprache her betrachtet kommt Materie aber vom lateinischen Wort für Mutter. Man könnte also die mutterielle Welt dem Weiblichen zuordnen und die geistige Welt der Ideen oder Elektronen dem Männlichen.

### Achtung

Die Acht ist eine beachtenswerte Zahl. Ich bitte sie darauf zu achten, wie viele Worte die deutsche Sprache kennt, welche die Zahl Acht enthalten. Mit fast jedem Buchstaben des Alphabetes lassen sich bei sachtem Vorgehen Wörter finden. Sei es die Nacht, in der wir etwas beobachten oder ein Feuer entfachten, weil uns kalt war. Die Acht mahnt immer wieder zur Obacht.

Über die Acht zu reden, wäre nicht vollständig, ohne die Musik zu erwähnen. Pythagoras, so sagt man, konnte die Melodie der Sphären hören. Die hermetischen Gesetze und die des Global Scaling besagen, dass alles schwingt. In der Global Scaling Theorie gibt es sogar die Melodie der Schöpfung. Unsere eigene Musik kennt das harmonische Verhältnis der Oktave. Der achte Ton oder die achte weiße Taste wiederholt den Grundton auf einer höheren Ebene.

Auch in der Chemie findet sich die Acht wieder. Unser Periodensystem besitzt genau acht Hauptgruppen, die ja nur eine Widerspiegelung des Aufbaus der Atome sind. Das, was sich im Atom als Kern der Materie findet, spiegelt sich wider in der DNS als Kern der Information einer Zelle oder eines Lebewesens. Die genetische Struktur folgt einer Mathematik, die die Bausteine des Organismus in Dreiersequenzen von vier verschiedenen Basenpaaren beschreibt. Mathematisch ergibt sich wieder eine interessante Verbindung zur Zahl 8. $4^3 = 64 = 8*8$. Zu dem gleichen Ergebnis kommt das chinesische *I Ging*, das als Beschreibung der Qualitäten der Welt gilt und aus 64 unterschiedlichen Stufen besteht. Wohl deshalb wird weltweit das Schachspiel so gerne gespielt, da hier spielerisch vermittelt wird, was die Grundprinzipien der Welt sind, einschließlich der Polarität von schwarz und weiß.

## Nonius

Addiert man zu einer beliebigen Zahl außer 0 und -9 die Zahl neun, ergibt die einstellige Quersumme des Ergebnisses immer denselben Wert, wie die einstellige Quersumme der Ausgangszahl. Die Neun verhält sich hier neutral. Auch sonst ist die Neun nicht so leicht zu fassen. Umgangssprachlich kennen wir sie als die Anzahl der Leben einer Katze. Die Neun ist die letzte der einstelligen natürlichen Zahlen. Aber auch hier gibt es eine Zeichnung der mystischen Wissenschaften. Athanasius Kircher hat in seinem Werk „Arithmologia" die folgende Darstellung gewählt, die unsere Zahlenreise sehr gut abschließt.

***Abb. 14:*** *Athanasius Kircher* "Arithmologia"

Die geistige Sonne der Welt der Ideen strahlt aus einer Dreiheit heraus. Umgeben wird sie von einem Neunerstrahlenkranz, der auf die Sphären der Welt scheint. Die Neun stellt gleichzeitig die Quadratzahl, quasi die Steigerung der perfekten Drei dar. Zur rechten sehen wir einen Engel, der ein magisches Quadrat mit $3*3=9$ Feldern hält und am Boden zwei sitzende Gelehrte. Der Mann zur Linken hat ein Buch aufgeschlagen mit einem Pentagramm und einem Hexagramm, der Philosoph zur Rechten zeigt auf eine Darstellung des Satzes von Pythagoras.

## Tetraktys

An dieser Stelle ist unsere kleine Reise durch die Ebenen der Heiligen Zahlen und Geometrien fast zu Ende. Die Pythagoräer nannten ein besonderes Zeichen ihr Eigen. Die Tetraktys.

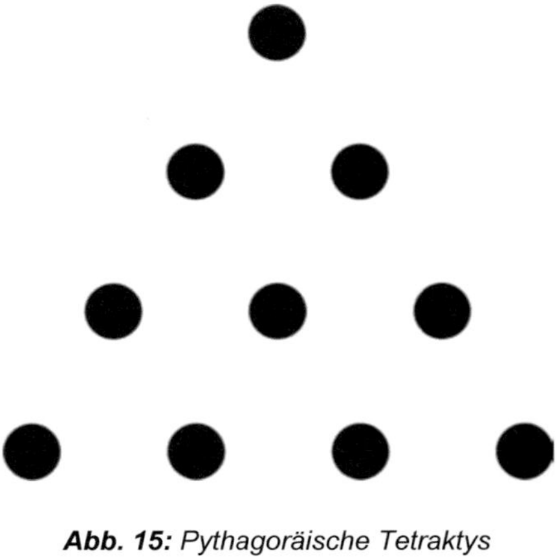

***Abb. 15:*** *Pythagoräische Tetraktys*

Tetra ist das lateinische Zahlwort für vier. In der Tetraktys werden die ersten vier Zahlen 1,2,3,4 als Punkte dargestellt und übereinander gezeichnet. In der Summe ergibt sich so die Zahl Zehn als Dreieckszahl. Da Pythagoras und die Pythagoräer die zehn Ziffern als Heilige Urkräfte betrachteten, wählten sie dieses Symbol. Möglicherweise waren darin aber noch mehr Weisheiten verborgen, die nicht schriftlich niedergelegt wurden, da die zugrundeliegende 6er-Symmetrie der Tetraktys die gleichen geometrischen Aussagen zulässt wie das Genesismuster aus sieben sich überlappenden Kreisen.

Ein anderes Symbol, das die Zehnzahl verwendet, ist der Baum des Lebens, der in der Kabbala erwähnt wird. Er besteht aus zehn Sphären, die Sefiroth genannt werden und wiederum für die zehn Urkräfte des Universums stehen. Vom Wortstamm her sind Sphäre, die Sefiroth und unsere Ziffer identisch. Im Baum des Lebens finden wir die Dreieinigkeit als oberste regierende Figur wieder. Gespiegelt darunter das nächste Dreieck, das abgeschlossen wird von einem gleichseitigen Dreieck mit einer weiteren Kugel in der Mitte. Auch hier wird die Welt wieder in drei Ebenen unterteilt. Vielleicht ist durch die Vorstellung der einzelnen Ziffern offenbar geworden, dass die Zahlen wirklich eigene Kräfte mit individuellen Eigenschaften darstellen.

Um auf Global Scaling abschließend zurück zu kommen, ist es noch einmal nötig, an den Kettenbruch zu erinnern. Die Global Scaling Theorie verweist darauf, dass die Lösung für die Eigenschwingung eines Kettensystems durch einen Kettenbruch gegeben ist. Die Sonderform eines Kettenbruches generiert das Fundamentale Fraktal, mit dem sich grundlegende Aussagen über Eigenschaften von Strukturen und Prozessen treffen lassen. Für jede Zahl, die einen Messwert darstellen kann, gibt es einen eindeutigen Kettenbruch. Ist dieser Kettenbruch unendlich, ist die Zahl selbst eine irrationale Zahl. Ist der Kettenbruch endlich, ist die Zahl rational. Mithilfe der Euler-Transformation lässt sich ein solcher Kettenbruch in eine Normalform mit dem Zähler 1 überführen. Enthält dieser Kettenbruch noch negative Zahlen, lässt sich dieser mit der Lagrange-Transformation in einen Kettenbruch überführen, der nur noch positive Zahlen besitzt. Diese positiven Zahlen sind aber diejenigen, von denen schon die alten Geometer wie Pythagoras sagten, dass sie die Grundlagen und das Wesen des Universums sind. Mit Hilfe der heutigen Mathematik sind wir also in der Lage, diese alte Erkenntnis zu bestätigen. Das Wesen des Universums ist die Zahl.

**Literaturhinweise:**

Beutel Andreas: DVD – „Die Blume des Lebens“, Viva-Vera.de 2006

Melchizedek Drunvalo: "Die Blume des Lebens“, KOHA Verlag , Band 1 & 2

Michell John, Wagner Waltraud: „Maßsysteme der Tempel”, Neue Erde 1988

Müller Hartmut: „Global Scaling – Special 1“, Ehlers Verlag, www.ehlersverlag.de

Müller Hartmut: International Global-Scaling-Symposium München 2008, http://www.genesis-2.de

Roob Alexander: "Alchemie & Mystik“, Taschen

Schneider Martin S.: “A beginner’s guide to constructing the universe”, HarperPerennial 1995

Warm Hartmut: „Die Signatur der Sphären“, Keplerstern Verlag, www.keplerstern.de

Wedemeyer Inge von: „Pythagoras- Weisheitslehrer des Abendlandes“, Param 1988

# Mathematik

**Hartmut Müller**

# Das arithmetische Fundament des Universums

Symmetrie und Regeln des Schachspiels erinnern an fundamentale Gesetze der Natur

Thomas Henry Huxley (1825 - 1895) meinte: "Das Schach ist die Welt. Die Steine sind die Erscheinungen im Weltall, und die Spielregeln sind die Naturgesetze.“ Neueste Erkenntnisse aus der physikalischen Grundlagenforschung lassen diese Worte in neuem Licht erscheinen. Die Symmetrie des Schachbretts und das Bewegungsmuster der Schachfiguren beschreiben vermutlich das mathematische Fundament des Universums.

Von den Elementarteilchen bis zu den Galaxien ist die Materie im Universum nicht chaotisch verteilt, sondern in Raum und Zeit logarithmisch regelmäßig. Verantwortlich für dieses Global-Scaling-Phänomen ist eine globale stehende Vakuumkompressionswelle, die mit ihren Schwingungsbäuchen Materie verdrängt, so dass sich die Materie in den Knoten und Subknoten der „Welle der Schöpfung“ akkumuliert und dort Galaxien, Sterne, Planeten, Atome oder Elementarteilchen bildet.

Eine Grundschwingung dieser globalen stehenden Welle hat die Wellenlänge von 162 = 81 + 81 logarithmischen Einheiten zur Basis $e$ = 2,71828... (Eulersche Zahl) und determiniert die räumliche Größe der Metagalaxie, die sich über 70 Größenordnungen erstreckt ($e^{162} \approx 2 \cdot 10^{70}$). Auf der logarithmischen Geraden der Massewerte belegt das Global-Scaling-Universum 3/2 Wellenlängen, also 243 = 81 + 81 + 81 Einheiten. Das bedeutet, die Metagalaxie – das wahrscheinlich größte Objekt im Universum – kann Materie akkumulieren, deren Masse bis zu $e^{243} \approx 3 \cdot 10^{105}$-mal größer ist als die kleinste Masse im Universum.

Die Knoten der globalen stehenden Welle wirken als Materieattraktoren. Eine Wellenlänge enthält 3 Knoten der Grundschwingung, 7 Knoten der 1. Oberschwingung 19 Knoten der 2. Oberschwingung und 55 Knoten der 3. Oberschwingung (siehe Grafik auf der folgenden Seite).

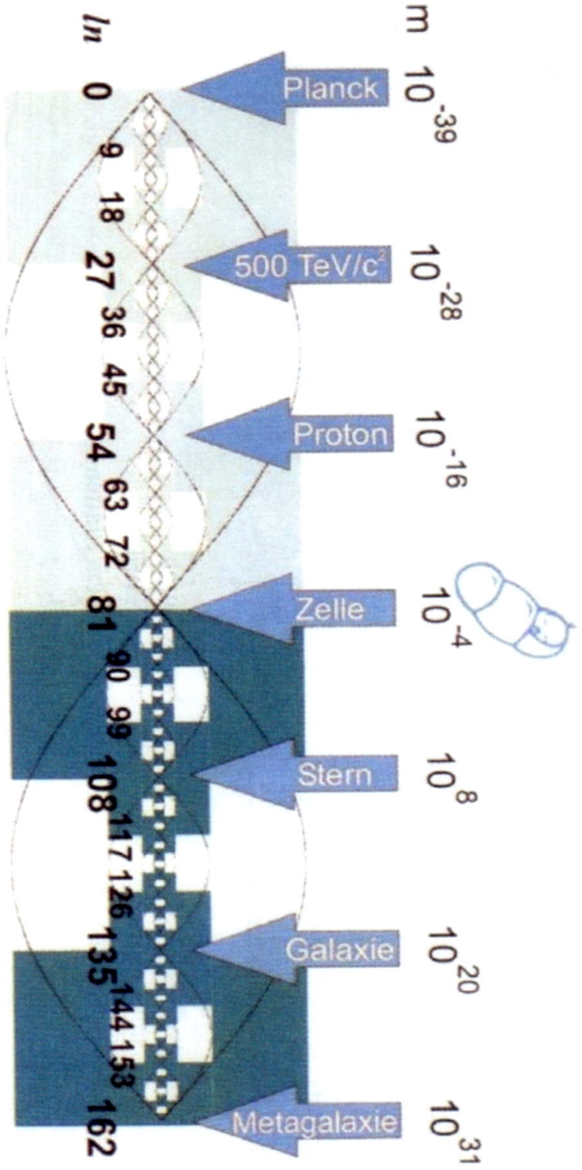


***Graphik 1:** Die Global-Scaling-Theorie geht davon aus, dass eine stehende Vakuumkompressionswelle, deren relative Wellenlänge 162 logarithmische Einheiten beträgt, die räumliche Verteilung der Materie im Universum determiniert. Das logarithmische Symmetriezentrum des Universums entspricht einem Maßstab, der für lebende Zellen charakteristisch ist. Der relative räumliche Maßstab 162 determiniert die Ausdehnung der Metagalaxie. Die Knoten der globalen stehenden Welle wirken als Materieattraktoren. Eine Wellenlänge enthält 3 Knoten der Grundschwingung, 7 Knoten der 1. Oberschwingung, 19 Knoten der 2. Oberschwingung und 55 Knoten der 3. Oberschwingung.*

| Ordnungs-zahl | Element-name | Symbol | Anzahl der Isotope | Ordnungs-zahl | Element-name | Symbol | Anzahl der Isotope | Ordnungs-zahl | Element-name | Symbol | Anzahl der Isotope |
|---|---|---|---|---|---|---|---|---|---|---|---|
| **1** | Wasserstoff | H | 2 | **29** | Kupfer | Cu | 2 | **57** | Lanthan | La | 2 |
| **2** | Helium | He | 2 | **30** | Zink | Zn | 5 | **58** | Cer | Ce | 4 |
| **3** | Lithium | Li | 2 | **31** | Gallium | Ga | 2 | **59** | Praseodym | Pr | 1 |
| **4** | Beryllium | Be | 1 | **32** | Germanium | Ge | 5 | **60** | Neodym | Nd | 7 |
| **5** | Bor | B | 2 | **33** | Arsen | As | 1 | **61** | Promethium | Pm | instabil |
| **6** | Kohlenstoff | C | 3 | **34** | Selen | Se | 6 | **62** | Samarium | Sm | 7 |
| **7** | Stickstoff | N | 2 | **35** | Brom | Br | 2 | **63** | Europium | Eu | 2 |
| **8** | Sauerstoff | O | 3 | **36** | Krypton | Kr | 6 | **64** | Gadolinium | Gd | 7 |
| **9** | Fluor | F | 1 | **37** | Rubidium | Rb | 2 | **65** | Terbium | Tb | 1 |
| **10** | Neon | Ne | 3 | **38** | Strontium | Sr | 4 | **66** | Dysprosium | Dy | 7 |
| **11** | Natrium | Na | 1 | **39** | Yttrium | Y | 1 | **67** | Holmium | Ho | 1 |
| **12** | Magnesium | Mg | 3 | **40** | Zirkonium | Zr | 5 | **68** | Erbium | Er | 6 |
| **13** | Aluminium | Al | 1 | **41** | Niob | Nb | 1 | **69** | Thulium | Tm | 1 |
| **14** | Silizium | Si | 3 | **42** | Molybdän | Mo | 7 | **70** | Ytterbium | Yb | 7 |
| **15** | Phosphor | P | 1 | **43** | Technetium | Tc | instabil | **71** | Lutetium | Lu | 2 |
| **16** | Schwefel | S | 4 | **44** | Ruthenium | Ru | 7 | **72** | Hafnium | Hf | 6 |
| **17** | Chlor | Cl | 2 | **45** | Rhodium | Rh | 1 | **73** | Tantal | Ta | 2 |
| **18** | Argon | Ar | 3 | **46** | Palladium | Pd | 6 | **74** | Wolfram | W | 5 |
| **19** | Kalium | K | 3 | **47** | Silber | Ag | 2 | **75** | Rhenium | Re | 2 |
| **20** | Kalzium | Ca | 6 | **48** | Cadmium | Cd | 8 | **76** | Osmium | Os | 7 |
| **21** | Scandium | Sc | 1 | **49** | Indium | In | 2 | **77** | Iridium | Ir | 2 |
| **22** | Titan | Ti | 5 | **50** | Zinn | Sn | 10 | **78** | Platin | Pt | 6 |
| **23** | Vanadium | V | 2 | **51** | Antimon | Sb | 2 | **79** | Gold | Au | 1 |
| **24** | Chrom | Cr | 4 | **52** | Tellur | Te | 8 | **80** | Quecksilber | Hg | 7 |
| **25** | Mangan | Mn | 1 | **53** | Jod | J | 1 | **81** | Thallium | Tl | 2 |
| **26** | Eisen | Fe | 4 | **54** | Xenon | Xe | 9 | **82** | Blei | Pb | 4 |
| **27** | Kobalt | Co | 1 | **55** | Caesium | Cs | 1 | **83** | Wismut | Bi | 1 |
| **28** | Nickel | Ni | 5 | **56** | Barium | Ba | 7 | **Summe= 81** | | | **Summe = 281** |

***Tabelle 1:***
*In der Natur gibt es genau 81 stabile chemische Elemente, welche insgesamt 281 Isotope bilden.*

Das weitaus stabilste Objekt im Universum ist das Proton, dessen Lebensdauer mit $10^{32}$ Jahren selbst das Alter des Universums (13 Milliarden Jahre) noch um 22 Größenordnungen übersteigt. Multipliziert man die Lebensdauer $\tau$ des Protons mit seiner Eigenfrequenz $\nu = 1{,}4 \cdot 10^{24}$ Hz, erhält man die Zahl 144 im Logarithmus: $ln\ (\tau \cdot \nu) = 144 = 72 + 72$.

Ein Schachspieler könnte nun auf die Idee kommen, das Universum sei logarithmisch so aufgebaut wie ein Schachbrett. Diese Vorstellung ist ziemlich präzise. Ein Schachbrett hat 64 Felder. Das sind 2-dimensionale Elemente. Dann gibt es auf einem Schachbrett noch 1-dimensionale Elemente, nämlich die Grenzstrecken der Felder. Davon gibt es genau 144. Die Schnittpunkte (Knoten) der Grenzlinien sind 0-dimensional und 81 an der Zahl. 64, 81 und 144 sind Potenzen der Zahlen 3 und 4: $64 = 4^3$, $81 = 3^4$, $144 = 3^2 \cdot 4^2$.

**Die Arithmetik des genetischen Codes**

Auch das DNS-Molekül besitzt eine interne „Schachbrett-Arithmetik“. Die Basensequenz der DNS besteht aus vier Basen: Adenin, Guanin, Zytosin und Thymin (bzw. Urazil im RNS-Molekül). Dabei wird eine Aminosäure immer von einem Mononukleotid-Triplett kodiert, z.B. AGG oder CUA. Insgesamt sind also $4^3 = 64 = 8 \times 8$ Tripletts denkbar. Allerdings kodieren nur 61 der Tripletts Aminosäuren, die restlichen 3 Tripletts unterbrechen bzw. initialisieren die Translation. Das Triplett UGA kodiert allerdings nur in der bakteriellen RNS eine Unterbrechung der Translation. In der RNS von Säugetieren wird Zystein kodiert. Eine ähnliche Funktion hat das Triplett AUA, das normalerweise Isoleuzin kodiert. Somit bleiben 60 „normale“ Tripletts übrig.

Von den insgesamt 20 Aminosäuren werden 5 Aminosäuren durch 4 homonyme RNS-Basentripletts kodiert: Glyzin (**GG**-U, -C, -A, -G), Alanin (**GC**-U, -C, -A, -G), Valin (**GU**-U, -C, -A, -G), Threonin (**AC**-U, -C, -A, -G) und Prolin (**CC**-U, -C, -A, -G). Weitere 3 Aminosäuren sind 6-fach kodiert: Arginin (**CG**-U, -C, -A, -G; **AG**-A, -G), Serin (**UC**-U, -C, -A, -G; **AG**-U, -C) und Leuzin (**CU**-U, -C, -A, -G; **UU**-A, -G). Es folgen 9 doppelt kodierte Aminosäuren: Glutaminsäure (**GA**-A, -G), Asparaginsäure (**GA**-U, -C), Lysin (**AA**-A, -G), Asparagin (**AA**-U, -C), Glutamin (**CA**-A, -G), Histidin (**CA**-U, -C), Phenylalanin (**UU**-U, -C), Tyrosin (**UA**-U, -C) und Zystein (**UG**-U, -C). Eine Aminosäure wird 3-fach kodiert: Isoleuzin (**AU**-U, -C, -A) und zwei Aminosäuren sind einfach kodiert: Tryptophan (**UGG**) und Methionin (**AUG**). Dazu kommen 3 Tripletts (UAA, UAG, UGA), die keine Aminosäure kodieren. Die Kodierung kann also durch folgende Gleichung dargestellt werden:

$$4 \times 4 \times 4 = 5 \times 4 + 3 \times 6 + 9 \times 2 + 1 \times 3 + 2 \times 1 + (3 \times 1)$$

| Reinisotope | Doppelisotope | Mehrfachisotope | Mehrfachisotope |
|---|---|---|---|
| 19<br>Ordnungszahlen<br>= 11<br>Nichtprimzahlen<br>+ 8<br>Primzahlen | 19<br>Ordnungszahlen<br>= 11<br>Primzahlen<br>+ 8<br>Nichtprimzahlen | 19<br>Ordnungszahlen<br>**durch 4 teilbar**<br>= 11<br>mit ungerader Isotopenanzahl<br>+ 8<br>mit gerader Isotopenzahl | 19<br>Ordnungszahlen<br>**durch 2 teilbar**<br>= 11<br>mit ungerader Isotopenanzahl<br>+ 8<br>mit gerader Isotopenzahl |
| 9 (1) | 1 (2) | 8 (3) | 10 (3) |
| 15 (1) | 5 (2) | 12 (3) | 14 (3) |
| 21 (1) | 7 (2) | 28 (5) | 18 (3) |
| 25 (1) | 17 (2) | 32 (5) | 22 (5) |
| 27 (1) | 23 (2) | 40 (5) | 30 (5) |
| 33 (1) | 29 (2) | 44 (7) | 74 (5) |
| 39 (1) | 31 (2) | 56 (7) | 42 (7) |
| 45 (1) | 37 (2) | 60 (7) | 62 (7) |
| 55 (1) | 47 (2) | 64 (7) | 66 (7) |
| 65 (1) | 71 (2) | 76 (7) | 70 (7) |
| 69 (1) | 73 (2) | 80 (7) | 54 (9) |
| 11 (1) | 35 (2) | 16 (4) | 26 (4) |
| 13 (1) | 49 (2) | 24 (4) | 38 (4) |
| 41 (1) | 51 (2) | 20 (6) | 58 (4) |
| 53 (1) | 57 (2) | 36 (6) | 82 (4) |
| 59 (1) | 63 (2) | 68 (6) | 34 (6) |
| 67 (1) | 75 (2) | 72 (6) | 46 (6) |
| 79 (1) | 77 (2) | 48 (8) | 78 (6) |
| 83 (1) | 81 (2) | 52 (8) | 50 (10) |

***Tabelle 2:*** *76 der 81 stabilen Elemente bilden vier Gruppen zu je 19 Einfach-, Doppel- bzw. Mehrfachisotopen. Insgesamt gibt es von diesen 76 chemischen Elementen 273 Isotope. Nach Peter Plichta ist die Zahl 19 = 11 + 8 der ordnende Faktor des Periodensystems. Das Element Kalium mit der Ordnungszahl 19 ist als Einziges der ungeradzahligen Elemente weder Reinisotop noch Doppelisotop, sondern Mehrfachisotop. Alle anderen ungeradzahligen Elemente sind Rein- oder Doppelisotope. Die geradzahligen Elemente stellen die restlichen Isotopenzahlen von 3 bis 10. Vermutlich sind jedoch die Isotopen-19-plets in Wirklichkeit Dekuplets, Oktets und Singlets, die durch die SU(3) Gruppensymmetrie dargestellt werden.*

## Das Periodensystem der 162 Elemente

| | IA | IIA | III B | IV B | V B | VI B | VII B | VIII B | | | I B | II B | III A | IV A | V A | VI A | VII A | VIII A |
|---|---|---|---|---|---|---|---|---|---|---|---|---|---|---|---|---|---|---|
| | 1 | 2 | 3 | 4 | 5 | 6 | 7 | 8 | 9 | 10 | 11 | 12 | 13 | 14 | 15 | 16 | 17 | 18 |
| 1 | 1 H | | | | | | | | | | | | | | | | | 2 He |
| 2 | 3 Li | 4 Be | | | | | | | | | | | 5 B | 6 C | 7 N | 8 O | 9 F | 10 Ne |
| 3 | 11 Na | 12 Mg | | | | | | | | | | | 13 Al | 14 Si | 15 P | 16 S | 17 Cl | 18 Ar |
| 4 | 19 K | 20 Ca | 21 Sc | 22 Ti | 23 V | 24 Cr | 25 Mn | 26 Fe | 27 Co | 28 Ni | 29 Cu | 30 Zn | 31 Ga | 32 Ge | 33 As | 34 Se | 35 Br | 36 Kr |
| 5 | 37 Rb | 38 Sr | 39 Y | 40 Zr | 41 Nb | 42 Mo | 43 Tc | 44 Ru | 45 Rh | 46 Pd | 47 Ag | 48 Cd | 49 In | 50 Sn | 51 Sb | 52 Te | 53 J | 54 Xe |
| 6 | 55 Cs | 56 Ba | 57 La* | 72 Hf | 73 Ta | 74 W | 75 Re | 76 Os | 77 Ir | 78 Pt | 79 Au | 80 Hg | 81 Tl | 82 Pb | 83 Bi | 84 Po | 85 At | 86 Rn |
| 7 | 87 Fr | 88 Ra | 89 Ac* | 104 Ku | 105 Db | 106 Sg | 107 Bh | 108 Hs | 109 Mt | 110 | 111 | 112 | 113 | 114 | 115 | 116 | 117 | 118 |
| 8 | 119 | 120 | 121* | 136 | 137 | 138 | 139 | 140 | 141 | 142 | 143 | 144 | 145 | 146 | 147 | 148 | 149 | 150 |
| 9 | 151 | 152 | 153 | 154 | 155 | 156 | 157 | 158 | 159 | 160 | 161 | 162 | 163 | 164 | 165 | 166 | 167 | 168 |

| | | | | | | | | | | | | | | |
|---|---|---|---|---|---|---|---|---|---|---|---|---|---|---|
| * Lanthaniden | 58 Ce | 59 Pr | 60 Nd | 61 Pm | 62 Sm | 63 Eu | 64 Gd | 65 Tb | 66 Dy | 67 Ho | 68 Er | 69 Tm | 70 Yb | 71 Lu |
| * Actiniden | 90 Th | 91 Pa | 92 U | 93 Np | 94 Pu | 95 Am | 96 Cm | 97 Bk | 98 Cf | 99 Es | 100 Fm | 101 Md | 102 No | 103 Lr |
| * 121 | 122 | 123 | 124 | 125 | 126 | 127 | 128 | 129 | 130 | 131 | 132 | 133 | 134 | 135 |

Metall
Nichtmetall
Halbmetall
Edelgas
Nebengruppe

***Tabelle 3:*** *Das vollständige Periodensystem der 162 chemischen Elemente setzt sich zusammen aus Oktets der Hauptgruppenelemente und Dekuplets der Nebengruppenelemente. Auch Elementarteilchen (Baryonen und Mesonen) bilden Oktets und Dekuplets.*

Die ersten 20 + 18 + 18 Tripletts bilden das Basis-56-plet der Aminosäuren. Auch die Menge der chemischen Elemente enthält ein Basis-56-plet, ebenso die Elementarteilchen (56-plet der Baryonen).

Wenn man sich vorstellt, dass jedes Basen-Triplett aus einem Stamm-Duplet und einer Endung besteht, dann kann man jeder Aminosäure einen Stamm aus 2 Buchstaben zuordnen. Die überschüssige Kodierung ist dann als Folge der Variabilität der Endung zu verstehen. Also bedeutet UC Serin und CC Prolin, unabhängig von der letzten Base im Triplett. Zu dieser Erkenntnis kam der russische Physiker Yu. B. Rumer[1] bereits 1965.

| | | | | | | | | |
|---|---|---|---|---|---|---|---|---|
| 3 Li | 4 Be | 5 B | 6 C | 7 N | 8 O | 9 F | 10 Ne | 11 Na |
| 12 Mg | 13 Al | 14 Si | 15 P | 16 S | 17 CL | 18 Ar | 19 K | 20 Ca |
| 21 Sc | 22 Ti | 23 V | 24 Cr | 25 Mn | 26 Fe | 27 Co | 28 Ni | 29 Cu |
| 30 Zn | 31 Ga | 32 Ge | 33 As | 34 Se | 35 Br | 36 Kr | 37 Rb | 38 Sr |
| 39 Y | 40 Zr | 41 Nb | 42 Mo | 43 Tc | 44 Ru | 45 Rh | 46 Pd | 47 Ag |
| 48 Cd | 49 In | 50 Sn | 51 Sb | 52 Te | 53 J | 54 Xe | 55 Cs | 56 Ba |
| 57 La | 58 Ce | 59 Pr | 60 Nd | 61 Pm | 62 Sm | 63 Eu | 64 Gd | 65 Tb |
| 66 Dy | 67 Ho | 68 Er | 69 Tm | 70 Yb | 71 Lu | 72 Hf | 73 Ta | 74 W |
| 75 Re | 76 Os | 77 Ir | 78 Pt | 79 Au | 80 Hg | 81T l | 82 Pb | 83 Bi |

***Tabelle 4:*** *In der Natur kommen nur 81 stabile Elemente vor. Genauso viele Knoten hat ein Schachbrett. Sortiert man die 81 stabilen Elemente, beginnend mit Lithium, in eine Tabelle 9 x 9, ergeben sich neue Zusammenhänge zwischen den chemischen Elementen. So ist zum Beispiel zu erkennen, dass nicht nur die sauren, sondern auch die basischen und amphoteren Haupt- und Nebengruppenelemente gemeinsame geschlossene Felder bilden. Das amphotere Technetium 43 und das basische Prometium 61 sind radioaktiv. Es entstehen also zwei Lücken, die den fehlenden Elementen Wasserstoff und Helium entsprechen. Diese Lücken werden vom amphoteren Blei 82 und dem basischen Wismut 83 gefüllt.*

Insgesamt gibt es 16 Stamm-Duplets, wobei die 8 „starken" Duplets GG, GU, AC, CC, UC, CG, GC und CU stets nur eine bestimmte Aminosäure kodieren. Die anderen 8 „schwachen" Duplets kodieren gemeinsam mit den Endungen C und U gleichfalls nur eine Aminosäure, mit den Endungen G und A jedoch verschiedene Aminosäuren. Deshalb klassifizierte Rumer die RNS-Basen wie folgt: C - sehr stark, G - stark, U - schwach, A - sehr schwach.

Viele chemische Eigenschaften der Aminosäuren sind eine Folge der Tatsache, dass es zwei Basen-Stamm-Oktets gibt. Nach den Eigenschaften ihrer Seitenketten z.B. kann man die 20 Aminosäuren in ein Duplet mit sauren Seitenketten, ein Oktet mit basischen bzw. ungeladenen polaren Seitenketten und ein Dekuplet mit unpolaren Seitenketten unterteilen. Diese Aufteilung in Duplets, Oktets und Dekuplets kann man sowohl bei Elementarteilchen als auch bei den chemischen Elementen feststellen.

## Die Arithmetik des Periodensystems der Elemente

Ohne Vorperiode (H, He) hat das vollständige Periodensystem der 162 chemischen Elemente 8 Gruppen und 8 Perioden und ist damit auch ein „Schachbrett". In der Natur gibt es 81 stabile Elemente (siehe Tabelle 1). Folgerichtig können insgesamt 162 Elemente existieren (siehe Tabelle 3 „Das Periodensystem der 162 Elemente").

Elemente jenseits der Actiniden, die Transactiniden, können in Schwerionenreaktionen synthetisiert werden. Ihre Halbwertszeiten liegen im Bereich von einigen Millisekunden bis Sekunden. Für die Synthese des heute schwersten Elements 118 (Eka-Radon) wurde Blei-208 mit Krypton-Ionen beschossen. Mit zunehmender Kernladungszahl werden im Allgemeinen die Halbwertszeiten der Isotope immer kürzer und die Produktionsraten immer kleiner.

Die Global Scaling Theorie prognostiziert jedoch eine Insel superschwerer Elemente mit relativ großen Halbwertszeiten im Bereich von 298,74 bis 305,37 relativen Atommassen. Die Entdeckung des Isotops $^{298}114$ mit einer Halbwertszeit von 30,4 s in Dubna bestätigt diese Prognose. Die extrem langlebigen Actiniden Uran und Thorium markieren ebenfalls eine Stabilitätsinsel. Die natürlichen Zerfallsreihen dieser Elemente enden beim Blei.

Das vollständige Periodensystem der 162 Elemente besteht aus 60 Hauptgruppenelementen, die sich aus dem Duplet der 1. Periode (H, He), 7 Oktets und dem Duplet der 9. Periode zusammensetzen. 60 Nebengruppenelemente bilden 6 Dekuplets. Die übrigen 42 Nebengruppenelemente teilen sich auf in 14 Lanthaniden, 14 Aktiniden und 14 Homologe des 121. Elements.

## Schach und Go

Nach Global Scaling ist die größtmögliche Massezahl für Atome 324 = 81 + 81 + 81 + 81 = $4 \cdot 3^4$ = 18 x 18. Alle 162 Elemente bilden zusammen 19 x 19 = 361 Isotope. Damit kommen wir zu einem anderen antiken Brettspiel, dem Go, das vermutlich 3000 v.Ch. in Indien erfunden wurde, dann nach China und über Korea nach Japan kam. Es hat 18 x 18 = 324 Felder, begrenzt von 19 x 19 Linien, die sich in 361 Knoten kreuzen. Gespielt wird mit 181 schwarzen und 180 weißen Steinen, die auf die Knoten gesetzt werden.

## Symmetriegruppen

1981 veröffentlichte der russische Mathematiker Oleg M. Kalinin[5] Übereinstimmungen im Aufbau der primären Struktur des DNS-Moleküls, der Aminosäuren, des Periodensystems der chemischen Elemente und des Sonnensystems. Mathematisch werden diese Gemeinsamkeiten im Rahmen der Gruppentheorie beschrieben. Eine wichtige Rolle kommt dabei den Drehgruppen der platonischen Körper zu, insbesondere der Ikosaedergruppe.

| | U | C | A | G | |
|---|---|---|---|---|---|
| U | UUU<br>Phenylalanin | UCU<br>Serin | UAU<br>Tyrosin | UGU<br>Zystein | U |
| | UUC<br>Phenylalanin | UCC<br>Serin | UAC<br>Tyrosin | UGC<br>Zystein | C |
| | UUA<br>Leuzin | UCA<br>Serin | UAA<br>Punkt | UGA<br>Punkt | A |
| | UUG<br>Leuzin | UCG<br>Serin | UAG<br>Punkt | UGG<br>Tryptophan | G |
| C | CUU<br>Leuzin | CCU<br>Prolin | CAU<br>Histidin | CGU<br>Arginin | U |
| | CUC<br>Leuzin | CCC<br>Prolin | CAC<br>Histidin | CGC<br>Arginin | C |
| | CUA<br>Leuzin | CCA<br>Prolin | CAA<br>Glutamin | CGA<br>Arginin | A |
| | CUG<br>Leuzin | CCG<br>Prolin | CAG<br>Glutamin | CGG<br>Arginin | G |
| A | AUU<br>Isoleuzin | ACU<br>Threonin | AAU<br>Asparagin | AGU<br>Serin | U |
| | AUC<br>Isoleuzin | ACC<br>Threonin | AAC<br>Asparagin | AGC<br>Serin | C |
| | AUA<br>Isoleuzin | ACA<br>Threonin | AAA<br>Lysin | AGA<br>Arginin | A |
| | AUG<br>Methionin | ACG<br>Threonin | AAG<br>Lysin | AGG<br>Arginin | G |
| G | GUU<br>Valin | GCU<br>Alanin | GAU<br>Asparaginsäure | GGU<br>Glyzin | U |
| | GUC<br>Valin | GCC<br>Alanin | GAC<br>Asparaginsäure | GGC<br>Glyzin | C |
| | GUA<br>Valin | GCA<br>Alanin | GAA<br>Glutaminsäure | GGA<br>Glyzin | A |
| | GUG<br>Valin | GCG<br>Alanin | GAG<br>Glutaminsäure | GGG<br>Glyzin | G |

***Tabelle 5:*** *Der Aminosäurecode besteht aus Tripletts der RNS-Basen Urazil (U), Zytosin (C), Adenin (A) und Guanin (G): 61 der insgesamt 64 möglichen RNS-Basen-Tripletts kodieren 20 Aminosäuren. Für den chemischen Aufbau einer Aminosäure ist die Reihenfolge der Basen im Triplett von Bedeutung: GAU kodiert Asparaginsäure, AGU kodiert Serin. Die Menge (20) der kodierten Aminosäuren ergibt sich aus der Anzahl der Permutationen der 4 Basen, wenn man ihre Reihenfolge im Triplett nicht berücksichtigt (siehe Tabelle 6 nächste Seite).*

| | U | C | A | G |
|---|---|---|---|---|
| U | UUU<br>UUC<br>UUA<br>UUG | | | |
| C | CUA | CCU<br>CCC<br>CCA<br>CCG | | |
| A | | ACG | AAU<br>AAC<br>AAA<br>AAG | |
| G | GUC | | GAU | GGU<br>GGC<br>GGA<br>GGG |

***Tabelle 6**: Aus den vier RNS-Basen Urazil (U), Zytosin (C), Adenin (A) und Guanin (G) ergeben sich genau 20 Tripletts, wenn man die Reihenfolge der Basen im Triplett nicht berücksichtigt. Deshalb werden nicht 64 Aminosäuren kodiert, sondern nur 20. Aus demselben Grund kodieren vier Quarks (u, d, s, c) nur 20 Baryonen.*

Sie bestimmt den Aufbau des „kurzen“ Periodensystems der Elemente, das nur 60 Hauptgruppenelemente enthält. Die Drehgruppe des platonischen Ikosaeders besteht aus 60 Elementen (Drehungen, die den Ikosaeder in sich selbst überführen) und ist isomorph zur Drehgruppe des Dodekaeders. Zur Ikosaedergruppe gehören je 4 Drehungen um 6 fünfzählige Achsen, je 2 Drehungen um 10 dreizählige Achsen und je 1 Drehung um 15 zweizählige Achsen sowie eine identische Drehung. Das ergibt zusammen 24 + 20 + 15 + 1 = 60 Drehungen. Die Drehgruppen der regelmäßigen Pyramiden (endliche zyklische Gruppen), Doppelpyramiden (Dieder) und platonischen Körper sind endliche Untergruppen der Gruppe SO(3) der Raumdrehungen in drei Dimensionen.

Die Ikosaedergruppe ist isomorph zur alternierenden Gruppe aus 5 Elementen. Sie ist eine einfache Gruppe, sie kann nicht in andere Gruppen, z.B. in 3 Gruppen zu je 20 Elementen, zerlegt werden. Die nächstgrößere einfache Gruppe besteht aus 168 Elementen und ist isomorph zur alternierenden Gruppe aus 7 Elementen. Sie bestimmt den Aufbau des „langen“ Periodensystems. Die Ikosaedergruppe lässt jedoch nur 60 Hauptgruppenelemente zu und begrenzt damit die Gesamtzahl der chemischen Elemente auf 162. Aus 360 Elementen besteht die nächste (dritte) einfache Gruppe. Sie limitiert die Anzahl der Isotope (19 x 19 = 361) der insgesamt 162 chemischen Elemente. Die Menge der 81 natürlich vorkommenden stabilen Elemente interpretiert Kalinin als Quasigruppe (Loop) mit nichtassoziativer Multiplikation (nicht-desarguessche Supergeometrie).

Die erste praktische Anwendung der Gruppentheorie bestand in der Bestimmung aller 230 Raumgruppen durch den russischen Kristallographen Fedorov im Jahre 1890. Dies sind die Symmetriegruppen der dreidimensionalen Punktgitter. Periodische diskrete Punktgitter wurden als Modelle für den Aufbau von Kristallen aus Atomen angesehen, obwohl dies erst 1912 experimentell bestätigt werden konnte. Jedes dieser Gitter kann eindeutig durch seine Symmetriegruppe charakterisiert werden

Kalinin erkannte Gemeinsamkeiten zwischen der Systematik von 230 der 273 Isotope und der Systematik der 230 fedorovschen Kristallgruppen. 273 - 230 = 43 Isotope passen nicht in diese (kristalline) Systematik. Übrigens gehört auch das 43. Element (Technetium) nicht zu den 81 stabilen Elementen.

Bereits 1935 interpretierte Vladimir A. Fock, Physiker und Vertreter des russischen Zweiges der Kopenhagener Schule in der Quantenmechanik, das Periodensystem der Elemente als Darstellung der Gruppe SO(4) der Raumdrehungen in vier Dimensionen. 1971 erweiterten Yu. B. Rumer und A. I. Fet [2] diese Interpretation auf die Gruppe Spin(4). Bereits 1965 veröffentlichte Rumer [1] erste Ansätze zur Gruppensymmetrie des genetischen Codes, die sich international etablierten und heute eine intensive Entwicklung erleben [7,8].

***Graphik 2:*** *Das kurze Periodensystem der 162 chemischen Elemente ist so aufgebaut wie ein Schachbrett. Inklusive Wasserstoff und Helium enthält es 60 Hauptgruppenelemente. Die Ikosaedergruppe verhindert die Existenz der Elemente mit den Ordnungszahlen 163 - 168.*

## Die Arithmetik der Isotopenverteilung

Weitere zahlentheoretische Erkenntnisse zur Isotopenverteilung lieferte der Chemiker Peter Plichta [6]. Das Periodensystem enthält insgesamt 19 Reinisotope und 19 Doppelisotope mit ungerader Ordnungszahl sowie 38 = 19 + 19 Mehrfachisotope mit geraden Ordnungszahlen. Die 38 Mehrfachisotope teilen sich auf in 19 Isotope, deren Ordnungszahlen ohne Rest durch 2 teilbar sind und 19 Isotope mit Ordnungszahlen, die sich durch 4 teilen lassen. Die Isotope mit ungeraden Ordnungszahlen setzen sich zusammen aus 19 Isotopen, deren Ordnungszahlen Primzahlen sind und 19 Isotope mit anders teilbaren Ordnungszahlen (siehe Tabelle 2).

76 der 81 stabilen Elemente bilden vier Gruppen zu je 19 Einfach-, Doppel- bzw. Mehrfachisotopen. Insgesamt gibt es von diesen 76 chemischen Elementen 273 Isotope. Alle 81 stabilen Elemente haben 281 = 273 + 8 Isotope. Klammert man alle Reinisotope und Isotope aus, deren Ordnungszahlen Primzahlen sind, so bleiben 273 - 19 - 11 = 243 Mehrfachisotope übrig. Die Isotopentabelle der stabilen Elemente ist also auf der Zahl 3 aufgebaut: 81 = $3^4$, 243 = $3^5$.

## Die fünf Grundelemente des Lebens

Deshalb sollten vier chemische Grundelemente wichtige Tripletts bilden können. Das Wassermolekül ist wahrscheinlich ein solches Triplett, $H_2O$ besteht aus drei Atomen H-O-H. Weitere Tripletts sind $CO_2$ (Kohlendioxid), $NH_2$ (Aminogruppe), $CH_2$ (Methylengruppe) u.s.w. Sie spielen eine wichtige Rolle in der Proteinsynthese und im biologischen Stoffwechsel. Bedingt durch die unterschiedliche Wertigkeit der vier Grundelemente H, C, N, O können nicht alle 64 theoretisch möglichen Tripletts gebildet werden. Gleichfalls kodieren 61 der insgesamt 64 RNS-Basen-Tripletts nur 19 +1 Aminosäuren. 19 Aminosäuren tragen eine Karboxylgruppe -COOH, an deren benachbartem Kohlenstoffatom sich eine Aminogruppe $-NH_2$ und ein weiterer Rest R befinden. Nur die 20. Aminosäure, das Prolin, weicht von dieser allgemeinen Formel ab.

Die vier Grundelemente Wasserstoff, Kohlenstoff, Stickstoff und Sauerstoff: H, C, N, O mit den Ordnungszahlen 1, 6, 7, 8 bilden die Bausteine der Aminosäuren, analog zum Adenin, Guanin, Zytosin und Thymin im Aufbau des DNS-Moleküls. Ähnlich wie im RNS-Molekül Thymin durch Urazil ersetzt wird, ersetzt Phosphor (P) den Stickstoff (N) in Phospholipiden. H, C, N, O und P sind also die chemischen Bausteine der Biosphäre. Die kristalline Welt der Lithosphäre entsteht, wenn man den Kohlenstoff durch Silizium (Si) ersetzt. Die antiken Elemente Feuer, Wasser, Luft und Erde korrespondieren mit den chemischen Grundelementen H (Feuer), H-O-H (Wasser), O, N (Luft) und Si, P (Erde). Das fünfte Element ist das Leben, basierend auf Kohlenstoff (C).

## Atome spielen Schach

Die Wertigkeiten der sechs Grundelemente H, O, N (P), C (Si) sind gleich 1, 2, 3, 4, wobei N und P auch die Oxidationszahl 5 haben können. Die Wertigkeit entspricht der Anzahl möglicher Bindungen, die das jeweilige Element in einem Molekül eingehen kann. Interpretiert man die Wertigkeit als Anzahl der chemischen Freiheitsgrade eines Elementes, offenbart sich sofort eine Analogie mit den Freiheitsgraden der sechs Schachfiguren. Das Bestreben jedes Schachspielers, die Figuren des Gegners unbeweglich zu machen, kann als chemische Bindung interpretiert werden.

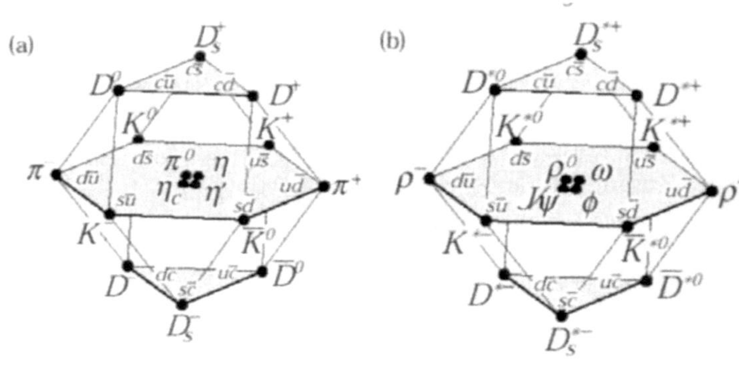


***Graphik 3:*** *Aus vier Quarks und vier Antiquarks können 4 x 4 = 16 Mesonen gebildet werden. Die Grafik veranschaulicht die SU(4)-16-plets der pseudoskalaren (a) und Vektor-Mesonen (b) als u, d, s und c Quark-Antiquark-Paare. Die Paare uu, dd, ss und cc bilden vier neutrale Mesonen im Zentrum des Multiplets.*

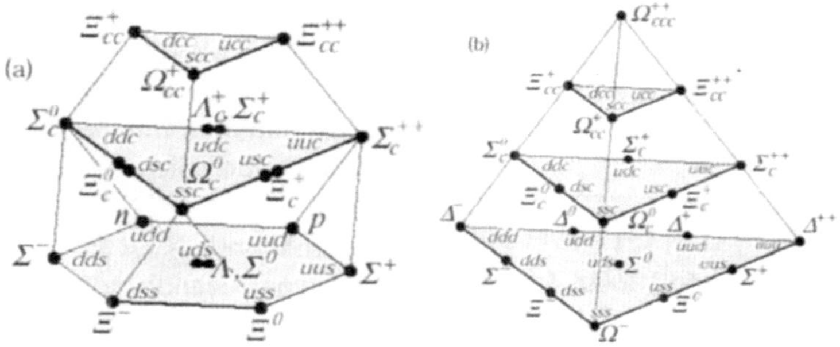


***Graphik 4:*** *Aus vier Quarks können 20 Tripletts gebildet werden. Die Grafik modelliert die SU(4)–Multiplets der Baryonen als u, d, s und c Quark-Tripletts: Das 20-plet mit SU(3)-Oktet (a) und mit SU(3)-Dekuplet (b). Quelle: Particle Data Group www.pdg.lbl.gov*

In Übereinstimmung mit den FIDE-Schachregeln darf der Bauer „vorwärts auf das unbesetzte Feld direkt vor ihm auf derselben Linie ziehen". Der Bauer ist also die Figur mit der geringsten Bewegungsfreiheit, in Analogie zum Wasserstoff, dem Element mit der geringsten Wertigkeit. Andererseits stellt der Bauer die absolute Mehrzahl der Schachfiguren. Auch das spricht für die Analogie Bauer – H, denn Wasserstoff ist das häufigste Element im Universum.

Die Dame (Wesir, Königin) „darf auf ein beliebiges anderes Feld entlang der Linie, der Reihe oder einer der Diagonalen ziehen, auf welchen sie steht." Somit hat die Bewegung der Dame vier Freiheitsgrade. Sie erreicht mit einem Zug die meisten Felder und wird damit dem Anspruch gerecht, wertvollste Figur zu sein. In Großmeisterpartien ist der Verlust der Dame sehr selten, weil man gewöhnlich mit dieser Figur auf dem Brett sehr sorgsam umgeht. Diese Eigenschaften sprechen für die Analogie Dame – C, denn Kohlenstoff ist der wichtigste und gleichzeitig flexibelste Baustein des Lebens.

Der König (Schah) zieht wie die Dame, aber immer nur ein Feld weit. Die Analogie zum Silizium drängt sich auf, das zwar die Wertigkeit (4) des Kohlenstoffs besitzt, aber relativ reaktionsträge ist. Der König rochiert mit dem Turm. Die Rochade ist der einzige Zug im Schachspiel, bei dem zwei Figuren gleichzeitig gezogen werden dürfen. Sie bringt den König in Sicherheit, und gleichzeitig den Turm ins Spiel. Dieser Schachzug erinnert an den Silizium-Stickstoff-Zyklus der Silane (siehe raum&zeit Nr. 115 „Benzin aus Sand").

Der Springer (Reiter, Pferd) „darf auf eines der Felder ziehen, die seinem Standfeld am nächsten, aber nicht auf gleicher Linie, Reihe oder Diagonalen mit diesem liegen". Die Bewegung des Springers ist dadurch zwangsläufig zweidimensional, was die Analogie zum Sauerstoff unterstreicht. Der Springer ist zudem die wendigste Figur, weil er eigene oder feindliche Figuren einfach überspringen kann. Der Springer zieht ein Feld geradeaus plus ein Feld diagonal bzw. zwei Felder geradeaus, und ein Feld nach rechts oder links. Er kann dies in jede beliebige Richtung tun, so das ein in Brettmitte stehender Springer acht Zugmöglichkeiten hat (erinnert an die Ordnungszahl des Sauerstoffs). Dadurch erscheint diese Figur auf den ersten Blick ziemlich unberechenbar. Ein Springer kann zwei Figuren gleichzeitig bedrohen, ohne von den angegriffenen

Figuren geschlagen werden zu können. Allerdings ist seine Reichweite beschränkt. Als die gefürchteste, meist spielentscheidende Gabel des Springers wird die Stellung bezeichnet, wenn er Dame und König gleichzeitig bedroht (bindet). In der Tat ist Sauerstoff in der Lage, sowohl Kohlenstoff als auch Silizium zu binden.

Turm und Läufer bewegen sich komplementär zueinander: „Der Turm darf auf ein beliebiges anderes Feld entlang der Linie oder der Reihe ziehen, auf welcher er steht. Der Läufer darf auf ein beliebiges anderes Feld entlang einer der Diagonalen ziehen, auf welchen er steht." Als flexibles Bindeglied zwischen der wasserstoffreichen Schachfront und dem stickstoffhaltigen „Hinterland" erinnert der Läufer an die Funktion der Phosphodiester-Bindung zwischen den Nukleotiden der DNS. Gleichzeitig aktiviert und energetisiert seine Bewegung das Spiel, wie das Adenosin-Triphosphat (ATP) den Stoffwechsel der Zelle.

Der Turm bewegt sich quasi entlang einer Periode bzw. einer Gruppe des Periodensystems, z.B. von Kohlenstoff zu Stickstoff, Sauerstoff, Fluor oder von Kohlenstoff zu Silizium, Germanium, Zinn und Blei. Der Läufer bewegt sich diagonal, also von Stickstoff zu Silizium, Gallium, Cadmium, Gold oder von Kohlenstoff zu Aluminium, Zink, Silber, Platin. Im Gegensatz zu den „Turm-Elementen", also den Elementen, die zu einer Periode bzw. Gruppe gehören, ist der chemische Zusammenhang zwischen den „Läufer-Elementen" komplizierter. Das betrifft auch das Verständnis des Zusammenhangs zwischen den „Springer-Elementen", z.B. zwischen Stickstoff und Chlor, Phosphor und Fluor. Vielleicht ist ja das alte Schachspiel durchaus geeignet, neue Zusammenhänge zwischen den chemischen Elementen zu entdecken.

## Die Arithmetik der Elementarteilchen

Auf der Schachbrett-Arithmetik beruht nicht nur die Materieverteilung im Universum, das Periodensystem der chemischen Elemente, die Zusammensetzung des DNS-Moleküls und der Aminosäuren, sondern auch die Systematik der Elementarteilchen.

Jedes Atom besteht aus Teilchen, von denen Proton, Neutron, Elektron die wohl wichtigsten sind. Im Atomkern ist das Proton stets von einer Wolke virtueller $\pi$-Mesonen umgeben, deren Masse 270-mal größer als die des Elektrons. Sie vermitteln die starke Wechselwirkung zwischen den Nukleonen (Protonen und Neutronen). Als wichtigstes Zerfallsprodukt des $\pi$-Mesons besitzt das Myon alle Eigenschaften des Elektrons, es ist ebenfalls ein Lepton, nur seine Masse ist etwa 205-mal größer. Myonen entstehen immer in Begleitung von Myonen-Neutrinos, Elektronen in Begleitung von Elektronen-Neutrinos.

Vergleicht man nun die Eigenschaften der atombildenden Teilchen mit den Eigenschaften der Schachfiguren, so lässt sich folgende Analogie erkennen: Proton - König, Neutron - Dame, Elektron - Springer, $\pi$-Meson - Turm, Myon - Läufer, Neutrino - Bauer.

Alle Hadronen, sowohl Baryonen (Proton, Neutron) als auch Mesonen, setzen sich aus Quarks zusammen. Baryonen bestehen aus drei Quarks (Quark-Tripletts), Mesonen aus Quark-Antiquark-Paaren. So gesehen sind Atomkerne quasi die Moleküle der Teilchenphysik. Heute geht man davon aus, dass es insgesamt sechs verschiedene Sorten von Quarks gibt. Man nennt sie „down“ (d), „up“ (u), „strange“ (s), „charme“ (c), „bottom“ (b) und „top“ (t). Bislang wurden auch nur sechs Leptonen entdeckt – das Elektron, das Myon und das Tau-Lepton sowie das Elektron-, Myon- und Tau-Neutrino. Deshalb vermutet man die Existenz einer Quark-Leptonen-Symmetrie.

Für die Bildung von Quark-Tripletts (Baryonen) ist die Reihenfolge der Quarks im Triplett ohne Bedeutung. Deshalb kann man aus den 4 Quarks d, u, s, c nur 20 verschiedene Quark-Tripletts kombinieren. Daraus ergeben sich 20 Baryonen. Aus drei Quarks d, u, s entstehen 9 = 1 + 8 Mesonen und 10 Baryonen. Die Aufteilung der Hadronen in Supermultiplets (Oktets und Dekuplets) ist identisch mit dem Aufbau (19 = 1 + 10 + 8) der Isotopenmultiplets im Periodensystem der chemischen Elemente (siehe Tabelle 2). Bei den Isotopen-19-plets handelt es sich also in Wirklichkeit um Dekuplets, Oktets und Singlets, die durch die SU(3) Gruppensymmetrie dargestellt werden.

Für die Bildung der Aminosäuren ist die Reihenfolge der Basen im Triplett sehr wohl von Bedeutung. Deshalb können aus den 4 Basen Adenin, Guanin, Zytosin und Urazil 64 Tripletts gebildet werden, welche Aminosäuren kodieren. Allerdings werden nur 20 Aminosäuren synthetisiert, was wiederum bedeutet, dass für die Anzahl der möglichen Aminosäuren die Reihenfolge der Basen im Triplett keine Rolle spielt.

Die fundamentale Arithmetik des Universums basiert auf den Zahlen 3 und 4, der ersten echten, ungeraden Primzahl (auch alle weiteren Primzahlen sind ungerade) und der ersten Nichtprimzahl. Es handelt sich hierbei um Exponenten, also Ordnungszahlen (Ordinalzahlen). Die Potenz 4 x 4 x 4 = $4^3$ = 64 = 8 x 8 generiert ein Schachbrett, auf dessen Feldern nicht nur alle Hauptgruppenelemente, sondern auch alle Aminosäurecodes (RNS-Basentripletts) und Quarktripletts platziert werden können. Die Potenz 3 x 3 x 3 x 3 = $3^4$ = 81 generiert das Universum in seiner räumlichen Ausdehnung (162 = 81 + 81 logarithmische Einheiten zur Basis *e* = 2,71828...) und den Umfang des Periodensystems der 162 Elemente.

Hartmut Müller

# Leonhard Euler

## Eigenschwingungen wurden bereits 1737 von Leonhard Euler untersucht – Ein geschichtlicher Rückblick

**Die Geschichte von Global Scaling beginnt 1737 mit Leonhard Euler!**

Leonhard Euler war einer der größten Mathematiker aller Zeiten. Er entwickelte die Grundlagen der modernen Zahlentheorie und Algebra, der Topologie, der Wahrscheinlichkeitsrechnung und Kombinatorik, der Integralrechnung, der Theorie der Differentialgleichungen und der Differentialgeometrie sowie der Variationsrechnung. Er entdeckte den Zusammenhang zwischen trigonometrischen Funktionen und Exponentialfunktionen. Leonhard Euler entwickelte die Hydrodynamik und Strömungslehre, schuf die Grundlagen für die Theorie des Kreisels. Er war ein genialer Naturwissenschaftler, ein hervorragender Lehrer und Mentor.

Es war am 24. April 1727, als auf Einladung der russischen Zarin Katharina I. der 19jährige Magister Leonhard Euler seine Heimatstadt Basel verließ und eine glanzvolle wissenschaftliche Karriere an der Akademie der Wissenschaften Russlands begann. Dort wirkten bereits die Gebrüder Bernoulli (Nikolai und Daniel), Christian Goldbach und andere hervorragende europäische Wissenschaftler. Kurz vor seinem Tod beauftragte Peter I. den Marburger Philosophen und Mathematiker Christian Wolf, die besten Köpfe Europas unter dem Siegel der St. Petersburger Akademie der Wissenschaften zu vereinen.

*Leonhard Euler (1707 – 1783) Pastellporträt von E.* Handmann, 1753

Im Mai 1771 wütete in St. Petersburg ein Großbrand. Hunderte Gebäude brannten nieder, unter anderem auch das Haus des Akademikers Leonhard Euler. Dem Baseler Handwerker Peter Grimm gelang es jedoch, den 64jährigen blinden Mathematiker vor dem Feuertod zu retten. Dank seines beherzten Eingreifens blieben auch fast alle Manuskripte des größten Mathematikers aller Zeiten der Nachwelt erhalten. Darunter auch die Arbeit "Über Kettenbrüche" (1737) und "Über die Schwingungen einer Saite" (1748). In diesen Arbeiten formulierte Euler Aufgaben, deren Lösung die Mathematik noch 200 Jahre beschäftigen sollte. Eulers Arbeiten ermöglichten es 250 Jahre später, eines der fundamentalsten Geheimnisse der Natur zu lüften — die Eigenschwingungen des Universums.

Euler erkannte, dass komplizierte schwingende Systeme auch solche Lösungen (Integrale) enthalten können, die selbst nicht überall differenzierbar sind. Er nannte dieses mathematische Problem nicht-analytische Funktionen, die im

Verlaufe der mathematischen Diskussion letztlich zur Geburt eines neuen Zweigs der Mathematik führten — der fraktalen Geometrie.

*St. Petersburg, Leutnant-Schmidt-Ufer 15; 1851 wurde das ehemals zweistöckige Wohnhaus Leonhard Eulers ausgebaut. 1858 - 1917 Mädchengymnasium, 1918 - 1958 Realschule, heute Realschule mit spezialisiertem Lehrplan in Geschichte, Sprachen und Literatur.*

Die Theorie der fraktalen Mengen ermöglichte es, "nicht-analytische" faltige, körnige oder lückenhafte Formen qualitativ streng zu untersuchen. Es stellte sich heraus, dass fraktale Strukturen in der Natur äußerst häufig und in jedem Bereich vorkommen: Lückenhafte Kristallgitter, die Brown'sche Bewegung der Gasmoleküle, verschlungene polymere Riesenmoleküle, irreguläre Sternenhaufen, Zirruswolken, die Saturnringe, die Verteilung der Mondkrater, Turbulenzen in Flüssigkeiten, bizarre Küstenlinien, schlängelnde Flussläufe, faltige Gebirgszüge, verzweigte Wachstumsformen verschiedenster Pflanzenarten, Flächeninhalte von Inseln und Seen, Gesteinsformationen, geologische Ablagerungen, die räumliche Verteilung von Rohstoffvorkommen, und und und.

Diese Entwicklung erlaubte es den Leningrader Mathematikern F. R. Gantmacher und M. G. Krein (1950) die Auslenkungslinie einer schwingenden Saite mit Perlen als gebrochenen Streckenzug zu betrachten und eine fraktale Sichtweise auf Eulers Problem der nicht-analytischen Funktion zu lenken. Erst dadurch war es möglich, das 200 Jahre alte Eulersche Problem der schwingenden Perlenschnur für Perlen unterschiedlicher Masse und unregelmäßiger Verteilung vollständig (auch für den allgemeinsten Fall) zu lösen. Dabei sind die Massen der Perlen und die Abstände zwischen ihnen identisch mit den Teilnennern eines endlichen bzw. unendlichen Stieltjes-Kettenbruchs.

Mathematische Modelle schwingender fraktaler Kettensysteme werden heute in den verschiedensten wissenschaftlichen Bereichen mit großem Erfolg angewandt. Schwingende fraktale Kettensysteme entdeckte man in neuronalen Netzen, in unseren Erbanlagen und Ökosystemen. Das gesamte Universum ist ein schwingendes fraktales Kettensystem, das mit einer Eulerschen Perlenschnur gigantischen Ausmaßes mathematisch verglichen werden kann. Die Eigenschwingungen der Materie beeinflussen nicht nur den zeitlichen Verlauf aller physikalischen, chemischen, biologischen und sozialen Prozesse, sie sind auch ein globaler morphogenetischer Faktor und Ursache eines globalen Selektionsprozesses. Ihr Frequenzspektrum ist logarithmisch fraktal.

Leonhard Euler hinterließ etwa 900 wissenschaftliche Arbeiten, darunter:

Mechanica 1736)
Über Kettenbrüche (1737)
Tentamen novae musicae (1739)
Theorie der Planetenbewegung (1744)
Neue Grundsätze der Artillerie (1745)
Nova theoria lucis et colorum (1746)
Über die Schwingungen einer Saite (1748)
Introductio in analysin infinitorum (1748)
Theorie des Schiffbaues (1749)
Institutiones calculi differentialis (1755)
Institutiones calculi integralis (1770)
Vollständige Anleitung zur Algebra (1770)
Lettres d'une princesse d'Allemagne sur quelques sujets
de Physique et Philosophie (1772)
Dioptrica (1771)

*Das Grab Leonhard Eulers in St. Petersburg.*

*Diese Gedenktafel wurde 1957 zu Ehren des 250sten Geburtstages Leonhard Eulers an seinem ehemaligen Wohnhaus am Ufer der Neva installiert.*

**Norman Giesbrecht**

# Nachwort

Übersetzt und bearbeitet von Veronika Müller

In der Dunkelheit existierte ES. Und ES war formlos, hatte keinen Namen, aber ES war Alles und alles war in ihm und es gab nichts außer ihm. Es war Gott selbst. In ihm herrschten die vollkommenste Harmonie und der höchste Sinn. ES war die Ursache und die Folge seiner selbst. ES gebar sich selbst und starb in sich selbst. Für all das existierte keine Zeit, kein Raum und kein Name. ES war vollkommen transzendent und nur sich selbst begreiflich, und dennoch bewegte ES sich, und diese Bewegung war eine Schwingung. So hatte sich ein Teil von ihm selbst losgelöst und angefangen, sein eigenes Leben zu leben. Dieses Leben war dem seines Schöpfers ähnlich, wenngleich in vieler Hinsicht unabhängig. Es hatte die Hauptprinzipien seines Schöpfers übernommen.

Kein schlechter Anfang für eine neue Religion, nicht wahr? Den wollen wir aber lieber nicht. An diesem Ursprung sind die Dinge viel tiefgründiger und fundamentaler, als es auf den ersten Blick erscheint.

Führen wir diesen Exkurs zum Ursprung aller Ursprünge ein wenig weiter fort. Stellen Sie sich vor, dass infolge dieser ersten Schwingung die Struktur von etwas Ursprünglichem entsteht, das eine Tendenz zur Vervollkommnung seiner Protostrukturen besitzt. Sie denken vielleicht, das sei nicht möglich? Dann schlage ich vor, dass wir versuchen, in der realen Welt zu dem vorzudringen, was wir für den Ursprung aller Ursprünge und für die Bausteine des Universums selbst halten. Vielleicht werden wir dann dieses Phänomen mit anderen Augen betrachten. Ja, vor allem mit Augen, denn wie es so schön heißt: Besser einmal sehen als an etwas schon hundertmal Gehörtes zu glauben.

Nun, was sehen wir denn? Fast nichts!!! Unser Sehvermögen ist nicht in der Lage, unendlich feine Objekte zu erkennen. Na gut, was haben wir dann überhaupt? Im Prinzip nicht so viel, wie wir es gern hätten. Ein paar Techniken, die es uns erlauben, den Einfluss der Mikrowelt auf die kniffligen Vorrichtungen der Wissenschaftler wahrzunehmen, und Hunderte von Kilometern an Manuskripten von Erfindern dieser Vorrichtungen, die darum bemüht sind, uns mit ihren eigenen Erklärungen der Reaktionen ihrer eigenen Schöpfungen zu überzeugen. Eigentlich auch nicht besonders tröstlich...

Was machen wir nun? An etwas müssen wir doch glauben, oder? Gut, kommen wir den Gelehrten etwas entgegen und versuchen wenigstens zu glauben, dass ihre Vorrichtungen irgendeine, wenn auch verzerrte, aber dennoch wichtige Information von der vordersten Front liefern. Und das ist schon nicht wenig, wie wir sehen werden.

Auf der einen Seite geht es um die noch niemandem klar begreiflichen Reaktionen der Mikrowelt, welche stets versucht, alle erdenklichen Hindernisse, die ihr der listige Geist des Lebenskünstlers in den Weg stellen mag, zu umgehen. Im Ergebnis entstehen Tatsachen von unglaubhaftem Charakter, sowohl für die Mikrowelt als auch für die ganze Gesellschaft. Auf der anderen Seite aber gibt es immer noch Darstellungen von Atomen, die eher Exemplaren der ersten erotischen Photographien ähneln, als sinnvollen Modellen.

Weil es also nicht viel Glaubwürdiges gibt, müssen auch wir uns mit dem begnügen, was wir haben und unsere Suche nach dem Ursprung aller Ursprünge weiter fortführen. Was könnte es Spannenderes auf dieser Welt geben!

Wir wollen aber nicht der komplizierten Menschheitssuche nach Wahrheit auf unergründlichen Wegen folgen, treten wir lieber gleich an das ursprüngliche Weltbild heran und versuchen hinter den geheimnisvollen Vorhang zu schauen. Dorthin, wo sich die Ursachen aller Ursachen verbergen, alle möglichen Folgen aller irgendwann möglichen Handlungen, na ja, und noch ein paar Sachen für die erfahrene und vom Leben gezeichnete Seele. Es möge euch aber nicht als leere Prahlerei dünken. Wir betreiben jetzt keine Wissenschaft und können uns schon deshalb solch eine Ungezwungenheit erlauben.

Stellen wir uns noch einmal dieses ursprüngliche ES vor, das wir am Anfang des Textes erwähnten. Es fällt vielleicht schwer, aber versuchen wir es trotzdem. Die sich davon loslösende Einheit des Ganzen begann ein eigenes Leben zu führen, voll von Abenteuern, Liebe und Piraten... Doch etwas fehlt noch in dieser spannenden Geschichte. Ach ja, wie konnten wir das vergessen! Wir brauchen eine Hauptfigur, einen Liebhaber und Schwachkopf, wie zum Beispiel Brad Pitt, der alles aushält, weil er doch keine Wahl hat und am Schluss die schöne Prinzessin heiratet, die ihm treu bleibt aus nur ihr allein bekanntem Grund. Geben wir dieser Hauptfigur einen Namen, zum Beispiel *Adam*. Nein, das ist zu banal, das hatten wir schon irgendwo und nicht nur einmal, soweit ich mich erinnere. Lassen wir unsere Phantasie etwas spielen und denken uns etwas Frisches aus, etwas absolut Neues, das uns am winterlichen Sonntagmorgen aus einem warmen Bett zu neuen Taten hinreißt. Wie gefällt Ihnen der Name *Adam*? Er klingt doch ein wenig hart und uneindeutig. *Atam*? Das erinnert eher an einen Schuss in stiller Nacht. Geht auch nicht. Wie wäre es aber mit ATOM? Das ist es! Er ist eindeutig und hat Geschmack. Jetzt wollen wir herausfinden, wer unser Held ist und nehmen ihn unter die Lupe.

Seine Eigenschaften sind kompliziert. Einerseits ist er zuverlässig und bietet sich immer als eine starke Stütze im Leben an. Andererseits ist er ein Verwandlungskünstler und versucht nicht, einen eindeutigen Eindruck zu hinterlassen, was das Zusammenleben mit ihm ziemlich schwierig macht. Sehr interessant ist auch, dass er es fertig bringt, eine unzählige Menge von Doppelgängern zu erschaffen. Und welchen Charakter hat er denn? Nun, genau hier haben wir das Wichtigste: Er hat einen sehr fraktalen Charakter, einen wirklich sehr sehr fraktalen Charakter. Manchmal misst er seine Kräfte heldenhaft mit den Kräften der

Natur, und manchmal ist er nicht wach zu kriegen. Erst in jüngster Zeit haben wir begonnen, ihn etwas mehr zu verstehen, und auch das nur mit viel Unsicherheit und etwas überspannt. Um seine Rolle in unserer Lebensoperette zu klären, muss man etwas über die Natur und ihre Phänomene wissen. Daher möchte ich an dieser Stelle einen kleinen Exkurs zu den Grundlagen dessen vorschlagen, was uns umgibt und woher wir gekommen sind.

Glauben Sie an Horoskope? Nicht so ganz, wahrscheinlich. Und an Astrologie? Auch nicht? Damit sollten wir uns aber näher beschäftigen. Darin verbirgt sich viel mehr, als es auf den ersten Blick scheint. Astrologen behaupten, dass die Planeten, Sterne und vieles andere, das es im Weltraum gibt, Einfluss auf unseren Charakter, unsere Emotionen, die Partnerwahl, das Glück und am Ende gar auf unser Schicksal haben. Sie glauben, die Astrologen übertreiben? Nun gut, dann betrachten wir das einmal aus dem Blickwinkel der jüngsten Entdeckungen der Wissenschaft. Aus der Sicht von Global Scaling ist der gesamte Weltraum verschlüsselt. Dabei ist es möglich diesen Schlüssel in jedem Punkt des Universums durch Messung eindeutig zu ermitteln, und dieser Schlüssel ist an jedem Ort und zu jeder Zeit verschieden. „Na und?" – werden Sie fragen. Folgendes: Es ist nämlich so, dass ALLES und absolut alle Prozesse der präzisen Einwirkung genau diesen im Universum einmaligen Codes unterliegen, oder dem, was sich dahinter verbirgt. „Na gut, und was weiter?" – werden Sie erneut fragen. Geduld! Wir starten jetzt zu einem schwindelerregenden Flug durch die Weiten des Universums. Aber zuerst stellen wir uns die Geburt eines Kindes vor. Das ist ein sehr komplizierter Prozess, als dessen Ergebnis eine ungeheure Ereignisdichte von Beziehungen, Leiden, Liebe und Hass entsteht. Wobei sich diese Gesamtheit absolut harmonisch in das Leben der ganzen Menschheit, der Natur auf der Erde und des ganzen Universums einwebt. Warum das so ist, werden wir später besprechen. Bis dahin interessiert uns der Anfang des Anfangs selbst. Der Säugling verlässt nun die Gebärmutter, und schon ist er in den Händen der Hebamme oder jemandes, der diese Rolle in diesen Moment übernommen hat.

Halten wir kurz inne und beobachten diesen geheimnisvollen Prozess. Im Körper der Mutter gab es bis zur Befruchtung keine Spur vom zukünftigen Kind, und schon ist es da, so süß, ziemlich kräftig für sein Alter, aktiv und voller Wünsche. Wovon sind wir hier Zeuge geworden? Ein Teil der nicht offenkundigen Welt hat sich offenbart und beginnt sein eigenes Leben, voller Abenteuer, in der für uns noch unverständlichen, komplizierten Wechselwirkung mit der Umgebung. Dabei behaupten Astrologen, dass genau dieser Moment bestimmend für den Charakter der Prozesse ist, die dem Neugeborenen zuteilwerden, und genau dieser Charakter seinerseits wird alle Ereignisse in den nur für diesen Menschen gültigen Farbton bringen und bestimmen, was genau wie in seinem Schicksal verlaufen wird. Ihre Erklärung begründen die Sterndeuter mit der Anordnung der Himmelskörper im Bereich des sichtbaren Weltalls, die in kompliziertester Art und Weise aufeinander einwirken und dabei ihre ganze schicksalsträchtige Macht am unschuldigen neugeborenen Kind ausüben. Jedes einzelne Objekt und jedes Verhältnis ihrer gegenseitigen Lage hinterlässt dabei einzigartige

Farbstriche auf dem allgemeinen und auch individuellen Schicksalsbild. Das sich uns offenbarende Mysterium ist viel zu fantastisch, als dass es sich sofort begreifen ließe. Andere oder gar detailliertere Erklärungen zu finden, hat sich bis jetzt niemand die Mühe gemacht. Erstaunlicherweise wurden die auf professionellem Niveau bestehenden, nicht für jeden zugänglichen astrologischen Raffinessen vom Leben bestätigt.

Bewaffnet mit neuesten Erkenntnissen der Global Scaling Theorie, verstehen wir jetzt sehr wohl wie die Dinge tatsächlich geschehen. Dann aber schreiten wir schnell voran zu den Erklärungen, die noch kein einziger Astrologe dem Urteil der Gesellschaft überlassen hat. Was mir Hartmut Müller mitgeteilt hat, offenbare ich Ihnen, mein geduldiger Leser, voll kindlicher Freude. Gewiss können Sie sich gerade noch vorstellen, wie sich unsere Erde um ihre eigene Achse sowie um die Sonne dreht, und das Ganze zum Zeitpunkt unserer Geburt. Aber damit erschöpft sich unsere Phantasie bereits. Wie sonst kann man die Geburtstagspartys und das Feiern anderer mehr oder weniger beachtenswerter Ereignisse erklären? Wenn wir unserer Phantasie unaufhaltsam freien Lauf ließen, würden wir sehen, dass auch die Sonne nicht auf der Stelle steht, sondern sich um das Zentrum unserer Galaxie dreht. Und selbstverständlich drehen sich die Galaxien um die Zentren ihrer Anhäufungen. Das bedeutet, dass jeder Geburtsort äußerst individuell ist und sich in überschaubarer Zukunft niemals wiederholen wird. Denn im Vergleich mit der Fortdauer des Menschengeschlechts befinden sich die Entfernungen und die Umdrehungszeiten der Galaxienhaufen in unerreichbaren Raum- und Zeitbereichen, selbst für die kühnste Phantasie.

Aus der Tatsache, dass nach uns bereits bekannten Fakten jeder Ort im Universum seinen eigenen Code hat, folgt sein Einfluss auf alles, was die Astrologen dem Einfluss der Himmelsköper zuschreiben. Puh, so sieht es also aus. So, wir machen jetzt eine Atempause, sonst wird einem noch ganz schwindlig von den außerirdischen Weiten. Sind Sie jetzt bereit, mir weiter zu folgen? Nein? Ach so, ich verstehe, Sie sehen den Zusammenhang zwischen der Positionierung der Objekte im Weltall und jedem Atom im Raum nicht. Gut, ich sehe ein, dass es einer zusätzlichen Erklärung bedarf. Dann halten Sie sich fest! Die Wechselbeziehung aller Punkte im Universum untereinander, ihre Codes und auch die Positionierung, Masse, Größe und andere Besonderheiten der Himmelskörper gehorchen ein und demselben Gesetz und werden mit ein und derselben Formel dargestellt. Das Gleiche gilt für das Atom. Bitte notieren Sie sich das für später. Ich möchte Ihren Geist nicht mit Spezialmathematik belasten, die schon für sich genommen ein großes Abenteuer ist, und deshalb wie jede andere Reise einer besonderen Einstellung und Vorbereitung bedarf. Wenn Sie das Geheimnis der Zahlen erfahren möchten, können Sie darüber gerne in diesem Buch nachlesen. Sie finden darin auch Information darüber, warum nicht nur der Tag der Geburt sondern auch der Tag der Zeugung eine entscheidende Rolle spielt. Wir werden jetzt aber nicht in solche Details eintauchen, denn auf das Verständnis des Wesentlichen hat es keinen besonderen Einfluss.

Wir sind uns aber sehr wohl bewusst, dass unsere Zivilisation ein so mächtiges Instrument der Erkenntnis wie *Global Scaling* bis anhin nicht hatte. Deshalb enthielt die Sprache der Astrologen als ihr Argument die Beschreibung der Position und Wechselwirkung von Himmelskörpern, wobei es aus der Sicht der Global Scaling Forschung in Wirklichkeit um ein umfassendes multidimensionales Koordinatensystem galaktischen Maßstabes geht.

Also, was haben wir im Endeffekt? Ein transzendentes Kontinuum, das sich im ganzen Universum ausgebreitet hat und sich gerne mit allem und allen mit Hilfe von Zahlen, Formeln und Information verständigt, der Grundlage für alles, was wir bis jetzt kennen. "Warum gerade mit Zahlen?" – werden Sie fragen. Das transzendente Kontinuum ist fraktal aufgebaut, und weil es in jedem Punkt des Raumes genauso fraktal auf die Materie einwirkt, wiederholt diese unweigerlich seine Struktur. Die auf diese Art und Weise ausstrukturierte Materie umgibt uns von allen Seiten, und das menschliche Gehirn fixiert unwillkürlich eben dieses Verhalten der Materie. Wie äußert sich die Registrierung der fraktalen Umgebungsstruktur in unserem Gehirn? Ganz einfach: Durch nichts anderes als Zählen. Wir alle sind ein Produkt der fraktal aufgebauten Natur, deswegen sehen wir dieses Fraktal in uns, fühlen es, atmen es, hören es, riechen es und lieben es. Das bedeutet folgendes: Unser Gehirn, das ja eine direkte Spiegelung des fraktalen Zahlenkontinuums ist, MUSS einfach aus der ganzen Natur das Fraktal aussondern, es kann nicht anders. Deshalb ist es für uns genauso natürlich mit Zahlen zu operieren, wie zu leben, was im Prinzip das Gleiche ist. Sie glauben mir nicht? Na dann wollen wir mal gemeinsam zählen. Fangen Sie der Reihe nach an: 1, 2, 3, 4 ... jetzt machen Sie so weiter, nur nicht schüchtern. Merken Sie es? Was...? Wie, was? Sie beschreiben gerade das Fundamentale Fraktal. Wie, das kann nicht sein...? Schauen Sie, die Verteilung der Primzahlen auf der Zahlengerade, das heißt der Zahlen, die sich ohne Rest nur durch sich selbst und durch eins teilen lassen, wird mit der gleichen Formel des fundamentalen Fraktals beschrieben. Es ist unglaublich, oder? Es konnte aber gar nicht anders sein. Das Zählen selbst entsteht aus unseren fraktalen Fähigkeiten und wir zählen die fraktal organisierte, uns umgebende Natur oder ihre fraktal aufgebauten Erscheinungen. Da haben wir uns selber geschlagen. Na ja, das haben wir nur uns selbst zu verdanken. Lassen wir unsere Überlegungen über die praktische Anwendung der wieder gewonnenen Erkenntnisse kurz beiseite und führen unsere Beobachtung der Geheimnisse der, hoffe ich, jetzt näher und verständlicher gewordenen Natur fort.

Was macht nun unser Held ATOM, den wir vorher kurz allein gelassen haben? Sie haben wahrscheinlich schon eine vage Vermutung. Ich auch, das können Sie mir glauben. Nun decken wir seine geheimen Heldentaten auf: Er ist beschäftigt. Womit? Er muss sein Karma abarbeiten. Warum plötzlich Karma? Weil *Kar-ma* die Vergeltung der Materie bedeutet (in Runensprache bedeutet das Wort „Kara" Strafe). Sie erinnern sich sicherlich an die Stelle, als ES mit einer lässigen Schwingung einen Teil seiner selbst ausgeworfen und von sich selbst abgetrennt hat.

Dieser abgetrennte Teil ist das Ebenbild seines Schöpfers und trachtet nach Vereinigung mit ihm, wie auch die Geliebte, durch das Schicksal getrennt, mit all ihren Gedanken zu der einzigen und liebsten Hälfte strebt, um sich mit ihr in göttlicher Liebesekstase zu verschmelzen. Um ihr Ziel zu erreichen muss sie aber den Ungeliebten heiraten, also das eigentliche Schöpferprinzip, da es ihre einzige Hoffnung ist. Genau dieses Prinzip haben wir letztendlich in den Weiten des Universums in Gestalt des impliziten aber allmächtigen, über alle Materie und ihre Eigenschaften herrschenden Fundamentalen Fraktals der Schwingungsprozesse entdeckt. Was glauben Sie, wer das Kind der nach ihrer Hälfte suchenden jungen Frau und das ihres ungeliebten Ehemannes ist? Absolut richtig! Es ist unser Held ATOM. Jetzt verstehen wir endlich, was für große Aufgaben er bewältigen muss. Er reagiert auf die leidenschaftlichen Signale der Mutter, die von ihrem Glück getrennt ist, und nutzt dabei Fähigkeiten, die er von seinem Vater-Prinzip in der Form des Fundamentalen Fraktals erhalten hat. Weil es ja ein göttliches Prinzip ist, hat ATOM auch eine unbegrenzte Anzahl an Möglichkeiten. Da er die ganze Zeit unentwegt im Namen seiner Mutter, die ihm das Leben gab, arbeiten muss, offenbart er mitunter wahrhaft teuflische Findigkeit und Fertigkeit, mit welcher er die Spezialisten, die ihn erkennen und untersuchen möchten, gehörig verwirrt. Er ist einfach ein Verwandlungskünstler. Nun, diese extrem intensive Arbeit des ATOMS, seine Mutter in den Schoß des Schöpfers zurück zu bringen, nehmen wir als die physikalische Materie wahr. ATOM ist gezwungen, indem er die ganze Prinzipienpalette seines Vaters nutzt, jedes auch noch so winzige Teil seiner Mutter in die Bereitschaft zu versetzen, zurück zum Ausgangspunkt ihrer Reise zurückzukehren. Seine Methode besteht dabei im Herausbilden von stehenden Wellen in der Form des sich offenbarenden Fundamentalen Fraktals. Das ist die Bedingung für die Rückkehr. Alles, was nicht in der Lage ist, eine stehende Welle zu tragen, wird bis aufs kleinste Steinchen zertrümmert und wieder aufgebaut, solange, bis die stehende Welle alles ohne Rest schwingen lässt. Das schwierigste Medium für den Aufbau der stehenden Wellen sind Stoffe im nicht festen Zustand, wie zum Beispiel Dampf, Gas, Flüssigkeit. Besonders diese Stoffe, wegen ihrer vom Ideal maximalen Abweichung, erwecken die effektivsten Kräfte des ATOMS zum Aufbau von stehenden Wellen.

Genau so, wie der einmal in den Weiten des Universums geborene Mensch im hypergigantischen Kreis der Wiedergeburten rast, leidend unter dem Einfluss des Karma und danach bestrebt, zum jenem Punkt und Zustand des Raums zurückzukehren, aus dem er irgendwann einmal gestartet wurde, so strebt auch die geliebte Schöpfereinheit danach, die verlorene Einigung wieder zurückzuholen, indem sie durch ihren Sohn ATOM, der mit den Prinzipien ihres Gatten (des Fundamentalen Fraktals) bewaffnet ist, die materielle Welt erschafft, und später diese Welt als ein Segel nutzt, um zum Objekt ihrer Begierde zu gelangen. Somit wird es verständlich warum materielle Objekte nicht ewig sind, obwohl das Atom, aus dem normale Materie besteht, im Prinzip kein Alter kennt. Die Trägheitserscheinung wird jetzt auch klar: Sie bedeutet, dass die ganze Arbeit des ATOMS auf die Erschaffung der stehenden Welle im System ausgerichtet ist. Mit seinem Verhalten versucht es, jede Einmischung zu verhindern, welche die Parameter der stehenden Welle verändert. Die Struktur des ATOMS an sich ist fraktal und invariant, deshalb können wir in ihm das gesamte Universum mit all seinen Einzelheiten wiederfinden. Und die Elementarteilchen können wir aus ihm wie aus dem Füllhorn schütten, da kommen wir gar nicht nach mit zählen. Es ist ja auch nicht verwunderlich, bei solchen Eltern.

Ich hoffe, Sie urteilen nicht zu hart über diese allegorische Beschreibung von Prozessen und Zuständen, für die es ohnehin noch keine adäquate Sprache gibt. In unserem Erkenntnisprozess sind wir dennoch an jenem Punkt angekommen, an dem alle vom Menschen aufgearbeiteten Erfahrungen aus (wie es früher erschien) unvereinbaren Gebieten wie Mythologie, Wissenschaft, Religion, Esoterik, Alchemie, Praxis, Philosophie, Soziologie und Medizin, und vielen weiteren zusammenfließen.

Dao – Geliebte, vom Ganzen abgetrennte Einheit.

De – Art und Weise der Erscheinungsform von Prinzipien durch die physikalische Welt.

Äther – Das transzendente Kontinuum des Fundamentalen Fraktals als Schöpferprinzip.

Atom – ist nicht der Baustein, aus dem das Universum besteht, sondern selbst ein Schwingungsphänomen.

Zeit – ist die Dauer der Existenz und der Ausbreitung von Schwingungen.

Raum – ist ein Ort, der notwendig für die Entfaltung der Gesamtheit von Schwingungen ist.

Die Entdeckungen der Global Scaling Forschung erlauben es uns, den Wissensstand der Menschheit auf eine qualitativ neue Ebene zu bringen. Neuformuliert mit den Worten des Dao De Zin:

*Wer in die Wissenschaft eingeweiht ist, hat Wissen.*
*Wer in Global Scaling eingeweiht ist, ist weise.*

# Das Autoren-Team

## Andreas Beutel

D-01307 Dresden

eMail: dolphin@pythagoras-institut.de
Internet: www.pythagoras-institut.de

Andreas Beutel wurde 1973 in Dresden geboren. Dort beschäftigte er sich seit der Kindheit mit Elektronik, Astronomie und Physik. Nach einer Ausbildung zum Industrieelektroniker begann er ein Studium der Automatisierungstechnik und später der Physik an der TU Dresden.

Von 1995 - 97 betreute er die Sternwarte Manfred von Ardenne in Dresden mit öffentlichen Führungen und Beobachtungsabenden. Parallel dazu erfolgten intensive Studien zu alternativen Wissenschaftstheorien. Als er 1996 der Heiligen Geometrie begegnete, wandte er sich vollständig von der Universitätsphysik ab und begann ein eigenes Institut aufzubauen.

Im Rahmen des Pythagoras-Instituts in Dresden organisierte und lehrte er viele Vorträge und Seminare zu Heiliger Geometrie, Formen in der Natur, Musik und Harmonik. Es folgte die Mitarbeit an der deutschen Ausgabe des Buches „Die Blume des Lebens“ von Drunvalo Melchizedek.

2005 veröffentlichte er eine DVD mit dem Titel „Die Blume des Lebens – Eine Einführung in die Heilige Geometrie“. 2006 erfolgte dann die Begegnung mit Hartmut Müller und der Global Scaling Theorie, die die Aussagen der Heiligen Geometrie noch einmal bestätigten und erweiterten. 2007 folgen Ausbildungen in Global Scaling Architektur und Didaktik des Global Scaling.

Beitrag im Buch:

**Das Wesen des Universums ist die Zahl**
Zur Einheit von Heiliger Geometrie und Global Scaling Seite 305

# Marco Bischof

D-12435 Berlin

E-Mail: info@marcobischof.com
www.marcobischof.com

Marco Bischof (geb.1947, Schweizer Bürger, wohnhaft in Berlin) ist freischaffender Wissenschaftler, Wissenschaftsautor und Berater für Grenzgebiete der Natur- und Geisteswissenschaften. Er ist Direktor von „Future Science & Medicine“ in Berlin (Deutschland), einer Forschungs-, Dokumentations- und Consulting-Firma für Grenzgebiete der Wissenschaften, die für Klienten aus Wissenschaft, Wirtschaft, Behörden und Presse tätig ist. Er hat die Maturitätsschule für Erwachsene in Zürich absolviert und studierte 1981-85 Ethnologie, Religionswissenschaften und Psychologie an der Universität Zürich.
Bischof ist Dozent und Mitglied des wissenschaftlichen Beirats am Institut für Interkulturelle Gesundheitswissenschaften an der Europa-Universität Viadrina in Frankfurt an der Oder und Vorstandsmitglied des International Instituts für Biophysik in Neuss (Deutschland). 1990 – 1992 war er Mitbegründer und Mitglied des Forschungsrates der "For-schungsstelle für Biophysikalische Wasserforschung und Balneologie" in Zurzach/ Schweiz. 1992 weilte er als Visiting Scholar an der Temple University in Philadelphia (USA). 1996-1998 war er Wissenschaftlicher Berater der „Patienteninforma-tion für Komplementärmedizin“ in Berlin.
Er ist Mitglied des wissenschaftlichen Beirats der russischen Zeitschrift „Consciousness and Physical Reality“, des Monterey Institute for the Study of Alternative Healing Arts (Carmel, Kalifornien, USA) und des Interdisziplinären Lehrgangs für komplementäre, psychosoziale und integrative Gesundheitsförderung (Graz, Österreich). 2000-2002 war er Lehrbeauftragter und Mitglied der Arbeitsgruppe für Agrar-Kultur und Sozialökologie an der Humboldt-Universität zu Berlin, Lehrstuhl für Agrar-Kultur und Sozialökologie.
Ausgewählte Publikationen: -- *„Biophotonen - das Licht in unseren Zellen“* (Zweitausendeins, Frankfurt 1995; 14. Aufl. 2008), --*“Tachyonen, Orgonenergie, Skalarwellen – feinstoffliche Felder zwischen Mythos und Wissenschaft”* (AT Verlag, Aarau 2002),

Beitrag im Buch:

**Global Scaling - Ein Überblick** Seite 19

## Dipl.-Ing. Claus Bürger

D-50321 Brühl

eMail: mail@ibgs.info
Internet: www.ibgs.info

Nach Abschluss seines Studiums der Elektrotechnik und Umweltwissenschaften an der RWTH Aachen war Claus Bürger über einen Zeitraum von 10 Jahren im Bereich des Projektmanagements zuletzt im internationalen Kraftwerksbau tätig. Die Ausbildung zum Thema Global Scaling und natürliche Eigenresonanz-Effekte absolvierte er in München/Wolfratshausen parallel zu seiner beruflichen Tätigkeit und wurde 2003 als freier Ingenieur mit den vorrangigen Tätigkeitsfeld der Beratung und Optimierung im Bereich von Prozessabläufen und technischen Produkten tätig.

Parallel zu seiner Beratungstägigkeit befasst er sich intensiv mit den Geistigen Heilweisen, der Medialität und den Wirkungen von Bewußtseinsprogrammen (www.matrix-harmonics.com). Dies unterstützt ihn dabei, die geistigen Gesetze und materiellen Erscheinungsbilder in einen großen Zusammenhang zu bringen.

Beiträge im Buch:

# Dipl.-Ing. Norman Giesbrecht

D-93055 Regensburg

Geboren und aufgewachsen in Kirgisistan am 31.10.1960, an der Seiden-Strasse, einem Ort, an dem asiatische und europäische Kulturen seit Jahrhunderten nebeneinander existieren, einander beeinflussen und sich dadurch weiterentwickeln. 1983 beendete er erfolgreich das Studium an der Hochschule für Fernmeldewesen in Moskau mit dem Abschluß Dipl.-Ing. für Nachrichtentechnik.

Norman Giesbrecht beschäftigt sich sein Leben lang mit der Metaphysik, die den Leitgedanken von der Widerspiegelung des Großen im Kleinem und der Wiederholung des Kleinen im Großen trägt. Seine Herkunft sowie seine taoistische Erziehung und sufistische Grundbildung haben ihm dazu verholfen, einen außergewöhnlichen Wissensstand zu erreichen.

Die asiatischen Heil- und Kampfkünste erlernte er über mehrere Jahre als Privatschüler des chinesischen Meisters Jun Zsi Da. Mit der Grundlage seiner umfassenden Kenntnisse, seiner praktischen Fähigkeiten und seiner Lebenseinstellung entwickelte er eine Kombination aus grundlegenden Philosophie- und Gesundheits-Lehren wie Taiji Quan, Bagua Zhang, Eisenhemd Qi Gong, Xingyi Quan u. v. a..

2002 veröffentlichte Norman Giesbrecht sein Buch „Yin Yang Qi Gong und Darmreinigungskur“, in dem er die ersten Schritte der Arbeit mit Energie beschreibt.

Beitrag im Buch:

**Nachwort** Seite 345

## M. phil. Ulrike Granögger

Schweiz

eMail: globalscaling@web.de
Internet: www.anthropoecology.com

Ulrike Granögger, M. phil. wurde in Österreich geboren. Sie studierte Vergleichende Literaturwissenschaft und Anglistik in Wien. Hauptberuflich ist sie als Übersetzerin und Referentin in der *Academy For Future Science (*Akademie für die Wissenschaft der Zukunft in Europe – www.affs.org) zu Themen der Überlappung von Naturwissenschaft und Bewusstsein und der jüdisch-christlichen Mystik tätig.

Sie zählt zu den Gründungsmitgliedern des 2004 gegründeten *Wissenschaftlichen Förderverein Global Scaling e.V.*, und ist seither dort als Vorstandsmitglied aktiv. Ihr persönliches Interesse liegt im erweiterten Weltbild der neuen Physik und in den sich daraus ergebenden Möglichkeiten für die menschliche Evolution, sich durch neue, fortschrittliche Energie- und Kommunikationsformen einer verantwortlichen "kosmischen Bürgerschaft" zu nähern.

Seit 2002 engagiert sich Ulrike Granögger ehrenamtlich in der Vermittlung, Vortragstätigkeit und Publikation von Global Scaling, vor allem im englischsprachigen Ausland. In ihren Vorträgen über Global Scaling engagiert sie sich um Grundlagenvermittlung und um Anregung zur vertieften Beschäftigung mit dieser neuen naturwissenschaftlichen Erkenntnis im Eigenstudium oder unter Anleitung am Global Scaling Research Institute GmbH in memoriam Leonhard Euler.

Beitrag im Buch:

**Holographie der DNA**
Ein Beitrag zur Evolutionsdiskussion Seite 139

# Dipl.-Ing. Günter Georg Haese

D-30173 Hannover

eMail: info@gartenheim.de
Internet: www.gartenheim.de

Günter Georg Haese wurde 1958 in Düsseldorf geboren. Nach seinem Maschinenbau Studium an der RWTH Aachen studierte er dort Philosophie und absolvierte ein berufsbegleitendes Studium der Betriebswirtschaftslehre in Hannover mit Abschluss zum Betriebswirt(VWA). Nach seiner Tätigkeit als Produktdesigner und Konstrukteur bei der Firma WIK in Essen (Haushaltsgeräte) und nebenberuflich freier Gestaltung für die Kosmetik- und Uhrenindustrie (internationale Preise) ging er als Produktdesigner zu ROWENTA nach Offenbach. Später folgten seine Tätigkeit als Software-Entwicklungsingenieur bei ROWENTA im Bereich CAD/CAM und Software-Projektingenieur bei SIEMENS-NIXDORF in Braunschweig und Hannover im Bereich Produktions- und Fertigungssteuerung bei Volkswagen – zuletzt als Softwareleiter. Anfang der 90er Jahre begann Haese als Vorstandsassistent der Wohnungsgenossenschaft Gartenheim eG in Hannover und ist seit 1993 dort als Vorstandsvorsitzender tätig.

**Hinweis zum Fraktaldesigner**
Der zentrale Punkt der Global Scaling Theorie ist das Fundamentale Fraktal, welches sich aus der mathematischen Beschreibung eines Protonenresonanz-Eigenschwingungssystems ergibt. Die Darstellung des Eigenschwingungsspektrums der Vakuumkompressionswelle und das Zusammenwirken mit der phasenverschobenen Reflektionswelle erfordert zum schnelleren Verständnis und für die tägliche Arbeit ein entsprechendes graphisches Hilfsmittel. So ein kompaktes Tool, welches Dipl.-Ing. Günter Georg Haese entwickelt und „Fraktal-Designer" genannt hat, wird Interessierten der Global Scaling Theorie kostenlos zur Verfügung gestellt. Weitere Informationen unter www.fraktaldesigner.de

Beitrag im Buch:

**Das City Scaling Projekt –**
Von der Mathematik einer schwingenden Stadt Seite 205

# Katja und Ronny R. Kircheis

D-09380 Thalheim

eMail:
contact@global-scaling-engineering.com
Internet:
www.global-scaling-engineering.com

Katja Kircheis wurde 1971 geboren und absolvierte ihr Studium an der Universität Dresden und Stuttgart. Die Dipl.-Ing. Architektin und Stadtplanerin absolvierte eine Ausbildung in Global Scaling.
Ronny R. Kircheis wurde 1973 geboren. Er machte eine Ausbildung in Vasati an der Veden-Akademie Burg Schöna. Auch er absolvierte eine Ausbildung in Global Scaling.

Katja und Ronny R. Kircheis wohnen und arbeiten in Thalheim im Erzgebirge, führen gemeinsam ein Planungsbüro für Architektur und Stadtplanung, Vedische Baukunst und gründeten 2006 die Global Scaling Engineering.

Neben Bearbeitung von Planungsaufträgen aus dem konventionellen Bereich, fungiert ihr Büro zunehmend als Berater und Planer für die Global Scaling Engineering. Aufgrund seiner fachlichen Kompetenz konnte dieses Büro die Planungstechnologien entwickeln und umsetzen, die ein Global Scaling Haus fordert.

Praktische Umsetzung der Global Scaling Theorie in der Architektur – und Stadtplanung, schwerpunktmäßig für räumliche- und zeitliche Darstellungen liegen in ihrem Fokus. Sie sind die Entwickler des GSE InKa mit seinen mittlerweile vielen Anwendungsmöglichkeiten. Katja und Ronny Kircheis organisieren projektbezogene Netzwerke für Absolventen der Global Scaling Ausbildung bei Dr. Hartmut Müller.

Beitrag im Buch:

**Der Klang der Räume**
Die Kraft lebendiger Räume Seite 187

## Dr.-Ing. Michael Köhlmann

D-81245 München

eMail: michael.koehlmann@online.de
Internet: www.global-scaling-verein.de

Michael Köhlmann wurde 1956 in München geboren und lebt dort mit seiner Familie. Nach humanistischer Schulausbildung studierte er Elektrotechnik mit Schwerpunkt Kybernetik. Am Institut für Elektroakustik der Technischen Universität München entwickelte er ein Computer-Modell für die Verarbeitung von rhythmischen Schallsignalen im menschlichen Gehör und promovierte 1984 mit dieser Arbeit zum Dr.-Ing.

Seit über 20 Jahren ist Michael Köhlmann in der Computer- und Informationstechnik tätig und arbeitete für mehrere Unternehmen in den Bereichen Entwicklung, Consulting und Service. Heute ist er speziell im IT-Projektmanagement tätig.

Am Global Scaling Research Institute absolvierte Michael Köhlmann im Jahr 2002 die Global Scaling Ausbildung und begleitet seitdem das Institut als freier Mitarbeiter. 2004 gründete er mit Hartmut Müller und weiteren Kollegen den „Wissenschaftlichen Förderverein Global Scaling e.V.", den er als zweiter Vorsitzender leitet. Seit 2005 ist Michael Köhlmann auch als Dozent für Global Scaling an der SHP-Akademie tätig.

Beiträge im Buch:

# Dr. Frank Lichtenberg

D-86150 Augsburg

eMail: novam@nlp-nicoletta.de
www.novam-research.synthasite.com

Frank Lichtenberg wurde 1962 in Bremen geboren. Nach seinem Physik-Studium von 1983 – 1988 an der Universität Heidelberg arbeitete er von 1989 – 1992 an seiner Doktorarbeit am IBM Forschungslabor Zürich bei Dr. J.G. Bednorz (Arbeitsgebiet: Oxide, Synthese kristalliner Oxide über die Schmelze, Festkörperchemie/physik) und promovierte im Jahr 1991 an der Universität Zürich.
Von 1992 – 1997 arbeitete Frank Lichtenberg als wissenschaftlicher Mitarbeiter am Forschungszentrum der VARTA Batterie AG in der Abteilung Nickel-Metall-Hydrid-Technologie von Dr. U. Köhler (Arbeitsgebiet: Wasserstoffspeichernde Legierungen, Nickel-Metall-Hydrid-Batterien). Im Rahmen einer Zusammenarbeit zwischen VARTA und TOSHIBA war er 1996 für zwei Monate als Gastwissenschaftler bei der TOSHIBA Battery Company in Tokio tätig. Von 1997 – 2007 arbeitete er als wissenschaftlicher Mitarbeiter am Institut für Physik der Universität Augsburg in der Abteilung von Prof. Dr. J. Mannhart (Arbeitsgebiet: Oxide, Synthese kristalliner Oxide über die Schmelze, Festkörperchemie/-physik).
2005 absolvierte Frank Lichtenberg eine insgesamt 13-tägige Ausbildung in Global Scaling bei Dr. Hartmut Müller am Global Scaling Research Institute GmbH, ehemals Institut für Raum-Energie-Forschung.

Weiteres:

- Autor / Mitautor von 70 wissenschaftlichen Publikationen und 6 Patenten.
- Mitglied bei der Deutschen Vereinigung für Raumenergie (DVR)
- Teilnahme an mehreren Kongressen und Meetings zum Thema Raumenergie in Deutschland, Schweiz, Österreich und Ungarn.

Besondere Interessen: Physik, Mathematik, Spiritualität, Metaphysik.

Beitrag im Buch:

**Forschungsvorhaben Raumtemperatur-Supraleiter** Seite 101

# Prof. Dr. sc. Ing. Robert Mayr

D-86489 Deisenhausen

Email: info@rom-elektronik.de
Internet: www.rom-elektronik.de

Robert Mayr wurde 1960 in Krumbach (Schwaben) geboren. Nach seiner abgeschlossenen Lehre zum Elektroinstallateur 1978 erwarb er 1981 seine Fachschulreife. Vier Jahre später erreichte er die fachgebundene Hochschulreife.

Nach seiner Ausbildung zum Strahlenschutzbeauftragten 1990 und dem Studium an der TU München und FH Augsburg machte Mayr seinen Abschluss an der University of the Americas mit dem Technical Engineer Electronics 1991. Er kam über die Computer-Technik und den Strahlenschutz zu eigenen Produktentwicklungen und gründete 1990 die ROM-Elektronik GmbH. Als Sachverständiger für Themen wie Elektrosmog, Radioaktivität und Baubiologie ist er auch international ein gefragter Referent. 1993 erhielt er für sein Strahlenmessgerät mit Fuzzy-Logik den Innovationspreis der Deutschen Wirtschaft.

Später (2000) folgte dann der Doctor of Science auf der University for complementary Medicines in Colombo. Als Gastprofessor dozierte er am „Instituto Téchnico Central" in Bogotá, Kolumbien. Seit 2005 ist Mayr auch Medizinprodukteberater.

2008 erwarb Mayr das Diplom Global Scaling. Bei der Entwicklung des Medizinproduktes "Protolight", wurden Erkenntnisse aus Global Scaling in einem Produkt umgesetzt.

Beitrag im Buch:

**Herkunft der Gittersysteme**
Global Scaling Analyse globaler Gitterstrukturen Seite 265

# Erwin Müller

D-81373 München

Email: info@globalscaling.de
Internet: www.globalscaling.de

Erwin Müller wurde 1982 in Wolgograd geboren. Er legte sein Abitur am Wirtschftsgymnasium in Erfurt ab. Es folgte sein Informatikstudium an der Universität Würzburg und an der Sydney University in Australien.

Seit 2003 lebt Erwin Müller in München und ist freiberuflich als Software-Entwickler tätig, insbesondere im Bereich Global Scaling. Er entwickelte den Global Scaling Calculator und die Global Scaling Clock.

Beitrag im Buch:

**Global Scaling – Die Macht des Zeitfraktals** Seite 79

# Dr./RUS Hartmut Müller

D-81373 München

E-Mail: info@globalscaling.de
Internet: www.globalscaling.de

Hartmut Müller wurde 1954 in einer Försterfamilie im südthüringischen Hildburghausen (Stadt der Schulen, Wirkungsstätte Joseph Meyers) geboren. Er studierte 1973 -1979 an der Universität St. Petersburg Mathematik, Physik und Philosophie und promovierte in Angewandter Mathematik. Bis 1991 war Hartmut Müller als Dozent und Wissenschaftler an Universitäten und Hochschulen Russlands sowie Einrichtungen der Akademie der Wissenschaften Russlands tätig und entwickelte die Global Scaling Theorie. Für seine wissenschaftliche Leistung verlieh ihm die Internationale Interakademische Vereinigung in Moskau 2004 ihre höchste Auszeichnung, den Vernadski-Stern Ersten Grades.

Die Global Scaling Research Institute GmbH in memoriam Leonhard Euler (GSRI) in München ist eine innovative private Einrichtung für wissenschaftliche Konsultation, Ausbildung und Forschung. Global Scaling ein markenrechtlich geschütztes hocheffizientes Verfahren der Prozessanalyse, -optimierung und -prognose, das auf neuen Erkenntnissen aus der physikalischen Grundlagenforschung basiert.

Die Möglichkeiten der praktischen Anwendung sind unbegrenzt und nicht branchengebunden. In Zusammenarbeit mit den Absolventen der Ausbildung in Global Scaling entwickelt das GSRI neue Technologien und forciert internationale Projekte auf dem Gebiet der naturwissenschaftlichen Grundlagenforschung

2004 gründete er den Wissenschaftlichen Förderverein Global Scaling e.V., dem er seither als erster Vorsitzender vorsteht.

Beiträge im Buch:

# Veronika Müller

D-81373 München

Email: info@globalscaling.de
Internet: www.globalscaling.de

Veronika Müller wurde im Jahre 1976 an den Ufern der Neva in St.Petersburg (damals noch Leningrad) geboren. Kindheit und Schule verbrachte sie in Volgograd an der Volga.

Schon im Gymnasium in Hildburghausen, Thüringen, hat sie sich besonders für Literatur, Sprachen und Philosophie interessiert. Nach einem erfolgreichen Studium der slavischen Sprachen und Philosophie an der Universität Würzburg in Bayern bekam sie den Abschluß in Magister Artium.

Seit 2003 lebt Veronika Müller in München und ist freiberuflich tätig in den Bereichen Übersetzen und Journalismus. Außerdem arbeitet sie im Global Scaling Research Institute GmbH i. m. Leonhard Euler in München.

Beitrag im Buch:

**Nachwort** Seite 345

## Matthias Pauqué

D-83435 Bad Reichenhall

eMail: info@fraktale-zeit.de
Internet: www.fraktale-zeit.de

Matthias Pauqué, Jahrgang 1973, war Strahlflugzeugführer bei der Deutschen Luftwaffe. Da er nicht mehr hinter seinem Auftrag stehen konnte, gab er die militärische Fliegerei auf. Danach arbeitete er einige Jahre als Spezialist für einen großen Versicherungskonzern in München.

Heute ist er als freiberuflicher Betreuer, Dozent und Trainer für die Agentur für Arbeit und Arbeitsgemeinschaft Integration in den Arbeitsmarkt Berchtesgadener Land tätig.

Im Bereich Global Scaling hat er sich auf die Zeit- und Geschichtsanalyse spezialisiert. Neben der Analyse des Gregorianischen Kalenders, beschäftigt er sich auch mit anderen Zeitrechnungen und deren Zusammenwirken.

Beitrag im Buch:

**Global Scaling Analyse der kalendaren Zeitrechnung** Seite 233

# Dr./Ungarn Rainer Viehweger

D-19230 Viez
A-5622 Goldegg

eMail: RainerViehweger@t-online.de
Internet: www.praxis-viehweger.de

Rainer Viehweger wurde 1963 in Rostock geboren, seine Jugend verbrachte er in Ludwigsfelde bei Berlin. 1981 machte er an der ABF der Martin-Luther-Universität Halle Abitur. Von 1981 bis 1987 absolvierte er sein Medizinstudium, danach folgte die Promotion an der Szent-Györgyi-Universität in Szeged/Ungarn. 1993 bis 2002 war Viehweger als Facharzt für Orthopädie in der orthopädischen Gemeinschaftspraxis in Hagenow tätig. 2003 hat er sich mit seiner eigenen privaten Praxis mit ganzheitlicher Ausrichtung (Hauptaugenmerk: Schmerztherapie) in der Nähe von Hagenow bei Schwerin niedergelassen. Seit Anfang 2008 arbeitet Viehweger auch als NES-Trainer mit internationalem Einsatz.

Weitere Ausbildungen:
Chirotherapie 1994, Neuraltherapie 1996, Akupunktur-Diplom A 1992,
Sonographie Säuglingshüfte, Bewegungsapp. - wird zurzeit nicht praktiziert
Triggerstosswellentherapie nach Dr. Bauermeister 2000
Psychosomatische Energetik 2003/2004,
Zertifizierter Energietherapeut Scenar-Therapie 2004: Einführungskurs, Grundkurs, Fortgeschrittenenkurs, Masterkurs
Global Scaling Ausbildung zum Raum-Energie-Berater Januar bis April 2006 am Global Scaling Research Institute GmbH bei Dr. Hartmut Müller
NES - Anwendung seit Juni 2007, zertifizierter Anwender seit Nov. 2007

Mitglied folgender Gesellschaften:
Bundesvereinigung der Orthopäden (BVO)
Deutsche Gesellschaft für Orthopädie und Orthopädische Chirurgie (DGOOC)
Internationale Gesellschaft für Triggermedizin (IGTM) bis Ende 2005
Internationale Gesellschaft für Psychosomatische Energetik

Beitrag im Buch:

**Global Scaling-Analyse des Frequenzspektrums der Gehirnwellen**
Erfolge der sogernannten psychosomatischen Energetik Seite 157

# Dr. d. med. Wiss./RUS Viktor Zyganow

D-14612 Falkensee

eMail: info@praxis-holisticmedicine.de
Internet: www.praxis-holisticmedicine.de

Nach einem Medizinstudium in Leningrad übersiedelte Viktor Zyganow (geb. 1955 in Alma-Ata) 1980 in die damalige DDR, wo er sich am Bezirkskrankenhaus von Potsdam zum Facharzt für Urologie weiterbildete. Bis 1992 arbeitete er als Urologe in einer Berliner Poliklinik.

Seit 1990 beschäftigt sich Dr. Zyganow im Selbststudium eingehend mit "Grenzgebieten" der Medizin.

- 1995 eröffnete er in Berlin eine Privatpraxis für Energiemedizin. Zwei Jahre später übernahm er die stellvertretende Leitung des neu gegründeten "Instituts für Energie-Medizinische Systeme" in Berlin.
- Seit 2006 ist er Vorsitzender des Internationalen professionellen Komitees für wissenschaftliche Expertise von Energie-Informations- und Metaphysischen Technologien und Einwirkungen.
- Seit ca. 17 Jahren enge Zusammenarbeit mit geistigen Kräften, mehreren Heilern, Heiler-Gruppen und Therapeuten in der Bioenergie. Schwerpunkt: Integration, Verständnis und wissenschaftliche Nachvollziehbarkeit universeller, geistiger Gesetzmäßigkeiten (Energie-Informations-Medizin).

Beitrag im Buch:

**Global Scaling als Grundlage der Energie–Informationsmedizin** Seite 169